中国生态环境产教融合丛书
智慧水务专业教材

水污染控制技术

李 欢 马文瑾 主 编

曹 喆 曲 炜 副主编

中国环境出版集团·北京

图书在版编目（CIP）数据

水污染控制技术/李欢，马文瑾主编. —北京：中国环境出版集团，2023.1
（中国生态环境产教融合丛书）
智慧水务专业教材
ISBN 978-7-5111-5189-6

Ⅰ．①水⋯ Ⅱ．①李⋯②马⋯ Ⅲ．①水污染—污染控制—教材 Ⅳ．①X520.6

中国版本图书馆 CIP 数据核字（2022）第 110405 号

出 版 人　武德凯
责任编辑　黄晓燕
封面设计　岳　帅

出版发行　**中国环境出版集团**
　　　　　（100062　北京市东城区广渠门内大街 16 号）
　　　　　网　　　址：http://www.cesp.com.cn
　　　　　电子邮箱：bjgl@cesp.com.cn
　　　　　联系电话：010-67112765（编辑管理部）
　　　　　发行热线：010-67125803，010-67113405（传真）
印　　刷　玖龙（天津）印刷有限公司
经　　销　各地新华书店
版　　次　2023 年 1 月第 1 版
印　　次　2023 年 1 月第 1 次印刷
开　　本　787×1092　1/16
印　　张　22.75
字　　数　530 千字
定　　价　63.00 元

《中国生态环境产教融合丛书》
编 委 会

本书编委会

主　编　李　欢（湖南工商大学）

　　　　马文瑾（北控水务集团）

副主编　曹　喆（长沙环境保护职业技术学院）

　　　　曲　炜（北控水务集团）

编　委　朱帮辉（长沙环境保护职业技术学院）

　　　　彭艳春（长沙环境保护职业技术学院）

　　　　陈　亮（湖南省环境保护科学研究院）

　　　　夏至新（广东环境保护工程职业学院）

　　　　唐珍芳（山东水利职业技术学院）

　　　　曾金樱（汕头职业技术学院）

　　　　董　超（北控水务集团）

　　　　魏　彬（北控水务集团）

　　　　郭显明（北控水务集团）

　　　　刘春杰（北控水务集团）

　　　　王启镔（北控水务集团）

　　　　龚春辰（北控水务集团）

　　　　田　蓉（北控水务集团）

审　核　郭　正（长沙环境保护职业技术学院）

总　序

2021 年是"十四五"开局之年,我国生态环境产业将迎来蓬勃发展的重要机遇期,国家着力建立健全绿色低碳循环发展经济体系,促进经济社会发展全面绿色转型。面对新的发展时期,在"绿水青山就是金山银山"理念和生态文明思想的指引下,水务行业将从传统的水资源利用和水污染防治逐渐发展为生态产品价值体现以及环境资源贡献。

随着生态环境产业的迅速发展,对技术创新力的要求不断提高,市场竞争中行业人才供给有着非常大的缺口,而产教融合正是解决这一缺口的有效途径。企业通过与高校开展校企合作,联合招生,共同培养水务人才;企业专家和高校教师共同制定培养方案并开发教材,将污水处理厂作为学生的实习基地;企业专家担任高校授课教师,从而将对岗位能力的实际需求全方位地融入学生的培养过程。

2017 年,《关于深化产教融合的若干意见》印发,鼓励企业发挥重要主体作用,深化引企入教,促进企业需求融入人才培养环节,培养大批高素质创新人才和技术技能人才;2019 年,《国家产教融合建设试点实施方案》再次强调,企业应通过校企合作等方式构建规范化的技术课程、实习实训和技能评价标准体系,在教学改革中发挥重要主体作用,在提升技术技能人才和创新创业人才培养质量上发挥示范引领作用;2021 年,《中华人民共和国国民经济和社会发展第十四个五年规划和 2035 年远景目标纲要》提出,建设高质量教育体系,推行"学历证书+职业技能等级证书"制度,深化产教融合、校企合作,鼓励企业举办高质量职业技术教育,实施现代职业技术教育质量提升计划,建设一批高水平职业技术院校和专业。

北控水务集团有限公司是国内水资源循环利用和水生态环境保护行业的旗舰企业，集产业投资、设计、建设、运营、技术服务与资本运作于一体。近年来，在国家政策导向和企业发展战略的双重驱动下，北控水务集团有限公司在多年实践经验的基础上，进一步推动在产教融合领域的积极探索，把握（现代）产业学院建设、1+X 证书制度试点建设、"双师型"教师队伍建设、公共实训基地共建共享等重大政策机遇，围绕产教融合"大平台+"建设规划开展了一系列实践项目，并取得了显著成果。北控水务集团有限公司希望通过践行产教融合战略，推动行业人才培养和技术进步，为水务行业的持续发展提供有力的支持和帮助。

《中国生态环境产教融合丛书》（以下简称丛书）主要涉及智慧水务管理、职业技能等级标准、大学生创新创业、实习培训基地等，聚焦生态环境领域人才培养，采用校企双元合作的教材开发模式和内容及时更新的教材编修机制，深度对接行业企业标准，落实"书证融通"相关要求，同时适应"互联网+"发展需求，加强与虚拟仿真软件平台的结合，重视对学生实操能力的培养。

由于丛书内容涉及多学科领域，且受编者水平所限，难免有遗漏和不足之处，敬请读者不吝指正。

北控水务集团有限公司轮值执行总裁

生态环境职业教育教学指导委员会副秘书长

2021 年 12 月

前 言

　　本书为面向"智慧水务"方向人才培训的系列丛书之一，首次采用校企深度合作模式，结合水务行业未来发展方向——智慧水务，以企业需求为导向，融入职业教育思路和方法，由北控水务集团和湖南工商大学、长沙环境保护职业技术学院、广东环境保护工程职业学院、山东水利职业技术学院、汕头职业技术学院共同讨论教材编写大纲，共同编写。结合现行应用最广泛的污水处理技术，同时配套二维码案例视频或者规整的文档案例帮助理解水处理技术，适用于各专业污水处理相关课程授课和污水运营企业员工培训。

　　本书围绕城镇污水、石化炼油废水、电镀废水三大类型污水处理展开，以城镇污水处理工艺为主，以工艺流程为主线分别介绍了城镇污水一级、二级、深度处理和污泥处理处置所涉及的方法及运营管理中的要点，配套北控水务集团整理和编写的实际案例。对城镇污水处理中很少涉及的污水处理方法中的除油和气浮用石化炼油废水进行补充讲解，对化学氧化还原用电镀废水进行补充讲解，对石化炼油废水和电镀废水中重复的工艺不做重点介绍，重点补充与城镇污水处理不同的工艺。

　　本书由李欢、马文瑾担任主编，曹喆、曲炜担任副主编。全书共分为 7 章，具体编写人员及分工为：第 1 章由曹喆编写，第 2 章由朱帮辉编写，第 3 章由李欢、彭艳春、陈亮、魏彬、郭显明编写，第 4 章由曹喆、魏彬、刘春杰编写，第 5 章由夏至新、王启镔编写，第 6 章由唐珍芳、龚春辰编写，第 7 章由曾金樱、龚春辰编写，案例部分由田蓉编写，郭正（长沙环境保护职业技术学院）进行全书审核。

　　在本书编写过程中，北控水务集团中部大区工程师和各参编院校给予了大力支持，在此一并致以衷心的感谢。由于编者水平有限，实践经验不足，书中难免出现疏漏之处，热诚欢迎读者批评指正。如在教材使用中有疑问或者需要相应配套课件，可以发送需求至邮箱 lhcsu22@163.com，编者将及时回复。

编　者

2022 年 3 月 9 日

目　录

第1章　概　述

（扫码获取本章电子资源）

1.1　水资源与水循环

水是生命之源、生产之要、生态之基，是一切生命赖以生存的基础物质之一，是社会经济发展不可缺少和不可替代的重要自然资源和环境要素。但是，现代社会的人口增长、工农业生产活动和城市化进程，对有限的水资源和水环境造成了巨大的冲击。水质污染、需水量增加以及部门间竞争性开发导致的不合理利用，使水资源进一步紧缺，水环境更加恶化，严重影响了社会经济发展，威胁人类健康。由此可见，保护水资源、防治水污染是全人类义不容辞的责任和义务。

1.1.1　水资源

1.1.1.1　水资源的概念

水资源的概念有广义和狭义之分。广义的水资源，是指存在于自然界中的气态、液态、固态等不同形式的水，以及广泛存在于地球表面和地球的岩石圈、大气圈、生物圈中的水。因此，从广义上讲，水资源指地球上一切水体及水的存在形式。这个概念里的水资源，包括地球上能被人类利用和未被利用的水的所有形式，包括江河、湖泊中的地表水（含永久冻土中的水分），地下水（含浅层和深层）以及海洋中的水分。而从狭义上讲，水资源就是在水循环中富集于江河、湖泊、冰川和埋藏在地下较浅的含水层中的水。它源于大气降水，可以通过水循环逐年得到补充和更新，易于为人类所利用，包括地表水、地下水和土壤水。其中，地表水为河流、冰川、湖泊、沼泽等水体；地下水为地下汇水的动态水量；土壤水为分散于岩石圈表面的疏松表层中的水。

上述水资源的概念都是基于自然状态的水资源，这些水资源中真正能被人类利用的资源量非常有限，因此，在管理上给出了可利用量的概念。水资源可利用量，是指在可预见的时期内，在统筹考虑生活、生产和生态环境用水的基础上，通过经济合理、技术可行的措施，在流域水资源总量中可供一次性利用的最大水量，它由地表水资源可利用量和地下水资源可利用量两部分组成。其中，地表水资源可利用量是从资源的角度分析可能被消耗利用的水资源量，是指在可预见的时期内，在统筹考虑河道内生态环境和其他用水的基础上，通过经济合理、技术可行的措施，在流域（或水系）地表水资源量中，可供河道外生活、生产、生态用水的一次性最大水量（不包括回归水的重复利用）。

1.1.1.2 水资源的特性

（1）水资源的周期性与偶然性

水资源的周期性与偶然性也可理解为水资源变化的必然性和偶然性。水资源的基本规律，是指水资源（包括大气水、地表水和地下水）在某一时段内的状况，它的形成具有其客观原因，都是一定条件下的必然现象。但是，从人们的认识能力来看，和许多自然现象一样，由于影响因素复杂，人们对水文与水资源发生多种变化的前因后果的认识并非十分清楚，故常把这些变化中能够做出解释或预测的部分称为必然性反应。例如，河流每年的洪水期和枯水期，年际间的丰水年和枯水年；地下水位的变化也具有类似的现象。由于这种必然性在时间上具有年、月甚至日的变化，故又称为周期性。而将那些还不能做出解释或难以预测的部分称为水文现象或水资源的偶然性反应。任一河流不同年份的流量过程都不会完全一致，地下水水位在不同年份的变化也不尽相同，泉水流量的变化有一定差异，这种变化也可称为随机性。

（2）水资源的相似性与特殊性

水资源的相似性主要指气候及地理条件相似的流域，其水文与水资源现象具有一定的相似性，湿润地区河流径流的年内分布较均匀，干旱地区则差异较大，水资源的形成、分布特征也具有相似规律。

水资源的特殊性，是指不同下垫面条件产生不同的水文和水资源的变化规律。如同一气候区，山区河流与平原河流的洪水变化特点不同；同为半干旱条件下的河谷阶地和黄土高原区地下水赋存规律不同。

（3）水资源的循环性、有限性及分布的不均匀性

水是自然界的重要组成物质，是环境中最活跃的要素。它不停地运动且积极参与自然环境中一系列物理的、化学的和生物的过程。水资源与其他固体资源的本质区别在于其具有流动性，它是在水循环中形成的一种动态资源，具有循环性。水循环系统是一个庞大的自然水资源系统，水资源在开采利用后，能够得到大气降水的补给，处在不断地开采、补给和消耗、恢复的循环之中，可以不断地供给人类利用和满足生态平衡的需要。在不断地消耗和补充过程中，在某种意义上水资源具有"取之不尽"的特点，恢复性强。可实际上，全球真正能够被人类直接利用的淡水资源仅约占全球总水量的0.796%。从水量动态平衡的观点来看，某一期间的水量消耗量接近于该期间的水量补给量，否则会破坏水平衡，产生一系列环境问题。可见，水循环过程是无限的，水资源的蓄存量是有限的，并非取之不尽，用之不竭。

水资源在自然界中具有一定的时间和空间分布。时空分布的不均匀是水资源的又一特性。全球水资源的分布表现为大洋洲的径流模数为 51.0 L/（s·km^2），亚洲为 10.5 L/（s·km^2），最高的和最低的相差数倍。我国水资源在区域上分布不均匀。总体说来，东南多，西北少；沿海多，内陆少；山区多，平原少。在同一地区中，不同时间分布差异性也很大，一般夏多冬少。

（4）水资源利用的多样性

水资源是被人类在生产和生活活动中广泛利用的资源，不仅广泛应用于农业、工业和生活，还应用于发电、水运、水产、旅游和环境改造等。在各种不同的用途中，有的是消

耗用水，有的则是非消耗性或消耗很小的用水，而且其对水质的要求各不相同。这是使水资源一水多用、充分发展其综合效益的有利条件。此外，水资源与矿产资源的一个显著区别是水资源具有既可造福于人类又可危害人类生存的两重性。

水资源质、量适宜，且时空分布均匀，有利于区域经济发展、自然环境的良性循环和人类社会进步。反之，如果水资源开发利用不当，则会制约国民经济发展、破坏人类的生存环境，如水利工程设计不当、管理不善，可造成垮坝事故，也可引起土壤次生盐碱化。水量过多或过少的季节和地区往往会产生各种各样的自然灾害，水量过多容易造成洪水泛滥，内涝渍水；水量过少容易造成干旱、盐渍化等。适量开采地下水，可为国民经济各部门和居民生活提供水源，满足生产、生活的需求。无节制、不合理地抽取地下水，往往会引起水位持续下降、水质恶化、水量减少、地面沉降，不仅影响生产发展，而且严重威胁人类生存。正是由于水资源具有利、害的双重性质，在水资源开发利用的过程中，尤其要强调合理利用、有序开发，以达到兴利除害的目的。

（5）水资源的重要性

水是自然资源的重要组成部分，是所有生物的结构组成和生命活动的主要物质基础。从全球范围来讲，水是联结所有生态系统的纽带，自然生态系统既能控制水的流动又能不断促进水的净化和循环。因此，水在自然环境中，对于生物和人类的生存来说具有决定性意义。

1.1.1.3 水资源概况

（1）全球水资源概况

全球约有 3/4 的面积覆盖着水，地球上的水总体积约有 13.86 亿万 km³，其中，97%分布在海洋，淡水只有 3 500 万 km³ 左右。扣除无法取用的冰川和高山顶上的冰冠，以及分布在盐碱湖和内海的水量，陆地上淡水湖和河流的水量约占地球总水量的 1%。全球的水分布见图 1-1。

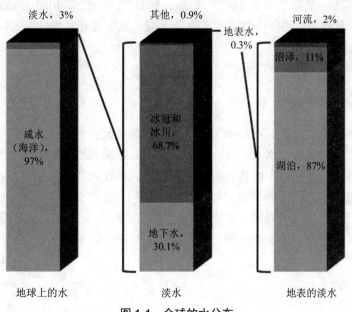

图 1-1 全球的水分布

据联合国《2010 年世界水资源开发报告》，全球用水量在 20 世纪增加了 6 倍，增速是人口增速的 2 倍；以联合国《2015 年世界水资源开发报告》的数据估计，到 2050 年，全球对水资源的需求量将增加 55%。联合国《2018 年世界水资源开发报告》显示，由于人口增长、经济发展和消费方式转变等因素，全球对水资源的需求正在以每年 1%的速度增长，而这一速度在未来 20 年将大幅提升。

尽管目前农业仍是用水量最大的行业，但未来工业用水和生活用水需求量将远大于农业用水需求量。对水资源需求的增长主要来自发展中国家和新兴经济体。

与此同时，气候变化正在加速全球水循环。其结果是，湿润的地区更加多雨，干旱的地区更加干旱。目前，约有 36 亿人口，相当于将近一半的全球人口居住在缺水地区，而这一人口数量到 2050 年可能增长到 48 亿~57 亿人。

（2）我国水资源与利用概况

我国虽然江河湖泊众多，水资源总量居世界第 4 位，但由于人口众多，人均占有水资源仅列世界第 121 位，约为世界人均占有量的 1/4，是全球 13 个人均水资源贫乏的国家之一。

2018 年度《中国水资源公报》显示，2018 年全国水资源总量为 27 462.5 亿 m^3，与多年平均值基本持平，较 2017 年减少 4.5%，全国用水总量 6 015.5 亿 m^3，占当年水资源总量的 21.9%。其中，生活用水 859.9 亿 m^3，占用水总量的 14.3%；工业用水 1 261.6 亿 m^3，占用水总量的 21.0%；农业用水 3 693.1 亿 m^3，占用水总量的 61.4%；人工生态环境补水 200.9 亿 m^3，占用水总量的 3.3%。与 2017 年相比，用水总量减少 27.9 亿 m^3。2018 年，全国耗水总量 3 207.6 亿 m^3，耗水率为 53.3%，全国污水排放总量为 750 亿 t。

目前，全国 660 多个城市中有 400 多个供水不足，其中严重缺水的城市有 110 个。有些城市因地下水过度开采，造成地下水位下降，有的城市形成了几百平方千米的大漏斗，使海水倒灌数十千米。工业废水的肆意排放，导致 80%以上的地表水、地下水被污染。农业方面，平均每年因干旱减产粮食 280 多亿 kg。预计我国将在 2030 年前后达到用水高峰，全国合理利用水量将接近实际可利用水资源量上限，水资源开发难度极大。

1.1.2 水循环

1.1.2.1 水的自然循环

地球上的水不是静止的，而是不断运动变化和相互交换的。在太阳辐射和地心引力的作用下，地球上各种状态的水从海洋、江河、湖泊、陆地和植物的表面蒸发、散发变成水汽，上升到大气中，或停留、或被气流带到其他地区，在适当条件下凝结，然后以降水的形式落到海洋或陆地表面，到达地表的水在重力作用下，部分下渗到地下形成地下径流；部分形成地表径流汇入江河湖海；部分重新蒸发回到空中，此后再经过输送、凝结、降水、产流和汇流构成一个巨大的、统一的、连续的动态系统，这种循环往复的过程被称为水循环，见图 1-2。

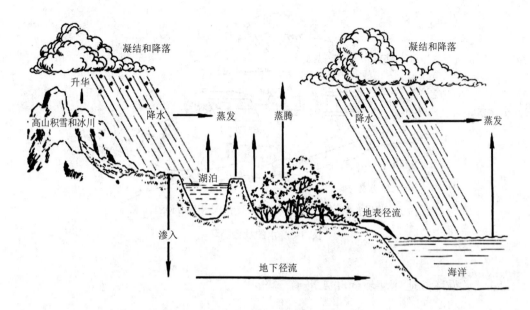

图 1-2 水的自然循环

水循环并不是简单的重复过程，过程中各个环节交错进行，使水循环复杂化。如蒸发不仅是水循环的起点，而是贯穿循环的全过程，如降水随时、随处都可以蒸发，所以水循环是一个复杂的动态系统。

产生水循环的原因包括内因和外因。内因是水体本身的性质，水具备液态、固态和气态 3 种形态，在常温条件下"三态"可以互相转化，是水循环的条件；外因是太阳辐射和地心吸引力，前者是可循环热能的源泉，是水循环的动力，后者是水体流动的动力。

此外，水循环与气候、地形、土壤、岩石和植被等自然因素有密切关系，并受到人类活动的影响。如地形结构和下垫面的变化可直接影响水循环的强度、规模和路径。

水循环是自然界最重要的物质循环之一。在水循环的过程中，水分的数量和状态不断变化，因此，水循环包括水的输送、暂时储存和状态变换 3 个方面，并且形成一个动态系统。地球上的淡水资源与水循环有密切关系。

1.1.2.2 水的社会循环

人类社会为了满足生活和生产需求，从天然水体中取用大量的水，这些生活和生产用水，被使用后成为生活污水和工业废水，被排放后最终流入天然水体。这样，水在人类社会中构成一个循环体系，称为水的社会循环。社会循环中取用的水量虽然仅占径流和渗流量的 2%～3%，即地球总水量的数万分之一，却显示了人与自然在水量和水质方面存在的巨大矛盾。水环境保护的任务就是调查、研究和解决这些矛盾，保证取水和排水的社会循环能够顺利进行，见图 1-3。

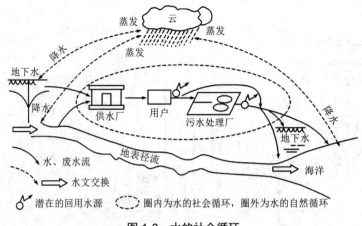

图 1-3　水的社会循环

1.1.2.3　水循环与地球环境的相互影响

水循环深刻地影响着全球的环境演变，影响自然界中一系列的物理过程、化学过程和生物过程，影响人类社会的发展和生产活动。自然环境和社会环境变化又反过来影响水循环。其相互影响主要表现在以下几个方面：

① 水循环使地球上各水体组合成一个连续的、统一的水圈，并把地球上四大圈层（大气圈、岩石圈、生物圈和水圈）联立组成既相互联系又相互制约的有机整体。

② 水循环使地球上的物质和能量得到传递和输送。水循环把地表上获得的太阳能重新分布，使其在地区之间的分布得到调节；水量和热量的不同组合，又使地表形成不同的自然带，组成丰富多彩的自然景观。如大气降水落到地面后，除部分蒸发和下渗外，在地表上形成径流，径流的冲刷和侵蚀作用，创造了各种地貌地形，水流把冲刷出来的大量泥沙输送到低洼的地区，经过长期的堆积作用形成平原；部分低洼地由于地表水的蓄积形成湖泊、沼泽。

③ 水循环使海洋和陆地之间的联系十分紧密。海洋向陆地输送水分，影响陆地上一系列的环境过程，而陆地向海洋输送泥沙、有机质和营养盐，也影响海洋的物理、化学、生物的变化。

④ 水循环使地球上的水周而复始地补充、消耗和变化，供人们使用，属于可再生资源。

⑤ 水循环的强弱、循环的路径等都会影响区域水资源可开发利用的程度，对生态环境和经济发展均有重大影响。

⑥ 环境的变化使水循环的数量、路径、速度也发生变化。

1.2　水污染与水污染物

1.2.1　水污染的相关概念

自然水体受到来自污水、大气、固态废料中污染物的污染，叫作水污染。在环境学中，水体包括水本身及其中存在的悬浮物、胶体、溶解物、水生生物和底泥等完整的生态系统。

水在循环过程中，不可避免地会混入许多杂质（溶解的、胶态的和悬浮的）。在自然循环中，由非污染环境混入的物质称为自然杂质或本底杂质。水的社会循环中，在人类使用过程中混入水中的物质称为水污染物。

1.2.2　水体污染的来源

造成水体污染的原因是多方面的，其主要来源有以下几个方面：

（1）工业废水

工业废水是世界范围内污染的主要原因，工业生产过程的各个环节都会产生废水。影响较大的工业废水主要来自冶金、化工、电镀、造纸、印染、制革等行业。工业废水属于点源污染。

（2）生活污水

生活污水，是指人们日常生活产生的洗涤污水和粪尿污水等。来自医疗单位的污水是一类特殊的生活污水，主要危害是引起肠道传染病，需要单独处理。生活污水也属于点源污染。

（3）农业污水

农业污水，是指农牧业生产过程产生的污水、降水或灌溉水流过农田或经农田渗漏排出的水，主要含氮、磷、钾等化肥元素，农药、粪尿等有机物及人畜肠道病原体等。农业污水属于面源污染。

1.2.3　水污染物

1.2.3.1　有机污染物

影响水质的污染物质大部分为有机污染物，主要包括以下两类：

（1）耗氧有机污染物质

耗氧有机物包括碳水化合物、蛋白质、油脂、氨基酸、脂肪酸、酯类等。耗氧有机物通常没有毒性（造成生物中毒的阈剂量很高），但由于这些物质在水中降解时会消耗水中的氧气，导致水体溶解氧含量降低，对水生生物造成较大的危害。

当水体中溶解氧消失时，厌氧菌繁殖，形成厌氧分解，发生黑臭，分解出甲烷、硫化氢等有毒有害气体，对各种水生生物的生存和繁殖不利。因此，水体中耗氧有机物越多，消耗氧气越多，水质就越差，水体污染就越严重。

（2）常见的有机毒物

常见的有机毒物包括酚类化合物、有机氯农药、有机磷农药、增塑剂、多环芳烃、多氯联苯等。

1.2.3.2　重金属污染

重金属作为有色金属在人类的生产和生活方面有着广泛的应用，因此在环境中存在各种各样的重金属污染源。其中，采矿和冶炼是向环境释放重金属的主要污染源。

水体受重金属污染后，产生的毒性有以下特点：

① 水体中重金属离子浓度为 0.1～10 mg/L，即可产生毒性效应。

② 重金属不能被微生物降解，在微生物的作用下可转化为金属有机化合物，使毒性增加。

③ 水体中的重金属被水生生物摄入体内并在其体内大量蓄积，经过食物链进入人体，甚至经过遗传或母乳传给婴儿。各类水生生物对常见重金属的富集情况见表 1-1。

表 1-1　水生生物对常见重金属的平均富集倍数

重金属	淡水生物			海水生物		
	淡水藻	无脊椎动物	鱼类	海水藻	无脊椎动物	鱼类
汞	1 000	100 000	1 000	1 000	100 000	1 700
镉	1 000	4 000	300	1 000	250 000	3 000
铬	4 000	2 000	200	2 000	2 000	400
砷	330	330	330	330	330	230
钴	1 000	1 500	5 000	1 000	1 000	500
铜	1 000	1 000	200	1 000	1 700	670
锌	4 000	40 000	1 000	1 000	105	2 000
镍	1 000	100	40	250	250	100

④ 重金属进入人体后，能与人体内的蛋白质及酶等发生化学反应而使其失去活性，并可能在人体内某些器官中积累，造成慢性中毒。这种积累的危害，有时需要 10～30 年才能显露出来。

因此，污水排放标准都对重金属离子的浓度作了严格的限制，以便控制水污染，保护水资源。引起水污染的重金属主要为汞、铬、镉、铅等，此外锌、铜、钴、镍、锡等重金属离子对人体也有一定的毒害作用。

1.2.3.3　病原微生物

病原微生物主要来自城市生活污水、医疗污水、垃圾及地表径流等方面。病原微生物的水污染危害历史悠久，至今仍是威胁人类健康和生命的重要水污染类型。洁净的天然水一般含细菌很少，含病原微生物就更少了。水质监测中通常用细菌总数和大肠菌群数作为病原微生物污染的指示指标。

病原微生物污染的特点是数量大，分布广，存活时间长（病毒在自来水中可存活 2～288 d），繁殖速度快，易产生抗药性。此类污染物实际可通过多种途径进入人体，并在人体内生存，一旦条件适合，就会引起疾病。病毒种类很多，仅人粪、尿中就有 100 多种。常见的有肠道病毒和传染性肝炎病毒，每克粪可含 100×10^4 个，每克生活污水可含 $(50 \sim 700) \times 10^4$ 个。

1.2.4　水污染的概况

1.2.4.1　全球水污染概况

近百年来，世界经济飞速发展。城市不断扩张、过度使用化肥农药以及各种工业废水和生活污水的肆意排放，使得全球水污染状况形势严峻。截至 2019 年 10 月，全球人口

75.79 亿人，每年约有 4 200 多亿 m³ 污水排入江河湖海，这些污水不同程度地造成了当地环境的污染。

近年来，全球出现多次偶然性的大规模水污染危害事件，给人们的日常生活和生产造成了严重的影响。2010 年 4 月 20 日，美国墨西哥湾原油泄漏事件引起了国际社会的高度关注，大量泄漏的原油污染了海洋，生态系统至今难以复原。2011 年 3 月 11 日，日本北部发生 9.0 级地震，强烈地震触发了海啸，福岛第一核电站发生灾难性辐射泄漏，截至 2019 年年初，福岛第一核电站院内共储存了大约 112 万 t 含放射性氚的污水……一次次的水污染危害事件，成为世界各地民众关注的焦点，敲响了水污染防治工作的警钟。

1.2.4.2　我国水污染概况

20 世纪 50 年代以后，我国人口急剧增加，工业、农业生产迅速发展，人们的生活水平也不断提高，用水量和排水中的污染物浓度也不断提高，水污染情况逐年加剧。但近年来国家环保工作力度提升，污水处理率和处理效果大幅提高，水污染得到控制。纵观我国近 30 年来的水环境状况，整体呈现由好转差再转好的规律，根据生态环境部的数据，近年来地表水Ⅰ～Ⅱ类比例逐渐提高。

《2018 中国生态环境状况公报》显示，全国地表水监测的 1 935 个水质断面（点位）中，Ⅰ～Ⅲ类比例为 71.0%，比 2017 年上升 3.1 个百分点；劣Ⅴ类比例为 6.7%，比 2017 年下降 1.6 个百分点。

由图 1-4 可见，2018 年，长江、黄河、珠江、松花江、淮河、海河、辽河七大流域和浙闽片河流、西北诸河、西南诸河监测的 1 613 个水质断面中，Ⅰ类占 5.0%，Ⅱ类占 43.0%，Ⅲ类占 26.3%，Ⅳ类占 14.3%，Ⅴ类占 4.5%，劣Ⅴ类占 6.9%。与 2017 年相比，Ⅰ类水质断面比例上升 2.8 个百分点，Ⅱ类水质断面比例上升 6.3 个百分点，Ⅲ类水质断面比例下降 6.6 个百分点，Ⅳ类水质断面比例下降 0.2 个百分点，Ⅴ类水质断面比例下降 0.7 个百分点，劣Ⅴ类水质断面比例下降 1.5 个百分点。

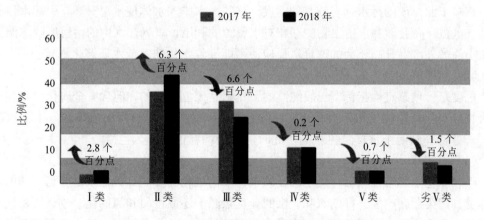

图 1-4　2018 年全国流域总体水质状况年际比较

2018 年，监测水质的 111 个重要湖泊（水库）中，Ⅰ类水质的湖泊（水库）有 7 个，占 6.3%；Ⅱ类水质的湖泊（水库）有 34 个，占 30.7%；Ⅲ类水质的湖泊（水库）有 33 个，占 29.7%；Ⅳ类水质的湖泊（水库）有 19 个，占 17.1%；Ⅴ类水质的湖泊（水库）有 9 个，占 8.1%；劣Ⅴ类水质的湖泊（水库）有 9 个，占 8.1%。主要污染指标为总磷、化学需氧量和高锰酸盐指数。监测营养状态的 107 个湖泊（水库）中，贫营养状态的有 10 个，占 9.3%；中营养状态的有 66 个，占 61.7%；轻度富营养状态的有 25 个，占 23.4%；中度富营养状态的有 6 个，占 5.6%。

在地下水方面，2018 年全国 10 168 个国家级地下水水质监测点中，Ⅰ类水质监测点占 1.9%，Ⅱ类水质监测点占 9.0%，Ⅲ类水质监测点占 2.9%，Ⅳ类水质监测点占 70.7%，Ⅴ类水质监测点占 15.5%。超标指标为锰、铁、浊度、总硬度、溶解性总固体、碘化物、氯化物、"三氮"（亚硝酸盐氮、硝酸盐氮和氨氮）和硫酸盐，个别监测点铅、锌、砷、汞、六价铬和镉等重（类）金属超标。全国 2 833 处浅层地下水监测井水质总体较差，Ⅰ～Ⅲ类水质监测井占 23.9%，Ⅳ类水质监测井占 29.2%，Ⅴ类水质监测井占 46.9%。超标指标为锰、铁、总硬度、溶解性总固体、氨氮、氟化物、铝、碘化物、硫酸盐和硝酸盐氮，锰、铁、铝等重金属指标和氟化物、硫酸盐等无机阴离子指标可能受到水文地质化学背景的影响。

1.3 水质指标与水质标准

水体和污水的物理、化学及生物等方面的特征是用水质指标来表示的。而水质标准是水体评价、利用和制定污水治理方案的依据，也是污水处理设施设计和运行管理的主要依据，是水环境保护法的一个重要组成部分。

1.3.1 污水水质指标

1.3.1.1 物理性指标

（1）温度

许多工业排放的污水都有较高的温度，这些污水排入水体使水温升高，引起水体的热污染。水温升高会影响水生生物生存和对水资源的利用。氧气在水中的溶解度随水温升高而减小，另外水温升高还会加速耗氧反应，可能导致水体缺氧或水质恶化。

（2）色度

色度是一项感官性指标。一般纯净的天然水是无色透明的，但含有金属化合物和有机化合物等有色污染物的污水会呈现各种颜色。将有色污水用蒸馏水稀释后与参比水样对比，一直稀释到两个水样颜色相同，此时污水的稀释倍数即为色度。

（3）嗅和味

嗅和味也是感官性指标，可定性反映水体中污染物的多少。天然水是无臭无味的，当水体受到污染后会产生异样的气味。水的异臭来源于还原性硫和氮的化合物、挥发性有机物和氯气等污染物。不同盐分会给水带来不同的异味，如氯化钠带咸味、硫酸镁带苦味、铁盐带涩味、硫酸钙带甜味等。

（4）固体物质

水中所有残渣的总和称为总固体（TS），总固体包括溶解性固体（DS）和悬浮固体（SS）。水样经过滤后，滤液蒸干所得的固体即为溶解性固体，滤渣脱水烘干后即是悬浮固体。固体残渣根据挥发性能可分为挥发性固体（VS）和固定性固体（FS）。将固体在 600℃的温度下灼烧，挥发掉的量即为挥发性固体，灼烧残渣则是固定性固体。溶解性固体表示盐类的含量，悬浮固体表示水中不溶解性固体物质的量，挥发性固体反映了固体的有机成分含量。

水体含盐量高会影响生物细胞的渗透压和生物的正常生长，悬浮固体则可能造成水道淤塞。

1.3.1.2 化学性指标

（1）有机物

生活污水和某些工业废水中所含的碳水化合物、蛋白质、脂肪等有机物化合物在微生物作用下最终分解为简单的无机物质、二氧化碳和水等。这些有机物在分解的过程中需要消耗大量的氧，故属耗氧污染物。耗氧有机污染物是使水体产生黑臭的主要因素之一。

污水中有机污染物的主要危害是消耗水中的溶解氧。在实际工作中一般采用化学需氧量、生化需氧量、总有机碳与总需氧量油类污染物、酚类污染物等指标来反映水体被有机物污染的程度。

1）化学需氧量（COD）

化学需氧量是用化学氧化剂氧化水中有机污染物时所消耗的氧化剂的量，单位为 mg/L。化学需氧量越高，表示水中有机污染物越多。常用的氧化剂主要是高锰酸钾和重铬酸钾。用高锰酸钾作氧化剂时（一般用于测定水源水），测得的值记为 COD_{Mn}；用重铬酸钾作氧化剂时（一般用于测定污水），测得的值记为 COD_{Cr}。如果污水中有机物的组成相对稳定，则化学需氧量和生化需氧量之间应有一定的比例关系。一般来说，重铬酸钾化学需氧量与第一阶段生化需氧量之差，可以粗略地表示不能被好氧微生物分解的有机物量。

化学需氧量的优点是能够更清楚地表示污水中有机物的含量，并且测定时间短，不受水质的限制；缺点是氧化剂氧化的不仅有水样中能被微生物氧化的有机物，还有部分还原性无机物，因此测定值有可能大于水样中实际的有机物浓度。

2）生化需氧量（BOD）

水中有机污染物被好氧微生物分解时所需要的氧量称为生化需氧量，单位为 mg/L。它反映了在有氧的条件下，水中可生物降解的有机物的量。生化需氧量越高，表示水中需氧有机污染物越多。有机污染物被好氧微生物氧化分解的过程，一般分为两个阶段：第一阶段主要是有机物被转化成二氧化碳、水和氨；第二阶段主要是氨被转化为亚硝酸盐和硝酸盐。污水的生化需氧量通常只指第一阶段有机物生物氧化所需的氧量。微生物的活动与温度有关，测定生化需氧量时一般以 20℃作为测定的标准温度。一般生活污水中的有机物需20 d 左右才能基本完成第一阶段的分解氧化过程，即测定第一阶段的生化需氧量至少需要20 d，这在实际工作中有困难。目前以 5 d 作为测定生化需氧量的标准时间，简称 5 日生化需氧量（用 BOD_5 表示）。据试验研究，一般生活污水中的有机物 BOD_5 约为第一阶段生化需氧量的 70%左右，而对于其他工业废水来说，因其成分复杂且与产品和工艺直接相关，它们的 BOD_5 与第一阶段生化需氧量之差可能较大或二者比较接近，不能一概而论。

由于 BOD_5 反映可被生物降解的还原性物质的量，因此 BOD_5 较高的水样易于生物降解，在水质评价中使用较多的 BOD_5/COD，可以反映水样的可生化性（一般认为该比例大于 0.3 表示可生化性强，小于 0.3 表示可生化性差）。

BOD_5 在反硝化过程中易于被反硝化菌利用作为碳源物质，因此也成为反硝化过程的制约参数，在水质评价中 BOD_5/TN 可以反映水样的碳源是否充足（一般认为该比例大于 3 表示碳源充足，小于 3 表示碳源不足需额外投加碳源）。而在实际生化处理过程中，由于活性污泥中的微生物种类和功能非常复杂，降解能力很强，比实验室测定 BOD_5 时的微生物的降解能力要强得多，特别是在有水解酸化池的处理工艺中，实验室测定的 BOD_5 值不能完全反映实际处理过程中可生化降解的还原性物质的量。因此，在考虑投加碳源时，使用 COD_{Cr}/TN 较为科学。

3）总有机碳（TOC）与总需氧量（TOD）

总有机碳包括水样中所有有机污染物质的含碳量，也是评价水样中有机污染物质的一个综合参数。有机物中除含有碳外，还含有氢、氮、硫等元素，当有机物全部被氧化时，碳被氧化为二氧化碳，氢、氮及硫被氧化为水、一氧化氮、二氧化硫等，此时的需氧量称为总需氧量。

在污水水样监测中，由于污水成分复杂，TOC 指标和 COD_{Cr} 并无确定换算关系，但可以在一定程度上反映有机污染程度。

4）油类污染物

油类污染物相关指标通常有两个：石油类和动植物油。油类污染物进入水体后影响水生生物的生长，降低水体的资源价值。油膜覆盖水面阻碍水的蒸发，影响大气和水体的热交换。油类污染物进入海洋，改变海面的反射率，减少进入海洋表层的日光辐射，对局部地区的水文气象条件可能产生一定的影响。大面积油膜将阻碍大气中的氧进入水体，从而降低水体的自净能力。

5）酚类污染物

酚类化合物是有毒有害污染物。水体受酚类化合物污染后水产品的产量和质量会降低。酚的毒性还会抑制水中微生物的自然生长速度，有时甚至使其停止生长。

（2）无机性指标

1）植物营养元素

污水中的氮、磷为植物营养元素，从农作物生长角度来看，植物营养元素是宝贵的物质，但过多的氮、磷进入天然水体却易导致水体富营养化。

① 氮类（常用单位为 mg/L）。氮类水质参数包括有机氮、氨氮、总凯氏氮、亚硝酸盐氮、硝酸盐氮、总氮。

$$总凯氏氮=有机氮+氨氮$$
$$总氮=总凯氏氮+亚硝酸盐氮+硝酸盐氮$$

有机氮，是指蛋白质、氨基酸、肽、胨、核酸、尿素等有机物中未氨化的氨基中氮的含量；氨氮，是指 NH_4^+、NH_3 等的含量；亚硝酸盐氮和硝酸盐氮则是氨氮被硝化之后的产物，一般情况下污水处理厂进水中的亚硝酸盐氮和硝酸盐氮含量很低，这两种类型的氮主要在生物池的好氧过程中产生。

氮类物质也是污（废）水处理过程中的微生物维持生命活动所必需的物质，一般来说污（废）水中的 COD∶TN 达到 100∶5 以上时氮含量才能够满足微生物维持生命活动的需要，这部分氮也是活性污泥法最低的脱氮能力，即不需要发生硝化—反硝化过程即可去除的氮量。

②TP 和 SP（总磷和磷酸盐，常用单位为 mg/L）。磷在污水中的存在形态有溶解态和悬浮态两种，溶解态的磷即通常所说的磷酸盐。

磷和氮类似，也是活性污泥中的微生物维持生命活动所必需的物质，一般来说水中的 COD∶TP 达到 100∶1 以上时磷的含量才能够满足活性污泥维持生命活动的需要，这部分磷也是活性污泥最低的除磷能力，即参与组成微生物生命体的磷的需要量。

2）pH

一般要求处理后的水 pH 为 6～9，天然水体的 pH 一般为 6～9，当受到酸碱污染时 pH 发生变化，会抑制水体中生物的生长，妨碍水体自净，还可能腐蚀船舶。若天然水体长期遭受酸碱污染，使水质逐渐酸化或碱化，会对正常生态系统产生影响。

3）重金属

重金属主要是指汞、镉、铅、铬、镍以及类金属砷等生物毒性显著的元素，也包括具有一定毒害性的一般重金属，如锌、铜、钴、锡等。采矿和冶炼是向环境中释放重金属的最主要的污染源。

1.3.1.3 生物性指标

（1）细菌总数

水中细菌总数反映了水体受细菌污染的程度。细菌总数不能说明污染的来源，必须结合粪大肠菌群数来判断水体污染的来源和安全程度。

（2）粪大肠菌群

水是传播肠道疾病的一种重要媒介，而粪大肠菌群被视为最基本的粪便污染指示菌群。粪大肠菌群的数值可表征水被粪便污染的程度，间接表示有肠道病菌（如伤寒、痢疾、霍乱等）存在的可能性。

粪大肠菌群是用来判断污水中细菌含量的一个指标，实际上粪大肠杆菌普遍存在于人和动物的大肠内，并非致病菌。但是由于粪大肠杆菌比较容易实现分离培养，因此在水质指标中用粪大肠杆菌的含量来判断水样的细菌总量。

一般情况下，余氯保持在 0.5 mg/L 以上时，接触时间大于 15 min，水样中的绝大多数细菌都会被消灭。

1.3.2 水环境标准

水环境标准是国家为了维护水环境质量，控制水污染，保护人群健康、社会财富和生态平衡，按照法定程序制定的，与保护水环境相关的各种技术规范的总称。水环境标准是水污染防治法规的重要组成部分。

我国现行生态环境标准分为国家生态环境标准和地方生态环境标准；同时，按照《生态环境标准管理办法》的规定，将国家生态环境标准分为生态环境质量标准、国家污染物排放标准、国家生态环境基础标准等。

1.3.2.1 水环境质量标准

水环境质量标准是依据人类对水体的使用要求制定的，满足当地人们对自然水体最有利的要求，包括饮用、公共给水、工业用水、农业用水、渔业用水、游览、航运、水上运动等几个方面。由于各类水体服务的对象和内容不同，因此对水体的水质要求也不同。一般饮用、公共用水水源和游览用水等对水质要求较高；农业、渔业用水水质则以不影响动植物生长和不使动植物体内残毒超标为限；工业用水水源要满足生产用水的要求；而只用于航运等的水体则对水质的要求相对较低。根据对水体的使用要求，我国颁布了《地表水环境质量标准》（GB 3838—2002）、《海水水质标准》（GB 3097—1997）、《农田灌溉水质标准》（GB 5084—2021）、《渔业水质标准》（GB 11607—89）、《城市污水再生利用　城市杂用水水质》（GB/T 18920—2020），以及各种工业用水水质标准等。

《地表水环境质量标准》（GB 3838—2002）与城镇污水处理厂密切相关，适用于我国领域内的江河、湖泊、运河、渠道、水库等具有使用功能的地表水水域。具有特定功能的水域，执行相应的专业用水水质标准。其目的是保障人体健康、维护生态平衡、保护水资源、防治水污染、改善地表水质量和促进生产。

依据地表水水域环境功能和保护目标，按功能高低依次划分为 5 类：

Ⅰ类：主要适用于源头水、国家自然保护区；

Ⅱ类：主要适用于集中式生活饮用水地表水源地一级保护区、珍稀水生生物栖息地、鱼虾类产卵场、仔稚幼鱼的索饵场等；

Ⅲ类：主要适用于集中式生活饮用水地表水源地二级保护区、鱼虾类越冬场、洄游通道、水产养殖区等渔业水域及游泳区；

Ⅳ类：主要适用于一般工业用水区及人体非直接接触的娱乐用水区；

Ⅴ类：主要适用于农业用水区及一般景观要求水域。

对应地表水上述 5 类水域功能，将地表水环境质量标准基本项目标准值分为 5 类，不同功能类别分别执行相应类别的标准值。水域功能类别高的标准值严于水域功能类别低的标准值。同一水域兼有多类使用功能的，执行最高功能类别对应的标准值。

1.3.2.2 水污染物排放标准

水污染物排放标准通常被称为污水排放标准。它是根据受纳水体的水质要求，结合环境特点和社会、经济、技术条件，针对排入环境的污水中的污染物和有害因子所制定的允许排放量（浓度）或限值。它是判定排污活动是否违法的依据。

污染物排放标准可分为国家排放标准和地方排放标准。

① 国家排放标准是生态环境部制定并在全国范围内或特定区域内适用的标准，如《污水综合排放标准》（GB 8978—1996）、《城镇污水处理厂污染物排放标准》（GB 18918—2002）适用于全国范围。

② 地方标准是由省、自治区、直辖市人民政府批准颁布的，在特定区域适用，如北京市地方标准《城镇污水处理厂污染物排放标准》（DB11/890—2012）适用于北京市范围，云南省地方标准《农村生活污水处理设施水污染物排放标准》（DB53/T 953—2019）适用于云南省范围。

国家排放标准和地方排放标准的关系:《中华人民共和国环境保护法》第十六条第二款规定,"省、自治区、直辖市人民政府对国家污染物排放标准中未作规定的项目,可以制定地方污染物排放标准;对国家污染物排放标准已作规定的项目,可以制定严于国家污染物排放标准的地方污染物排放标准。"在两种标准并存的情况下,执行地方标准。

污水综合排放标准与水污染物行业排放标准的关系:污水排放标准按适用范围不同,可以分为污水综合排放标准和水污染物行业排放标准。污水综合排放标准适用于现有单位水污染物的排放管理,以及建设项目的环境影响评价、建设项目环保设施设计、竣工验收及其投产后的排放管理。目前,我国水污染物行业排放标准适用于前文已列出的 12 个工业门类。国家污水综合排放标准与国家行业排放标准不交叉执行。

1.4 水体自净作用与水环境容量

水体自净作用是水环境自然修复的唯一途径,是水环境容量的贡献者。而污水治理工程则是水体自净作用的人工强化。

1.4.1 水体自净作用的过程

污染物随污水排入水体后,经物理、化学和生物等方面的作用,使污染物质的浓度降低、总量减少,经过一段时间,受污染的水体恢复到受污染前的状态,这一现象就称为水体自净作用。

水体自净作用的过程可分为以下 3 类:

① 物理过程,是指污染物由稀释、混合、沉淀等作用使水体污染物质浓度降低的过程。

② 化学及物理化学过程,是指通过氧化、还原、吸附、凝聚、中和等反应使污染物质浓度降低的过程。

③ 生物化学过程,是指由于水中微生物的代谢活动,污染物中的有机质被分解氧化并转化为无害、稳定的无机物,从而使其浓度降低的过程。

任何水体的自净都是上述 3 个过程的综合,其中以生物自净过程为主,生物在水体自净作用中是最活跃、最积极的因素。

一般而言,只要不超过水体自净的容量范围,污染物质就可能被水体逐渐净化,变为无害物质。但是当排入水体的污染物超过了水体本身的自净能力,就会破坏水体的生态平衡,引起水污染。

1.4.2 影响水体自净能力的因素

影响水体自净的因素主要有河流、湖泊、海洋等水体的地形和水文条件,水中微生物的种类和数量,水温和复氧状况,污染物的性质和浓度。

1.4.2.1 污染物种类和特性

因各类污染物本身所具有的物理、化学特性和进入水体中的量不同,对水体自净作用产生的影响也不同，因此可以把污染物分为：① 易降解或难降解的污染物；② 易被生物化学作用分解或易被化学作用分解的污染物；③ 易在好氧条件下降解或易在厌氧条件下降解的污染物；④ 高浓度或低浓度的污染物等。

此外，污染物的浓度对水体的自净作用有着特殊影响。当污染物浓度过高，超过一定限度后，会抑制微生物的活性，水体自净能力会大大降低。如果水中有机污染物浓度很高，在分解过程中可造成水体严重缺氧，有机物被厌氧细菌分解，不仅不能彻底降解，还会生成硫化氢（H_2S）等有毒的臭气，危害环境。

1.4.2.2　水体的水情要素

水体的主要水情要素有水温、流量、流速和含沙量等。

水温可直接影响水中污染物的化学反应速率，还会影响水中饱和溶解氧浓度和水中微生物的活性，从而直接或间接地影响水体的自净作用。

水体的流量、流速等水文水力学条件，直接影响水体的稀释、扩散能力和水体复氧能力。含沙量的多少也影响污染物的迁移和转化，因为泥沙颗粒能吸附水中的某些污染物，当污染物被泥沙吸附并沉降时，水体就会得到净化。

1.4.2.3　溶解氧含量

水中的溶解氧是维持水生生物和净化能力的基本条件，往往也是衡量水体自净能力的主要指标。水中的溶解氧主要来自水体和大气之间界面的气体交换和水生植物光合作用增氧。它们构成了水体的复氧过程。

1.4.2.4　水生生物

生活在水体中的生物种类和数量与水体自净关系密切，尤其是微生物的种类、数量及活跃程度。同时，水体中生物种群、数量及其变化也可以反映水体污染自净的程度、变化趋势等。

1.4.2.5　其他环境因素

水体自净作用的强弱还与大气污染降尘、太阳辐射、水体本身营养物质含量及比例以及底质特征、周围地质地貌等条件有关。

1.4.3　**水环境容量的作用**

根据《全国水环境容量核定技术指南》，水环境容量，是指在给定水域范围和水文条件、规定排污方式和水质目标的前提下，单位时间内该水域最大允许纳污量。

从水体稀释、自净的实质来讲，水环境容量由两部分组成，一为稀释容量也称差值容量，二为自净容量也称同化容量。稀释容量是水的稀释作用所致，因此水量起决定作用。自净容量是水的各种自净作用综合去污容量。所以水体的运动特性和污染物的排放方式起决定作用。

从控制污染的角度来讲，水环境容量可以从两个不同的方面反映：其一是绝对容量，即某一水体所能容纳某污染物的最大负荷量，不受时间的限制；其二是年容量，即在水体中污染物累计浓度不超过环境标准规定的最大容许值的前提下，每年水体所能容纳的某种污染物的最大负荷量。年容量受时间限制，并且和水体的本底量、水质标准及净化能力有关。

水环境容量的主要作用有两个方面：一是对排污进行控制，浓度控制和总量控制；二是利用水体自净能力进行环境规划。将水体环境容量的利用与污水处理、城市规划等结合起来，合理地使用环境容量。做到在社会发展和经济发展的过程中，既尽量使用水环境容量，又不致使水环境受到损害。

1.4.4　影响水环境容量的因素

水环境容量是建立在水质目标和水体稀释自净规律的基础上的，因此，一个特定的水体对污染物的容量是有限的，它的大小与水体环境的空间特性、运动特性、功能、本底值、自净能力及污染物性质、排放浓度、排放数量和排放方式等诸多因素有关，主要包含以下五大影响因素。

1.4.4.1　水环境质量标准

水环境质量标准取决于国家的环境政策、地区的环境要求、水域功能、经济行政能力、环境科学和技术水平。

一般来说对环境要求高、水域功能高，相应的水环境容量就小。人类社会在生存和发展的过程中，对各种环境要素的质量要求越来越高，因此，随着社会的进步，以及人们生活质量的提高，水环境容量将逐渐变小。

1.4.4.2　水体自净能力

水体自净能力越大，也就是水体环境自净容量越大，相应的水环境容量也就越大。就目前国内水体的主要污染物——有机物而言，水体自净能力主要与水体复氧有关，而水体复氧能力主要取决于水体的运行特性，其中主要是流速，因此水体流速越大，水体自净容量越大，水环境容量也就越大。

例如，三峡库区在建坝前后，径流量几乎不变，而建坝后由于过水断面大大增大，因而水流速度大大减小，水体的自净容量也大大减小，其纳污量也减小很多。所以必须在库区及其上游地区建设许多污水处理厂，以减少进入库区的污染物的量，才能确保环境质量不变劣。

1.4.4.3　水体自然背景值

水体自然背景值，也就是在天然情况下水体中污染物的浓度，在实际应用中一般用上游来水中的污染物浓度来表示。

水体环境质量标准与背景值之差表示绝对容量的大小。因而，背景值越大，绝对容量越小，也就是环境容量越小。

1.4.4.4　污染物的性质及排污点的位置和方式

就剧毒物质和生物富集性重金属离子而言，它们对人类和生物的危害极大，对它们的水质标准极为严格，所以，相应的水环境容量甚小。在实际应用中，最好不要利用这类水环境容量，以免造成重大或长久危害。

对于不可生物降解物质而言，其只有稀释容量，因而其相应的水环境容量小一些。对于可生物降解物质而言，不但具有稀释容量，还具有自净容量，所以相应的水环境容量就会大些。

排污点的分布和排污口的设置也会影响水环境容量。这是因为排污点的分布和排污口的设置，其扩散稀释作用直接影响污染物的浓度，而对生物的耐受能力来说，主要度量仍是浓度而非总量。所以当排污点沿途分布均匀，排污口设置有利于污染物的迅速扩散和混合均匀时，水环境容量相应就大些。

1.4.4.5　水量

水量的大小决定环境容量的大小，影响自然水体的自净能力。这也是长江的纳污量是黄河的数倍而水环境质量状况仍然优于黄河的主要原因。一般枯水期水环境容量相对较小，而丰水期相对较大。因而在计算河流水环境容量时，应选择枯水期流量为计算流量，这样，对于确保河流水环境质量而言更安全。

1.5　水污染控制的基本原则和方法

随着各类用水量的增加，随污水进入自然水体中的污染物的种类和数量都在增加，如果不加大防治力度，水污染问题是非常严重的。为了防止这种情况出现，必须达到以下目标：① 保证长期持久地利用水资源，并使水体环境质量逐步提高，尤其是城市周边的水体。② 保护人民的生活和健康状态不受以水为媒介的疾病和病原体的影响。③ 保持生态系统的完整性。

1.5.1　水污染控制的基本原则

在我国污水排放总量中，工业废水排放量约占60%。水体中绝大多数有毒有害物质来源于工业废水，工业废水大量排放是造成水环境状况日趋恶化、水体使用功能下降的重要原因。我国江河流域普遍遭到污染，因此，工业水污染的防治是水污染防治的首要任务。国内外工业水污染防治的经验表明，工业水污染的防治必须采取综合性对策，从宏观性控制、技术性控制以及管理性控制3个方面着手，才能起到良好的整治效果。

1.5.1.1　宏观性控制对策

优化产业结构与工业结构，合理进行布局。在产业规划和工业发展中，贯穿可持续发展的指导思想，调整产业结构，完成结构的优化，使之与环境保护相协调。工业结构的优化与调整应按照"物耗少、能耗少、占地少、污染少、技术密集程度高及附加值高"的原则，限制发展那些能耗大、用水多、污染大的工业，以降低单位工业产品或产值的排水量及污染物排放负荷。

1.5.1.2 技术性控制对策

技术性控制对策主要包括积极推行清洁生产、提高工业用水重复利用率、实行污染物排放总量控制制度、实行工业废水与城市生活污水集中处理等。

（1）积极推行清洁生产——减少污染物的生产量

清洁生产是通过生产工艺的改进和革新、原料的改变、操作管理的强化以及污染物的循环利用等措施，将污染物尽可能地消灭在生产过程之中，使污染物排放量减少。在工业企业内部加强技术改造，推行清洁生产，是防治工业水污染的最重要的对策与措施。

（2）提高工业用水重复利用率——减少污水排放量

减少工业用水意味着不仅可以减少排污量，而且可以减少工业新鲜用水量。因此，发展节水型工业不仅可以节约水资源，缓解水资源短缺和经济发展的矛盾，同时对于减少水污染和保护水环境具有十分重要的意义。

工业节约用水措施可分为 3 种类型：技术型、工艺型与管理型，如表 1-2 所示。这 3 种类型的工业节水措施可从不同层次上控制工业用水量，形成一个严密的节水体系，以达到节水同时减污的目的。

表 1-2　工业节水措施的类型

技术型工业节水	工艺型工业节水	管理型工业节水
间接冷却水的循环使用	改变高耗水型工艺	完善用水计量系统
生产工艺水的回收利用	少用水或不用水	制定和实行用水定额制度
水的串接使用	汽化冷却工艺	实行节水奖励、浪费惩罚制
水的多种使用	空气冷却工艺	制定合理水价
采用各种节水装置	逆流清洗工艺	加强用水考核
	干法洗涤工艺	

工业用水的重复利用率是衡量工业节水程度高低的重要指标。提高工业用水的重复用水率及循环用水率是一项十分有效的节水措施。

（3）实行污染物排放总量控制制度——促进企业从源头治理

长期以来，我国工业废水的排放一直实施浓度控制的方法。这种方法对减少工业污染物的排放起到了积极作用，但也出现了某些工厂采用清水稀释污水以降低污染物浓度的不正当做法。污染物排放总量既要控制工业废水中的污染物浓度，又要控制工业废水的排放量，从而使排放到环境中的污染物总量得到控制。实施污染物排放总量控制是我国环境管理制度的重大转变，将对防治工业水污染起到积极的促进作用。

（4）实行工业废水与城市生活污水集中处理——减少进入水体的污染物

在建有城市污水集中处理设施的城市，应尽可能地将工业废水排入城市下水道，使其进入城市污水处理厂与生活污水合并处理。但工业废水的水质必须满足进入城市下水道的水质标准。对于不能满足标准的工业废水，应在工厂内部先进行适当的预处理，使水质满足标准后，方可排入下水道。实践表明，在城市污水处理厂集中处理工业废水与生活污水能节省基建投资和运行管理费用，取得更好的处理效果。

1.5.1.3　管理性控制对策

实行环境影响评价制度和"三同时"制度，进一步完善污水排放标准和相关的水污染控制法规和条例，加大执法力度，严格限制污水的超标排放。规范各单位的污染物排放口，对各排放口和受纳水体进行在线监测，逐步建立完善城市和工业排污监测网络和数据库，进行科学的监督和管理，杜绝"偷排"现象。

1.5.2　水处理的基本方法

根据我国水体的污染特征，水体污染物主要来自城市生活污水和工业废水。因此水污染控制的工程措施关键在于解决城市生活污水和工业废水的污染问题。

1.5.2.1　污水集中处理工程

（1）处理方法分类

根据处理原理的不同，污水集中处理工程采用的技术通常分为物理法、化学/物化法和生物法。

物理方法主要包括对污水进行筛选、混合、絮凝、沉淀、浮选以及过滤等典型的物理单元操作，以去除各种较大的漂浮物和可沉淀固体，处理过程中不改变其化学性质。

化学/物化法是通过投加化学药剂或利用其他化学/物化反应去除污水中污染物质或使污染物质转化为无害物质的各种处理方法。常用的化学/物化法有混凝沉淀、电解、气体传递、吸附、中和、氧化还原、离子交换、消毒等。

生物法主要是利用微生物的生命活动来去除污水中可生物降解的胶体态的和溶解态的有机物质，该方法使有机物质基本上被转化为可逸散到空气中的各种气体及通过沉降可以去除的细胞组织。生物法分为好氧分解生物处理和厌氧分解生物处理两大类。其中好氧分解生物处理主要有活性污泥法和生物膜法，而厌氧分解生物处理则采用厌氧消化法。

以上这些方法各有其使用范围，对于生活污水和工业废水中多种多样的污染物质，往往要通过由几种方法组成的处理系统进行处理，才能达到要求的处理程度。实际工作中，究竟采用哪些方法组成的系统进行处理要根据污水的水质、水量、排放标准、废物回收的经济价值、设备运行的费用等条件以及各个地区或部门的不同情况，通过调查、研究、比较后确定。

（2）水处理流程

根据对污水的不同净化要求和水处理流程，各种处理步骤可分为一级处理、二级处理和三级处理，见图 1-5。

一级处理：主要是去除水中漂浮物和部分悬浮状态的污染物质，调节 pH。一级处理由筛滤、重力沉降、浮选等物理方法串联组成，可以除去污水中大部分粒径在 100 μm 以上的大颗粒物质，减轻污水的腐化程度，降低后续处理工艺的负荷，经过一级处理后的污水一般达不到排放标准，必须进行二级处理。

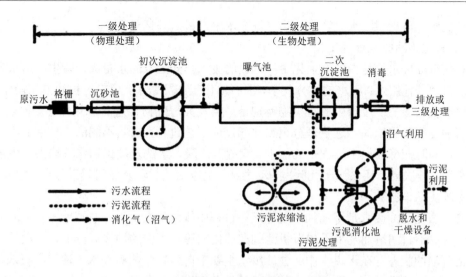

图 1-5　典型的生活污水处理工艺流程

二级处理：二级处理主要是大幅度去除污水中呈胶态和溶解态的有机污染物，以生物处理作为污水二级处理的主体工艺。按 BOD_5 去除率可分为两类：一类是 BOD_5 去除率为 75%左右（包括一级处理），处理出水的 BOD_5 可达到 60 mg/L 以下，称为不完全二级处理；另一类是 BOD_5 去除率达 85%～95%（包括一级处理），出水 BOD_5 可达到 20 mg/L 以下，称为完全二级处理。二级处理常用的方法有活性污泥法和生物膜法。

三级处理：三级处理也可称为深度处理，是采用一些单元操作和单元过程联合装置来去除二级处理未能完全去除的污染物质，如氮、磷等。目的在于控制富营养化，并使污水能够回用。采用的方法有生物深度脱氮、混凝沉淀、活性炭过滤、离子交换和电渗析等。三级处理能够除去大部分的氮和磷，使 BOD_5 从 20～30 mg/L 降低到 5 mg/L 以下。完善的三级处理包括除磷、除氮，去除难降解的有机物，去除溶解性盐和病原体等过程。

（3）典型污水处理工程实例

1）生活污水处理工程

生活污水是居民日常生活中排出的污水，主要源于居住建筑和公共建筑，如住宅、机关、学校、医院、商店、公共场所及工业企业卫生间等。生活污水所含的污染物主要是有机物（如蛋白质、碳水化合物、脂肪、尿素、氨氮等）和大量病原微生物（如寄生虫卵和肠道传染病毒等）。存在于生活污水中的有机物极不稳定，容易腐化而产生恶臭。细菌和病原体以生活污水中的有机物为营养而大量繁殖，可导致传染病蔓延流行。

图 1-5 为典型的生活污水处理流程。污水经过格栅去除粗大的悬浮物和漂浮物，然后由沉砂池去除粗砂。随后，污水进入初次沉淀池，利用重力作用去除大部分无机悬浮物（相对密度＞1）和小部分有机物质。格栅、沉砂池、初次沉淀池即为一级处理工艺。出水进入曝气池，利用微生物降解污水中的有机物质，然后通过二次沉淀池，将微生物絮凝体与水分离，上清液消毒处理后即可达标排放。曝气池、二次沉淀池、消毒池即为二级处理工艺。如果对于污水有回用或更高的要求，二级处理以后还可以设置三级处理工艺。初次沉淀池沉淀下来的无机物和二次沉淀池沉淀下来的微生物絮凝体即污泥，需要专门的处理工艺。首先通过污泥浓缩池，去除污泥中的大部分水分，然后通过污泥消化池，降解污泥

中的有机质，再利用脱水设备进一步降低含水率，最后外运处置。

2）石化炼油废水处理工程

石化炼油废水，是指由石油化工厂排放的废水。其污水的水量大，除生产污水外，还有冷却水及其他用水；废水的组分复杂，因石油化工产品繁多，反应过程和单元操作复杂，废水性质复杂多变；废水中的有机物特别是烃类及其衍生物含量高，并含有多种重金属。

石油炼制是将原油经过物理分离或化学反应工艺过程，按其不同沸点分馏成不同的石油产品，同时在炼油加工过程中的注水、汽提、冷凝、水洗及油罐切水等均为产生废水的主要来源，其次废水还来源于化验室、动力站、空压站及循环水场等辅助设施，以及食堂、办公室等生活设施。

含油石化炼油废水是炼油加工及储运等过程中排水量最大的一种废水，水中主要含有原油、成品油、润滑油及少量的有机溶剂和催化剂等。水中的油多以浮油、分散油、乳化油及溶解油的状态存在于废水中。含油废水主要来自装置中的凝缩水、油气冷凝水、油品油气水洗水、油泵轴封、油罐切水及油罐等设备洗涤水、化验室排水等。

图 1-6 为典型的含油石化炼油废水处理工艺流程。含油生产废水经过调节罐均和水质、水量后，进入旋流油水分离器，通过水力旋流的作用，将大颗粒的油滴和水分开。较小的悬浮油，混入水中难以分离，则进入斜管隔油池，静沉后上浮去除。更小的油滴，需要用气浮工艺，由池底产生的小气泡携带油脂颗粒上浮。即使油脂颗粒小到和水形成乳浊液，也能通过加破乳剂后气浮去除。至此，含油污水中的油脂基本处理完毕。后续进入果壳过滤器，去除细微悬浮颗粒物后进入水解调节池，在缺氧的条件下通过微生物初步降解水中的有机质，将大分子水解为小分子。随后废水进入 MBR 池，先由好氧微生物分解废水中的有机物质，由超滤膜分离出水，再设置生物接触氧化池，微生物将有机质彻底矿化成二氧化碳和水，最后通过二次沉淀池泥水分离后排放。

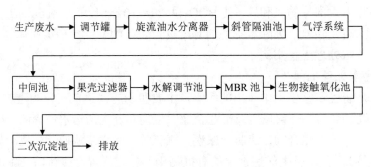

图 1-6　典型的含油石化炼油废水处理工艺流程

3）电镀废水处理工程

电镀废水，是指电镀生产排出的废水或废液，其来源一般为：① 镀件清洗水；② 废电镀液；③ 其他废水，包括冲刷车间地面、刷洗极板洗水、通风设备冷凝水，以及由于镀槽渗漏或操作管理不当造成的"跑、冒、滴、漏"的各种槽液和排水；④ 设备冷却水。电镀废水的水质复杂，成分不易控制，其中含有铬、镉、镍、铜、锌、金、银等重金属离子和氰化物等，有些属于致癌、致畸、致突变的剧毒物质。电镀废水的水质、水量与电镀生产的工艺条件、生产负荷、操作管理及用水方式等因素有关。

当前国内处理电镀废水主要是先将其分成3类：① 含铬废水，主要用还原法来处理六价铬；② 含氰废水，主要用破氰法来处理；③ 其他废水，包括铜、镍、锌等，针对不同金属离子的特性，有不同的处理方法。

图1-7为典型的含铬电镀废水处理工艺流程。含铬废水首先进入调节池均和水质、水量，然后进入还原反应池，在酸性条件下，由硫酸钠（Na_2SO_4）充当还原剂，将六价铬（Cr^{6+}）还原为三价铬（Cr^{3+}），加入中和池A，加碱（OH^-）和助凝剂，保持废水pH为8左右，将形成氢氧化铬[$Cr(OH)_3$]絮体沉淀，通过斜管沉淀池去除絮体沉淀。细微的沉淀颗粒难以通过重力作用去除，则通过砂滤罐滤除。最后在中和池B将污水pH调节至中性附近即可达标排放，或用于企业的消防蓄水。斜管沉淀池沉淀的氢氧化铬沉渣，首先通过污泥池初步浓缩去除水分，然后利用板框压滤机进一步去除水分后外运处置。压滤机压出的水分，则回流至中和池A，进一步进行处理。

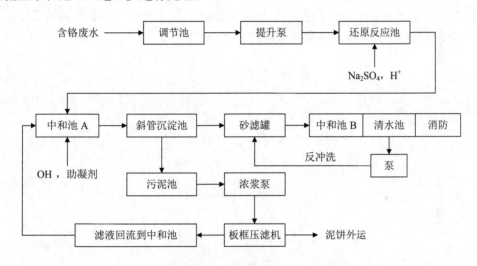

图1-7 典型的含铬电镀废水处理工艺流程

1.5.2.2 自然条件下的污水处理工程

（1）人工湿地

人工湿地是由人工建造和控制运行的与沼泽地类似的地面，将污水、污泥有控制地投配到经人工建造的湿地上，污水与污泥在沿一定方向流动的过程中，主要利用土壤、人工介质、植物、微生物的物理、化学、生物三重协同作用，对污水、污泥进行处理。其作用机理包括吸附、滞留、过滤、氧化还原、沉淀、微生物分解、转化、植物遮蔽、残留物积累、蒸腾水分和养分吸收及各类动物的作用。

人工湿地是一个综合的生态系统，它应用生态系统中物种共生、物质循环再生原理，结构与功能协调原则，在促进污水中污染物质良性循环的前提下，充分发挥资源的生产潜力，防止环境的再污染，获得污水处理与资源化的最佳效益。

人工湿地的植物还能够为水体输送氧气，增加水体的活性。湿地植物在控制水质污染、降解有害物质方面也起到了重要的作用。

湿地系统中的微生物是降解水体中污染物的主力军。好氧微生物通过呼吸作用，将污水中的大部分有机物分解成为二氧化碳和水，厌氧细菌将有机物质分解成二氧化碳和甲烷，硝化细菌将铵盐硝化成硝态氮和亚硝态氮，反硝化细菌将硝态氮还原成氮气等。通过这一系列的作用，污水中的主要有机污染物都能得到降解同化，成为微生物细胞的一部分，其余的变成对环境无害的无机物质回归到自然界中。

湿地生态系统中还存在某些原生动物及后生动物，甚至一些湿地昆虫和鸟类也能参与吞食湿地系统中沉积的有机颗粒，然后进行同化作用，将有机颗粒作为营养物质吸收，从而在某种程度上去除污水中的颗粒物。

（2）污水土地处理

污水土地处理系统是利用土壤—微生物—植物系统的陆地生态系统的自我调控机制和对污染物的综合净化能力处理城市污水，使水质得到不同程度的改善，同时通过营养物质和水分的生物化学循环，促进绿色植物生长并使其增殖，实现污水资源化和无害化。

国内外土地处置系统经历了漫长而曲折的发展过程，目前，土地处置系统已发展为可替代二级处理甚至三级处理的重要水处理途径之一。

第2章 城镇污水一级处理工艺

城镇污水一级处理工艺主要应用物理方法，如筛滤、沉降等工艺去除污水中大部分不溶解的漂浮物质、悬浮固体和少部分有机物质。经过一级处理后，污水的 SS 指标降低，减少了水中有机质和病原微生物的附着场所，有利于后续提高二级处理、三级（深度）处理的效率。

2.1 格栅和筛网

2.1.1 格栅

2.1.1.1 格栅的作用

格栅是用于去除污水中体积较大的漂浮物和悬浮物，以保证后续处理设备正常工作的一种装置，通常由一组或多组平行金属栅条制成的框架组成，倾斜或直立地设立在进水渠道中，用以截流较大的悬浮物或漂浮物，如纤维、碎皮、毛发、木屑、果皮、蔬菜、塑料制品等，以保护后续设备、减轻后续处理单元的负荷。

格栅一般由相互平行的格栅条、格栅框和清渣耙 3 部分组成。被截留的物质称为栅渣。

2.1.1.2 格栅的分类

目前，国内生产的格栅种类繁多，各污水处理厂可以根据自己厂里的土建设施、进水水质以及水量等情况来选择不同种类的格栅。

（1）按栅条形式分类

按栅条形式分，格栅分为直棒式栅条格栅、弧形格栅、转筒式格栅和活动栅条格栅。

（2）按栅条间距分类

按栅条间距分，格栅分为粗格栅（间距为 40～100 mm）、中格栅（间距为 10～40 mm）、细格栅（间距为 3～10 mm）。随着深度处理和膜处理工艺的应用，对格栅的去除效果要求更高，精细格栅（间距为 1 mm）开始推广应用。

（3）按栅渣清除方式分类

根据格栅上截留物的清除方法不同，可将格栅分为人工清理格栅和机械格栅。

① 人工清理格栅。人工清理格栅只适用于处理水量不大或所截留的污染物量较少的场合。此类格栅用直钢条制成，与水平面成 45°～60°倾角放置。栅条间距视污水中固体颗粒大小而定，污水从间隙中流过，固体颗粒被截留，然后由人工定期清除。图 2-1 为人工清

理格栅的示意图。

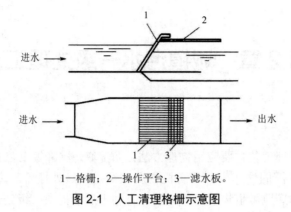

1—格栅；2—操作平台；3—滤水板。

图 2-1 人工清理格栅示意图

② 机械格栅。机械格栅适用于大型污水处理厂需要经常清除大量截留物的场合。一般与水平面成 60°～70°，有时也成 90°角安置。

机械格栅可分为两大类：一类是格栅固定不动，截留物用机械方法清除，如移动式伸缩臂机械格栅（图 2-2）；另一类是活动格栅，如钢丝索格栅和转鼓式格栅。

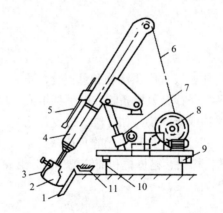

1—格栅；2—耙斗；3—卸污板；4—伸缩臂；5—卸污调整杆；6—钢丝绳；7—臂角调整机构；
8—卷扬机构；9—行走轮；10—轨道；11—皮带运输机。

图 2-2 移动式伸缩臂机械格栅

栅渣清除方式与格栅拦截的栅渣量有关，当格栅拦截的栅渣量大于 $0.2\ m^3/d$ 时，一般采用机械清渣方式。

（4）按栅耙的位置分类

按栅耙的位置分，格栅分为前清渣式格栅和后清渣式格栅。前清渣式格栅要顺水流清渣，后清渣式格栅要逆水流清渣。

（5）按构造特点分类

按构造特点分，格栅可分为齿耙式格栅、循环式格栅、弧形格栅、回转式格栅、转鼓式格栅和阶梯式格栅。

2.1.1.3 常见格栅的结构及工作过程

（1）移动式格栅

移动式格栅一般用于粗格栅，少数用于中格栅。因为这些格栅拦渣量少，只需定时或者根据实际情况除渣即可满足要求，数面格栅只需安装一台除渣机，当任何一面格栅需要除渣时，操作人员可将其开到这面格栅前的适当位置，然后操作除渣机将垃圾捞出卸到地面或皮带运输机上。移动式格栅除渣机的滚轮可以是胶轮，也可以是行走在钢轨上的钢轮。在大型污水处理厂中，因粗格栅都是呈平行排设置的，为了移动除渣机定位准确，一般都采用轨道。这种移动式格栅有悬吊式、伸缩臂式（图2-2）、全液压式等。

（2）钢丝绳牵引式格栅

钢丝绳牵引式格栅采用钢丝绳带动铲齿，可适用较大渠深。这种格栅除污机有倾斜安装的，也有垂直安装的。其工作原理是除污机的抓斗（齿耙）呈半圆形，沿侧壁轨道上下运行。三条钢丝绳中的两条用于提升和下降，一条用于抓斗的吃入与抬起。抓斗可在旋转轴的驱动下，以任意的角度运转，在自动运行中清污运动连续且重复。在限位开关、传感器和驱动装置的操纵下，开合卷筒和升降卷筒可协调运转，使抓斗上下运行，并可在任意高度上吃入与脱开，完成一次次的工作循环。由于抓斗的耙齿是靠自重吃入格栅，所以在运行时经常会出现耙齿吃入不深，特别是在垃圾杂物较多时耙齿插不进的问题。解决这个问题的主要方法是频开机，勿使格栅前积聚很多垃圾。

（3）回转式机械格栅

回转式机械格栅是一种可以连续自动清除栅渣的格栅，结构示意如图2-3所示。它由许多个相同的耙齿机件交错平行组装成一组封闭的耙齿链，在电动机和减速机的驱动下，通过一组槽轮和链条组成连续不断的自上而下的循环运动，达到不断清除格栅的目的。当耙齿链运转到设备上部及背部时，由于链轮和弯轨的导向作用，可以使平行的耙齿排产生错位，使固体污物靠自重下落到渣槽内，脱落不干净时，这类格栅容易把污物带到栅后渠道中。回转式机械格栅因技术成熟、运行稳定得到广泛应用。

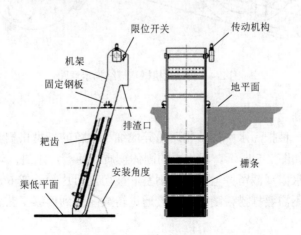

图2-3 回转式机械格栅示意图

（4）转鼓式机械格栅

转鼓式机械格栅又称细栅过滤器或螺旋格栅机，是一种集细格栅除污机、栅渣螺旋提升机和栅渣螺旋压榨机于一体的设备。它能实现城市生活污水厂、工业废水处理工程中漂浮物质、沉降物质及悬浮物质的固液分离、滤渣清洗、传输及压榨脱水。

转鼓式机械格栅结构示意如图 2-4 所示。它由格栅片按栅间隙制成鼓形栅筐，待处理水从栅筐前流入，通过格栅过滤，流向水池出口，栅渣被截留在栅面上，当栅内外的水位差达到一定值时，安装在中心轴上的旋转齿耙回转清污，当清渣齿耙把污物扒集至栅筐顶点的位置时，开始卸渣（能靠自重下坠的栅渣卸入栅渣槽）；然后后转 15°，被栅筐顶端的清渣齿板把黏附在耙齿上的栅渣自动刮除，卸入栅渣槽。栅渣由槽底螺旋输送器提升，至上部压榨段压榨脱水后卸入输送带上或垃圾车里外运。被压榨脱水后的滤渣，固体含量可达 25%～45%，对于减少外运费用和防止二次污染发挥着重要作用。

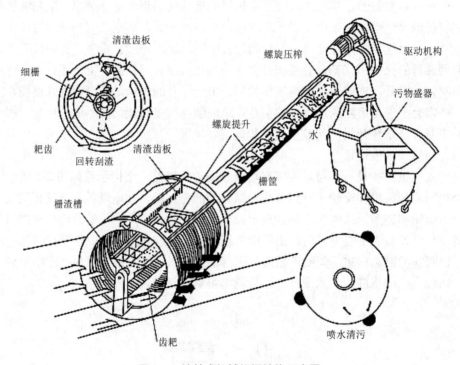

图 2-4 转鼓式机械格栅结构示意图

（5）粉碎式格栅

粉碎式格栅是一种把污水中固体物质粉碎成细小颗粒的新型格栅，起到保护后续水泵的作用，结构示意如图 2-5 所示。污水中的固体物质能随着污水进入转鼓区，固体物质能被旁边的旋转式过水栅网截留并输送至切割室，被切割刀片粉碎成 6～10 mm 的小颗粒，被粉碎后的小颗粒不需要打捞，随污水直接通过转鼓区流到后续工艺。

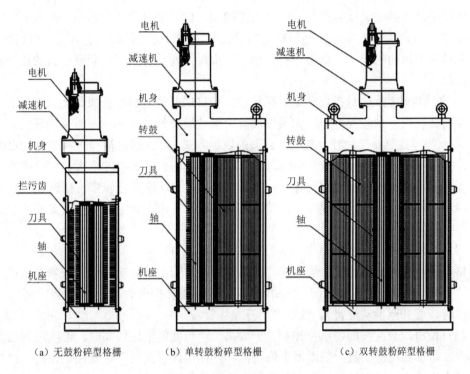

（a）无鼓粉碎型格栅　　　（b）单转鼓粉碎型格栅　　　（c）双转鼓粉碎型格栅

图 2-5　粉碎式格栅示意图

2.1.1.4　格栅运行管理

（1）格栅的运行参数

影响格栅效果的有栅距、过栅流速和水头损失 3 个工艺参数。

① 栅距。栅距即相邻两根栅条间的距离。一般情况下，生活污水处理厂粗格栅拦截的栅渣并不太多，只能拦截一些非常大的污染物，但它能有效地保护中格栅的正常运转。中格栅对栅渣的拦截起最主要的作用，绝大部分栅渣将在中格栅被拦截下来，细格栅将进一步拦截余下的栅渣。

② 过栅流速。污水在栅前渠道内的流速一般控制在 0.4～0.8 m/s，通过格栅的流速一般控制在 0.6～1.0 m/s。过栅流速不能太大，否则将把本该阻挡下来的软性栅渣一起冲走。过栅流速也不能太小。假设过栅流速低于 0.6 m/s，栅前渠道内的流速将有可能低于 0.4 m/s，污水中粒径较大的砂粒将有可能在栅前渠道内堆积。

③ 水头损失。污水过栅水头损失与过栅流速有关，一般污水通过格栅的最小流速采用 0.3 m/s，最大流速不超过 1.0 m/s。假设过栅水头损失即格栅前后水位差增大，此时，有可能是因为过栅水量增加，也有可能是因为格栅部分被堵死。如过栅水头损失减小，说明格栅流速下降，此时要注意砂在栅前渠道内的堆积。

（2）格栅除污机的运行方式

一般来说，格栅除污机没有必要昼夜不停地运转，长时间运转会加速设备的磨损和电能的浪费。有些除污机如高链式自动格栅除污机和钢丝绳牵引式格栅除污机，每次仅捕获几片树叶或一两个塑料袋也是一种浪费，因此积累一定数量的栅渣后间歇开机较为经济。

格栅除污机间歇运行的控制方式有人工控制、自动定时控制和水位差控制。

① 人工控制又分为定时控制与视渣情况控制。其中，定时控制是制订一个开机时间表，操作人员在规定的时间去开机与停机，也可以由操作人员每天定时观察拦截的栅渣状况，按需开机。

② 自动定时控制，是指自动定时机构按预定好的时间开机与停机。人工与自动定时控制，都需要有人时刻监视渣情，如果发现有大量垃圾突然涌入，应及时手动开机。

③ 水位差控制是一种较为先进、合理的控制方式。污水通过格栅时都会有一定的水头损失，拦截的栅渣增多时，水头损失增大，即栅前与栅后的水位差增大。利用传感器测量水位差，当水位差达到一定数值时（一般为 0.3 m），说明栅渣已较多，格栅除污机应立即开动除渣。这种方式自动化程度高，节省人力，也不易出现异常情况，但关键是要保证传感器及控制系统的正常工作。

（3）格栅及耙渣设备的操作

格栅是污水处理厂的第一道工序，其操作适当与否直接影响后续构筑物的负荷。操作时要检查耙渣的各部分设备状况、润滑状况等。特别是转换自动、手动手柄要彻底切开（手动操作时，要开至手动位置），以免切不开损坏设备。

每日耙渣次数应按栅前水位控制，一般来说，当栅前水位较高时，说明污物已影响水流条件，可增加耙渣次数；当栅前水位较低，且在设计水位以下时要停止耙渣，否则因水位太低会造成水泵的汽蚀现象。

不同的格栅除污机，其操作保养方法不同，但有些共同问题应注意：

① 清除间隔不能太长，不要等格栅上的垃圾堆得很多时才清除。

② 需要加注润滑油的部分要经常检查和及时加油。

③ 钢丝绳格栅运行时应注意避免钢丝绳错位。

④ 当格栅的耙齿或其他部件卡住时，不要强行开机，以免损坏机械。

⑤ 经常检查电器限位开关是否失灵。

⑥ 及时维护、保养，如刷漆等。

栅渣很脏很杂，它包括塑料薄膜、破布、粪便等脏物。贮存、运输、处置栅渣是件很麻烦的事，刚捞上来的栅渣含水率常达 80% 以上，目前多采用栅渣压滤机去除水分，当直接外排时，最好在格栅平台上让其滤去些水分，然后用车外运。人工清除栅渣是劳动强度大、工作条件差的工作之一。应加强劳动保护工作，栅渣的贮存地须采取卫生和灭蚊蝇等措施。栅渣的最终处置方法有堆放空地、填埋和焚烧 3 种。如果城市垃圾处理部门能接收，送入城市垃圾场也是一个妥善的办法。

（4）格栅除污机的常见故障及排除

格栅除污机的常见故障点、故障现象、原因分析和排出方法见表 2-1。

表 2-1　格栅除污机的常见故障点、故障现象、原因分析和排除方法

故障点	故障现象	原因分析	排除方法
电机	跳闸	负荷过大，传动部件磨损或被异物卡住	查清原因，清除异物，及时清渣，对损坏的传动部件进行调整，加润滑油

故障点	故障现象	原因分析	排除方法
电机	发热	负荷过大或轴承磨损，润滑油变质、不足，连接部件移位	查清原因，更换磨损的轴承，加润滑油，调整与连接部件的水平度与垂直度
传动件	不能有效去除杂物	格栅或耙齿变形、损坏，栅距增大	修理或更换损坏的部件
	减速机发热、有异响	轴承、齿轮损坏，油位过低或过高，机油变质	更换损坏部件，按要求加注润滑油
	驱动链轮、链条时有异响	链条松弛，机械磨损，缺润滑油	张紧松弛的链条，更换磨损的部件，加注润滑油
主体结构	运行时有异响，振动	行走链条、链轮、主轴导轨、托杆、轴承、密封等磨损或破损	修理或更换损坏的部件，按要求加注润滑油

2.1.2 筛网

2.1.2.1 筛网的作用

一些工业废水中含有较细小的悬浮物，尤其是中纤维类的悬浮物和食品工业的动植物残体碎屑，它们不能被格栅拦截，也难以通过沉淀的方式去除，这就需要用到筛网。

筛网一般用薄铁皮钻孔制成，或用金属丝编制而成，孔眼直径为 0.5～1.0 mm。选择不同尺寸的筛网能去除和回收不同类型和大小的悬浮物，如纤维、纸浆、藻类等。用筛网分离，具有简单、高效、运行费用低廉等优点，一般用于规模较小的污水处理。

2.1.2.2 筛网的分类

筛网的形式有很多种。图 2-6 所示为转鼓式筛网，转鼓绕水平轴旋转，圆周转速约为 0.5 m/s，污水由鼓外进入，通过筛网的孔眼过滤，流入鼓内。悬浮物（细微颗粒、纤维等）被截留在鼓面上，在其转出水面后经滤渣挤压轮挤压脱水，再用刮刀刮下回收。

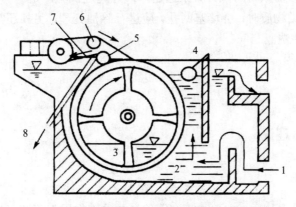

1—进水；2—转鼓池；3—滤后水；4—水位浮球；5—滤渣挤压轮；6—调整轮；7—刮刀；8—滤渣回收。

图 2-6 转鼓式筛网

图 2-7 所示为一种水力驱动转鼓式筛网。该装置设在水渠出口或水池入口处，当含有纤维的污水流入转鼓式筛网时，随着转鼓旋转，纤维被带至转鼓上部，经加压水冲洗后落

在滑纤板上，滑落至集纤盘再由人工清理。转鼓的驱动是以水作动力，将冲网水分出一部分直接注入水斗，在水斗重力的作用下，使转鼓产生一个扭矩，致使转鼓旋转。这种形式的转鼓式筛网的优点是不需要电力，结构简单可靠，运行费用低。筛网及过水部分均为不锈钢制作。

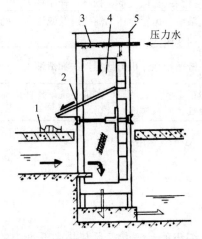

1—集纤盘；2—滑纤盘；3—冲网水管；4—筛网；5—箱体。

图 2-7　水力驱动转鼓式筛网

2.1.2.3　筛网的运行管理

筛网运行管理的注意事项如下：

① 当污水呈酸性或碱性时，筛网的设备应选用耐酸碱、耐腐蚀材料制成。

② 在运行过程中要合理控制进水流量，做到进水均匀，并采取措施尽量减少进水口来料对筛面的冲击力，以确保筛网的使用寿命并减少维修量。

③ 筛网尺寸应按需截留的微粒大小选定，最好通过试验确定。

④ 当污水含油类物质时，会堵塞网孔，应进行除油处理，另外还需要定期采用蒸汽或热水等对筛网进行冲洗。

2.2　沉降工艺

2.2.1　沉降的基本理论

2.2.1.1　沉降的作用

沉降是使水中悬浮物质（主要是可沉固体）在重力作用下下沉，从而与水分离，使水质得到澄清。这种方法简单易行，分离效果良好，是水处理的重要工艺，在每一种水处理过程中都不可缺少。在各种水处理系统中，沉降的作用有所不同，大致如下：① 作为化学处理与生物处理的预处理；② 用于化学处理或生物处理后，分离化学沉淀物、活性污泥或生物膜；③ 污泥的浓缩脱水；④ 灌溉农田前作灌前处理。

2.2.1.2 沉降的类型

按照水中悬浮颗粒的浓度、性质及其絮凝性能的不同，沉降现象可分为以下几种类型：

① 自由沉降。悬浮颗粒的浓度低，在沉降过程中互不黏合，不改变颗粒的形状、尺寸及密度。如沉砂池中颗粒的沉降。

② 絮凝沉降。在沉降过程中能发生凝聚或絮凝作用、浓度低的悬浮颗粒物的沉降，由于絮凝作用颗粒质量增加，沉降速度加快，沉速随深度而增加。经过化学混凝的水中颗粒的沉淀即属絮凝沉降。

③ 成层沉降。水中悬浮颗粒的浓度比较高，在沉降过程中，产生颗粒互相干扰的现象，在清水与浑水之间形成明显的交界面，并逐渐向下移动，因此称为成层沉降。活性污泥法中的二次沉淀池以及污泥浓缩池中的初期情况均属这种沉降类型。

④ 压缩沉降。一般发生在高浓度的悬浮颗粒的沉降过程中，颗粒相互接触且部分颗粒受到压缩物的支撑，下层颗粒间隙中的液体被挤出界面，固体颗粒群被浓缩。浓缩池中污泥的浓缩过程属此种类型。

2.2.1.3 沉降曲线

污水中的悬浮物实际上是大小、形状及密度都不相同的颗粒群，其沉淀特性也因污水性质不同而异。因此，通常要通过沉降试验来判定其沉淀性能，并根据所要求的去除率来取得沉降时间和沉降速度这两个基本设计参数。按照试验结果所绘制的各参数之间的相互关系的曲线，统称为沉降曲线。对于不同类型的沉降，它们的沉降曲线的绘制方法是不同的。

图 2-8 为自由沉降型的沉降曲线。其中图 2-8（a）为去除率（η）与沉降时间（t）之间的关系曲线；图 2-8（b）为去除率（η）与沉降速度（u）之间的关系曲线。

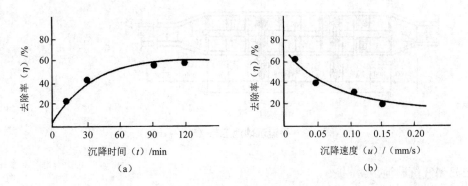

图 2-8 自由沉淀型的沉降曲线

若污水中的悬浮物浓度为 c_0，经 t 时间沉降后，水样中残留浓度为 c，则沉降去除率（沉降效率）为

$$\eta = \frac{c_0 - c}{c_0} \times 100\% \qquad (2\text{-}1)$$

2.2.2 沉砂工艺

2.2.2.1 作用与分类

（1）作用

沉砂池的功能是从污水中分离粒径较大、相对密度较大的无机颗粒，如砂、炉灰渣等。它一般设在泵站、沉淀池之前，用于保护机件和管道免受磨损，还能使沉淀池中污泥具有良好的流动性，防止排放与输送管道的堵塞，且能使无机颗粒和有机颗粒分离，便于分离处理和处置。

（2）分类

常用的沉砂池有平流沉砂池、曝气沉砂池和钟式（旋流）沉砂池。

1）平流沉砂池

平流沉砂池结构简单，截留效果好，是沉砂池中常用的一种。这种沉砂池的水流部分，实际上是一个加宽加深的明渠，两端设有闸板，以控制水流，池底设 1～2 个贮砂斗，如图 2-9 所示。利用重力排砂，也可用射流泵或螺旋泵排砂。

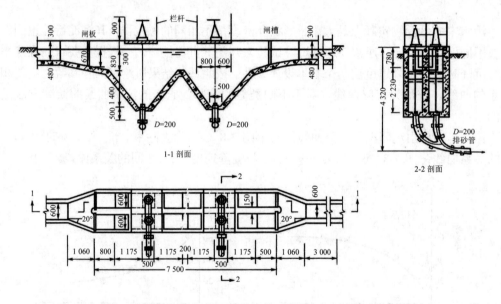

图 2-9　平流沉砂池工艺（单位：mm）

2）曝气沉砂池

普通沉砂池截留的沉砂中夹杂一些有机物，影响截留效果，采用曝气沉砂池在一定程度上克服了此缺点。曝气沉砂池是一长形渠道，沿池壁一侧的整个长度距池底 60～80 cm 的高度处安设曝气装置，而在下部设集砂槽，池底有一定坡度，以保证砂粒滑入。由于曝气和水流的综合作用，水流在池内呈螺旋状前进。颗粒处于悬流状态，且互相摩擦，颗粒表面有机物被擦掉，获得较纯净的砂粒。曝气沉砂池的水流在池内停留时间为 1～3 min，空气量应保证池中水的旋流速度在 0.3 m/s 左右，所需的空气量为 2～3 m³/m² 池表面积，池的有效水深为 2～3 m，宽深比为 1～1.5。曝气沉砂池断面见图 2-10。

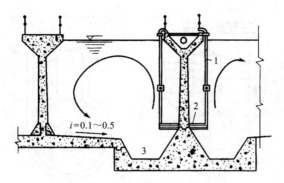

1—压缩空气管；2—空气扩散板；3—集砂槽。

图 2-10　曝气沉砂池剖面图

曝气沉砂池与普通沉砂池相比有下列优点：① 沉砂池分离出的砂有机物含量低，不易腐败；② 沉砂池对污水有预曝气作用，可脱臭，改善水质，有利于后续处理。

3）钟式（旋流）沉砂池

钟式（旋流）沉砂池是利用机械力控制流态与流速，加速砂粒的沉淀，并使有机物随水流带走的沉砂装置，如图 2-11 所示。

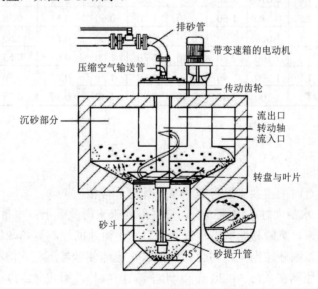

图 2-11　钟式（旋流）沉砂池

沉砂池由流入口、流出口、沉砂区、砂斗、砂提升管、排砂管、电动机和变速箱等组成。污水由流入口切线方向流入沉砂区，利用电动机及传动装置带动转盘和斜坡式叶片旋转，在离心力的作用下，污水中密度较大的砂粒被甩向池壁，掉入砂斗，有机物则被留在污水中。调整转速，以达到最佳沉砂效果。沉砂用压缩空气经砂提升管、排砂管清洗后排除，清洗水回流至沉砂区。

根据处理污水量的不同，钟式（旋流）沉砂池可分为不同型号。各部分尺寸见图 2-12 及表 2-2。

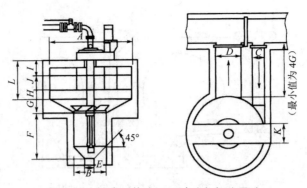

图 2-12　钟式（旋流）沉砂池各部分尺寸

表 2-2　钟式（旋流）沉砂池各部分尺寸

流量/（L/s）	A	B	C	D	E	F	G	H	I	J	K
50	1.83	1.0	0.305	0.61	0.30	1.40	0.30	0.30	0.20	0.80	1.10
110	2.13	1.0	0.308	0.76	0.30	1.40	0.30	0.30	0.30	0.80	1.10
180	2.43	1.0	0.405	0.90	0.30	1.55	0.40	0.30	0.40	0.80	1.15
310	3.05	1.0	0.610	1.20	0.30	1.55	0.45	0.30	0.45	0.80	1.35
530	3.06	1.5	0.750	1.50	0.40	1.70	0.60	0.51	0.58	0.80	1.45
880	4.87	1.5	1.000	2.00	0.40	2.20	1.00	0.51	0.60	0.80	1.85
1 320	5.48	1.5	1.100	2.20	0.40	2.20	1.00	0.61	0.63	0.80	1.85
1 750	5.80	1.5	1.200	2.40	0.40	2.50	1.30	0.75	0.70	0.80	1.95
2 200	6.10	1.5	1.200	2.40	0.40	2.50	1.30	0.89	0.75	0.80	1.95

2.2.2.2　运行工艺控制

（1）平流沉砂池

平流沉砂池运行时的主要工艺参数为水平流速和停留时间。

① 水平流速。水量大时，流速过快，许多砂粒未来得及沉下；水量小时，流速过慢，有机悬浮物也沉下来，沉砂易腐败，难以处理。水平流速的控制具体取决于沉砂粒径的大小。如果沉砂主要以细砂粒为主，则必须放慢水平流速使砂粒沉淀，但不宜太低。平流沉砂池的水平流速应控制在 0.15～0.30 m/s。水平流速（v）可用式（2-2）估算：

$$v = Q/(BHn) \tag{2-2}$$

式中，Q —— 污水流量，m^3/s；

　　　B —— 沉砂池宽度，m；

　　　H —— 沉砂池的有效水深，m；

　　　n —— 投入运转的池数。

水平流速的控制方式有两种：一是改变投入运转的池数；二是通过调节出水溢流可调堰来改变沉砂池的有效水深。在实际运行中，当流量变化时，应首先调节有效水深，如果不满足要求，再考虑改变池数。

② 停留时间。污水在池内的停留时间决定沉砂的去除效率。停留时间太短，沉砂效率

不高；停留时间太长，非但沉砂效率不能继续增加，反而导致有机污泥大量沉淀。停留时间一般为 30～60 s，停留时间可以用式（2-3）估算：

$$T=BHLn/Q=L/v \tag{2-3}$$

式中，L —— 沉砂池的长度，m；

v —— 水平流速，m/s。

（2）曝气沉砂池

曝气沉砂池的主要运行工艺参数为曝气强度、旋流速度、水平流速和停留时间。

在实际运行中，曝气强度是最重要的工艺参数，它指单位污水量的曝气量，采用中孔或大孔的穿孔管曝气，曝气量为 0.1～0.2 m^3/m^3 污水，或 3～5 $m^3/(m^2·h)$，或 16～28 $m^3/(m·h)$，使水的旋流速度保持在 0.25 m/s 以上。而旋流速度与沉砂池的几何尺寸、扩散器的安装位置和曝气强度等因素有关。砂粒粒径越小，沉淀所需要的旋流速度越大，要使直径 0.2 mm、密度为 2.65 kg/m^3 的砂粒沉淀下来，需要维持 0.3 m/s 左右的旋流速度，但是旋流速度也不宜过大，否则沉下的砂粒将重新泛起。水平流速一般取 0.06～0.12 m/s。污水在曝气沉砂池内的停留时间为 3～5 min，最大流量时水力停留时间应大于 2 min；如作为预曝气，停留时间为 10～30 min。

在运行管理中，宜采用单位池容的曝气量作为曝气强度指标，在入流污水量较小、曝气沉砂池处于低负荷运行时，为保持有机物质处于悬浮状态，曝气量不能随污水量的减少而降低，而应维持恒定。

（3）旋流沉砂池

旋流沉砂池的主要运行工艺参数是进水渠道内流速、圆池的水力表面负荷和停留时间。进水渠道内的流速以控制在 0.6～0.9 m/s 为宜，水力表面负荷一般为 200 $m^3/(m^2·h)$，停留时间为 20～30 s。排砂泵每天开启 3～4 次，每次排砂 5～10 min。

在实际运行中，可根据进水负荷确定投入运转的池数，确保各参数在合理范围内，还可以根据砂粒粒径和含砂量的不同，合理调节旋转桨板（或叶片）的转速，可有效去除其他形式沉砂池难以去除的细砂及低负荷时难以去除的砂粒。

2.2.2.3　运行管理注意事项

① 在沉砂池的前部，一般都设有格栅，格栅的垃圾应及时清理。

② 在一些平流沉砂池及曝气沉砂池上常设有浮渣挡板，挡板前浮渣应每天清捞。

③ 沉砂池最重要的操作是及时排砂，对于用砂斗重力排砂的沉砂池，一般每天排砂一次。

④ 排砂机械应经常运转，以免积砂过多引起超负荷，排砂机械的运转间隔时间应根据砂量及机械的能力而定，排砂间隙过长，会堵塞排气管、砂泵，堵卡刮砂机械。排砂间隙过短会使排砂量增大，含水率增高，后续处理难度增大。用重力排砂时，排砂管堵塞，可用气泵反冲洗，疏通排砂管。

⑤ 曝气沉砂池的空气量应根据处理水量变化和除砂效果每天及时检查和调节。

⑥ 定期对进、出水阀门及排渣闸门进行加油、清洁保养。

⑦ 刚排出的沉砂含水率很高，一般应在沉砂池下面或旁边设集砂池。集砂池的墙从上到下有算水孔或缝，用竹算或带孔塑料板挡住，水分通过小孔或缝流走，含水率可降到

60%～70%。

⑧除砂量应每天记录，沉砂应定期取样化验，主要项目有含水率、灰分及颗粒粒径分布。

⑨沉砂中含有易腐败的有机物质，因而恶臭污染严重，特别是夏季，恶臭浓度很高，操作人员一定要注意，不要在池上工作或停留时间太长，以防中毒，堆砂处应用次氯酸钠溶液或双氧水进行清洗。

2.2.3 沉淀工艺

2.2.3.1 作用与分类

（1）作用

沉淀池是分离水中悬浮颗粒的一种主要处理构筑物，应用十分广泛。

（2）分类

按照沉淀池内水流方向的不同，沉淀池可分为平流式、竖流式、辐流式和斜流式 4 种。

1）平流式沉淀池

平流式沉淀池池型呈长方形，水在池内沿水平方向流动，从池一端流入，从另一端流出（图 2-13）。按功能区分，沉淀池可分为流入区、流出区、沉降区、污泥区以及缓冲层 5 个部分。流入区的任务是使水流均匀地流过沉降区，流入装置常用潜孔，在潜孔后（沿水流方向）设有挡板，其作用一方面是消除入流污水能量，另一方面也可使入流污水在池内均匀分布。为使入流污水均匀、稳定地进入沉淀池，流入区应有流入装置。流入装置由设有侧向或槽底潜孔的配水槽挡流板组成，起均匀布水作用。挡流板入水深不小于 0.25 m，水面以上部分为 0.15～0.2 m，距流入槽 0.5 m。常见的几种流入装置见图 2-14。

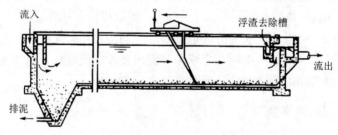

图 2-13　平流式沉淀池

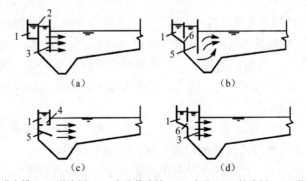

1—进水槽；2—溢流堰；3—穿孔整流墙；4—底孔；5—挡流板；6—潜孔。

图 2-14　平流式沉淀池流入装置

流出区设有流出装置（多采用自由堰形式），出水堰可用来控制沉淀池内的水面高度，且对池内水流的均匀分布有直接影响，安装要求是沿整个出水堰的单位长度溢流量相等。溢流堰最大负荷对于初次沉淀池不宜大于 2.9 L/（m·s），对于二次沉淀池不宜大于 1.7 L/（m·s）。为了减少负荷，改善出水水质，溢流堰可采用多槽沿程布置。为此锯齿形三角堰水面宜位于齿高的 1/2 处，见图 2-15（a）。为适应水流的变化，在堰口处设有能使堰板上下移动的调节装置，使出水堰口尽可能水平。为防止浮渣随出水流走，距溢流堰 0.25～0.5 m 堰前也应设挡板或浮渣槽。挡板应高出池内水面 0.1～0.15 m，并浸没在水面下 0.3～0.4 m。锯齿堰及沿程布置流出槽见图 2-15（b）。

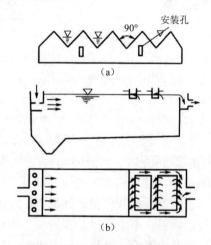

图 2-15　溢流堰及多槽流出装置

沉降区是可沉颗粒与水进行分离的区域。污泥区用于贮放和排出污泥，在沉淀池前端设有污泥斗，池底设有 0.01～0.02 的坡度。收集在泥斗内的污泥通过排泥管排出池外。排泥方法分重力排泥与机械排泥，重力排泥的水静压力应大于或等于 1.5 m，排泥管的直径通常不小于 200 mm。为了保证已沉入池底与泥斗中的污泥不再浮起，有一层分隔沉降区与污泥区的水层，称为缓冲层，其厚度为 0.3～0.5 m。

为了不设置机械刮泥设备，可采用多斗式沉淀池，在每个贮泥斗单独设置排泥管，各自独立排泥，互不干扰，以保证污泥的浓度。

平流式沉淀池的沉降区有效水深一般为 2～3 m，污水在池中停留时间为 1～2 h，水力表面负荷为 1～3 m³/（m²·h），水平流速一般不大于 5 mm/s。为了保证污水在池内分布均匀，池长与池宽比以 4～5 为宜。

平流式沉淀池的主要优点是有效沉降区大，沉淀效果好，造价较低，对污水流量适应性强。缺点是占地面积大，排泥较困难。

2）竖流式沉淀池

竖流式沉淀池在平面图上一般呈圆形或正方形，原水通常由设在池中央的中心管流入，在沉降区的流动方向是由池的下面向上做竖向流动，从池的顶部周边流出（图 2-16）。池底锥体为贮泥斗，它与水平的倾斜角通常不小于 45°，排泥一般采用静水压力。

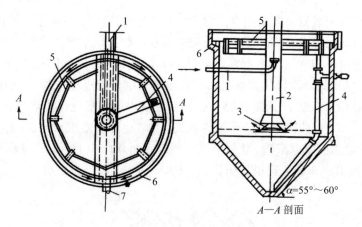

1—进水管；2—中心管；3—反射板；4—排泥管；5—挡板；6—流出槽；7—出水管。

图 2-16　圆形竖流式沉淀池

竖流式沉淀池的直径或边长一般在 8 m 以下，沉降区的水流上升速度一般采用 0.5～1.0 mm/s，沉降时间为 1～1.5 h。为保证水流自下而上垂直流动，池子直径与沉降区深度之比应不大于 3:1。中心管内水流速度应不大于 0.03 m/s，而当设置反射板时，可取 0.1 m/s。污泥斗的容积视沉淀池的功能各异。对于初次沉淀池，池斗一般以贮存 2 d 的污泥量来计算，而对于活性污泥法后的二次沉淀池，其停留时间取 2 h 为宜。

竖流式沉淀池的优点是排泥容易，不需机械刮泥设备，占地面积较小。其缺点是造价较高，单池容量小，池深大，施工较困难。因此，竖流式沉淀池适用于处理水量不大的小型污水处理厂。

3）辐流式沉淀池

辐流式沉淀池也是一种圆形的、直径较大而有效水深相应较浅的池子，池径一般在 20 m 以上，池深在池中心处为 2.5～5 m，在池周处为 1.5～3 m。池径与池高之比一般为 4～6。污水一般由池中心管进入，在穿孔挡板（称为整流板）的作用下使污水在池内沿辐射方向流向池的四周，水力特征是水流速度由大到小变化。由于池四周较长，出口处的出流堰口不容易控制水平，通常用锯齿形三角堰或淹没溢流孔出流，尽量使出水均匀。

圆形大型辐流式沉淀池常采用机械刮泥，把污泥刮到池中央的泥斗，再靠重力或泥浆泵把污泥排走，其工艺构造见图 2-17。

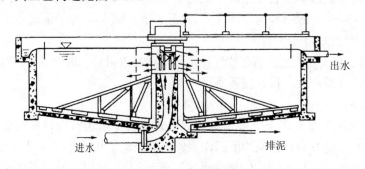

图 2-17　普通辐流式沉淀池工艺

　　辐流式沉淀池的优点是建筑容量大,采用机械排泥,运行较好,管理较简单。缺点是池中水流速度不稳定,机械排泥设备复杂,造价高。这种池子适用于处理水量大的场合。

　　辐流式沉淀池按照进出水方式的不同分为 3 种,分别为中心进水周边出水的辐流式沉淀池、周边进水中心出水的辐流式沉淀池和周边进水周边出水的辐流式沉淀池,见图 2-18。目前以周边进水周边出水的辐流式沉淀池使用最为广泛。

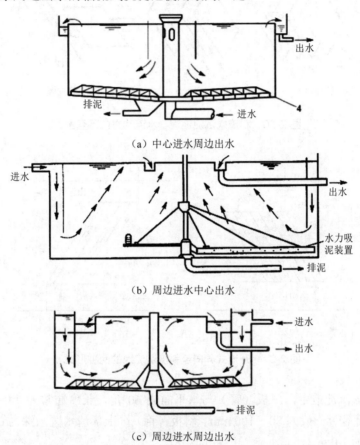

（a）中心进水周边出水

（b）周边进水中心出水

（c）周边进水周边出水

图 2-18　几种不同进出水形式的辐流式沉淀池

4）斜流式沉淀池

　　斜流式沉淀池是根据浅池理论,在沉淀池的沉淀区加斜板或斜管构成,由斜板(管)、沉淀区、配水区、清水区、缓冲区和污泥区组成（图 2-19）。

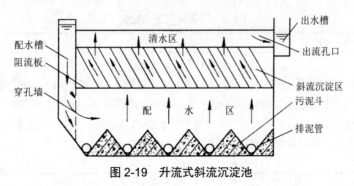

图 2-19　升流式斜流沉淀池

按斜板或斜管间水流与污泥的相对运动方向来区分，斜流式沉淀池有同向流、异向流和横向流 3 种（图 2-20）。在污水处理中常采用升流式异向流斜流沉淀池（图 2-21）。

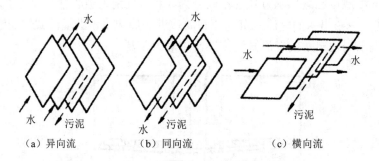

（a）异向流　　　　　　　（b）同向流　　　　　　（c）横向流

图 2-20　斜流式沉淀池泥、水流动方向示意图

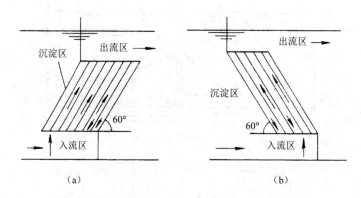

（a）　　　　　　　　　　　　　　　　（b）

图 2-21　升流式异向流斜流沉淀池的两种形式

异向流斜流沉淀池中，斜板（管）与水平面成 60°角，长度通常为 1.0 m 左右，斜板净距（或斜管孔径）一般为 80～100 mm。斜板（管）区上部清水区水深为 0.7～1.0 m，底部缓冲层高度为 1.0 m。

斜流沉淀池具有沉淀效率高、停留时间短、占地面积小等优点，在给水处理中得到了比较广泛的应用。在选矿水尾矿浆的浓缩、炼油厂的含油废水的隔油等方面的应用已有较成功的经验，在印染污水处理和城市污水处理中也有应用。

沉淀池各种池型的优缺点和适用条件见表 2-3。

表 2-3　各种沉淀池比较

池型	优点	缺点	适用条件
平流式	（1）沉淀效果好； （2）对冲击负荷和温度变化的适应能力较强； （3）施工简易，造价较低	（1）池子配水不易均匀； （2）采用多斗排泥，每个泥斗需要单独设排泥管各自排泥，造作量大； （3）采用链带式刮泥机排泥时，链带的支撑件和驱动件都浸于水中，易锈蚀	（1）适用于地下水位高及地质较差的地区； （2）适用于中、小型污水处理厂

池型	优点	缺点	适用条件
竖流式	(1) 排泥方便,管理简单; (2) 占地面积小	(1) 池子深度大,施工困难; (2) 对冲击负荷和温度变化的适应能力较差; (3) 造价较高; (4) 池径不宜过大,否则布水不均匀	适用于处理水量较小的小型污水处理厂
辐流式	(1) 多为机械排泥,运行较好,管理较简单; (2) 排泥设备已趋定型	机械排泥设备复杂,对施工质量要求高	(1) 适用于地下水位较高的地区; (2) 适用于大、中型污水处理厂
斜流式	(1) 沉淀效率高; (2) 停留时间短; (3) 占地少	池子不易清洗检修	(1) 适用于小型污水处理厂; (2) 适用于给水厂

2.2.3.2　运行工艺控制

沉淀池工艺控制的目标是将工艺参数控制在要求的范围内。沉淀池主要的工艺参数为水力表面负荷、水力停留时间和堰板水力负荷。水力表面负荷,是指单位沉淀池面积,单位时间内处理污水的量,通常用 q 表示,单位为 $m^3/(m^2 \cdot h)$,是决定沉淀效率的主要参数。水力停留时间,是指水通过沉淀池所需的时间,是沉淀池控制的另一个重要参数,只有足够的停留时间才能保证良好的分离效果。堰板水力负荷,是单位堰板长度在单位时间内所能溢流的水量,通常用 q' 表示,单位为 $m^3/(m^2 \cdot h)$。q' 能控制水在池内,特别是出水端能保持一个均匀而稳定的流速,防止污泥及浮渣流失。水力表面负荷、停留时间和堰板水力负荷一般运行控制范围见表 2-4。

表 2-4　城市污水沉淀池工艺运行参数控制范围

类别	沉淀池位置	水力停留时间/h	水力表面负荷/[m³/(m²·h)]	污泥量(干物质)/[g/(人·d)]	污泥含水率/%	固体负荷/[kg/(m²·d)]	堰口负荷/[L/(s·m)]
初次沉淀池	单独沉淀池	1.5~2.0	1.5~2.5	15~17	95~97	—	≤2.9
	二级处理前	1.0~2.0	1.5~3.0	14~25	95~97	—	≤2.9
二次沉淀池	活性污泥法后	1.5~2.5	1.0~1.5	10~21	99.2~99.6	≤150	1.5~2.9
	生物膜法后	1.5~2.5	1.0~2.0	7~19	96~98	≤150	1.5~2.9

在实际运行中,如发现上述任何一个参数超出范围,应对工艺进行调整,主要包括控制流量、增减沉淀池数量、排泥除渣。

① 控制流量。当污水流量在短期(数小时)内发生变化时,可适当利用上游的排水渠道进行短期储存,以保证污水处理厂进水稳定,但需注意不能因此造成上游管网溢流。

② 增减沉淀池数量。一般污水处理厂都有多组沉淀池,当水量发生较大变化时,可通过增减投入运行的沉淀池数量将各个工艺参数控制在最佳范围。

③ 排泥除渣。沉淀池的类型不同,排泥设备和操作方式不同,有连续刮泥和间歇刮泥两种操作方式。刮泥周期长短取决于泥量和泥质,当泥量较大时,周期应该缩短,当污水

和污泥腐败时，也应缩短刮泥周期。排泥是沉淀池运行中最重要的也是最难控制的一个操作，有连续排泥和间隙排泥两种操作方式，每次排泥时间长短取决于污泥量的大小，对于处理量较小的处理站，可采用人工排泥，而对于大型的污水处理厂一般采用自动排泥。沉淀池上部的浮渣一般用刮泥机的刮板收集并将其推送到浮渣槽，操作时应注意刮板和浮渣槽的配合问题，浮渣难以进入浮渣槽时，应进行调整，浮渣槽内的浮渣应及时用水冲至浮渣井。

日常运行时应观察各组沉淀池出水是否均匀，单组沉淀池的出水堰是否高度一致。

2.2.3.3　运行管理常见异常问题分析与对策

（1）避免短流

进入沉淀池的水流，在池中停留的时间通常并不相同，一部分水的停留时间小于设计停留时间，很快流出池外；另一部分停留时间则大于设计停留时间，这种停留时间不相同的现象叫短流。短流使一部分水的停留时间缩短，得不到充分沉淀，降低了沉淀效率；另一部分水的停留时间可能很长，甚至出现水流基本停滞不动的死水区，减少了沉淀池的有效容积。短流是影响沉淀池出水水质的主要原因之一。

形成短流现象的原因很多，如进入沉淀池的流速过高，出水堰的单位堰长流量过大，沉淀池进水区和出水区距离过近，沉淀池水面受大风影响，池水受到阳光照射引起水温的变化，进水和池内水的密度差，沉淀池内存在的柱子、导流壁和刮泥设施等。

（2）及时排泥

及时排泥是沉淀池运行管理中极为重要的工作。污水处理中的沉淀池中所含污泥量较大，绝大部分为有机物，如不及时排泥会产生厌氧发酵，致使污泥上浮，不仅会破坏沉淀池的正常工作，而且使出水水质恶化，如出水中溶解性 BOD_5 值上升、pH 下降等。初次沉淀池排泥周期不宜超过 2 d，二次沉淀池排泥周期不宜超过 2 h，当排泥不彻底时应停池（放空）采用人工冲洗的方法清泥。机械排泥的沉淀池要加强排泥设备的维护管理，一旦机械排泥设备发生故障，应当及时修理，以避免池底积泥过度，影响出水水质。

（3）排泥浓度下降

初次沉淀池一般采用间歇排泥，当发现排泥浓度下降，可能的原因是排泥时间偏长，应调整排泥时间。需经常测定排泥管内的污泥浓度，达到3%时需排泥。比较先进的方法是在排泥管路上设置污泥浓度计，当排泥浓度降至设定值时，泥泵自动停止运行。

（4）浮渣槽溢流

若发现浮渣槽溢流，可能的原因是浮渣挡板淹没深度不够，或刮渣板损坏，或清渣不及时，也有可能浮渣刮板与浮渣槽不密合。

（5）悬浮物去除率低

原因是水力负荷过高、短流、活性污泥或消化污泥回流量过大，存在工业废水。

解决方法：设置调节堰均衡水量和水质负荷；投加絮凝剂，改善沉淀条件，提高沉淀效果；多个初次沉淀池的处理系统中，若仅一个池超负荷则说明进水口堵塞或堰口不平导致污水流量分布不均匀；工业废水或雨水流量不均匀、出水堰板安装不均匀、进水流速过高等易产生集中流，要证实短流的存在与否，可使用染料进行示踪试验；准确控制二次沉淀池污泥回流和消化污泥投加量；减少高浓度的油脂和糖类废水的进入量。

2.3　污水一级处理运行案例

2.3.1　格栅运行案例

2.3.1.1　粗格栅

案例水厂：某污水处理厂二期。

运营规模：$10.0 \times 10^4 \, \text{m}^3/\text{d}$（雨水截留倍数 n_0=1.0），变化系数 K_z=1.3。

设计参数：粗格栅井共 2 格，每格尺寸 $L \times B \times H$=12.8 m×2.0 m×10.90 m，每格设钢丝绳牵引式格栅除污机 1 台，安装角为 75°，栅条间隙为 20 mm，N=2.2 kW。栅前水深为 1.6 m，经格栅处理后的污水自流进入污水提升泵站。

粗格栅运行案例见表 2-5。

表 2-5　粗格栅运行案例

水厂	某污水处理厂二期	运行工艺	粗格栅
工艺构筑物视图			

全景图	细节图		细节图

工艺控制方式	粗格栅控制方式一般为自动控制，自动控制方式为时间控制和液位差控制。 （1）时间控制。在处理水量达标的情况下，当提升泵液位大于 4.3 m 或者小于 3.3 m 时，设定模式为时间控制，时间设置为 45 min 开启一次。 （2）液位差控制。当提升泵液位小于 4.3 m 和大于 3.3 m 时，设定模式为液位差控制，液位差设置为 0.3 m 开启粗格栅，保证过水无堵塞
日常巡视要点	（1）各限位开关动作正常，无超限行程。 （2）格栅运行有无障碍，有无噪声。 （3）钢丝绳有无断股，耙斗运行是否平衡。 （4）泄渣装置动作是否到位，栅渣掉落是否正常。 （5）减速机运行有无明显振动、声音异常

异常处置	（1）发现格栅前还是存在大量渣物，缩短开启时间，每次调整 5 min，最低设置不低于 20 min 运行一次。如设置为最低时间控制，就可以现场手动控制，以保证粗格栅过水正常。 （2）如遇液位差探头故障或液位差仪器数值波动过大，导致粗格栅不间断持续运行，应及时上报并联系设备维护人员检修。如短时间无法修复，则间断更改控制模式为时间控制，合理设置运行周期。 （3）发现钢丝绳断裂、耙斗不平衡、限位开关失效时应立即停机，上报并联系设备维护人员检修
安全注意事项	设备可能随时启动运行，巡检人员严禁在设备通电情况下随意触摸设备移动、旋转部分

2.3.1.2 回转式细格栅

案例水厂：某污水处理厂二期。

运营规模：$10.0 \times 10^4 \, \text{m}^3/\text{d}$（雨水截留倍数 n_0=1.0），变化系数 K_z=1.3。

设计参数：细格栅井共 3 格，每格尺寸 $L \times B \times H$=12.6 m×2.0 m×2.05 m，每格设回转格栅 1 台，安装角为 60°，栅条间隙为 5 mm，N=2.2 kW；栅后安装有螺旋输送机及螺旋压榨机，栅渣经压榨脱水，体积大大减小，便于外运；栅前水深为 1.35 m，经细格栅处理后的污水自流进入曝气沉砂池。

回转式细格栅运行案例见表 2-6。

表 2-6　回转式细格栅运行案例

水厂	某污水处理厂二期	运行工艺	回转式细格栅
工艺构筑物视图			

全景图	细节图　　　　　　　　　　　　　细节图

工艺控制方式	回转式格栅机控制方式分为自动控制和手动控制。自动控制方式为时间控制和液位差控制。 （1）液位差控制。通常情况下，采用液位差控制，一旦液位差大于 0.3 m，细格栅自动运行，保证过水无堵塞。 （2）时间控制。当液位差计故障及数据波动过大，一般采用时间控制，根据渣量的多少，自行调节时间开启周期，通常设置运行时间 4 min，停止时间 10 min，延时时间 1 min（注：此处为螺旋压榨机先运行 1 min 后，细格栅才开始运行）。 （3）手动控制。手动控制一般在检修保养及卫生清理时采用

日常巡视 要点	（1）各进出水闸门是否正常开启。 （2）细格栅条有无脱落，电机链条是否断裂，栅条间隙是否正常，运行时有无异响、有无明显振动。 （3）有无阻碍设备正常运行的阻碍物。 （4）出渣状况，渣物是否掉落至输送机内，如地上掉落渣物，应及时清扫。 （5）电机有无异响、振动，温度是否过高。 （6）液位差计是否正常，探头是否干净
异常处置	（1）如发现细格栅前还存在大量渣物，缩短开启时间，每次调整 1 min，最低设置不低于 10 min 运行一次，如最低时间控制无法满足运行要求，可改为现场手动控制，以保证细格栅过水正常。 （2）如遇液位差探头故障或液位差仪器数值波动过大，导致细格栅不间断持续运行应及时上报并联系设备维护人员检修。如短时间无法修复，则更改控制模式为时间控制，合理设置运行周期。 （3）发现链条脱落、耙齿损坏、减速箱异常时应立即停机，上报并联系设备维护人员检修
安全注意 事项	设备可能随时启动运行，巡检人员严禁在设备通电情况下随意触摸设备移动、旋转部分

2.3.1.3　网板细格栅

案例水厂：长沙某污水处理厂。

运营规模：18.0×10^4 m³/d，变化系数 $K_z = 1.05$。

设计参数：网板格栅 5 台；梁宽 $B = 1\,640$ mm，梁深 $H = 1.5$ m，栅条间距 $b = 3$ mm。

网板细格栅运行案例见表 2-7。

表 2-7　网板细格栅运行案例

案例水厂	长沙某污水处理厂	运行工艺	网板细格栅
工艺构筑物视图			

全景图　　　　　　　　　细节图　　　　　　　　　细节图

工艺控制方式	细格栅的运行方式为连续自动运行
日常巡视要点	（1）格栅运行有无障碍物，有无噪声。 （2）减速机有无振动，有无异响。 （3）清污机运行是否正常，有无异响。 （4）螺旋输送机是否运行正常，有无异响，能否正常除渣。 （5）压榨机有无异响，是否堵死。 （6）格栅前后液位差是否异常

异常处置	（1）发现格栅停机报警时，消除报警，再次运行格栅，观察其运行情况，及时上报；如再次报警，则停止运行故障格栅，及时上报并联系设备维护人员检修。 （2）发现某台格栅水位差比其他格栅水位差要大，且运行正常时，有可能是网板堵塞了，毛刷起不到作用，可打开盖板，用中水冲洗网板，同时上报并联系设备维护人员调整、检修毛刷。 （3）发现减速机异响、漏油，及时上报并联系设备维护人员检修。 （4）压榨机垃圾较多时，需及时清理斗车中的垃圾
安全注意事项	设备一直为启动运行状态，巡检人员严禁不断开电源而随意触摸设备移动、旋转部分

2.3.2 沉砂池运行案例

2.3.2.1 曝气沉砂池

案例水厂：湖南某污水处理厂。

运营规模：10.0×10^4 m³/d（雨水截留倍数 n_0=1.0），变化系数 K_z=1.3。

设计参数：曝气沉砂池分为 2 格，每格尺寸 $L \times B \times H$=20.0 m×4.0 m×5.5 m，有效水深为 3.0 m。水平流速 v=0.1 m/s；100%旱季流量时（10 万 m³/d），污水在池内的停留时间为 5.0 min，一倍截流倍数时（20 万 m³/d），污水停留时间为 3.3 min；池内有效水深为 3.0 m，池宽与池深比为 1.33，池的长宽比为 5.0；采取穿孔管曝气，曝气管设调节阀门，1 m³ 污水曝气量为 0.2 m³。

主要设备：池内选双槽桥式吸砂机 1 台（每沟宽 4 000 mm，深 5 000 mm，N=0.74 kW），带刮渣器、吸砂泵；沉砂由泵提升进入砂水分离器，分离出的砂外运；污水回流至提升泵站前端；曝气沉砂池配套鼓风机 3 台，2 用 1 备，鼓风机参数为：Q=14.66 m³/min，风压为 39.2 kPa，N=15 kW。

曝气沉砂池运行案例见表 2-8。

表 2-8 曝气沉砂池运行案例

水厂	湖南某污水处理厂	运行工艺	曝气沉砂池
工艺构筑物视图			

全景图	细节图（沉砂池局部）	细节图（砂水分离器）

工艺控制方式	桥式刮渣抽砂系统可以手动和自动运行。 （1）通常采用自动运行（设置固定运行周期）。桥式吸砂机运行周期为 120 min，罗茨鼓风机曝气 15 min，砂水分离器运行周期为 60 min，运行时间为 20 min，吸砂桥运行周期为 60 min，运行时间为 15 min；二期运行周期为 120 min，罗茨鼓风机曝气 15 min，砂水分离器运行时间为 30 min，吸砂桥运行时间为 15 min；根据每日砂水分离器的出砂量来改变周期运行时间，每日砂量约为 0.1 m³，如砂量超过 0.1 m³，可将砂水分离器开启时间延长 5 min，反之则减少 5 min，以此方式及时调整运行周期。 （2）设备检修或自控系统故障或出砂量持续异常（明显增多或减少）时采用手动控制
日常巡视要点	（1）各进、出水闸门是否正常开启。 （2）沉砂池曝气是否均匀。 （3）吸砂桥运行行程是否正常，吸砂泵是否正常工作，管路有无堵塞，有无异响。 （4）罗茨鼓风机的运行是否正常，有无异响，有无过载，温度是否过高。 （5）砂水分离器电机温度是否正常，有无异响，是否正常出砂，检查砂框存砂状况。 （6）刮渣挡板是否能刮走表面的油脂类异物
异常处置	（1）如吸砂泵开启无流量，则增加罗茨鼓风机开启时间，如吸砂泵轻微堵塞，尝试多次开启，待泵头处堵塞畅通后，吸砂泵正常开启，如严重堵塞，及时联系设备维护人员吊出水泵清理堵塞物体。 （2）如吸砂桥行程出现故障，及时查看有无异物卡住行程轨道，如有及时清走异物，如出现走轮错位或轨道偏移，及时上报并联系设备维护人员抢修。 （3）曝气管道如有漏气现象，查明漏气位置，联系设备维护人员检修
安全注意事项	设备可能随时启动运行，巡检人员严禁在设备通电情况下随意触摸设备移动、旋转部分

2.3.2.2　钟式（旋流）沉砂池

案例水厂：长沙某污水处理厂。

运营规模：18.0×10^4 m³/d，变化系数 K_z=1.05。

设计参数：最大设计流量 Q_{max}=2×1 350 L/s；池体直径 d=5 480 mm；数量 2 座。

主要设备：流量计装置 2 套，空压机 2 台，砂水分离器 1 台。

钟式（旋流）沉砂池运行案例见表 2-9。

表 2-9　钟式（旋流）沉砂池运行案例

案例水厂	长沙某污水处理厂	运行工艺	钟式（旋流）沉砂池
工艺构筑物视图			

全景图	细节图（沉砂池电控柜）	细节图（砂水分离器）

工艺控制方式	搅拌器 24 h 连续运行，吸砂泵运行采用间歇运行：2 h 运行 15 min
日常巡视要点	（1）操作箱指示灯是否正常显示，运行开关是否在设备要求指定挡位； （2）搅拌器叶轮是否正常运行，叶片有无脱落； （3）吸砂泵启动后是否正常出砂； （4）减速机是否有漏油、抖动、发热、异响的情况； （5）出砂量偏多、偏少还是无
异常处置	（1）巡视发现操作箱指示灯显示故障，查看对应设备，按下复位按钮，手动启动设备运行，在所对应的设备旁等待 5 min，如果运行正常下个点再观察一次，如果还是亮故障灯再手动启动一次，如还是亮故障灯，上报并联系设备维护人员检修； （2）搅拌器叶轮脱落及时关停搅拌器； （3）巡视发现吸砂泵启动后不出砂，查看压力表，通过压力表判断是堵砂还是漏气，上报并联系设备维护人员检修； （4）巡视减速机是否有漏油、抖动、发热、异响的情况，上报并联系设备维护人员检修； （5）巡视出砂量，发现异常偏多、偏少或是无，先检查设备运行情况再判断来水水质
安全注意事项	属于有限空间，存在有毒气体；设备一直为启动运行状态，巡检人员严禁不断开电源而随意触摸设备移动、旋转部分

2.3.3 沉淀池运行案例

2.3.3.1 平流沉淀池

案例水厂：湖南某污水处理厂。

运营规模：$10.0 \times 10^4 \, m^3/d$，变化系数 $K_z=1.2$。

构筑物：钢筋混凝土矩形结构 4 组。

单座尺寸：$L \times B \times H_{有效}=44 \, m \times 7.5 \, m \times 4.95 \, m$。

设计参数：平均流量水力表面负荷为 $4.23 \, m^3/ \, (m^2 \cdot h)$，设计流量为 $5 \, 417 \, m^3/h$。

主要设备：链条刮泥机 4 套，$42.65 \, m \times 7.5 \, m$，$P=2.2 \, kW$；

潜水排泥泵 5 台，4 用 1 冷备，$Q=60 \, m^3/h$，$H=25 \, m$，$P=7.5 \, kW$。

平流沉淀池运行案例见表 2-10。

表 2-10　平流沉淀池运行案例

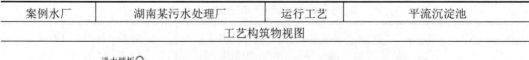

案例水厂	湖南某污水处理厂	运行工艺	平流沉淀池
工艺构筑物视图			

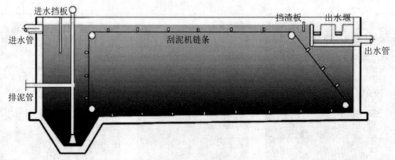

注：由于该污水厂为地埋式污水厂，无法提供现场构筑图，此处为平流式沉淀池示意图。

工艺控制方式	沉淀池 24 h 连续运行，由进水区、出水区、沉淀区和污泥区 4 个部分组成。进出口分别设在池子的两端，水由进水管均匀流入池体，使水流均匀地分布在整个池宽的横断面；出口采用溢流堰，以保证沉淀后的澄清水可沿池宽均匀地流入出水堰。堰前设浮渣槽和挡板以截留水面浮渣。池底设有均匀分布的排泥管，通过虹吸管定期进行排泥，通过调节两旁的套筒阀高度来调节排泥量
日常巡视要点	（1）沉淀池表面是否干净，有无浮渣、浮泥，出水是否清澈均匀。 （2）套筒阀的油脂是否足够和均匀。 （3）排泥孔是否堵塞，泥水混合物是否通畅。 （4）刮泥机运转时有无异响，是否平稳，电机、齿轮转动有无异常。 （5）刮泥机链条是否有破损，与齿轮是否吻合良好。 （6）撇渣口是否有大量垃圾残留，撇渣是否良好
异常处置	（1）若发现有污泥上浮、大量翻泥或大量浮渣现象，及时上报。 （2）套筒阀油脂不够需联系设备维护人员及时保养。 （3）排泥孔堵塞、刮泥机异常运转，需及时上报并联系设备维护人员检修。 （4）巡视撇渣口垃圾，发现异常偏多、偏少或是无，先检查设备运行情况再判断水质情况，及时上报
安全注意事项	属于有限空间，存在有毒气体；沉淀池的池体较深，巡视时需注意踏板处，防止跌落。由于池底存在污泥，下井作业时需进行强制通风 30 min 以上，防止出现窒息和中毒等

2.3.3.2　辐流沉淀池

案例水厂：长沙某污水处理厂。

运营规模：$18.0 \times 10^4\,\mathrm{m^3/d}$，变化系数 K_z=1.05。

设计参数：沉淀池直径 d=45 mm；设计流量 Q=$18.0 \times 10^4\,\mathrm{m^3/d}$，共 5 座；有效水深 h=4.6 m；水力表面负荷为 0.9 $\mathrm{m^3/(m^2 \cdot h)}$；水力停留时间 t=4.7 h。

主要设备：吸刮泥机。

辐流沉淀池运行案例见表 2-11。

表 2-11　辐流沉淀池运行案例

案例水厂	长沙某污水处理厂	运行工艺	辐流沉淀池
工艺构筑物视图			

全景图	细节图（辐流沉淀池局部 1）	细节图（辐流沉淀池局部 2）

工艺控制方式	该沉淀池采用的是周边进水周边出水的辐流式沉淀池，24 h 连续进水；吸刮泥机连续运行
日常巡视要点	（1）每组沉淀池进水水量是否一致，布水是否均匀。 （2）二次沉淀池出水是否清澈，有无翻泥情况。 （3）按时测量二次沉淀池泥层。 （4）吸刮泥机是否正常运行，是否呈水平状态、无倾斜情况，吸刮泥机减速机是否漏油。 （5）排泥闸门是否在规定开度。 （6）刮渣橡皮老化情况，刮渣口是否堵死。 （7）进水廊道浮渣是否需要清理
异常处置	（1）单池进水廊道液位偏高，可能需要清理布水孔。 （2）吸刮泥机减速机漏油、异响，及时上报并联系设备维护人员检修。 （3）巡视发现刮臂倾斜，立即停机，上报并联系设备维护人员检修。 （4）巡视发现二次沉淀池出现翻泥情况，及时降低处理水量，检查排泥是否正常。 （5）刮渣口堵死，用中水进行冲洗。 （6）进水廊道浮渣较多及时捞出
安全注意事项	（1）在池上巡视时，需提防踩空，注意防滑。 （2）对池体捞浮渣时需要穿好救生衣

第 3 章　城镇污水二级处理工艺

（扫码获取本章电子资源）

3.1　污水生物处理概述

　　无论是生活污水还是工业废水，二级处理工艺一般为生物处理，污水的生物处理是通过微生物的新陈代谢作用，使污水中呈溶解、胶体状态的有机污染物转化为稳定无害物质的方法，主要技术有利用好氧微生物作用的好氧法（好氧氧化法）和利用厌氧微生物作用的厌氧法（厌氧还原法）。前者广泛用于处理城镇污水及有机性生产污水，包括活性污泥法和生物膜法；后者多用于处理高浓度有机污水与污水处理过程中产生的污泥，现在也开始用于处理城镇污水与低浓度有机污水。污水生物处理的核心是微生物，污水生物处理中的微生物种类繁多，组合起来各司其职，主要包括细菌、真菌、原生动物、后生动物等。

3.1.1　污水处理中的微生物

　　（1）细菌

　　细菌细胞由细胞壁、细胞膜和细胞核等部分组成。

　　繁殖方式：分裂繁殖。

　　主要组成菌有好氧的芽孢杆菌、不动杆菌、专性厌氧的脱硫弧菌以及假单胞菌、产碱杆菌、黄杆菌、无色杆菌、微球菌和动胶菌等兼性菌，这些细菌互相粘连构成菌胶团，担负着主要的氧化分解有机物的任务，细菌在活性污泥中占比是最高的，也是去除各类污染物的主力。

　　（2）真菌

　　真菌包括霉菌和酵母菌，丝状细菌降解有机物的能力极强，一定量生长的菌丝体交织黏附形成层层的网状结构，对水具有过滤作用，被处理水中的悬浮物被丝状菌网吸附截留，出水变得澄清，同时菌丝的交织作用又可使膜块的机械强度增加，不易脱落更新，但丝状细菌过速生长会堵塞滤池，影响净化过程的正常进行。

　　（3）原生动物

　　与污水处理有关的原生动物有肉足类、鞭毛类和纤毛类，它们是活性污泥系统中的指示微生物，具有吞食污水中的有机物、细菌，在体内迅速氧化分解的能力。

　　原生动物主要有钟虫、累枝虫、盖纤虫和草履虫等纤毛虫。它们主要附聚在污泥表面。其作用在于：有些原生动物（如变形虫）能吞噬水中的有机颗粒，对污水有直接净化作用；某些原生动物（如纤毛虫）能分泌黏性物质，促进生物絮凝作用；吞食游离细菌，有利于改善出水水质；可作为污水净化的指示生物。

（4）后生动物

后生动物由多个细胞组成，种类很多。在污水处理中常见的是轮虫和线虫。轮虫和线虫在活性污泥和生物膜中都能观察到，其生理特征及数量的变化具有一定的指示作用。它们的存在，指示处理效果较好；但当轮虫数量剧增时，预示着污泥老化，结构松散并解体，预示着污泥膨胀。

3.1.2 微生物的生长规律

微生物生长实际上是微生物对周围环境中各种物理或化学因素的综合反映。研究微生物的生长是为了利用其更好地处理水中的污染物，其生长通常采用群体生长的概念。微生物特别是单细胞微生物，体积很小，个体的生长很难测定，因此，测定它们的生长不是依据细胞个体的大小，而是测定群体的增加量，即群体的生长。群体生长，是指在适宜条件下，微生物细胞在单位时间内数目或细胞总质量的增加。群体生长的实质是细胞的繁殖。

微生物的生长规律一般以生长曲线来反映，以培养时间为横坐标，以细菌数目的对数或生长速度为纵坐标作图，所得到的曲线，称为微生物的生长曲线（图 3-1）。根据细菌生长繁殖速率的不同，可将微生物的生长过程大致分为延迟期（适应期）、对数增长期、稳定期和衰亡期（内源呼吸期）。

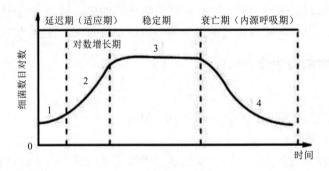

图 3-1 微生物的生长曲线

（1）延迟期（适应期）

延迟期是微生物细胞刚进入新环境的时期，此时细胞开始吸收营养物质，合成新的酶系。这个时期细胞一般不繁殖，活细胞数目不会增加，甚至可能由于不适应新环境，接种的活细胞数量会有所减少，但细胞体积会显著增大。处于延迟期细胞的特点可概括为 8 个字：分裂迟缓、代谢活跃。细胞体积增长较快，尤其是长轴，在延迟期末期，细胞平均长度比刚接种时大 6 倍以上；细胞中 RNA 含量增高，原生质嗜碱性加强；对不良环境条件较敏感，对氧的吸收、二氧化碳的释放以及脱氨作用也很强，同时容易产生各种诱导酶等。这些都说明细胞处于活跃生长中，只是细胞分裂延迟。在此阶段后期，少数细胞开始分裂，曲线略有上升。

延迟期的长短与菌种的遗传性、菌龄以及移种前后所处的环境条件等因素有关，短的只需几分钟，长的可达几小时。

（2）对数增长期

微生物经过延迟期的适应后，开始以基本恒定的生长速率进行繁殖，在此期间，细胞代谢活性最强，组成新细胞物质最快，所有分裂形成的新细胞都生活旺盛。这一阶段的突出特点是细菌数呈几何级数增加，代谢稳定。从生长曲线可以看出，细胞增殖数量与培养时间基本上成直线关系。这个时期大量消耗了限制性的底物，同时，细胞内积累了丰富的代谢物质，这个时期的细胞可作为理想的研究对象。

（3）稳定期

稳定期又称减速增长期或最高生长期。此阶段初期，细菌分裂的间隔时间开始延长，曲线上升逐渐缓慢。随后，部分细胞停止分裂，少数细胞开始死亡，致使细胞的生长速率与死亡速率处于动态平衡。这时污水中细胞总数达到最高水平，接着死亡细胞数大大超过新增殖细胞数，曲线出现下降趋势。这个时期由于营养物质不断被消耗，代谢物质不断积累，环境条件的改变不利于微生物的生长，微生物细胞的生长速率下降、死亡速率上升，新增细胞数与死亡细胞数趋于平衡。

（4）衰亡期（内源呼吸期）

这个时期营养物质已耗尽，微生物细胞靠内源呼吸代谢维持生存。生长速率为零，死亡速率随时间延长而加快，细胞形态多呈衰退型，许多细胞出现自溶。

在污水生物处理构筑物中，微生物是一个混合群体，每一种微生物都有自己的生长曲线，其增殖规律较为复杂，一种特定的微生物在生长曲线上的位置和形状取决于可利用的营养物及各种环境因素，如温度、pH 等。

在污水生物处理过程中，控制微生物的生长期对污水处理系统运行尤为重要。例如，将微生物维持在活力很强的对数增长期，未必会获得最好的处理效果。这是因为，若要维持较高的生物活性，就需要充足的营养物质，而进水有机物含量高容易造成出水有机物超标，使出水达不到排放要求。另外，对数增长期的微生物活力强，使活性污泥不易凝聚或沉降，对泥水分离造成一定困难。再如，将微生物维持在衰亡期末期，此时处理过的污水中的有机物含量固然很低，但由于微生物氧化分解有机物的能力很差，所需要的反应时间较长，因此，在实际工作中不可行。所以，为了获得既具有较强氧化和吸附有机物能力，又具有良好沉降性能的活性污泥，在实际中常将活性污泥控制在稳定期末期和衰亡期初期，当然，每个水厂不一样，根据实际情况，部分水厂有时还需控制在内源呼吸期内。

3.1.3　微生物的生长条件

污水生物处理的主体是微生物，只有创造良好的环境条件让微生物大量繁殖才能获得令人满意的处理效果。影响微生物生长的条件主要有营养、温度、pH、溶解氧及有毒物质等。

（1）营养

营养是微生物生长的物质基础，生命活动所需要的能量和物质来自营养。不同微生物细胞的组成不尽相同，对 C、N、P 比的要求也不完全相同。好氧微生物要求 C、N、P 比为 $BOD_5 : N : P = 100 : 5 : 1$ ［或 $COD : N : P = （200 \sim 300）: 5 : 1$］，厌氧微生物要求 C、N、P 比为 $BOD_5 : N : P = 100 : 6 : 1$，其中 N 以 $NH_3\text{-}N$ 计，P 以 $PO_4^{3-}\text{-}P$ 计。

几乎所有的有机物都是微生物的营养源，为达到预期的净化效果，控制合适的碳氮磷比显得十分重要。微生物除需要 C、H、O、N、P 外，还需要 S、Mg、Fe、Ca、K 等元素，以及 Mn、Zn、Co、Ni、Cu、Mo、V、I、Br、B 等微量元素。

（2）温度

微生物的种类不同生长温度不同，各种微生物的总体生长温度范围是 0～80℃。

好氧生物处理以中温为主，微生物的最适生长温度为 20～37℃。厌氧生物处理时，中温性微生物的最适生长温度为 25～40℃，高温性微生物的最适生长温度为 50～60℃。所以厌氧生物处理常利用 33～38℃和 52～57℃两个温度段，分别叫作中温发酵和高温发酵。

在最低生长温度至最适生长温度之间，温度升高，微生物酶活性增强，代谢速度加快，微生物生长速度也随之加快，生物处理效率提高。

在适宜的温度范围内，每升高 10℃，生化反应速率就提高 1～2 倍。

（3）pH

好氧生物处理的适宜 pH 为 6.5～8.5，厌氧生物处理的适宜 pH 为 6.7～7.4（最佳 pH 为 6.7～7.2）。在生物处理过程中保持最适 pH 范围非常重要。否则，微生物酶的活性会降低或丧失，微生物生长缓慢甚至死亡，导致处理失败。

（4）溶解氧

好氧生物处理时应做好沿程分析，从好氧池的进口到出口，选择适当的取样点，测水中氨氮数值，为了确保后端缺氧池反硝化反应顺利进行，建议以氨氮小于 1 为溶解氧控制指标。厌氧生物处理时应控制 ORP 为生物反应创造条件。

（5）有毒物质

对微生物有抑制和毒害作用的化学物质叫有毒物质。它能破坏细胞的结构，使酶变性而失去活性。如重金属能与酶的 —SH 基团结合，或与蛋白质结合使之变性或沉淀。有毒物质在低浓度时对微生物无害，超过某一数值则发生毒害。某些有毒物质在低浓度时可以成为微生物的营养。有毒物质的毒性受 pH、温度和有无其他有毒物质存在等因素的影响，在不同条件下毒性相差很大，不同的微生物对同一毒物的耐受能力也不同，具体情况应根据试验而定。

3.1.4 污水的可生化性

污水的可生化性，是指污水中污染物被微生物降解的难易程度，即污水生物处理的难易程度。污水存在可生化性差异的主要原因在于污水所含的有机物中，除一些易被微生物分解、利用外，还有一些不易被微生物降解，甚至对微生物的生长产生抑制作用，这些有机物质的生物降解性质以及在污水中的相对含量决定了该种污水采用生物法处理（通常指好氧生物处理）的可行性及难易程度。在特定情况下，污水的可生化性除体现污水中有机污染物能否被利用以及被利用的程度外，还反映了处理过程中微生物对有机污染物的利用速度。一旦微生物的分解利用速度过慢，导致处理过程所需时间过长，在实际的污水工程中很难实现，因此，一般也认为这种污水的可生化性不高。

3.1.4.1 可生化性的评价方法

国内外对于可生化性的判定方法根据采用的判定参数大致可以分为好氧呼吸参量法、微生物生理指标法、模拟实验法以及综合模型法等。

（1）好氧呼吸参量法

微生物对有机污染物的好氧降解过程中，除 COD 和 BOD 等水质指标的变化外，同时

伴随 O_2 的消耗和 CO_2 的生成。

好氧呼吸参量法就是利用 O_2 的消耗和 CO_2 的生成，通过测定 COD、BOD 等水质指标的变化以及呼吸代谢过程中的 O_2 或 CO_2 含量（或消耗、生成速率）的变化来确定某种有机污染物可生化性的判定方法。根据所采用的水质指标，主要可以分为水质指标评价法、微生物呼吸曲线法、CO_2 生成量测定法。

水质指标评价法是利用 BOD_5 与 COD 的比值来评价，是最经典也是目前最为常用的一种评价污水可生化性的水质指标评价法。BOD_5 粗略代表可生物降解的还原性物质的含量（主要是有机物），COD 粗略代表还原性物质（主要为有机物）的总量。BOD_5/COD 为还原性物质中可生物降解部分所占的比例，能粗略代表还原性物质可生物降解的程度和速度，即污水的可生化性。一般情况下，BOD_5/COD 值越大，污水的可生化性越强，具体评价标准见表 3-1。

表 3-1　水质指标评价法可生化性标准

BOD_5/COD	<0.3	0.3~0.45	>0.45
可生化性	难生化	可生化	易生化

在使用水质指标评价法时，应注意以下几个问题：

① 某些污水中含有的悬浮性有机固体容易在 COD 的测定中被重铬酸钾氧化，并以 COD 的形式表现出来。但在 BOD 反应瓶中受物理形态限制，BOD 数值较低，致使 BOD_5/COD 值减小，而实际上悬浮性有机固体可通过生物絮凝作用去除，继之可经胞外酶水解后进入细胞内被氧化，其 BOD_5/COD 值虽小，可生化性却不差。

② COD 测定值中包含了污水中某些无机还原性物质（如硫化物、亚硫酸盐、亚硝酸盐、亚铁离子等）所消耗的氧量，BOD_5 测定值中也包括硫化物、亚硫酸盐、亚铁离子所消耗的氧量。但由于 COD 与 BOD_5 测定方法不同，这些无机还原性物质在测定时的终态浓度及状态都不尽相同，亦即在两种测定方法中所消耗的氧量不同，从而直接影响 BOD_5 和 COD 的测定值及其比值。

③ 重铬酸钾在酸性条件下的氧化能力很强，在大多数情况下，COD 值可近似代表污水中全部有机物的含量。但有些化合物（如吡啶）不被重铬酸钾氧化，不能以 COD 的形式表现出需氧量，但却可能在微生物作用下被氧化，以 BOD_5 的形式表现出需氧量，因此对 BOD_5/COD 值产生很大影响。

综上所述，污水的 BOD_5/COD 值不等于可生物降解的有机物占全部有机物的百分数，所以，用 BOD_5/COD 值来评价污水的可生化性尽管方便，但比较粗糙，欲作出准确的结论，还应辅以生物处理的模型试验。

CO_2 生成量测定法是通过微生物在降解污染物的过程中，在消耗污水中 O_2 的同时会生成相应数量的 CO_2 来判断污染物的可生化性。目前最常用的方法为斯特姆测定法，反应时间为 28 d，通过比较 CO_2 的实际产量和理论产量来判定污水的可生化性，也可以利用 CO_2/DOC 值来判定污水的可生化性。由于该种判定试验需采用特殊的仪器和方法，操作复杂，仅限于实验室研究使用，在实际生产中的应用还未见报道。

（2）微生物生理指标法

微生物与污水接触后，利用污水中的有机物作为碳源和能源进行新陈代谢，微生物生理指标法就是通过观察微生物新陈代谢过程中重要的生理生化指标的变化来判定该种污水的可生化性。目前可以作为判定依据的生理生化指标主要有脱氢酶活性和三磷酸腺苷。

① 脱氢酶活性指标法。微生物对有机物的氧化分解是在各种酶的参与下完成的，其中脱氢酶起着重要的作用，它是催化氢从被氧化的物质转移到另一物质。由于脱氢酶对毒物的作用非常敏感，当有毒物存在时，它的活性（单位时间内活化氢的能力）下降。因此，可以利用脱氢酶活性作为评价微生物分解污染物能力的指标。如果在以某种污水（有机污染物）为基质的培养液中生长的微生物脱氢酶的活性增加，则表明微生物能够降解该种污水（有机污染物）。

② 三磷酸腺苷（ATP）指标法。微生物对污染物的氧化降解过程，实际上是能量代谢过程，微生物产能能力的大小直接反映其活性的高低。ATP 是微生物细胞中贮存能量的物质，因而可通过测定细胞中 ATP 的水平来反映微生物的活性程度，并将其作为评价微生物降解有机污染物能力的指标，如果在以某种污水（有机污染物）为基质的培养液中生长的微生物 ATP 的活性增加，则表明微生物能够降解该种污水（有机污染物）。

此外，微生物生理指标法还有细菌标准平板计数、DNA 测定法、INT 测定法、发光细菌光强测定法等。

虽然目前脱氢酶活性、ATP 等测定都已有较成熟的方法，但由于这些参数的测定对仪器和药品的要求较高，操作也较复杂，因此目前微生物生理指标法主要还是用于单一有机污染物的生物可降解性和生态毒性的判定。

（3）模拟实验法

模拟实验法，是指直接通过模拟实际污水处理过程来判断污水生物处理可行性的方法。根据模拟过程与实际过程的近似程度，大致可以分为培养液测定法和模拟生化反应器法。

① 培养液测定法。培养液测定法又称摇床试验法，具体操作方法是：在一系列三角瓶内装入以某种污染物或污水为碳源的培养液，加入适量 N、P 等营养物质，调节 pH，然后向瓶内接种一种或多种微生物（或经驯化的活性污泥），将三角瓶置于摇床上进行振荡，模拟实际好氧处理过程，在一定阶段内连续监测三角瓶内培养液物理外观（浓度、颜色、嗅味等）上的变化、微生物（菌种、生物量及生物相等）的变化以及培养液各项指标，如 pH、COD 或某污染物浓度的变化。

② 模拟生化反应器法。模拟生化反应器法是在模型生化反应器中进行的，通过在生化模型中模拟实际污水处理设施的反应条件，如 MLSS 浓度、温度、DO、F/M 等，来预测各种污水在污水处理设施中的去除效果，以及各种因素对生物处理的影响。

由于模拟实验法采用的微生物、污水与实际过程相同，而且生化反应条件也接近实际值，从水处理研究的角度来讲，相当于实际处理工艺的小试研究，各种实际出现的影响因素都可能在实验过程中体现，避免了其他判定方法在实验过程中出现的误差，且由于实验条件和反应空间更接近于实际情况，因此模拟实验法与培养液测定法相比，能够更准确地说明污水生物处理的可行性。

但正是由于该判定方法针对性过强，各种污水间的测定结果没有可比性，因此不容易形成一套系统的理论，而且小试过程的判定结果在实际放大过程中也可能造成一定的误差。

（4）综合模型法

综合模型法主要是针对某种有机污染物的可生化的判定，通过对大量的已知污染物的生物降解性和分子结构的相关性的研究，利用计算机模拟预测新的有机化合物的生物可降解性，主要的模型有 BIODEG 模型和 PLS 模型等。

综合模型法需要依靠庞大的已知污染物的生物降解性数据库，而且模拟过程复杂，耗资大，主要用于预测新化合物的可生化性和进入环境后的降解途径。

除以上可生化性判定方法外，近年来还发展了许多其他方法，如利用多级过滤和超滤的方法得到污水的粒径分布 PSD 和 COD 分布来作为预测污水可生化性的指标；利用耗氧量、生化反应某端产物、生物活性值联合评价污水的可生化性；利用经验流程图来预测某种有机污染物的可生化性。

综上所述，目前国内外对于污水的可生化性判定方法各有千秋，在实际操作中应根据污水的性质和试验条件来选择合适的判定方法。

3.1.4.2 改善可生化性的途径

改善污水可生化性的基本原则是创造有利于微生物生长的水质条件。可通过下列途径改善污水的可生化性。

（1）调节营养比

好氧微生物处理要求 C、N、P 比为 BOD_5 : N : P=100 : 5 : 1，厌氧微生物要求 BOD_5 : N : P=100 : 6 : 1。某些工业废水营养不全（如石化污水、造纸污水和酒精污水缺少 N 和 P，洗涤剂污水缺乏 N），应人为调节污水的 C、N、P 比例。可以投加生活污水、食品污水或屠宰污水等营养全面的污水；也可投加米泔水或淀粉浆补充碳源；投加尿素、铵盐或硝酸盐补充氮源；投加磷酸盐补充磷源；投加粪便水、泡豆水等有机氮源和磷源。其中，NH_3 和磷酸盐最易被微生物利用。厌氧生物处理时，加入 NH_3-N 会降低 CH_4 产率，所以厌氧生物处理以加入 NH_4^+ 或有机氮（尿素）为宜。如果污水不缺营养，不应添加上述物质，否则会导致反驯化，影响处理效果。

（2）调节 pH

好氧生物处理的适宜 pH 为 6.5~8.5，厌氧生物处理的适宜 pH 为 6.7~7.4。可采用下列措施控制反应混合物的 pH：① 调节池调节进水 pH；② 酸碱中和调节进水 pH；③ 用碱性物质控制反应混合物的 pH；④ 改变有机负荷控制反应混合液 pH。

（3）预处理

① 物理化学方法。吸附法是常用的物理化学预处理技术，是采用交换吸附、物理吸附或化学吸附等方式，将难降解的污染物从污水中吸附到吸附剂上并加以去除，从而增大了 BOD_5/COD_{Cr}，提高了污水的可生化性。常用的吸附剂有活性炭、树脂、活性炭纤维、硅藻土、煤灰等。

② 化学法。化学法预处理分为投加一定比例的絮凝剂或混凝剂的化学絮凝法、臭氧氧化法和运用氧化剂、电、光照、催化剂等在反应中产生活性极强的自由基进行预处理的高级氧化法。

③ 生物法。水解酸化法是主要的生物预处理技术，主要是利用兼性厌氧的水解和产酸细菌将污水中的难溶性有机物水解为溶解性有机物，使难降解的大分子物质转化为易降解的小分子物质。与好氧降解相比，水解酸化对难降解有机物的降解更具优势。污水中含氧、氮、硫等的杂环化合物和卤代烃等在好氧条件下降解缓慢或不能降解，而在缺氧条件下却能被有效降解。不同条件下的污水经水解酸化反应后，出水的 BOD_5/COD_{Cr} 值均有所提高，因此水解酸化出水更易于被好氧菌降解，使后续好氧处理工艺的选择范围更为灵活。

3.1.5　生物法处理机理

3.1.5.1　好氧生物处理法

好氧生物处理主要是依赖好氧菌和兼性厌氧菌的生化作用来完成处理工艺的过程，是在提供游离氧的前提下，以好氧微生物为主，使有机物降解的方法。其作用机理为好氧微生物在有氧的条件下，通过代谢活动将污水中的有机物一部分分解转化为无机物且提供微生物生命活动所需的能量，另一部分转化成新的细胞物质。污水的好氧处理过程可以用图 3-2 来说明。

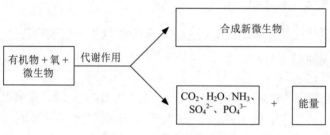

图 3-2　有机物的好氧分解

好氧分解反应速率较快，所需反应时间较短，且在反应过程中，基本上不产生臭气，较卫生，对 BOD_5 浓度在 600 mg/L 以下的污水较为适用。

3.1.5.2　厌氧生物处理法

厌氧生物处理是在隔绝空气的条件下，借助兼性菌和厌氧菌的生物化学作用，对有机物进行生化降解的过程，称为厌氧生化处理法或厌氧消化法。厌氧生物处理法的处理对象为高浓度有机工业废水、城镇污水的污泥、动植物残体及粪便等。

厌氧生物处理是一个复杂的微生物化学过程，主要依靠水解产酸菌、产氢产乙酸菌和产甲烷菌的联合作用完成。因此将厌氧消化过程分为以下 3 个阶段（图 3-3）。

（1）第 I 阶段——水解酸化阶段

污水中不溶性大分子有机物，如多糖、淀粉、纤维素等水解成小分子，进入细胞体内分解产生挥发性有机酸、醇、醛类等。主要产物为较高级脂肪酸。

（2）第 II 阶段——产氢产乙酸阶段

产氢产乙酸菌将第 I 阶段产生的有机酸进一步转化为氢气和乙酸。

（3）第 III 阶段——产甲烷阶段

甲酸、乙酸等小分子有机物在产甲烷菌的作用下，通过产甲烷菌的发酵过程将这些小分子有机物转化为甲烷。所以在水解酸化阶段 COD、BOD 浓度变化较小，仅在产气阶段由于构成 COD 或 BOD 的有机物多以 CO_2 和 CH_4 的形式逸出，污水中的 COD 和 BOD 浓度明显下降。

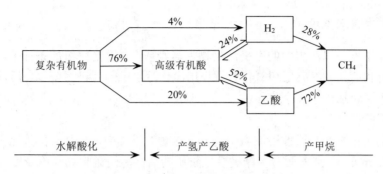

图 3-3　厌氧消化的 3 个阶段和 COD 转化率

3.1.6　生物处理方法分类

　　污水生物处理方法主要分为好氧处理和厌氧处理，好氧处理是利用好氧微生物净化污水中的污染物，厌氧处理是利用厌氧微生物净化污水中的污染物。好氧、厌氧处理法又分为自然条件下和人工条件下的生物处理。目前，实际生活污水处理时可以叠加使用生物处理法以达到最优处理效果，较常用的生物处理方法如图 3-4 所示。

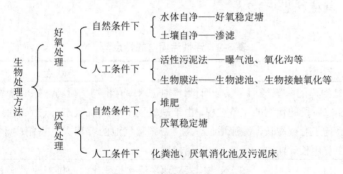

图 3-4　生物处理方法分类

3.2　活性污泥法

　　1912 年，英国的 Clark 和 Cage 发现对污水进行长时间曝气会产生污泥并使水质明显改善，其后 Arden 和 Lackett 进一步研究发现，实验容器瓶壁留下的残渣反而会使处理效果提高，从而发现了活性微生物菌胶团，定名为活性污泥。

　　活性污泥是一种生物絮凝体，一般呈黄色或褐色，稍有土腥味，具有良好的絮凝吸附性能。在活性污泥的微观生态系统中，细菌占主导地位，它由好氧微生物（包括细菌、真菌、原生动物及后生动物等）及其代谢和吸附的有机物质和无机物质组成。活性污泥中，各种微生物构成了一个生态平衡的生物群体，而起主要作用的是细菌及原生动物。

菌胶团是活性污泥和生物膜形成生物絮体的主要生物，是活性污泥结构和功能的中心，有较强的吸附和氧化有机物的能力，在水生物处理中具有重要作用。活性污泥性能的好坏，主要根据所含菌胶团多少、大小及结构的紧密程度来确定。菌胶团为异养菌。

3.2.1 活性污泥法的原理

活性污泥法就是以污水中的有机污染物为培养基，在有溶解氧的条件下，连续地培养活性污泥，再利用其吸附凝聚和氧化分解作用净化污水中的有机污染物。活性污泥去除有机物的过程主要包括以下 3 个阶段。

（1）吸附阶段

污水中的污染物在与活性污泥微生物充分接触的过程中，被具有巨大比表面积（可达 $2\,000\sim10\,000\ \mathrm{m^2/m^3}$）且表面有多糖类黏性物质的活性污泥微生物吸附及粘连，从而使污水得到净化。

（2）稳定阶段

活性污泥在有氧条件下，以吸附及吸收的一部分有机物为营养，进行细胞合成，以另一部分进行分解代谢，并释放能量。

（3）絮凝体的形成与凝聚沉淀阶段

氧化阶段合成的菌体絮凝形成絮凝体，通过重力沉淀从水中分离出来，使水得到净化。

活性污泥法原理的形象说法：微生物"吃掉"了污水中的有机物，这样污水就变成了干净的水。活性污泥法本质上与自然界水体自净过程相似，只是它经过了人工强化，污水净化的效果更好，其特点见表 3-2。

表 3-2　活性污泥法的特点

序号	优点	缺点
1	有机物在曝气池内的降解经历了第一阶段的吸附和第二阶段的代谢的完整过程，活性污泥也经历了对数增长、减速增长、内源呼吸的完整生长周期	曝气池进水端有机物负荷高，好氧速率较高，为了避免由于缺氧而形成厌氧状态，进水的有机物浓度不宜过高，否则曝气池的容积大、占用的土地较多、基建费用较高
2	对污水的处理效果好，BOD_5 去除率达到 90% 以上	耗氧速率沿池长变化，而供养速率难于与其吻合。在池前可能出现好氧速率高于供氧速率，在池后可能出现溶解氧过剩的现象，从而影响处理效果
3	适用于处理净化程度高和稳定程度要求较高的污水	对进水水质、水量变化的适应性比较低，运行结果容易受到水质、水量变化的影响，脱氮除磷效果不太理想（改进工艺除外）

3.2.2 普通活性污泥法处理工艺流程

活性污泥法处理工艺流程通常由曝气池、沉淀池、污泥回流系统和剩余污泥排放系统所组成，如图 3-5 所示。

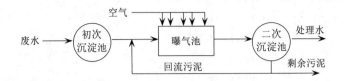

图 3-5 活性污泥法基本流程

（1）曝气池

曝气池是活性污泥工艺的核心。曝气池内提供一定污水停留时间，由微生物组成的活性污泥与污水中的有机污染物质充分混合、接触，进而将其吸收并分解。根据曝气池内混合液的流态，可将曝气池分为推流式、完全混合式和循环混合式 3 种类型。

① 推流式曝气池。推流式是利用窄长形曝气池，污水和回流污泥从曝气池一端流入，水平推进，从另一端流出，再经二次沉淀池进行固液分离。在二次沉淀池沉淀下来的污泥，一部分以剩余污泥的形式排到系统外，另一部分回流到曝气池进水端与待处理的污水一起进入曝气池，如图 3-6 所示。

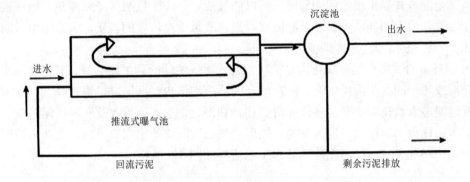

图 3-6 推流式活性污泥法的基本工艺流程

推流式的特点是池子不受大小限制，不易发生短流，有助于生成絮凝好、易沉降的污泥，出水水质好。如果污水中含有有毒物质或抑制性有机物，在进入曝气池进水端之前，应将其去除或加以调节。在曝气池出水端时，已达到了完全处理，氧的利用率接近内源呼吸水平。因此城市污水处理一般可采用推流式。

在推流池中改进污水与回流污泥接触的方式可实现生物脱氮。如在曝气池出水端分割出一个区域，其容积约占曝气池总容积的 15%，用低能量液面下机械加以搅拌，即可控制缺氧条件。随同回流污泥一起进入该区的硝酸盐可以部分满足 BOD 的需要。在产生硝化的情况下，硝化混合液从曝气池出水端进入该池进水端缺氧区，这样就能够实现大量脱氮。

② 完全混合式曝气池。完全混合式是污水和回流污泥一进入曝气池就立即与池内其他混合液均匀混合，使有机物浓度因稀释而立即降至最低值。为使曝气池内物质能达到完全混合，需要适当选择池子的几何尺寸，并适当安排进料和曝气设备。通过完全混合，能使全池容积以内需氧率固定不变，而且混合液固体浓度均匀一致。水力负荷和有机负荷的瞬时变化在这类系统中也得到了缓冲。完全混合式活性污泥法的基本工艺流程如图 3-7 所示。

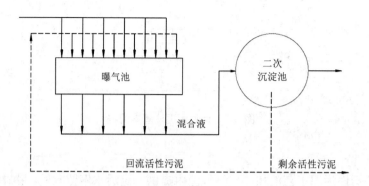

图 3-7 完全混合式活性污泥法的基本工艺流程

完全混合式的特点是池子受池型和曝气手段的限制，池容不能太大，当搅拌混合效果不佳时易产生短流，易出现污泥膨胀。但进水和回流污泥在不同地点加入曝气池，抗冲击负荷能力强，对入流水质、水量的适应能力较强。因此完全混合式广泛应用于工业废水处理。

当完全混合式易出现污泥膨胀时，可以通过加设一个预接触区予以避免，该预接触区的设计参数随污水而异，一般要求能使回流混合液承受高浓度的基质，水力停留时间应有15 min，以便达到最大的生物吸附量。

③ 循环混合式曝气池。氧化沟是循环混合式曝气池的一种主要类型。氧化沟是平面呈椭圆环形或环形的封闭沟渠，混合液在闭合的环形沟道内循环流动，混合曝气。入流污水和回流污泥进入氧化沟中参与环流并得到稀释和净化，与入流污水及回流污泥总量相同的混合液从氧化沟出口流入二次沉淀池。处理水从二次沉淀池出水口排放，底部污泥回流至氧化沟。循环混合式活性污泥法的基本工艺流程如图 3-8 所示。

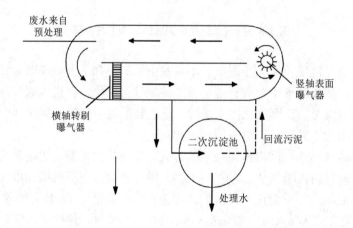

图 3-8 循环混合式活性污泥法的基本工艺流程

氧化沟不仅有外部污泥回流，而且有极大的内回流。因此，氧化沟是一种介于推流式和完全混合式之间的曝气池形式，结合了推流式与完全混合式的优点。氧化沟不仅用于处理生活污水和城市污水，也可用于处理工业废水。处理深度也在加深，不仅用于生物处理，也用于二级强化生物处理，在城市污水处理中，采用较多的有卡鲁塞尔氧化沟、奥贝尔氧化沟。

（2）曝气系统

曝气系统的作用是向曝气池供给微生物增长及分解有机污染物所必需的氧气，并起混合搅拌作用，使活性污泥与有机污染物质充分接触。根据曝气系统的曝气方式，可将曝气池分为鼓风曝气和机械曝气两种类型。

① 鼓风曝气。鼓风曝气是利用鼓风机供给空气，通过空气管道和各种曝气器（扩散器），以气泡形式分布至曝气池混合液中，使气泡中的氧迅速扩散转移到混合液中，供给活性污泥中的微生物，达到混合液充氧和混合的目的。鼓风曝气系统主要由空气净化系统、鼓风机、管路系统和空气扩散器组成。城市污水处理厂大多采用离心式鼓风机，扩散器的布置形式大多采用池底满布方式。空气管线上一般应设空气计量和调节装置，以便控制曝气量（图 3-9）。

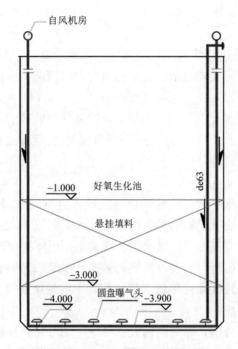

图 3-9　鼓风曝气安装示意图

注：标高以 m 计。

② 机械曝气。机械曝气是依靠某种装设在曝气池水面的叶轮机械的旋转，剧烈地搅动水面，使液体循环流动，不断更新液面并产生强烈的水跃，从而使空气中的氧与水滴或水跃的界面充分接触，以达到充氧和混合的要求。因此机械曝气也称作表面曝气。

根据机械曝气器驱动轴的安装方位，机械曝气又分为纵（竖）轴式（图 3-10）和横（水平）轴式（图 3-11）。竖轴式机械曝气器多用于完全混合式的曝气池，转速一般为 20～100 r/min，并可有两级或三级的速度调节。属于此类的曝气器有平板叶轮曝气器、泵形叶轮曝气器、倒伞形叶轮曝气器以及漂浮式曝气器等。水平轴式机械曝气器一般用于氧化沟工艺，属于此类的曝气器有转刷曝气器及转碟曝气器等。

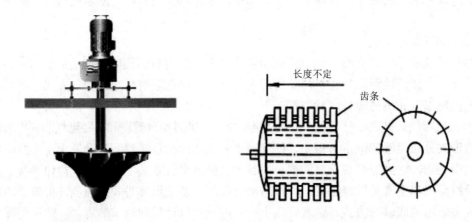

图 3-10　竖轴式机械曝气机（倒伞形叶轮）　　图 3-11　水平式机械曝气机（转刷）

（3）二次沉淀池

二次沉淀池的作用是使活性污泥与处理完的污水分离，并使污泥得到一定程度的浓缩。二次沉淀池内的沉淀形式较复杂，沉淀初期为絮凝沉淀，中期为成层沉淀，而后期则为压缩沉淀，即污泥浓缩。

二次沉淀池要完成泥水分离并回收污泥，关键是获得较高的沉淀效率，均匀配水是其中的首要条件，使各池进水负荷相等，并在允许的表面负荷和上升流速内运行，以得到理想的出水效果及回流污泥。

（4）污泥回流系统

污泥回流系统是为了保持曝气池的 MLSS 在设计值内，把二次沉淀池的活性污泥回流到曝气池内，以保证曝气池有足够的微生物浓度。污泥回流系统包括回流污泥泵和回流污泥管或渠道。回流污泥泵有离心泵、潜水泵、螺旋泵，近年来出现的潜水式螺旋桨泵是较好的一种选择。回流污泥渠道上一般设置回流量的计量及调节装置，以准确控制及调节污泥回流量。污泥回流系统应采用污泥量调节容易、不发生堵塞等故障的构造。

（5）剩余污泥排放系统

随着有机污染物质被分解，曝气池每天都净增一部分活性污泥，这部分活性污泥称为剩余活性污泥。由于池内活性污泥不断增殖，MLSS 会逐渐升高，SV 会增加，为保持一定的 MLSS，增殖的活性污泥应以剩余污泥的形式排放掉。有的污水处理厂用泵排放剩余污泥，有的则直接用阀门排放。可以从回流污泥中排放剩余污泥，也可以从曝气池直接排放。从曝气池直接排放可减轻二次沉淀池的部分负荷，但会增大浓缩池的负荷。在剩余污泥管线上应设置计量及调节装置，以便准确控制排泥。

（6）工艺流程简介

污水经过一级处理后，进入生物反应池——曝气池，同时将从二次沉淀池回流的活性污泥作为接种污泥，与反应器内的活性污泥混合。此外，从空压机站送来的压缩空气，通过铺设在曝气池底部的空气扩散装置，以微小气泡的形式进入污水中，其作用除向污水充氧外，还使曝气池内的污水、污泥处于剧烈搅动状态，形成由污水、微生物、胶体、可降解和不可降解的悬浮物以及惰性物质组成的混合液悬浮固体即活性污泥混合液，经过足够时间的曝气反应后，混合液送到二次沉淀池，在其中进行活性污泥与水的分离，澄清后的污水作为处理水排出系统。经过沉淀浓缩的污泥从二次沉淀池底部排出，一部分回流到曝气池，以维持反应器内微生物浓度，另一部分作为剩余污泥排出。

3.2.3 活性污泥法的性能指标

在活性污泥法运行过程中，采用性能指标进行检测和评估，常用的活性污泥法性能指标如下所述。

（1）污泥沉降比（SV）

污泥沉降比（settling velocity，SV）是指混合液经 30 min 静沉后所形成的沉淀污泥容积占原混合液容积的百分率（%）。

SV_{30} 是相对反映污泥数量以及污泥的凝聚、沉降性能的指标，SV_{30} 越小，其沉降性能与浓缩性能越好。正常的 SV_{30} 为 15%～30%，用以控制排泥量和及时发现早期的污泥膨胀。

（2）混合液悬浮固体浓度（MLSS）

混合液悬浮固体浓度（mixed liquor suspended solids，MLSS）又称混合液污泥浓度，表示在曝气池单位容积混合液内所含的活性污泥固体的总质量，即

$$MLSS=M_a+M_e+M_i+M_{ii} \tag{3-1}$$

式中，M_a —— 具有代谢功能活性的微生物群体的浓度；

M_e —— 微生物（主要是细菌）内源代谢、自身氧化的残留物的浓度；

M_i —— 由原污水挟入的难为细菌降解的惰性有机物质的浓度；

M_{ii} —— 由污水挟入的无机物质的浓度。

MLSS 近似表示活性微生物浓度，当入流污水 BOD_5 上升，应增大 MLSS 值，即增大微生物的量，处理增多的有机物质。对传统活性污泥法，MLSS 值为 1 500～3 000 mg/L；对延时活性污泥法或氧化沟法，MLSS 值为 2 500～5 000 mg/L。

（3）混合液挥发性悬浮固体浓度（MLVSS）

混合液挥发性悬浮固体浓度（mixed liquor volatile suspended solids，MLVSS），表示混合液活性污泥中有机性固体物质部分的浓度，即

$$MLVSS=M_a+M_e+M_i \tag{3-2}$$

MLVSS 表示的是 MLSS 的有机部分，更接近于活性微生物浓度。在条件一定时，MLVSS/MLSS 是较稳定的，对城市污水，MLVSS/MLSS 值一般为 0.7。

（4）污泥容积指数（SVI）

污泥容积指数（sludge volume index，SVI）是指混合液经 30 min 静沉后，1 g 干污泥所形成的沉淀污泥容积（mL），单位为 mL/g。可用式（3-3）表示：

$$SVI = \frac{SV}{MLSS} \tag{3-3}$$

SVI 能更准确地评价污泥的凝聚性能和沉降性能，SVI 值一般为 50～150 mL/g 时运行效果最好，SVI 值过低，说明活性污泥沉降性能好，但吸附性能差，泥粒小，密实，无机成分多；SVI 值过高，说明活性污泥疏松，有机物含量高，但沉降性能差。当 SVI>200 mL/g 时，说明活性污泥将要或已经发生膨胀现象。

（5）污泥密度指数（SDI）

是指曝气池混合液在静置 30 min 后，含于 100 mL 沉降污泥中的活性污泥悬浮固体的质量。

$$SDI=100/SVI \tag{3-4}$$

（6）污泥龄（SRT）

活性污泥系统正常运行的重要条件之一是必须保持曝气池内稳定的污泥量。活性污泥反应的结果是使曝气池内的污泥量增加。此外，在污泥增长的同时，伴随着微生物的老化和死亡，若不及时排出就会导致活性下降。所以，每天必须从系统中排出与增长量相等的活性污泥量，即剩余污泥，以保持污泥量和污泥活性的稳定。

活性污泥排放量越大，系统内污泥更新越快，污泥在系统内停留的时间越短。反应系统内微生物全部更新一遍所需的时间（生物固体平均停留时间）叫污泥龄，单位为 d。污泥龄，是指活性污泥在反应池、二次沉淀池和回流污泥系统内的平均停留时间，也就是曝气池中活性污泥平均更新一遍所需的时间，一般用 SRT 表示，又称为生物固体停留时间。它是活性污泥系统设计和运行中最重要的参数之一，可用式（3-5）表示：

$$SRT = \frac{系统内活性污泥量}{每天从系统排出的活性污泥量} \tag{3-5}$$

剩余污泥排放量越大，污泥龄越短。通过控制剩余污泥排放量，可方便地控制污泥龄。世代时间长于污泥龄的微生物在曝气池内不可能形成优势菌种属。

污泥浓度与污泥龄有关，而污泥龄与剩余污泥排放量有关，工程实践中常通过调节剩余污泥排放量来控制污泥浓度。剩余污泥排放量越大，污泥龄越短，污泥浓度就越低，反之则相反。

出水水质与污泥龄有关。污泥龄长，出水水质好。随着污泥龄的延长，污染物去除率很快达到最大值，所以不需要太长的污泥龄（0.5～1.0 d）就可以取得较高的去除率。但是，污泥龄短时微生物浓度低，营养相对丰富，细菌生长很快，絮凝沉淀性能差，易流失，出水水质较差。SRT＞世代期，微生物能在系统中存活下来；SRT＜世代期，微生物被淘汰；分解有机污染物的绝大部分微生物的世代期＜3 d，因此控制 SRT 为 3～5 d。污泥龄长，出水水质好；污泥龄短，絮凝沉淀性能差，易流失，出水水质较差。

（7）污泥回流比

反应池运行时，为了维持给定的 SRT 或 BOD-SS 负荷，MLSS 必须维持一定的数值，应按回流污泥悬浮固体浓度改变回流污泥量或污泥回流比。

回流比是回流污泥量与污水量之比，常用 R 表示：

$$R=Q_R / Q \tag{3-6}$$

在活性污泥法的运行管理中，为了维持反应池混合液一定的 MLSS 值，除应保证二次沉淀池具有良好的污泥浓缩性能外，还应考虑活性污泥膨胀的对策，以提高回流活性污泥浓度，减小污泥回流比。R 可以根据实际运行需要予以调整。传统活性污泥工艺 R 一般为 25%～100%。

一般冬季活性污泥的沉降性能和浓度性能变差，所以回流活性污泥浓度低，R 较夏季高；另外，当活性污泥发生膨胀时，回流活性污泥浓度急剧下降。

（8）活性污泥的有机负荷

活性污泥的有机负荷，是指曝气池内单位质量的活性污泥，在单位时间内要保证一定的处理效果所能承受的有机污染物量，单位为 kg BOD_5/（kg MLVSS·d），也称 BOD 负荷。通常用 F/M 表示有机负荷。有机负荷可用式（3-7）计算：

$$F/M = Q \times BOD_5/(MLVSS \times V_a) \tag{3-7}$$

式中，Q——入流污水量，m^3/d；

　　　BOD_5——入流污水的 BOD_5 浓度，mg/L；

　　　MLVSS——曝气池内活性污泥浓度，mg/L；

　　　V_a——曝气池的有效容积，m^3。

F/M 表示微生物量的利用率和污泥的沉降性能。F/M 较大时，由于食物较充足，活性污泥中的微生物增长速率较快，有机污染物被去除的速率也较快，但活性污泥的沉降性能较差。反之，F/M 较小时，由于食物不太充足，微生物增长速率较慢或基本不增长，甚至可能减少，有机污染物被去除的速率也较慢，但活性污泥的沉降性能较好。传统活性污泥工艺的 F/M 值一般为 0.2～0.4 kg BOD_5/（kg MLSS·d）。

3.2.4　活性污泥法的分类

活性污泥法自开创以来已有近百年的历史，在长期的工程实践过程中，根据水质的变化、微生物代谢活动的特点、运行管理、技术经济和排放要求等方面的情况，又发展成多种行之有效的运行方式和工艺流程。目前，活性污泥法按照不同类型运行管理方式分为氧化沟、SBR、MSBR、传统活性污泥法、阶段曝气活性污泥法、吸附—再生活性污泥法系统、延时曝气活性污泥法、高负荷活性污泥法、完全混合活性污泥法、深水曝气活性污泥法系统、深井曝气池活性污泥法系统、浅层曝气活性污泥法系统、纯氧曝气活性污泥法系统等 14 类。

活性污泥法需同时去除 COD、氮、磷等污染物，因此目前国内一般的污水处理厂生物处理工艺都包含厌氧、缺氧、好氧 3 个环节，3 个环节的不同组合方式构成了多种处理工艺。

按照构筑物的组成形式、运行性能以及运行操作方式的不同，活性污泥法又分为悬浮性活性污泥法、固着性生物膜法及膜生物反应器三大类，应用于城市污水厂的悬浮性活性污泥法污水处理工艺主要有 3 个系列：① 氧化沟系列；② A/O 及 A^2/O 系列；③ 序批式反应器（SBR）系列。各个系列不断地发展、改进，形成了目前比较典型的工艺，如 A^2/O 工艺、改良 A^2/O 工艺、多级 AO 工艺、UCT 工艺、改良 UCT 工艺、卡罗塞尔-2000 氧化沟工艺、双沟式（DE 型）氧化沟工艺、三沟式（T 型）氧化沟工艺、奥贝尔氧化沟工艺、VIP 工艺、CAST 工艺、MSBR 工艺、UNITANK 工艺等。

3.2.4.1　传统活性污泥法

传统活性污泥法，又称普通活性污泥法或推流式活性污泥法（图 3-12），是早期开始使用并沿用至今的运行方式。污水与回流污泥从长方形曝气池的进水端同步流入，污水与回流污泥形成的混合液在池内呈推流形式由池出水端流出池外，进入二次沉淀池，处理后的污水与活性污泥在二次沉淀池内分离，部分污泥回流入曝气池，剩余污泥排出系统。

在曝气池内，有机污染物的降解经历了第一阶段的吸附和第二阶段的微生物代谢的完整过程。有机污染物浓度沿池长逐渐降低，需氧速率也沿池长逐渐降低，活性污泥也经历了一个从池进水端的对数增长经减速增长，再到池出水端的内源呼吸的完整生长周期。

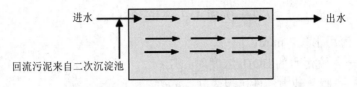

图 3-12　推流式活性污泥法的水流状态示意图

（1）优点

① 处理效果好：BOD_5 的去除率可达 90%～95%；

② 对污水的处理方式比较灵活，可根据要求进行调节。

（2）缺点

① 进水浓度尤其是含有抑制物质的浓度不能高，不能适应冲击负荷；

② 需氧量前大后小，而空气的供应是均匀分布，这就造成进水端无足够的溶解氧，出水端氧的供应大大超过需要，造成浪费，增加动力费用；

③ 体积负荷率低，曝气池庞大，占用土地较多，基建费用高；

④ 采用推流式，进入池中的污水和回流污泥在理论上不与池中原有的混合液混合。

3.2.4.2　氧化沟工艺

目前在国内外较为流行的氧化沟有卡罗塞尔氧化沟、双沟式氧化沟、三沟式氧化沟、奥贝尔氧化沟。

氧化沟是活性污泥法的一种改进型，具有除磷脱氮的功能，其曝气池为封闭的沟渠，废水和活性污泥的混合液在其中不断循环流动，因此氧化沟又名"连续循环曝气法"。过去由于曝气装置动力小，池深及充氧能力受到限制，导致占地面积大，土建费用高，其推广及应用受到影响。近 10 年来曝气装置的不断改进、完善及池形的合理设计，弥补了氧化沟过去的缺点（图 3-13）。

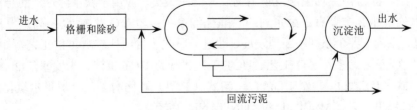

图 3-13　氧化沟处理流程

（1）卡罗塞尔氧化沟

卡罗塞尔氧化沟是荷兰 DHV 公司开发的（图 3-14）。该工艺在曝气渠道端部装有低速表面曝气机。曝气渠内用隔板分格，构成连续渠道。表面曝气机把水推向曝气区，水流连续经过几个曝气区后经堰口排出。为了保证沟中流速，曝气渠的几何尺寸和表面曝气机的设计是至关重要的，DHV 公司往往通过水力模型才能确定工程设计。最近 DHV 公司又开发了卡罗塞尔-2000 型，把厌氧/缺氧/好氧与氧化沟循环式曝气渠巧妙地结合起来，改变了原调节性差、脱氮除磷效果低的缺点，但水力设计更为复杂。卡罗塞尔氧化沟的缺点是池深较浅，一般为 4.0 m，占地面积大，土建费用高。也有将卡罗塞尔氧化沟池深设计为 6 m 或更深的情况，但需要采用潜水推流器提供额外动力。

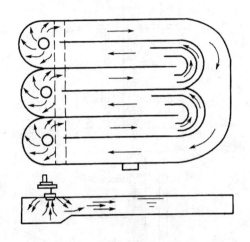

图 3-14　卡罗塞尔氧化沟

（2）双沟式氧化沟和三沟式氧化沟

双沟式（DE 型）氧化沟和三沟式（T 型）氧化沟是丹麦克鲁格公司开发的。双沟式氧化沟为双沟组成，氧化沟与二次沉淀池分建，有独立的污泥回流系统，双沟式氧化沟可按除磷脱氮等多种工艺运行。双沟式氧化沟是由两个容积相同、交替运行的曝气沟组成。沟内设有转刷和水下搅拌器，实现硝化过程，由于周期性地变换进出水方向（需启闭进出水堰门）、变换转刷和水下搅拌器的运行状态，因此必须通过计算机控制操作，对自控要求较高。三沟式氧化沟集曝气、沉淀于一体，工艺更为简单（图 3-15）。三沟交替进水，两外沟交替出水，两外沟分别作为曝气池或沉淀池交替运行，不需二次沉淀池及污泥回流设备，同双沟式氧化沟相同，自动化程度高。由于这两种氧化沟采用转刷曝气，池深较浅，故占地面积大。双沟式和三沟式由于各沟交替运行，明显的缺点是设备利用率低，三沟式的设备利用率只有 58%，设备配置多，一次性设备投资大。

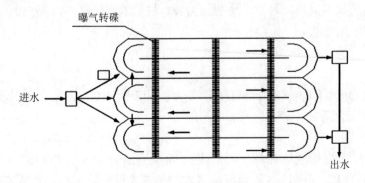

图 3-15　三沟式（T 型）氧化沟

（3）奥贝尔氧化沟

奥贝尔（Orbal）氧化沟是氧化沟类型中的重要形式，此法起初是由南非的休斯曼构想，南非国家水研究所研究和发展的，该技术转让给美国的 Envirex 公司后得到不断的改进及推广应用（图 3-16）。

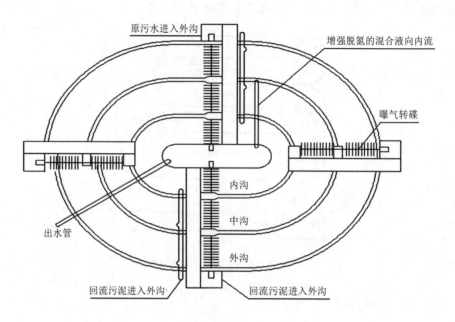

图 3-16　奥贝尔氧化沟

奥贝尔氧化沟是椭圆形的，通常有 3 条同心曝气渠道（也有 2 条或更多条渠道）。污水通过淹没式进水口从外沟进入，顺序流入下一条渠道，由内沟道排出。

奥贝尔氧化沟具有同时硝化、反硝化的特性，在氧化沟前面增加一座厌氧选择池，便构成了生物脱氮除磷系统。污水和回流污泥首先进入厌氧选择池，停留时间约 1 h，在厌氧池中完成磷的释放，并改善污泥的沉降性，然后混合液进入氧化沟进行硝化、反硝化，实现脱氮除磷。

奥贝尔氧化沟的缺点是池深较浅，一般为 4.3 m 左右，占地面积较大，因为池型为椭圆形，对地块的有效利用较差。

奥贝尔氧化沟工艺技术成熟，耐冲击负荷能力强，脱氮效率较高，在国内中、小型污水处理厂中有广泛的应用经验。

3.2.4.3　A^2/O 工艺

目前在国内外较为流行的 A^2/O 工艺包括常规 A^2/O 工艺、UCT 工艺、分点进水倒置 A^2/O 工艺、多级 AO 工艺等。

（1）常规 A^2/O 工艺

A^2/O 工艺是一种典型的脱氮除磷工艺，其生物反应池由 ANAEROBIC（厌氧）、ANOXIC（缺氧）和 OXIC（好氧）3 段组成，其典型工艺流程见图 3-17。其特点是厌氧、缺氧、好氧 3 段功能明确，界限分明，可根据进水条件和出水要求，人为地创造和控制 3

区的时空比例和运转条件，只要碳源充足（TKN/COD≤0.08 或 BOD/TKN≥4）便可根据需要达到比较高的脱氮率。

常规生物脱氮除磷工艺呈厌氧（A）/缺氧（A）/好氧（O）的布置形式。该布置在理论上基于这样一种认识，即聚磷微生物有效释磷水平的充分与否，对于提高系统的除磷能力具有极其重要的意义，厌氧区居前可以使聚磷微生物优先获得碳源并得以充分释磷。

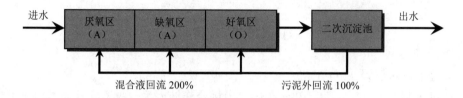

图 3-17　A^2/O 工艺流程

A^2/O 工艺在系统上是简单的同步除磷脱氮工艺，总水力停留时间小于其他同类工艺，在厌氧（缺氧）、好氧交替运行的条件下可抑制丝状菌繁殖，克服污泥膨胀，SVI 值一般小于 100，有利于处理污水与污泥的分离，运行中在厌氧和缺氧段内只需轻缓搅拌，运行费用低，由于厌氧、缺氧和好氧 3 个区严格分开，有利于不同微生物菌群的繁殖生长，因此脱氮除磷效果非常好。目前，该法在国内外使用较为广泛。但常规 A^2/O 工艺也存在以下缺点：

① 脱氮和除磷对外部环境条件的要求是相互矛盾的，脱氮要求有机负荷较低，污泥龄较长，而除磷要求有机负荷较高，污泥龄较短，往往很难权衡；

② 由于厌氧区居前，回流污泥中的硝酸盐易对厌氧区产生不利影响；

③ 由于缺氧区位于系统中部，反硝化在碳源分配上居于不利地位，影响了系统的脱氮效果；

④ 由于存在内循环，常规工艺系统所排放的剩余污泥中实际只有一小部分经历了完整的放磷、吸磷过程，其余则基本上未经厌氧状态而直接由缺氧区进入好氧区，这对于系统除磷是不利的。

但总体来说，对于碳源较丰富的情况，这种工艺运转稳定可靠，除磷脱氮程度高，其出水水质很好，在对出水氮磷要求严格时，多采用这种方法。

（2）UCT 工艺

在常规 A^2/O 工艺中，回流污泥中的硝酸氮会优先夺取污水中容易生物降解的有机物，实现反硝化，对除磷造成不利影响，因此如何降低脱氮对除磷的影响成了一个关键的技术问题。国外经过研究和实践，成功开发了 UCT 工艺，提供了一个较好的解决办法。

UCT 工艺的流程如图 3-18 所示，该工艺与 A^2/O 工艺的区别在于，回流污泥首先进入缺氧区，而缺氧区部分流出混合液再回至厌氧区。通过这样的修正，可以避免回流污泥中的 NO_3-N 回流至厌氧区，干扰磷的厌氧释放而降低磷的去除率。回流污泥带回的 NO_3-N 将在缺氧区中被反硝化。当入流污水的 BOD_5/TKN 或 BOD_5/TP 较低时，较适用 UCT 工艺，获得这一效果的代价是增加从缺氧区出流液到厌氧区的回流，增加电耗。

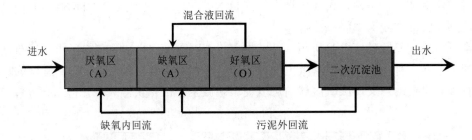

图 3-18 UCT 工艺流程

（3）分点进水倒置 A^2/O 工艺

分点进水倒置 A^2/O 工艺是 1997 年由"中德合作城市污水脱氮除磷技术研究课题组"最先在我国研究和开发的合作项目。该工艺流程见图 3-19。为避免传统 A^2/O 工艺回流硝酸盐对厌氧区放磷的影响，通过将缺氧区置于厌氧区前面，来自二次沉淀池的回流污泥和 30%～50%的进水、50%～150%的混合液回流均进入缺氧区，停留时间为 1～3 h。回流污泥和混合液在缺氧区进行反硝化，去除硝态氮，再进入厌氧区，保证了厌氧区的厌氧状态，强化了除磷效果。

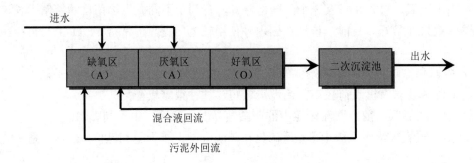

图 3-19 分点进水倒置 A^2/O 工艺流程

污泥回流至缺氧区并且采用两点的进水方式，使缺氧区污泥浓度可较好氧区高出近 50%。由此对于一个到最终沉淀池的已知 MLSS 浓度，分段进水系统比常规法具有较多的污泥储量和较长的污泥龄，从而增加了处理能力。另外，单位池容的反硝化速率明显提高，反硝化作用能够得到有效保证。在根据不同进水水质、不同季节的情况下，生物脱氮和生物除磷所需碳源的变化，调节分配至缺氧区和厌氧区的进水比例，反硝化作用能够得到有效保证，系统中的除磷效果也有保证，因此，本工艺与其他除磷脱氮工艺相比，具有明显的优点。

分点进水倒置 A^2/O 工艺采用矩形的生物池，设缺氧区、厌氧区及好氧区，用隔墙分开，为推流式。缺氧区、厌氧区设置水下搅拌器，好氧区设微孔曝气系统。为能达到硝化阶段，选择合理的污泥龄。

分点进水倒置 A^2/O 工艺具有以下优点：

①聚磷菌厌氧释磷后直接进入生化效率高的好氧环境，其在厌氧条件下形成的吸磷动力可以得到充分的利用，具有"饥饿效应"优势；

② 允许所有参与回流的污泥经历完整的释磷、吸磷过程，故在除磷方面具有"群体效应"优势；

③ 缺氧区位于工艺的首段，允许反硝化优先获得碳源，进一步加强了系统的脱氮能力。

（4）多级 AO 工艺

多级 AO 工艺是 A^2/O 工艺的一种（图 3-20），由于其节省了内回流，降低了传统 A^2/O 工艺的能耗，因此近年来受到了广泛关注。

多级 AO 的理念来源于分点进水工艺，从运行模式上看属于几个 AO 的串联，但由于污水分段进入，多级 AO 工艺整体污泥浓度较传统 AO 工艺有较大提升，而出水的污泥负荷却没有增加，因此相较于传统 AO 工艺，多级 AO 可有效减少池容，节省工程投资。此外，由于污水分段进行反硝化，多级 AO 的总体脱氮效率有很大提升，因此很适合应用在对脱氮要求较高的场合。考虑到氮素的去除一直是污水处理厂关注的重点和难点，在对出水氮磷要求严格时，采用这种方法可较大地提高 TN 出水达标率。

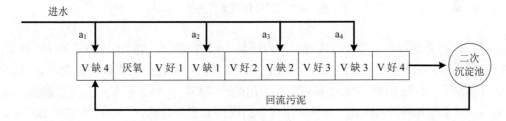

图 3-20　多级 AO 工艺流程

3.2.4.4　SBR 工艺

SBR 是序批式活性污泥法（sequencing batch reactor activated sludge process）的缩写。最初是由英国学者 Ardern 和 Lockett 于 1914 年提出的，但是鉴于当时曝气器易堵塞，自动控制水平低，运行操作管理复杂等原因，很快就被连续式活性污泥法取代。直至 20 世纪 70 年代，随着各种新型曝气器、浮动式出水堰（滗水器）及自动控制监测硬件设备和软件技术的开发，特别是计算机和工业自控技术的不断完善，污水处理过程进行自动操作已成为可能，SBR 工艺以其独特的优点受到广泛关注，并迅速得到发展和应用，现在世界上已有数百座 SBR 污水处理厂在成功运行。EPA 认为 SBR 工艺是一种低投资、低操作成本及维修费用、高效益的环境治理技术。

SBR 属于活性污泥法的一种，其反应机制及去除污染物的机理与传统的活性污泥法基本相同，只是运行操作方式有很大区别。它以时间顺序来分割流程的各个单元，整个过程对于单个操作单元而言是间歇进行的。典型的 SBR 曝气、沉淀环节在初级沉淀池中，不需设置二次沉淀池及污泥回流设备。在该系统中，反应池在一定时间间隔内充满污水，以间歇处理方式运行，处理后混合液进行沉淀，借助专用的排水设备排除上清液，沉淀的生物污泥则留于池内，用于再次与污水混合处理污水，这样依次反复运行，构成了序批式处理工艺。典型的 SBR 系统运行分为进水、反应、沉淀、排水与闲置 5 个阶段，见图 3-21。

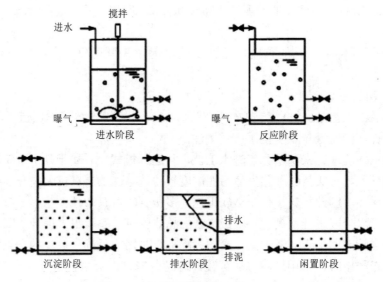

图 3-21　SBR 系统运行方式

SBR 运行方式灵活多变，适应性强，为满足不同的水质及实际工程的要求，可对工艺过程进行改进。随着基础研究方面的不断进展以及人们对活性污泥去除污染物质机理的逐渐了解，鉴于经典的 SBR 技术在实际工程应用的一定局限，为适应实际工程的需要，SBR 技术逐渐衍生出各种新的形式。目前应用较多的改良工艺有 ICEAS、UNITANK、DAT-IAT、CAST（CASS）等。

（1）SBR 系列工艺的优点

SBR 系列工艺具有以下几个优点：

① 处理构筑物很少，一个 SBR 反应器集曝气、沉淀于一体，省去了二次沉淀池和回流污泥泵房。因此，可大大节约处理构筑物的占地面积、构筑物间的连接管道及流体输送设备，一般可降低工程总投资的 10%～20%。

② 由于其间歇进水，时间长短、水量多少均可调节，因此对水量、水质的变化具有较强的适应性，不需另设调节池。

③ 占地面积小，比传统活性污泥法少占地 30%～50%，是目前各种污水处理工艺中占地面积最小的工艺之一。

④ 可脱氮除磷。通过调节曝气时间和间歇时间，污水在反应池中可处于交替好氧、缺氧和厌氧状态，为工艺脱氮除磷创造了条件。同时，这种环境条件的变化可以有效抑制丝状菌的生长，减少污泥膨胀的影响。

⑤ 污水处理厂刚建成运行时，流量一般比设计值低，SBR 可以根据水量、水质的需要，增减运行池体的数量，这样可以避免不必要的能量消耗，这是其他工艺不具备的。

（2）SBR 系列工艺的缺点

SBR 系列工艺的缺点主要如下：

① 反应池的进水、曝气、排水过程变化频繁，不能采用人工管理，因此对污水厂设备仪表的要求较高，并要求管理人员有一定的技术水平。

② SBR 的容积利用率不高，造成一定程度的浪费。

③ 单一的 SBR 反应器需要较大的调节池。

④ 处理水量大时，来水与间歇进水不匹配的问题难以解决。此时需多套 SBR 反应器并联运行，阀门切换频繁，操作程序复杂。

⑤ 大水量时，优势不明显。水量小时，SBR 的运行费用比传统活性污泥法节省 20% 左右，但水量大时，SBR 运行费用与传统活性污泥法相近。可见 SBR 法对大水量没有优势。

⑥ 设备闲置率高。

⑦ 污水提升阻力损失较大。

为克服 SBR 法的缺点，人们对 SBR 工艺不断改进。如今出现了多种改进型 SBR 工艺，主要有连续进水周期循环延时曝气活性污泥法（ICEAS）、连续进水分离式周期循环活性污泥法（IDEA）、不完全连续进水周期循环活性污泥法（CASS、CAST 或 CASP）和 UNITANK 等。

（3）分类

① ICEAS 工艺。ICEAS 工艺（图 3-22）为间歇式循环延时曝气工艺，是澳大利亚新南威尔士大学与美国 ABJ 公司的 Goronszy 教授合作研究开发的。1976 年世界上第一座 ICEAS 工艺废水处理厂建成，随后该工艺在世界各国得到了广泛的应用。该工艺的特点是在反应器的进水端增加一个预反应区，运行方式为连续进水、间歇排水，没有明显的反应阶段和闲置阶段。经预处理的废水连续不断地进入反应池前部的预反应区，在该区内污水中的大部分可溶性 BOD_5 被活性污泥微生物吸附，并从主反应区与预反应区隔墙下部的孔眼以低速（0.03～0.05 m/min）进入主反应区，在主反应区内按照曝气、沉淀、排水、排泥的程序周期性地运行，使有机废水在交替的好氧—缺氧—厌氧的条件下完成生物降解作用，各过程的历时可由计算机自动控制。

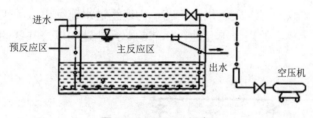

图 3-22 ICEAS 设备

② CASS 工艺。CASS 工艺又称循环式活性污泥法，是由美国 Goronszy 教授在 ICEAS 工艺的基础上研究开发的，它是利用不同微生物在不同的负荷条件下生长速率差异和污水生物除磷脱氮机理，将生物选择器与传统 SBR 反应器相结合的产物。CASS 工艺为间歇式生物反应器，在此反应器中进行交替的曝气—非曝气过程的不断重复，将生物反应过程和泥水分离过程结合在一个池子中完成。CASS 工艺入口处设一生物选择器，并进行污泥回流，保证了活性污泥不断地在选择器中经历一个高絮体负荷阶段，从而有利于絮凝性细菌的生长并提高污泥的活性，使其快速地去除废水中的溶解性易降解基质，进一步有效地抑制丝状菌的生长和繁殖；CASS 工艺对水质、水量波动的适应性强，运行操作灵活；沉淀性能良好；脱氮除磷效果良好。

③ IDEA 工艺。IDEA 工艺为间歇排水延时曝气工艺，该工艺保持了 CASS 工艺的优点，运行方式采用连续进水、间歇曝气、周期排水的形式。与 CASS 工艺相比，预反应区

改为与 SBR 主体构筑物分立的预混合池，部分污泥回流进入预反应池，且采用中部进水。

④ DAT-IAT 工艺。DAT-IAT 工艺（图 3-23）为需氧池—间歇曝气池工艺，其反应机理以及污染物去除机制与连续流活性污泥法相同，是依靠活性污泥微生物的活动来净化污水的。

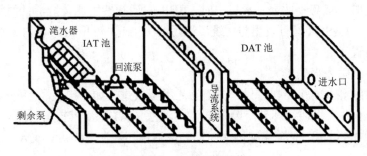

图 3-23 DAT-IAT 工艺

DAT-IAT 工艺的主体构筑物反应池由隔墙分为需氧（DAT）池和间歇曝气（IAT）池串联的两个池子，一般情况下，DAT 池连续进水、连续曝气，其出水进入 IAT 池但间歇曝气，在 IAT 池完成曝气、沉淀、滗水和排剩余污泥工序。DAT 池相当于一个传统的活性污泥曝气池，池中水呈完全混合流态。IAT 池相当于一个传统的 SBR 池，但进水为连续的。

该工艺克服了 ICEAS 工艺进水量小的缺点。与 CASS 工艺相比，DAT 池是一种更加灵活、完备的生物选择器，能够在 DAT 池和 IAT 池内保持较长的污泥龄和高 MLSS 浓度，对有机负荷及毒物有较强的抗冲击负荷能力，易达到较好的脱氮除磷效果。

⑤ UNITANK 工艺。UNITANK 工艺（图 3-24）是比利时 SEGHERS 公司提出的一种 SBR 的变形。20 世纪 90 年代初，该公司开发了一种一体化活性污泥法工艺，取名为 UNITANK 工艺，类似于三沟式氧化沟工艺，为连续进水连续出水的工艺。设备外形为矩形，里面分割为 3 个相等的矩形单元池，相邻的单元池之间以公共壁的开孔水力连接，无须用泵输送。

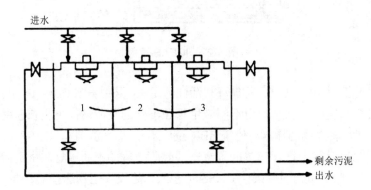

图 3-24 UNITANK 工艺（图中 1、2、3 代表 3 个同样的曝气池）

每池配有曝气系统并配有搅拌，外测两池有滗水器并有污泥排放装置，两池交替作为曝气池和沉淀池，污水可以进入 3 个池中的任意一个，系统实现连续进水连续排水。

UNITANK 工艺运行方式灵活，除保持原有的 SBR 自控以外，还具有滗水简单、池子构造简化、出水稳定、不需回流系统的优势，通过进水点的变化达到回流、脱氮除磷的目的，是一种高效、经济、灵活的污水处理工艺。

⑥ MSBR 工艺。MSBR 工艺（图 3-25）为改良序批式活性污泥法，MSBR 工艺是 20 世纪 80 年代初期发展起来的污水处理工艺。该工艺的实质是 A^2/O 工艺与 SBR 工艺串联而成。采用单池多格方式，省去诸多的阀门，增加污泥回流系统，无须设置初次沉淀池、二次沉淀池，且在恒水位下连续运行。如图 3-25 所示，图中两个 SBR 池功能相同，均起着好氧氧化、缺氧反硝化、预沉淀和沉淀的作用。

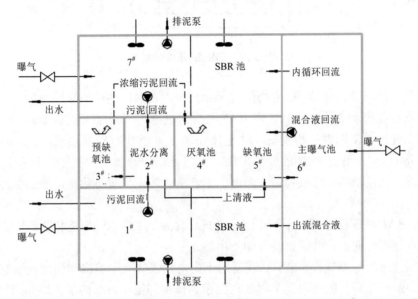

图 3-25　MSBR 工艺流程示意图

MSBR 工艺结构简单紧凑、占地面积小、土建造价低、自动化程度高；具有良好的除磷脱氮和有机物的降解效果；可以维持较高的污泥浓度，使污泥具有良好的沉降和脱水性能；出水水质好。

3.2.4.5　曝气生物滤池（BAF）工艺

曝气生物滤池（BAF）是 20 世纪 80 年代末在欧美发展起来的一种新型污水处理技术，凭借其良好的工作性能，在污水处理领域受到了广泛重视。在国外，BAF 的建设已初具规模，而在国内的发展也方兴未艾。根据使用滤料的不同，BAF 主要有两种形式：滤料密度大于水的 BIOFOR 和滤料密度小于水的 BIOSTYR，它们分别由得力满公司和威利雅公司研发推广。图 3-26 表示了 BIOFOR 滤池的基本构造，主要包含以下 4 个部分：密度大于 1 的滤料层，用于承载活性污泥；用于布水布气的长柄滤头；防堵塞专用曝气器及曝气系统；反冲洗系统，维持滤池的正常运转。

BAF 工艺属生物膜法，生物膜法的主要特点是微生物附着在介质"滤料"表面，形成生物膜，污水与生物膜接触后，溶解的有机污染物被微生物吸附转化为 H_2O、CO_2、NH_3 和微生物细胞物质，污水得到净化。工艺采用鼓风曝气系统为污水充氧，随着工艺的运行，溶解的有机污染物转化成生物膜，生物膜经反冲洗脱落下来，从系统中去除。

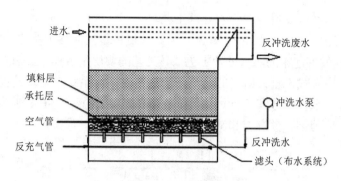

图 3-26 BAF 的基本构造

BAF 是一种高负荷滤池。微生物附着于完全浸没在水中的球形颗粒滤料上。由于 BAF 过滤能有效地截留水中的悬浮物，经 BAF 处理过的水，不再需要进行专门的沉淀处理，减少了污水处理设施的占地和投资。但是 BAF 对进水性质有较高要求，进水的悬浮物一般要小于 60 mg/L，故要增加前处理设施，有时还需要投加化学药剂，这使得在去除悬浮物的同时，往往将部分有机物带入污泥当中，造成污泥性质不稳定，增加了污泥处理的难度。

目前，BAF 被广泛地应用于城市污水处理、食品加工废水、酿造和造纸等高浓度废水处理和中水处理行业中，其主要特点如下所述。

① 占地面积小，基建投资省，特别适用于用地紧张的大中城市和用地受限制的改造项目。水力停留时间短，因此所需生物处理面积和体积都很小，节约了占地和投资。

② 出水水质好，在 BAF 中，由于填料本身截留及表面生物膜的生物絮凝作用，出水 SS 很低，一般不超过 10 mg/L。

③ 氧利用效率高。由于空气必须要通过水中挂膜的粒料，线路曲折，阻力增大，因此空气和水的接触时间延长，从而提高了氧利用效率。而且在 BAF 中氧气可直接渗透入生物膜，因而加快了氧气的传质速度，减少了曝气量。

④ 抗冲击负荷能力强，受气候、水量和水质变化影响小。

⑤ 模块化设计，远近期结合更加容易。由于 BAF 和净水厂的滤池类似，分为很多过滤单元，每个单元的大小及管路系统近似，扩建和增加处理规模非常简便。

⑥ 污泥量大，化学污泥多。由于 BAF 对进水的 SS 有一定要求，一般要通过物化法去除水中的 SS 和一部分磷，所以污泥量比其他工艺大且不稳定，导致污泥处理的成本较高，大大增加了污泥处理处置的难度。

⑦ 由于工艺本身的特点，自动化程度高，管理难度大。

⑧ 土建施工的要求较高，工序复杂。

3.2.4.6 膜生物反应器（MBR）工艺

膜生物反应器（MBR）是近年来开始广泛应用的新型污水处理工艺，它将膜过滤和生物反应器有机地结合在一起，发挥了单独的生物反应器或单独的膜过滤不能发挥的功能，对难降解有机污染物和悬浮物有显著的处理效果。MBR 工艺是在生物反应器中安装膜组件，通过膜过滤把混合液中的水和活性污泥分离，可以得到质量很高的过滤水，而活性污泥仍留在生物反应器中继续发挥生物降解的作用。MBR 最大的特点就是可以将生物反应器中的水力停留时间和污泥龄完全分离，能在低水力停留时间的情况下保证很高的污泥龄，这为有机污染物、氮污染物的降解创造了有利条件。

MBR 工艺占地面积小、处理效果好、污泥性质稳定，是《国家鼓励发展的环境保护技术目录（2007 年度）》当中针对一级 A 出水唯一的推荐技术。

MBR 具备以下特点：

① 反应器中生物污泥浓度可高出常规活性污泥的 2～5 倍，即可达 6～15 g/L，这使污水中可降解的污染物最大限度地氧化，硝化也可进行完全，因此出水水质非常好，耐冲击负荷强，最大限度地减少了污水对环境的污染。

② 膜的截留作用可使出水几乎没有悬浮物和大肠杆菌等病原微生物并可截留部分病毒。

③ 高污泥浓度和长的污泥龄，使降解速度慢的难降解有机物也可得到降解。

④ 由于污泥龄很长，所以剩余污泥量很少，因此使一般污水生物处理常常需要花费大量费用用于处理污泥的难题得以较好解决。

⑤ 出水水质好，高于国家杂用水的标准。

⑥ 因为没有二次沉淀池的沉淀分离问题，不用担心污泥膨胀、上浮等问题。

⑦ MBR 可取代三级处理的若干处理单元，所以在占地上具有优势。

⑧ 由于该反应器采用的膜的孔径只有 0.1～0.4 μm，在进行泥水分离的同时，可以截留部分致病病毒及绝大部分致病微生物，出水更加安全。

⑨ 工艺流程简洁，单一的反应器取代众多处理设施，便于自动化 PLC 控制。

MBR 技术在国内外多个工程中都得到成功的应用，经过国内工程的应用与实践，MBR 具有以下优势。

（1）高品质的出水

MBR 对 SS 浓度和浊度有非常好的去除效果。由于膜组件的膜孔径非常小（0.01～1 μm），可将生物反应器内全部的 SS 和污泥截留下来，其固液分离效果要远好于二次沉淀池，MBR 对 SS 的去除率达 99% 以上。

由于膜组件的高效截留作用，活性污泥都被截留在反应器内，使得反应器内的污泥浓度可达到较高水平，降低了生物反应器内的污泥负荷，提高了 MBR 对有机物的去除效率。

同时，膜组件的分离作用，使得生物反应器中的水力停留时间（HRT）和污泥停留时间（SRT）是完全分开的，这样就可以使生长缓慢、世代时间较长的微生物（如硝化细菌）也能在反应器中生存下来，保证了 MBR 除具有高效降解有机物的作用外，还具有良好的硝化作用。

另外，在溶解氧（DO）浓度较低时，在菌胶团内部存在缺氧或厌氧区，为反硝化创造了条件。仅采用好氧 MBR 工艺，对 TP 的去除效率不高，但如果将其与厌氧进行组合，则可大大提高 TP 的去除率。

（2）节省土地

由于 MBR 工艺采用一个处理构筑物替代了传统污水处理工艺的多个构筑物，因此大大减少了对土地的占用。

由于 MBR 工艺采用膜分离工艺，因此其中的 MLSS 浓度可达 6 000～15 000 mg/L。

因此，在处理相同的污水时，其较传统工艺效率更高，构筑物尺寸更小，占地面积更小。

（3）抗冲击负荷能力强

MBR 工艺对于污水水质、水量变化较大，对较大的冲击负荷的进水条件有良好的适应能力。

由于 MBR 中生物相浓度较高，因此其抗冲击负荷的能力较强。

同时根据来水水质、水量的变化情况，可人为控制污泥浓度，以保证稳定的出水水质。

（4）易于扩展处理能力

由于 MBR 技术具有很强的模块化特征，因此具有放大效应小的特点，扩容十分方便。

（5）自动化程度高，控制运行稳定

对于含有工业废水的污水处理系统，其稳定运行十分重要，而提高自动化控制水平，减少人为因素干扰，显得尤为重要。

3.2.4.7　VertiCel-BNR 工艺

VertiCel-BNR 工艺是西门子水处理事业部的污水处理专利技术，这一工艺具有高效的脱氮功能，在美国已有几十项成功的应用业绩。VertiCel 生物反应池由一个曝气缺氧的 VLR 立环氧化沟和二级微孔曝气池组成（图 3-27）。

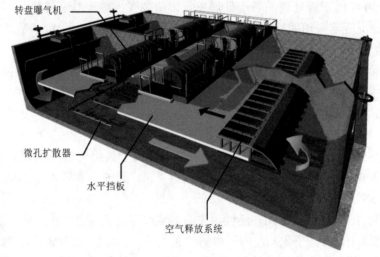

转盘曝气机

微孔扩散器

水平挡板

空气释放系统

图 3-27　VertiCel-BNR 工艺系统简图

该工艺把生物处理工序分成了 3 段，在每一段中保持 DO 的浓度不同，在不同阶段采用近似的 0 mg/L、1 mg/L、2 mg/L 的 DO 分布。

第一段采用了同步硝化-反硝化的专利技术，即通过控制 DO 浓度在第一级生物反应池内来完成同步硝化和反硝化，可以提高氮的去除率。

VertiCel 前半部分采用机械曝气，后半部分采用微孔曝气。这种混合曝气的方式能够最大限度地提高曝气效率，从而实现节能。其原因在于：微孔曝气在清水中的氧传输效率最高，而在污水中，需要考虑一个小于 1 的修正系数（a）。对于微孔曝气，污水中影响 a 的主要组分是表面活性剂。表面活性剂对气液两相界面的影响相当大，降低了两相界面的表面张力，使传氧更困难。气泡越小，传氧越困难。对于大部分曝气设计，气泡越小，a

值越小，污水中的曝气效率越低。而对于机械曝气，表面活性剂的影响是不同的。表面活性剂帮助产生更小的水滴，提高氧传输的可利用表面积，提高机械曝气的曝气效率。而随着表面活性剂在活性污泥工艺中被分解，它们的影响也随之减小。因此，微孔曝气之前设置机械曝气的 VertiCel 工艺在节能方面具有相当大的优势。

VertiCel-BNR 工艺的主要设计理念是缺氧曝气。影响需氧量的关键因素是设计中采用的 DO 值，使得需氧量大大降低，氧传递效率大大提高。另外，对于缺氧曝气，通常人们担心这将降低反硝化能力，然而事实相反，通过预反硝化和同时硝化-反硝化，有助于提高反硝化能力。该工艺更多的是同时反应而非循环反应，氨硝化成亚硝酸盐，亚硝酸盐直接反硝化，省略了转化为硝酸盐，这种短程反应减少了反硝化 1/3 的需碳量，当 BOD：N 较高时，这种短程反应显示不出优越性，但当 BOD：N≤4：1 时，这种短程反应的优势就体现出来了，可以不投加碳源或少投加碳源。

3.2.4.8 完全混合式活性污泥法

完全混合式活性污泥法曝气池呈圆形（图 3-28）、正方形或矩形。圆形和正方形池从中间进水，从周边出水。矩形池从一个长边进水，从另一个长边出水。污水进入曝气池后在曝气设备的搅拌下，立即与原混合液充分混合，继而完成吸附和稳定的净化过程。

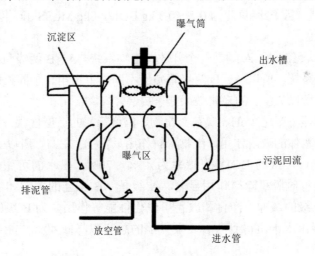

图 3-28 完全混合式活性污泥法曝气池

污水进入曝气池后立即被原混合液稀释，进水水质的波动得到均化，从而将进水水质的变化对污泥的影响降到最低限度。所以，完全混合式活性污泥法的耐冲击负荷能力较强。

完全混合式活性污泥法具有很强的稀释作用，可以直接进入高浓度有机污水。完全混合式活性污泥曝气池内各部分易控制在同一良好的运行状态，所以微生物的活性强，污泥负荷率高，池容小，基建投资省。

完全混合式活性污泥法混合液各部分需氧均匀，与氧的供应相一致，所以不会造成氧的浪费，供氧动力消耗相应降低。

完全混合式活性污泥法各质点性质相同，生化反应传质推动力小，易发生短流，所以出水水质比推流式差，易发生污泥膨胀。完全混合式活性污泥法的曝气池和二次沉淀池可以分建或合建，分别称为分建式曝气池和合建式曝气池。合建式曝气池又叫曝气沉淀池或加速曝气池。

3.2.4.9 吸附生物降解活性污泥法（AB 法）

吸附生物降解活性污泥法简称 AB 法，是 20 世纪 70 年代发展起来的活性污泥新工艺，其流程如图 3-29 所示。

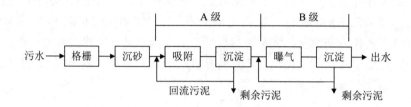

图 3-29　AB 法工艺流程

A 级为吸附级，B 级为氧化级。A 级以高负荷运行，污泥负荷为 2～6 kg BOD$_5$/（kg MLSS·d），为常规法的 10～20 倍，水力停留时间为 30～60 min，溶解氧为 0.2～1.5 mg/L。B 级以上以低负荷运行，污泥负荷为 0.1～0.3 kg BOD$_5$/（kg MLSS·d），停留时间为 2～4 h，溶解氧为 1～2 mg/L。

AB 法不设初次沉淀池，A 级是一个开放式生物系统。A、B 两级负荷相差很大，有各自独立的污泥回流系统，所以 A、B 两级繁殖出不同的生物相。不同相的微生物可去除不同种类的污染物，所以 AB 法的净化效果显著提高。

A 级微生物对环境变化（pH、负荷、毒物、温度等）的适应性强。而且，A 级去除有机物主要靠微生物絮体的吸附作用，生物降解作用只占 1/3 左右，所以 A 级耐冲击能力很强，出水水质稳定，A 级的 BOD$_5$ 去除率为 40%～70%，出水的可生化性得到提高。A 级在缺氧条件下运行时脱氮除磷作用显著。A 级是 AB 工艺的关键和主体。A 级的出水是 B 级的进水。A 级的缓冲、净化和改善可生化性能等作用，为 B 级的生物净化创造了有利条件，使 B 级出水水质得到改善，曝气池的总容积降低 40%，能耗降低，投资运行费用减少。

因此，AB 法的耐冲击能力强，净化效果好，投资节省 20%～25%，运行费用降低 10%～20%，可去除难降解有机物，脱氮除磷效果好，是值得推广的活性污泥新工艺。但用 AB 法脱氮除磷时需控制的参数较多，操作较复杂。另外，污泥产量大带来污泥处置问题。

典型的 AB 法虽然对氮、磷有较好的去除效果，但不能满足深度处理的要求，为满足脱氮除磷深度处理的需要，AB 法不断改进和优化，如 AB（BAF）、AB（A/O）、AB（氧化沟）、AB（SBR）等。

3.2.4.10 吸附再生活性污泥法

吸附再生活性污泥法又称接触稳定法。如图 3-30 所示，污水与活性污泥在吸附池内曝气接触 15～60 min，使其中的大部分悬浮物和胶体物质被活性污泥吸附去除。吸附后的污泥活性降低，必须进入再生池曝气稳定，氧化分解掉吸附的有机物，恢复活性后再进入吸附池。吸附再生活性污泥法具有以下特点：

① 适用于处理固体和胶体物质。吸附再生活性污泥法主要利用活性污泥的吸附作用去除污染物，对固体和胶体物质的去除效果好，对溶解性有机物的去除效果差，所以吸附再生活性污泥法适用于处理固体和胶体物质含量高的污水。

② 池容小。吸附时间短（15～60 min），MLSS 为 2 000 mg/L 左右，吸附池容积很小。再生池中的混合液（MLSS 为 8 000 mg/L）是浓缩后回流污泥，浓度很高，在相同污泥负荷下容积负荷成倍增加，再则排出剩余污泥使需稳定的无机物减少，所以再生池容积大大降低。吸附池和再生池的总容积减少，基建投资大幅降低。

③ 能耗低。剩余污泥的排放，带走一部分有机物，需要稳定的有机物减少，动力能耗降低。

④ 耐冲击负荷。吸附再生活性污泥法回流污泥量大，再生池的污泥多，当吸附池内污泥遭到破坏时，可用再生池中的污泥迅速代替，因此耐冲击负荷能力增强。

⑤ 不易发生污泥膨胀。污泥曝气再生可抑制丝状菌的生长，防止污泥膨胀。

⑥ 出水水质较差。污水曝气时间很短，不能有效去除溶解性有机物，所以处理效果不如传统活性污泥法，出水水质较差。尤其是对含溶解性有机物较多的污水，处理效果更差。

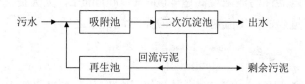

图 3-30　吸附再生活性污泥法工艺流程

3.2.4.11　延时曝气活性污泥法

延时曝气活性污泥法的特点是曝气时间长（1～2 d），污泥负荷低，所以曝气池容积较大，空气用量大，投资和运行费用较大，仅适用于小流量污水处理。

延时曝气活性污泥法大多采用完全混合式活性污泥法曝气池。曝气池中污泥浓度较高（3～6 g/L），剩余污泥少，稳定性好。污泥细小疏松，不易沉淀，沉降时间长，二次沉淀池容积也大。在间歇来水的情况下不设二次沉淀池，而采用间歇运行方式，即曝气、沉淀、排水交替运行，延时曝气活性污泥法对氮、磷的要求不高，耐冲击负荷能力很强，出水水质好。

3.2.4.12　阶段曝气活性污泥法

阶段曝气活性污泥法（图 3-31）又称分段进水活性污泥法或多点进水活性污泥法。工艺流程的主要特点为：污水沿池长分段注入曝气池，有机物负荷分布较均衡，改善了供养速率与需氧速率间的矛盾，有利于降低能耗；污水分段注入，提高了曝气池对冲击负荷的适应能力；混合液中的活性污泥浓度沿池长逐步降低，出流混合液的污泥较低，减轻了二次沉淀池的负荷，有利于提高二次沉淀池固液分离效果。

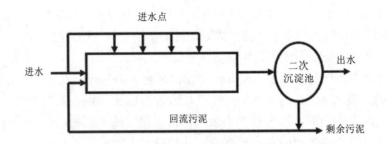

图 3-31　阶段曝气活性污泥法工艺流程

3.2.4.13　纯氧曝气活性污泥法

纯氧曝气活性污泥法的特点是：

① 纯氧中氧的分压比空气约高 5 倍，纯氧曝气可大大提高氧的转移效率；

② 氧的转移率可提高到 80%～90%，而一般的鼓风曝气仅为 10%左右；

③ 可使曝气池内活性污泥浓度高达 4 000～7 000 mg/L，大大提高曝气池的容积负荷；

④ 剩余污泥产量少，SVI 值也低，一般无污泥膨胀之虑。

3.2.4.14　浅层低压曝气法

浅层低压曝气法又称 Inka 曝气法。其理论基础为只有在气泡形成和破碎的瞬间，氧的转移率最高，因此，没有必要延长气泡在水中的上升距离，所以其曝气装置一般安装在水下 0.8～0.9 m 处，可以采用风压在 1 m 以下的低压风机，动力效率较高，池中还设有导流板，可使混合液呈循环流动状态。

3.2.4.15　深水曝气活性污泥法

深水曝气活性污泥法的主要特点是曝气池水深在 8 m 以上，由于水压较大，氧的转移率可以提高，相应也能加快有机物的降解速率，同时设备占地面积较小。

深水曝气活性污泥法一般有两种形式，一种为深水中层曝气法（空气扩散装置设在深 4 m 左右处），另一种为深水深层曝气法（空气扩散装置仍设于池底部）。

3.2.4.16　深井曝气活性污泥法

深井曝气活性污泥法又称超深水曝气法（图 3-32），池子形状一般呈圆形，直径为 1～6 m，深度一般为 50～150 m。主要优点：氧转移率高，约为常规法的 10 倍以上；动力效率高，占地面积小，易于维护运行；耐冲击负荷，产泥量少；可以不建初次沉淀池。缺点是受地质条件的限制。

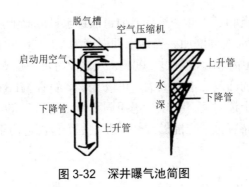

图 3-32　深井曝气池简图

3.2.5　活性污泥法的运行管理

3.2.5.1　活性污泥的培养

（1）全流量连续直接培养法

全部流量通过活性污泥系统（曝气池和二次沉淀池），连续进水和出水，二次沉淀池不排放剩余污泥，全部回流至曝气池，直到 MLSS 和 SV 达到适宜数值为止。

① 低负荷连续培养。将曝气池注满污水，停止进水，闷曝 1 d。然后连续进水连续曝气，进水量控制在设计水量的 1/2 或更低。待污泥絮体出现时，开始回流，取回流比为 25%。至 MLSS 超过 1 000 mg/L 时，开始按设计流量进水，MLSS 至设计值时，开始以设计回流比回流并开始排放剩余污泥。

② 满负荷连续培养。将曝气池注满污水，停止进水，闷曝 1 d。然后按设计流量进水，连续曝气，待污泥絮体形成后，开始回流，MLSS 至设计值时，开始排放剩余污泥。

③ 接种培养。将曝气池注满污水，然后大量投入其他处理厂的正常污泥，开始满负荷连续培养，该方法能大大缩短污泥培养时间。在同一处理厂内，当一个系列或一个池子的污泥培养正常以后，可以大量为其他系列接种，从而缩短全厂总的污泥培养时间。该法仅适用于小处理厂。

为了加快培养速度，缩短培养时间，可考虑不经初次沉淀池处理，直接进入曝气池，在不产生泡沫的前提下，大量供养，以保证向混合液提供足够的溶解氧，并使其充分混合，也可以从同类的正在运行的污水处理厂取一定数量的污泥进行接种。

在活性污泥的培养驯化期间，必须保持微生物的营养物质平衡。对于城市污水来说，这个条件是具备的，但是对于某些工业废水来说，就要考虑投加某些营养物质。此外，培养驯化期间还要进行污水、混合液、处理水以及活性污泥的分析测定，项目有 SV、MLSS、SVI、溶解氧、处理水的透明度、原污水及处理水的 BOD、COD 以及 SS 等的测定。

（2）流量分段直接培养法

流量分段直接培养法是污水投配流量随形成的污泥量的增加而增加，即将培养期分为几个阶段，最后使之达到设计流量和 MLSS 适宜浓度。

（3）间歇培养法

将曝气池注满水，然后停止进水，开始曝气。只是曝气而不进水称为"闷气"。闷气 2～3 d 后，停止曝气，静沉 1 h，然后进入部分新鲜污水，这部分污水约占池容的 1/5 即可。

以后循环进行闷曝、静沉和进水 3 个过程，但每次进水量应比上次有所增加，每次闷曝时间应比上次缩短，即进水次数增加。当污水的温度为 15～20℃时，采用该种方法，经过 15 d 左右即可使曝气池中的 MLSS 超过 1 000 mg/L。此时可停止闷曝，连续进水连续曝气，并开始污泥回流。最初的回流比不要太大，可取 25%。随着 MLSS 的升高，逐渐将回流比增至设计值。为了缩短上述时间，可以考虑用同类污水处理厂和剩余污泥进行接种。向混合液中投加适当的粪便稀释液，也能够加快培养过程。该法适用于生活污水所占比例较小的城市污水处理厂。

3.2.5.2 活性污泥的驯化

对工业废水，其污泥驯化难度相对较大。除培养外，还应对活性污泥加以驯化，使其适应所处理的废水。驯化方法可分为异步驯化法和同步驯化法两种。异步驯化法是先培养后驯化，即先用生活污水或粪便稀释水将活性污泥培养成熟，再注入工业废水，以逐步驯化污泥。同步驯化法则是在用生活污水培养活性污泥时就投加少量的工业废水，以后逐步提高工业废水在混合液中的比例，逐步使污泥适应工业废水的特性。

3.2.5.3 活性污泥的工艺控制

活性污泥系统在实际运行中，污水的水质及水量在不断地变化，环境条件也在不断地变化，这就需要按照活性污泥中微生物的代谢规律进行调节控制，使系统处于最佳运行状态，发挥最大的效益，进一步提高出水水质。

活性污泥工艺常用的控制措施有曝气系统的控制、污泥回流系统的控制和剩余污泥排放系统的控制。

（1）曝气系统的控制

曝气系统的控制参数是曝气池污泥混合液的 DO 值，传统活性污泥工艺采用的是好氧过程，因而必须供给活性污泥充足的溶解氧。这些溶解氧应既能满足活性污泥在曝气池内分解有机污染物的需要，也能满足活性污泥在二次沉淀池及回流系统内的需要。另外，曝气系统还应充分起到混合搅拌的作用，保证活性污泥絮体与污水中的有机污染物充分混合、接触，并保持悬浮状态。传统活性污泥法一般控制曝气池出口混合液的 DO 值为 2～3 mg/L，以防止污泥在二次沉淀池内厌氧上浮。

渐减曝气法是针对普通曝气法有机物浓度和需氧量沿池长减小的特点改进形成的。通过合理布置曝气器，供气量沿池长逐渐减小，与底物浓度变化相对应，这种曝气方式比均匀的曝气方式更为经济。

（2）污泥回流系统的控制

污泥回流系统的控制有 3 种方式：保持回流量（Q_r）恒定；保持回流比（R）恒定；定期或不定期调节回流量及回流比，使系统状态处于最佳。每种方式适合于不同的情况。

① 保持回流量恒定。保持回流量不变只适用于入流污水量（Q）相对恒定或波动不大的情况。一方面，因为 Q 的变化会导致活性污泥量在曝气池和二次沉淀池内的重新分配。当 Q 增大时，部分曝气池的活性污泥会转移到二次沉淀池，使曝气池内 MLSS 降低，而曝气池内实际需要的 MLSS 更多，才能充分处理增加的污水量，MLSS 的不足会严重影响处理效果。另一方面，Q 增加导致二次沉淀池内水力表面负荷和污泥量均增加，泥位上升，

进一步增大污泥的流失。反之，当 Q 减小时，部分活性污泥会从二次沉淀池转移到曝气池，使曝气池 MLSS 升高，但曝气池实际需要的 MLSS 量减少，因为 Q 减少，进入曝气池的有机物也相应减少。

② 保持回流比恒定。如果保持回流比恒定，在剩余污泥排放量基本不变的情况下，可保持 MLSS、F/M 以及二次沉淀池内泥位 LS 基本恒定，不随 Q 的变化而变化，从而可以保证相对稳定的处理效果。

③ 定期或不定期调节回流量及回流比。这种方式能保持系统稳定运行，但工作量较大，在一些处理厂实施较困难。

（3）剩余污泥排放系统的控制

剩余污泥排放是活性污泥工艺控制中最重要的一项操作，由于池内活性污泥在不断增殖，系统内污泥总量（MT）增多，MLSS 会逐渐升高，SV 会增加，所以，为保持一定的 MLSS，增殖的活性污泥应以剩余污泥的形式排出。排放剩余活性污泥可以改变活性污泥中微生物种类的增长速度，改变需氧量，改善污泥的沉降性能，进而改变活性污泥系统的功能。

① 用 MLSS 控制排泥。用 MLSS 控制排泥系统指在维持曝气池混合液污泥浓度恒定的情况下，确定排泥量。传统活性污泥工艺的 MLSS 一般为 1 500～3 000 mg/L。当实际 MLSS 比要控制的 MLSS 值高时，应通过排泥降低 MLSS。用 MLSS 控制排泥仅适用于进水水质、水量变化不大的情况。当入流 BOD_5 增加 50% 时，MLSS 必然上升，此时如果仍通过排泥保持恒定的 MLSS 值，则实际泥污负荷会增加 1 倍，导致出水质量下降。

② 用 SRT 控制排泥。用 SRT 控制排泥目前是一种最可靠、最准确的排泥方法。这种方法的关键是正确选择 SRT 和准确计算系统内的污泥总量。应根据处理要求、环境因素和运行实践综合比较分析，选择合适的 SRT 作为控制排泥的目标。一般来说，处理效率要求越高，出水水质要求越严格，SRT 应控制大一些，反之可小一些。在满足要求的处理效果前提下，温度较高时，SRT 可小一些，反之应大一些。

用 SRT 控制排泥的实际操作中，可以采用一周或一个月内 SRT 的平均值。保持一周或一个月内 SRT 的平均值基本表示在要控制的 SRT 的前提下，可在一周或一个月内作些微调。当通过排泥改变 SRT 时，应逐渐缓慢地进行，一般每次不要超过总调节量的 10%。

③ 用 SV_{30} 控制排泥。SV_{30} 在一定程度上既反映污泥的沉降浓缩性能，又反映污泥浓度的大小。当沉降浓缩性能较好时，SV_{30} 较小，反之较高。当污泥浓度较高时，SV_{30} 较大，反之则较小。当测得污泥 SV_{30} 较高时，可能是污泥浓度增大，也可能是沉降性能恶化，不管是哪种原因，都应及时排泥，降低 SV_{30} 值。采用该法排泥时，也应逐渐、缓慢地进行，一次排泥不能太多。如通过排泥将 SV_{30} 由 50% 降至 30%，可利用一周的时间逐渐实现，每天排一部分泥，使 SV_{30} 缓慢下降，逐渐达到 30%。

3.2.5.4　活性污泥法运行中的常见问题

活性污泥微生物的种类和数量并不是恒定的，会受到进水水质、水温、运转管理条件等影响。由于工艺控制不当，进水水质变化以及环境变化等原因会导致活性污泥出现质量问题。如污泥上浮、污泥膨胀及泡沫问题等，如不及时解决，最终都会导致出水质量降低。

（1）活性污泥膨胀

活性污泥膨胀系指活性污泥由于某种因素的改变，产生沉降性能恶化，不能在二次沉淀池内进行正常的泥水分离，污泥随出水流失的现象。污泥膨胀时 SVI 异常升高，二次沉淀池出水的 SS 大幅增加，出水的 COD 和 BOD$_5$ 上升，严重时造成污泥大量流失，生化池微生物量锐减，导致生化系统处理性能大大下降。

活性污泥膨胀总体上可分为两大类：丝状菌膨胀和非丝状菌膨胀。前者系活性污泥絮体中的丝状菌过度繁殖导致的膨胀；后者系菌胶团细菌本身生理活动异常产生的膨胀。

1）活性污泥丝状菌膨胀

正常的活性污泥中都含有一定量的丝状菌，它是形成污泥絮体的骨架材料。活性污泥中丝状菌数量太少或没有，形不成大的絮体，沉降性能不好；丝状菌过度繁殖，则形成丝状菌污泥膨胀。当水质、环境因素及运转条件满足菌胶团生长环境时，菌胶团的生长速率大于丝状菌，不会出现丝状菌的生理特征。当水质、环境因素及运转条件偏高或偏低时，丝状菌由于表面积较大，其抵抗"恶劣"环境的能力比菌胶团细菌强，其数量会超过菌胶团细菌，从而过度繁殖导致丝状菌污泥膨胀。

① 活性污泥丝状菌膨胀的原因。

a. 进水中有机物质太少，导致微生物食料不足。

b. 进水中氮、磷营养物质不足。

c. pH 太低，不利于微生物生长。

d. 曝气池内 F/M 太低，微生物食料不足。

e. 混合液内溶解氧太低，不能满足需要。

f. 进水水质或水量波动太大，对微生物造成冲击。

g. 入流污水"腐化"、产生较多的 H$_2$S（浓度超过 1～2 mg/L），使丝状硫黄细菌（丝硫菌）过量繁殖，导致丝硫菌污泥膨胀。

h. 丝状菌大量繁殖的适宜温度一般在 25～30℃，因而夏季易发生丝状菌污泥膨胀。

② 解决对策。

a. 临时措施。加入絮凝剂，增强活性污泥的凝聚性能，加速泥水分离，但投加量不宜过多，否则可能破坏微生物的生物活性，降低处理效果。

向生化池投加杀菌剂，投加剂量应由小到大，并随时观察生物相和测定 SVI 值，当发现 SVI 值低于最大允许值或丝状菌已溶解时，应当立即停止投加。降低 BOD-SS 负荷：减少进水量，非工作日进行空载曝气，将 BOD-SS 负荷保持在 0.3 kg BOD/（kg SS·d）左右。

b. 调节工艺运行控制措施。在生化池的进口投加黏泥、消石灰、消化泥，提高活性污泥的沉降性能和密实性。

使进入生化池的污水处于新鲜状态，必须采取曝气措施，同时起到吹脱 H$_2$S 等有害气体的作用，提高进水的 pH。

加大曝气强度提高混合液 DO 浓度，防止混合液局部缺氧或厌氧。

补充氮、磷等营养，保持系统的碳、氮、磷等营养的平衡。

提高污泥回流比，减少污泥在二次沉淀池的停留时间，避免污泥在二次沉淀池出现厌氧状态。

利用在线仪表等自控手段，强化和提高化验分析的实效性，力争早发现、早解决。

c．永久性控制措施。永久性控制措施，是指对现有的生化池进行改造，在生化池前增设生物选择器，防止生化池内丝状菌过度繁殖，避免丝状菌在生化系统成为优势菌种，确保沉淀性能良好的菌胶团、非丝状菌占有优势。

2）活性污泥非丝状菌膨胀

① 非丝状菌膨胀的原因。非丝状菌膨胀系由于菌胶团细菌生理活动异常，导致活性污泥沉降性能的恶化。这类污泥膨胀又可以分为两种。一种是由于进水中含有大量的溶解性有机物，使污泥负荷 F/M 太高，而进水中又缺乏足够的氮、磷等营养物质，或者混合液内溶解氧不足。F/M 较高时，细菌会很快把大量的有机物吸入体内，而由于缺乏氮、磷或 DO 不足，又不能在体内进行正常的分解代谢。此时，细菌会向体内分泌过量的多聚糖类物质。这些物质由于分子式中含有很多氢氧基而均有较强的亲水性，活性污泥的结合水高达 400%（正常污泥结合水为 100%左右），呈黏性的凝胶状，这使活性污泥在二次沉淀池内无法进行有效的泥水分离及浓缩。这种污泥膨胀有时称为黏性膨胀。

另一种非丝状菌膨胀是进水中含有较多的毒性物质，导致活性污泥中毒，细菌不能分泌出足够量的黏性物质，不能形成絮体，从而也无法在二次沉淀池内进行泥水分离。这种污泥膨胀称为低黏性膨胀或污泥的离散增长。

② 解决对策。

a．增加氮、磷的比例，引进生活污水以增加蛋白质的成分，调节水温不低于 5℃。

b．控制进水中有毒物质的排入，避免污泥中毒，这样可以有效地克服污泥膨胀。

（2）污泥上浮

污泥上浮主要发生在二次沉淀池内，上浮的污泥本身不存在质量问题，其生物活性和沉降性能都很正常。但发生污泥上浮以后，如不及时处理，同样会造成污泥大量流失，导致工艺系统运行效果严重下降。

1）污泥上浮的原因

① 曝气池曝气量不足，使二次沉淀池由于缺氧而发生污泥腐化，有机物厌氧分解产生 H_2S、CH_4 等气体，气泡附着在污泥表面使污泥密度减小而上浮。

② 曝气池曝气时间长或曝气量大时，池中将发生高度硝化作用，使进入二次沉淀池的混合液中硝酸盐浓度较高。这时，在沉淀池中可能由于缺氧发生反硝化而产生大量 N_2 或 NH_3，气泡附着在污泥表面使污泥密度减小而上浮。

2）解决对策

① 保持及时排泥，不使污泥在二次沉淀池内停留太长时间，避免发生污泥腐化。

② 在曝气池末端增加供氧，使进入二次沉淀池的混合液内有足够的溶解氧，保持污泥不处于厌氧状态。

③ 对于反硝化造成的污泥上浮，还可以增大剩余污泥的排放，缩短 SRT 控制硝化，以达到控制反硝化的目的。

（3）泡沫问题

泡沫是活性污泥系统运行过程中常见的运行现象，可分为两种，一种是化学泡沫，另一种是生物泡沫。

1）化学泡沫

① 产生原因。化学泡沫是污水中的洗涤剂以及一些工业用表面活性物质在曝气的搅拌

和吹脱作用下形成的。化学泡沫主要存在于活性污泥培养初期,这是因为初期活性污泥尚未形成,所有产生气泡的物质在曝气作用下形成了泡沫。随着活性污泥的增多,大量洗涤剂表面物质会被微生物吸收分解掉,泡沫也会逐渐消失。正常运行的活性污泥系统中,由于某种原因造成污泥大量流失,导致 F/M 剧增,也会产生化学泡沫。

② 主要特征。泡沫为白色、较轻;用烧杯等容器采集后泡沫很快消失;曝气池出现气泡时,二次沉淀池溢流堰附近同样会产生发泡现象。

解决对策:化学泡沫处理较容易,可以用回流水喷淋消泡,也可以加消泡剂。

2)生物泡沫

生物泡沫是由称作诺卡氏菌的一类丝状菌形成的。这种丝状菌为树枝状丝体,其细胞中蜡质的类脂化合物含量可高达11%,细胞质和细胞壁中含有大量类脂物质,具有较强的疏水性,密度较小。在曝气作用下,菌丝体能伸出液面,形成空间网状结构,俗称"空中菌丝"。诺卡氏菌死亡之后,丝体也能继续漂浮在液面,形成泡沫。生物泡沫可在曝气池上堆积很高,并进入二次沉淀池随水流走,还能随排泥进入泥区,干扰浓缩池及消化池的运行。如果采用表面曝气设备,生物泡沫还能阻止正常的曝气充氧,使混合液 DO 降低。用水无法冲散生物泡沫,消化剂作用也不大。

① 主要特征。泡沫为暗褐色,脂状,较轻,黏性较大;用烧杯等容器采集后泡沫消退极慢;曝气池发泡时,二次沉淀池也同时产生浮渣;对泡沫进行镜检可观察到放线菌特有的丝状体。

② 解决对策。

a. 增大排泥,缩短 SRT。因为诺卡氏菌世代期绝大部分在 9 d 以上,因而超低负荷的活性污泥系统中更易产生生物泡沫。但不能从根本上解决问题。

b. 生物泡沫控制的根本措施是从根源入手,预防为主。控制进水中油脂类物质的含量,同时加强沉砂池的除油功能,适当调节曝气量,利于油水分离。

(4)活性污泥颜色变化

活性污泥颜色变化可分为入流污水引起和系统内因引起。由于异常污水流入,活性污泥有时会变为黑色、橙色或白色。活性污泥颜色变化的原因可能是硫化物、氧化锰、氢氧化亚铁等的积累造成的。

1)活性污泥发黑

活性污泥发黑的原因一般有以下几种。

① 硫化物的累积。一般曝气池都有硫化氢臭味,可能是因为进水中硫化物含量过高,如含硫化物工业废水流入、初次沉淀池堆积污泥的流入、污泥处理回流水大量流入等;也可能是因为曝气池或二次沉淀池产生硫化氢,如曝气不足、曝气池内部厌氧化、曝气池内部污泥堆积(形成死水区)、二次沉淀池中污泥堆积、有机负荷与曝气不均衡造成曝气池厌氧化。

② 氧化锰的积累。氧化锰的积累几乎不会引起水质和气味的异常。在运转初期负荷较低、SRT 较长的活性污泥中可以看到这种现象。一般在处理水质非常好时,才会出现氧化锰的沉积,进水量增大时会自然解决。

③ 工业废水的流入。一般由印染厂使用的染料引起,此时处理水也会带有特殊的颜色。

2）活性污泥发红

活性污泥发红的原因主要是进水中含大量铁，污泥中积累了高浓度氢氧化铁。此时，对处理水质不会产生什么影响，只是在大量铁流入时会使处理水浑浊。进水中的铁可能来自下水道破损地下水侵入、污水管路施工时的排水、工业废水排入、大量使用井水等。

3）活性污泥发白

活性污泥颜色发白主要是由进水 pH 过低引起的。曝气池内 pH 若小于 6，会引起丝状霉菌大量繁殖，使活性污泥显现白色，此时生物镜检会发现大量丝状菌或固着型纤毛虫。提高进水 pH，活性污泥发白的问题就能改善。

（5）活性污泥解体

活性污泥絮体变为颗粒状，处理水非常浑浊，SV 和 SVI 值特别高，这种现象称作活性污泥解体。

1）活性污泥解体的原因

① 曝气池曝气量过度。曝气池曝气量过度，使活性污泥及回流污泥长期处于"饥饿"状态，从而使污泥絮体解体。

② 污泥负荷降低。当运行中污泥负荷长时间低于正常控制值时，活性污泥被过度氧化，活性微生物难于凝聚，菌胶团松散，使污泥被迫解体。

③ 有害物质流入。进水中含有毒物质造成活性污泥代谢功能丧失，活性污泥失去净化活性和絮凝活性。

2）解决对策

为防止活性污泥解体，应采取减少鼓风量，调节 MLSS 等相应措施。如果由有害物质或高含盐量污水流入引起，应调查排污口，去除隐患。

3.3　生物膜法

3.3.1　生物膜法概述

生物膜法又称固定膜法，是与活性污泥法并列的一类污水生物处理技术；是土壤自净过程的人工化和强化，主要用于去除污水中溶解性和胶体状的有机污染物，同时对污水中的氨氮具有一定的去除能力。

生物膜是由高度密集的好氧菌、厌氧菌、兼性菌、真菌、原生动物以及藻类等组成的生态系统，其附着的固体介质称为滤料或载体。生物膜法与活性污泥法在去除机理上有一定的相似性，但又有区别，其中，生物膜法主要依靠固着于载体表面的微生物膜来净化有机物，而活性污泥法是依靠曝气池中悬浮流动着的活性污泥来分解有机物。

3.3.1.1　生物膜法的基本原理

（1）生物膜法的定义

生物膜法是一大类生物处理方法的统称，可分为好氧和厌氧两种，由于目前所采用的生物膜法多数是好氧装置，少数是厌氧形式，所以本书主要介绍好氧。它们的共同特点是微生物附着在介质"滤料"表面上，形成生物膜，污水同生物膜接触后，溶解性和胶体状的有机污染物被微生物吸附转化为 H_2O、CO_2、NH_3 和微生物细胞物质，污水得到净化，所需氧气一般直接来自大气。污水如含有较多的悬浮固体，应先用沉淀池去除大部分悬浮固体后再进入生物膜法处理构筑物，以免引起构筑物堵塞，并减轻构筑物的负荷。老化的生物膜不断脱落下来，随水流入二次沉淀池被沉淀去除。

（2）生物膜的形成及特点

生物膜法处理污水就是使污水与生物膜接触，进行固、液相的物质交换，利用膜内微生物将有机物氧化，使污水获得净化，同时，生物膜内微生物会不断生长与繁殖。

构成生物膜的物质是无生命的固体杂质和有生命的微生物。状态良好的生物膜是细菌、真菌、藻类、原生动物和后生动物及固体杂质等构成的生态系统。在这个生态系统中细菌占主导地位，正是由于细菌等微生物的代谢作用使水质得以净化。

生物膜从开始形成到成熟，一般需要 30 d 左右（城市生活污水，20℃），成熟的生物膜一般厚度为 2 mm。其中好氧层 0.5～2.0 mm，去除有机物主要靠好氧层的作用。污水浓度高，好氧层厚度减小，生物膜总厚度增大；污水流量增大，好氧层厚度和生物膜总厚度皆增大；改善供氧条件，好氧层厚度和生物膜总厚度也都会增大。过厚的生物膜会堵塞载体间的空隙，造成短流，影响正常通风，处理效率下降。所以，要控制滤池的进水浓度和流量，防止载体堵塞。污水浓度较高时，可采用回流加大滤池的水力负荷和冲刷作用，防止滤料堵塞。生物膜的基本结构如图 3-33 所示。

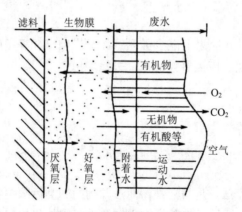

图 3-33 生物膜结构示意图

（3）生物膜的更新与脱落

随着有机物的降解，细胞不断合成，生物膜不断增厚。达到一定厚度时，营养物和氧气向深处扩散受阻，在深处的好氧微生物死亡，生物膜出现厌氧层而老化，老化的生物膜附着力减小，在水力冲刷下脱落，完成一个生长周期。老化的生物膜脱落后，载体表面又可重新吸附、生长、增厚生物膜直至重新脱落。"吸附—生长—脱落"的生长周期不断交替循环，系统内活性生物膜量保持稳定。

3.3.1.2 生物膜法的基本流程和特点

（1）生物膜法的基本流程

生物膜法的基本流程如图 3-34 所示。待处理的污水首先进入初次沉淀池，在此去除大部分的悬浮物及固体杂质，其出水进入生物膜反应器进行生化处理，反应过程中脱落的生物膜随已处理水进入二次沉淀池（部分生物膜反应池后无须接二次沉淀池），二次沉淀池可以沉淀脱落的生物膜使出水澄清，提升水质。污泥浓缩后运走或进一步处理。

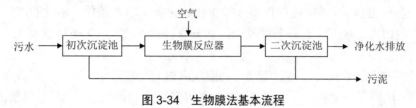

图 3-34 生物膜法基本流程

如有必要，二次沉淀池出水可以回流到初次沉淀池的出水以稀释生物膜反应器的进水，防止生物膜的增长过快。

（2）生物膜法的特点

与活性污泥法相比，生物膜法有以下特点。

① 微生物相复杂，能去除难降解有机物。固着生长的生物膜受水力冲刷影响较小，所以生物膜中存在各种微生物，包括细菌、原生动物等，形成复杂的生物相。这种复杂的生物相，能去除各种污染物，尤其是难降解的有机物。世代时间长的硝化细菌在生物膜上生长良好，所以生物膜法的硝化效果较好。

② 微生物量大，净化效果好。生物膜含水率低，微生物浓度是活性污泥法的 5～20 倍。所以生物膜反应器的净化效果好，有机负荷高，容积小。

③ 剩余污泥少。生物膜上微生物的营养级高，食物链长，有机物氧化率高，剩余污泥量少。

④ 污泥密实，沉降性能好。填料表面脱落的污泥比较密实，沉淀性能好，容易分离。

⑤ 耐冲击负荷，能处理低浓度污水。固着生长的微生物耐冲击负荷，适应性强。当受到冲击负荷时，恢复得快。有机物浓度低时活性污泥生长受到影响，所以活性污泥法对低浓度污水处理效果差。而生物膜法对低浓度污水的净化效果很好。

⑥ 操作简单，运行费用低。生物膜反应器生物量大，无须污泥回流，有的为自然通风，所以操作简单，运行费用低。

⑦ 不易发生污泥膨胀。微生物固着生长时，即使丝状菌占优势也不易脱落流失而引起污泥膨胀。

⑧ 由于载体材料的比表面积小，故设备容积负荷有限，空间效率较低。国外的运行经验表明，在处理城市污水时，生物滤池处理厂的处理效率比活性污泥法处理厂略低。50% 的活性污泥法处理厂 BOD_5 去除率高于 91%，50% 的生物滤池处理厂 BOD_5 去除率为 83%，相应的出水 BOD_5 分别为 14 mg/L 和 28 mg/L。

⑨ 投资费用较大。生物膜法需要填料和支撑结构，投资费用较大。

总体来说，生物膜法处理污水具有污泥产生量小、耐冲击负荷适应性好、高中低浓度污水均可处理的优点，但投资费用较大、容积效率较低。目前多用于中、小规模污水量的处理，主要用于生活污水及食品、造纸、化纤、印染等工业废水中有机污染物的处理，也用于处理微污染的水体，还用于不通污水管网的山区和边远地区处理规模较小的污水处理厂。

3.3.1.3　生物膜形成的影响因素

生物膜的形成与填料表面性质（填料表面亲水性、表面电荷、表面化学组成和表面粗糙度、pH、离子强度）、微生物的性质（微生物的种类、培养条件、活性和浓度）及环境因素（水力剪切力、温度、营养条件及微生物与填料的接触时间）等因素有关。

（1）填料类型及特征

填料是生物膜法的核心，其对提高生物膜反应器的处理效率、降低运行成本具有至关重要的作用。填料负载生物膜，为厌氧、兼性和好氧微生物的生长、代谢、繁殖提供场所，同时因其相对固定相，为气、液、固三相提供接触面。

主要影响在于载体的表面性质，包括载体的比表面积的大小、表面亲水性及表面电荷、表面粗糙度、载体的堆积密度、孔隙率、强度等。载体表面电荷性、粗糙度、粒径和载体浓度等直接影响生物膜在其表面的附着、形成。在正常生长环境下，微生物表面带有负电荷。如果能通过一定的改良技术，如化学氧化、低温等离子体处理等可使载体表面带有正电荷，可使微生物在填料表面的附着、形成过程更易进行。填料表面粗糙有利于细菌在其表面附着、固定。一方面，与光滑表面相比，粗糙的填料表面增加了细菌与载体间的有效接触面积；另一方面，填料表面的粗糙部分，如孔洞、裂缝等对已附着的细菌起着屏蔽保护作用，使它们免受水力剪切力的冲刷。研究认为，相对于大粒径填料而言，小粒径填料之间的相互摩擦小，比表面积大，因而更容易生成生物膜。

从微生物挂膜的难易程度来看，软性填料最容易，半软性填料次之，硬性填料最难，一旦填料挂膜，硬性填料最不易脱膜。

（2）生物膜量与活性

生物膜的厚度要区分总厚度和活性厚度，生物膜中的扩散阻力（膜内传质阻力）限制了过厚生物膜实际参与降解基质的生物量。只有在膜活性厚度范围（70～100 nm）内，基质降解速率随膜厚度的增加而增加。当生物膜为薄层膜时，膜内传质阻力小，膜的活性好。当生物膜厚度增大时，基质降解速率与膜的厚度无关。各种生物膜法适宜的生物膜厚度应控制在 159 nm 以下。随生物膜厚度增大，膜内传质阻力增加，单位生物膜量的膜活性下降，已不能提高生物池对基质的降解能力，膜内层反而会因生物膜的持续增厚，由兼性层转入厌氧状态，导致膜大量脱落（超过 600 nm 即发生脱落），或填料上出现积泥，或出现填料堵塞现象，从而影响生物池的出水水质。

（3）pH

除了等电点外，细菌表面在不同环境下带有不同的电荷。不同的菌种，其等电点在实测过程中也不尽相同，一般 pH 在 3.5 左右。液相环境中，pH 的变化将直接影响微生物的表面电荷特性。当液相 pH 大于细菌等电点时，细菌表面由于氨基酸的电离作用而显负电性；当液相 pH 小于细菌等电点时，细菌表面显正电性。细菌表面电性将直接影响细菌在载体表面的附着、固定。

（4）水力剪切力

在生物膜形成初期，水力条件是一个非常重要的因素，它直接影响生物膜是否能培养成功。在实际水处理中，水力剪切力的强弱决定了生物膜反应器的启动周期。单从生物膜形成的角度分析，弱的水力剪切力有利于细菌在载体表面的附着和固定，但在实际运行中，反应器的运行需要一定强度的水力剪切力以维持反应器中的完全混合状态。所以在实际设计运行中如何确定生物膜反应器的水力学条件是非常重要的。

（5）温度

生物膜法与活性污泥法相同，不过更易受气温的影响。一般适宜的温度为 10～35℃。夏季温度高，效果最好，冬季水温低，生物膜的活性受抑制，处理效果受到影响。温度过高使饱和溶解氧降低，使氧的传递速率降低，在供氧跟不上时造成溶解氧不足，污泥缺氧腐化而影响处理效果。

（6）营养物质

营养物质是能为微生物所氧化、分解、利用的那些物质，主要包括有机物、氮、磷、硫以及微量元素。

好氧生物处理中主要营养物质比例 $BOD_5 : N : P = 100 : 5 : 1$。

（7）微生物与填料接触时间

微生物在填料表面附着、固定是一个动态过程。微生物与填料表面接触后，需要一个相对稳定的环境条件，因此必须保证微生物在填料表面停留一定时间，完成微生物在填料表面的增长过程。

（8）有毒物质

工业废水中存在的重金属离子、酚、氰等化学物质，对微生物具有抑制和毒杀作用，主要表现在细胞的正常结构遭到破坏以及菌体内的酶变质，从而失去活性。

与活性污泥法相同，要对有毒物质进行控制，或对生物膜进行驯化，提高其承受能力。

3.3.2　典型生物膜工艺

生物膜法的主要类别有生物滤池、生物转盘、生物接触氧化、生物流化床等。按生物膜与水接触的方式不同，生物膜可分为充填式和浸没式两类。充填式生物膜法的填料（载体）不被污水淹没，自然通风或强制通风供氧，污水流过填料表面或盘片旋转浸过污水，如生物滤池和生物转盘等。浸没式生物膜法的填料完全浸没于水中，一般采用鼓风曝气供氧，如生物接触氧化和生物流化床等。

3.3.2.1　生物滤池

生物滤池是在污水灌溉的实践基础上发展起来的人工生物处理法，首先于 1893 年在英国试验成功，从 1900 年开始应用于污水处理中。生物滤池操作简单，费用低，适用于中小城镇和边远地区。

生物滤池内有固定滤料，污水流过时与滤料相接触，微生物在滤料表面形成生物膜。其工作原理是含有污染物的原水自上而下从长有丰富生物膜的滤料的空隙间流过，与生物膜中的微生物充分接触，其中的有机污染物被微生物吸附并进一步降解，使污水得以净化；主要的净化功能是依靠滤料表面的生物膜对污水中有机物的吸附氧化作用来实现的。

污水净化装置由提供微生物生长栖息的滤床、布水系统（使污水在滤床上均匀分布）以及排水系统组成。

（1）构造

生物滤池一般由钢筋混凝土或砖石砌筑而成，池平面呈矩形、圆形或多边形，其中以圆形为最多，主要由滤料、池壁、池底排水系统、上部布水系统构成。其结构见图3-35。

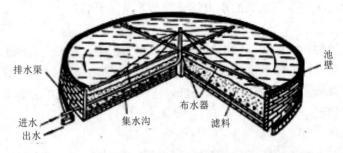

排水渠

进水
出水

集水沟

布水器

池壁

滤料

图 3-35　生物滤池的一般构造

　　① 滤料。滤料是微生物生长栖息的场所，生物滤池过去常用拳状滤料，如碎石、卵石、炉渣、焦炭等，而且颗粒比较均匀，粒径为 25～100 mm，滤层厚度为 0.9～2.5 m，平均为 1.8～2.0 m。近年来，生物滤池多采用塑料滤料，主要由聚氯乙烯、聚乙烯、聚苯乙烯、聚酰胺等加工成波纹板、蜂窝管、环状及空圆柱等复合式滤料。这些滤料的特点是比表面积大（达 100～340 m²/m³），孔隙率高，可达 90%以上，从而大大改善膜的生长及通风条件，使处理能力大大提高。

　　② 池壁。生物滤池的池壁起围护滤料、减少污水飞溅的作用，应能承受水压和滤料压力。一般用砖、石或混凝土块砌筑。池壁分带孔洞和不带孔洞两种，有孔洞的池壁有利于滤料的内部通风，但在冬季易受低气温的影响。池壁应高出滤料 0.5 m，以防风吹影响污水在滤池表面的均匀分布。在寒冷地区，有时需要考虑防冻、采暖或防蝇等措施。

　　③ 池底排水系统。排水系统处于滤床的底部，其作用是收集、排出处理后的污水和保证良好的通风；一般由渗水顶板、集水沟和排水渠组成；渗水顶板用于支撑滤料，其排水孔的总面积应不小于滤池表面积的 20%；渗水顶板的下底与池底之间的净空高度一般应在 0.6 m 以上，以利通风，一般在出水区的四周池壁均匀布置进风孔。

　　④ 上部布水系统。设置布水设备的目的是使污水能够均匀地分布在整个滤床上，因为只有在滤床表面均匀地布水，才能充分发挥每一部分滤床的作用，提高滤池的工作效率。另外，布水器还应不受风力的影响，不易堵塞和易于清除。

　　常用的布水器有旋转式布水器，主要由进水竖管和可转动的布水横管组成，见图3-36。污水在池底以一定压力流入位于池中央的固定竖管，再通过支管喷洒在滤料表面。

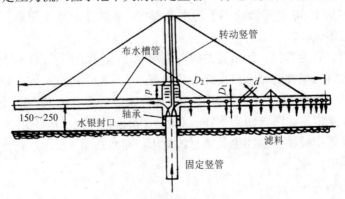

转动竖管

布水槽管

D_2　　d

P　　D_1

150～250

水银封口

轴承

滤料

固定竖管

图 3-36　旋转式布水器（单位：mm）

（2）基本工艺流程

生物过滤的基本流程与活性污泥法相似，由初次沉淀池、生物滤池、二次沉淀池 3 部分组成（图 3-37）。在生物过滤中，为了防止滤层堵塞，需设置初次沉淀池，预先去除污水中的悬浮物。二次沉淀池用以分离脱落的生物膜。由于生物膜的含水率比活性污泥小，因此，污泥沉淀速率较大，二次沉淀池容积较小。

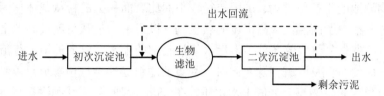

图 3-37　生物滤池的基本流程

由于生物固着生长，不需要回流接种。因此，在一般生物过滤中无二次沉淀池污泥回流。但是，为了稀释原污水和保证对滤料层的冲刷，一般生物滤池（尤其是高负荷生物滤池及塔式生物滤池）常采用出水回流。

（3）分类

根据有机负荷率，可将生物滤池分为普通生物滤池（低负荷生物滤池）、高负荷生物滤池（回流式生物滤池）和塔式生物滤池 3 种。目前，为提高部分污染物的去除效率，有工艺在生物滤池中加入曝气设备，改良为各种类型的曝气生物滤池。

① 普通生物滤池。在较低负荷率下运行的生物滤池叫作低负荷生物滤池或普通生物滤池。普通生物滤池处理城市污水的有机负荷率为 $0.15 \sim 0.30$ kg $BOD_5/$（$m^3 \cdot d$）。普通生物滤池的水力停留时间长，净化效果好（城市污水 BOD_5 去除率为 85%～95%），出水稳定，污泥沉淀性能好，剩余污泥少，但滤速低，占地面积大，水力冲刷作用小，易堵塞和短流，生长灰蝇，散发臭气，卫生条件差，目前已趋于淘汰。

② 高负荷生物滤池。在高负荷率下运行的生物滤池叫作高负荷生物滤池或回流式生物滤池。高负荷生物滤池处理城市污水的有机负荷率为 1.1 kg $BOD_5/$（$m^3 \cdot d$）左右。在高负荷生物滤池中，微生物营养充足，生物膜增长快。为防止滤料堵塞应控制进水 BOD_5 在 200 mg/L 以内，或者选择不易堵塞的滤料。高负荷生物滤池的去除率较低，处理城市污水时 BOD_5 去除率为 75%～90%。与普通生物滤池相比，高负荷生物滤池剩余污泥量大，稳定度小。高负荷生物滤池占地面积小，投资费用低，卫生条件好，适于处理浓度较高，水质、水量波动较大的污水。

③ 塔式生物滤池。塔式生物滤池的负荷也很高，由于塔式生物滤池生物膜生长快，没有回流，为防止滤料堵塞，采用的滤池面积较小，以获得较高的滤速。滤料体积是一定的，相对于普通生物滤池，面积缩小使高度增大而形成塔状结构，故称为塔式生物滤池。

与普通生物滤池和高负荷生物滤池相比，塔式生物滤池对城市污水的 BOD_5 去除率为 65%～85%。塔式生物滤池占地面积小，投资运行费用低，耐冲击负荷能力强，适于处理浓度较高的污水。

④ 曝气生物滤池（BAF）。当前应用较为广泛的是曝气生物滤池。曝气生物滤池于 20 世纪 90 年代初被首次提出，这些年取得了长足的进步，其处理工艺趋于完善。其是在普

通生物滤池的基础上，将污水处理接触氧化法和给水快滤池思路融合其中而来的一种新型处理工艺，亦可以称为淹没式曝气生物滤池。目前已经从最初仅仅用于污水的三级处理发展为用于二级处理。曝气生物滤池是集生物降解、固液分离于一体的污水处理设施，与给水处理的快滤池相类似，但在滤池承托层增设了曝气用的空气管及空气扩散装置，处理水集水管（兼作反冲洗水管）也设置在承托层内。

曝气生物滤池的工艺原理为：采用粒径较小而比表面积大的粒状载体作为附着生物膜的滤料，滤料上集中了高活性、高密度的微生物。以目前人们认可度较高的上向流滤池为例，在滤池内部被充分曝气的条件下，污水从最底部的配水室进入滤池上行流经生物膜时发生接触氧化而使有机物降解消除。同时，密集的滤料必然会截留部分悬浮物。被截留的悬浮物和不断脱落的生物膜会降低出水水质，在运行一段时间后就须进行反冲洗处理。因此，曝气生物滤池不但可用于城镇污水厂的三级深度处理或二级生化处理，还可用于食品、造纸、酿造等工业废水及生活污水的处理，同时也可用于微污染水体的处理。

曝气生物滤池不但可以处理 COD 和 BOD，还具有硝化及脱氮除磷的作用，此外它在进行生化处理的同时还截留部分悬浮物，从而节省了出水二次沉淀池的建设成本。它具有水力和有机物负荷均较大、能耗不高、建设及运行成本较低、污水处理效果好的特点。

（4）影响生物滤池性能的主要因素

① 负荷。负荷是影响生物滤池性能的主要参数，通常分有机负荷和水力负荷两种。

有机负荷系指每天供给单位体积滤料的有机物量，以 N 表示，单位是 kg BOD_5/（$m^3 \cdot d$）（m^3 为滤料体积）。由于一定的滤料具有一定的比表面积，滤料体积可以间接表示生物膜面积和生物数量，所以有机负荷实质上表征了 F/M 值。普通生物滤池的有机负荷范围为 0.15～0.3 kg BOD_5/（$m^3 \cdot d$），高负荷生物滤池为 1.1 kg BOD_5/（$m^3 \cdot d$）左右。在此负荷下，BOD_5 去除率可达 80%～90%。为了达到处理目的，有机负荷不能超过生物膜的分解能力。

② 处理水回流。在高负荷生物滤池的运行中，多用处理水回流，其优点是：增大水力负荷，促进生物膜的脱落，防止滤池堵塞；稀释进水，降低有机负荷，防止浓度冲击；可向生物滤池连续接种，促进生物膜生长；增加进水的溶解氧，减少臭味；防止滤池滋生蚊蝇。缺点是：缩短污水在滤池中的停留时间；降低进水浓度，减慢生化反应速率；回流水中难降解的物质会产生积累；冬季使池中水温降低等。

可见，回流对生物滤池性能的影响是多方面的，采用时应做周密分析和试验研究。一般认为在下述 3 种情况下应考虑出水回流：进水有机物浓度较高（如 COD＞400 mg/L）；水量很小，无法维持水力负荷在最小经验值以上；污水中某种污染物在高浓度时可能抑制微生物生长。

③ 供氧。向生物滤池供给充足的氧是保证生物膜正常工作的必要条件，也有利于排除代谢产物。影响滤池自然通风的主要因素是滤池内外的气温差（ΔT）以及滤池的高度。温差越大，滤池内的气流阻力越小（滤料粒径大、孔隙大），通风量也就越大。

供氧条件与有机负荷密切相关。当进水有机物浓度较低时，自然通风供氧是充足的。但当进水 COD＞400 mg/L 时，则出现供氧不足，生物膜好氧层厚度较小。为此，有人建议限制生物滤池进水 COD＜400 mg/L。当入流浓度高于 400 mg/L 时，采用回流稀释或机械通风等措施，以保证滤池供氧充足。

④ 滤床的高度。不同高度的滤床，生物膜量、微生物种类、去除有机物的速度等方面

都是不同的。滤床的上层，污水中的有机物浓度高，营养物质丰富，微生物繁殖速度快，生物膜量大且主要以细菌为主，有机污染物的去除速度高；随着滤床深度的增加，污水中的有机物量减少，生物膜量也减少，微生物从低级趋向高级，有机物去除速度降低。有机物的去除效果随滤床深度的增加而提高，但去除速率却随深度的增加而降低。

3.3.2.2 生物转盘

1954年，西德的海尔布隆（Heilbronn）建成世界上第一座生物转盘污水处理厂。在日本和欧美，生物转盘主要用于处理生活污水，而在我国则主要用于造纸、石化、印染等工业废水的处理。

（1）生物转盘的净化机理

生物转盘的净化机理（图3-38）和生物滤池类似。污水处于半静止状态，而微生物则在转动的盘面上；转盘40%的面积浸没在污水中，盘面低速转动。盘片作为生物膜的载体，当生物膜处于浸没状态时，污水有机物被生物膜吸附，而当它处于水面以上时，大气中的氧向生物膜传递，生物膜内所吸附的有机物氧化分解，生物膜恢复活性。这样，生物转盘每转动一圈即完成一个吸附-氧化的周期。由于转盘旋转及水滴挟带氧气，所以氧化槽也被充氧，起一定的氧化作用。增厚的生物膜在盘面转动时形成的剪切力作用下，从盘面剥落下来，悬浮在氧化槽的液相中，并随污水流入二次沉淀池进行分离。二次沉淀池排出的上清液即为处理后的污水，沉泥作为剩余污泥排入污泥处理系统，以去除BOD为主要目的的工艺流程如图3-39所示。

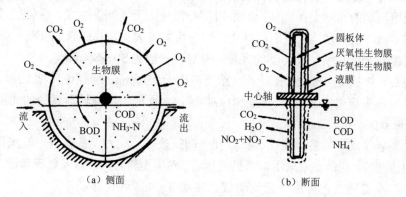

图3-38 生物转盘净化机理

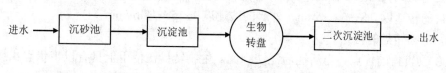

图3-39 以去除BOD为主要目的的工艺流程

与生物滤池相同，生物转盘也无污泥回流系统，为了稀释进水，可考虑出水回流。但是，生物膜的冲刷不依靠水力负荷的增大，而是通过控制一定的盘面转速来实现。

（2）生物转盘的构成

生物转盘又称浸没式生物滤池，是由一系列平行的旋转圆盘、旋转横轴、机械动力及减速装置、氧化槽等部分组成。生物转盘在实际应用上有各种构造形式，最常见是多级转盘串联，以延长处理时间，提高处理效果。但级数一般不超过四级，级数过多，对处理效率影响也不大。根据圆盘数量及平面位置，可以采用单轴多级或多轴多级形式。

① 盘片。生物转盘由固定在一根轴上的许多间距很小的圆盘或多角形盘片组成。盘片可用聚氯乙烯、聚乙烯、泡沫聚苯乙烯、玻璃钢、铝合金或其他材料制成。盘片可以是平板，也可以是点波波纹板等形式，也可用平板和波纹板组合，因为点波波纹板盘片的比表面积比平板大一倍。盘片有近一半的面积浸没在半圆形、矩形或梯形的氧化槽内。在电机带动下，盘片组在水槽内缓慢转动，污水在槽内流过、水流方向与转轴垂直，槽底设有排泥管或放空管，以控制槽内污水中悬浮物浓度。

生物转盘的盘片直径一般为 2.0 m、2.5 m、3.0 m、3.5 m 等，常用的是 3.0 m，最大的达到 4.0 m。过大可能导致转盘边缘的剪切力过大。盘片间距（净距）一般为 20～30 mm，原水浓度高时，应取上限，以免生物膜堵塞，高密度型则为 10～15 mm。盘片厚度一般为 1～5 mm，视盘材而定。

② 接触反应槽。接触反应槽应呈与盘材外形基本吻合的半圆形，槽的构造形式与建造方法，视设备规模大小、修建场地条件不同而异。槽内水位一般达到转盘直径的 40%，超高为 20～30 cm；转盘外缘与槽壁之间的间距一般为 20～40 cm。

小型设备转盘台数不多、场地狭小者，可采用钢板焊制。中大型的设备可以修建成地下或半地下式，可用毛石混凝土砌体，水泥砂浆抹面，再涂以防水耐磨层。

③ 转轴与驱动装置。转轴是支撑盘片并带动其旋转的重要部件。转轴两端安装在固定于接触反应槽两端的支座上。转轴一般采用实心钢轴或无缝钢管制成。转轴的长度一般控制在 0.5～7.0 m，不能太长，否则往往由于同心度加工欠佳，易于挠曲变形，发生磨轴或扭断，其强度和刚度必须经过力学的计算。其直径一般为 50～80 mm。

转轴中心与接触反应槽液面的距离一般不应小于 150 mm，应保证转轴在液面之上，并视转轴直径与水头损失情况而定。转轴中心与槽内水面的距离与转盘直径的比值为 0.05～0.15，一般取 0.06～0.1。

驱动装置包括动力设备、减速装置以及传动链条等。动力设备有电力机械传动、空气传动及水力传动等。我国一般采用电力机械传动。对大型转盘，一般一台转盘设一套驱动装置，对于中、小型转盘，可由一套驱动装置带动 3～4 级转盘转动。

转盘的转动速度是重要的运行参数，必须选定适宜。转速过高既有损于设备的机械强度，消耗电能，又由于在盘面产生较大的剪切力，易使生物膜过早剥离。综合考虑各项因素，转盘的转速以 0.8～3.0 r/min、外缘的线速度以 15～18 m/min 为宜。

（3）生物转盘的特点

① 生物转盘的优点。与活性污泥法相比，生物转盘在使用上具有以下优点：

a. 操作管理简便，无活性污泥膨胀现象及泡沫现象，无污泥回流系统，生产上易于控制。

b. 剩余污泥量小，污泥含水率低，沉淀速度大，易于沉淀分离和脱水干化。根据已有的生产运行资料，转盘污泥形成量通常为 0.4～0.5 kg/kg BOD_5（去除），污泥沉淀速度可达 4.6～7.6 m/h。开始沉淀，底部即开始压密。所以，一些生物转盘将氧化槽底部作为污泥沉淀与储存用，从而省去二次沉淀池。

c．设备构造简单，无通风、回流及曝气设备，运转费用低，耗电量低。一般耗电量为 $0.024\sim0.03$ kW·h/kg BOD_5。

d．可采用多层布置，设备灵活性大，可节省占地面积。

e．可处理高浓度的污水，承受 BOD_5 可达 1 000 mg/L，耐冲击能力强。根据所需的处理程度，可进行多级串联，扩建方便。国外还将生物转盘建成去除 BOD—硝化—厌氧脱氮—曝气充氧组合处理系统，以提高处理水平。

f．污水在氧化槽内停留时间短，一般为 $1\sim1.5$ h，处理效率高，BOD_5 去除率一般可达 90%以上。

② 生物转盘同一般生物滤池相比的优点。

a．无堵塞现象。

b．生物膜与污水接触均匀，盘面面积的利用率高，无沟流现象。

c．污水与生物膜的接触时间较长，而且易于控制，处理程度比高负荷生物滤池和塔式生物滤池高，可以调整转速改善接触条件和充氧能力。

d．同一般低负荷生物滤池相比，它占地面积较小，如采用多层布置，占地面积可同塔式生物滤池相媲美。

e．系统的水头损失小，能耗省。

③ 生物转盘的缺点。

a．盘材较贵，投资大。从造价考虑，生物转盘仅运用于小水量、低浓度的污水处理。

b．因为无通风设备，转盘的供氧依靠盘面的生物膜接触大气，这样，污水中挥发性物质将会造成污染。采用从氧化槽的底部进水可以减少挥发物的散失，比从氧化槽表面进水好，但是，挥发物质污染依然存在。因此，生物转盘最好作为第二级生物处理装置。

c．生物转盘的性能受环境气温及其他因素影响较大，所以，在北方设置生物转盘时，一般将其置于室内，并采取一定的保温措施。建于室外的生物转盘都应加设雨棚，防止雨水淋洗，使生物膜脱落。

3.3.2.3　生物接触氧化法

（1）生物接触氧化法的原理

1971 年由日本小岛贞男首创的生物接触氧化法是一种介于活性污泥法与生物滤池之间的生物膜法处理工艺，是曝气池和生物滤池综合在一起的处理构筑物，又称为淹没式生物滤池。

生物接触氧化池内设置填料，污水浸没全部填料并与填料上的生物膜广泛接触。在污水与生物膜接触的过程中，水中的有机物被微生物吸附、氧化分解和转化为新的生物膜。在生物接触氧化池中，微生物所需要的氧气来自污水，而污水则从鼓入的空气中不断补充失去的溶解氧。空气通过设在池底的曝气装置进入水流，当气泡上升时向污水供应氧气。当生物膜达到一定厚度时，上升的水流和上升的气泡使水流产生较强的紊流和水力冲刷作用，使生物膜不断脱落，然后再长出新的生物膜。从填料上脱落的生物膜，随水流到二次沉淀池后被去除，使污水得到净化。

氧化池的污水中还存在悬浮生长的微生物。接触氧化主要靠生物膜净化污染物，但悬浮态微生物对污染物的净化也有一定的作用。

（2）基本工艺流程

生物接触氧化法的工艺流程与生物滤池比较相似，同样由初次沉淀池、生物接触氧化池、二次沉淀池 3 部分组成（图 3-40）。微生物附着在填料上生长成稳定的生物膜，经初次沉淀除去大部分颗粒物的污水进入生物接触氧化池，水中的污染物被均匀地"悬挂"在水中的微生物分解，老化脱落的生物膜绝大部分从池底排出，小部分随水进入二次沉淀池，必要的时候可以设置污泥回流系统。

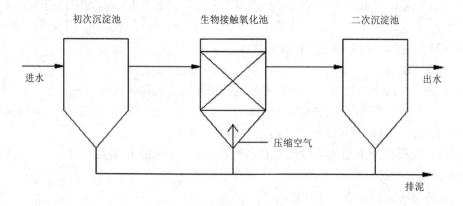

图 3-40　生物接触氧化池工艺流程

（3）生物接触氧化池的构造

生物接触氧化池是生物接触氧化处理系统的核心处理构筑物。生物接触氧化池由池体、填料、支架及曝气装置、进出水装置以及排泥管道等部件组成。生物接触氧化池构造见图 3-41。

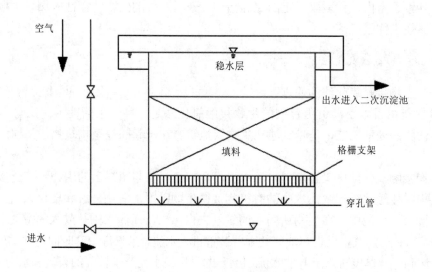

图 3-41　生物接触氧化池构造

①池体。池体设置成矩形、圆形均可，但目前应用最广的为矩形池。池体均为钢筋混凝土结构。

② 填料。填料是微生物的载体，其特性对生物接触氧化池中的生物量、氧的利用率、水流条件和污水与生物膜的接触反应情况等有较大影响；分为硬性填料、软性填料、半软性填料及球状悬浮型填料等。

填料均匀分层装填，高度一般为 3.0 m 左右，填料层上部水层高约为 0.5 m，填料层下部布水区的高度一般为 0.5～1.5 m。

③ 支架及曝气装置。根据曝气装置与填料的相对位置，可以分为以下三大类：

a. 曝气装置与填料分设。填料区水流较稳定，有利于生物膜的生长，但冲刷力不够，生物膜不易脱落；可采用鼓风曝气或表面曝气装置；较适用于深度处理。

b. 曝气装置直接安设在填料底部。曝气装置多为鼓风曝气系统；可充分利用池容；填料间紊流激烈，生物膜更新快，活性高，不易堵塞；检修较困难。

c. 进出水装置以及排泥管道。生物接触氧化池一般为下部中心进水，上部溢流出水，底部设置排泥管道，同时采用穿孔管布气，水、气同向流动。

（4）生物接触氧化法的特征

① 生物接触氧化法工艺成熟，适用于处理含有大量有机物的生活污水和工业废水，其优点如下所述。

a. 净化效果好。该工艺可使用多种形式的填料。由于曝气，在池内形成液、固、气三相共存体系，有利于氧的转移，溶解氧充沛，适宜微生物存活增殖。在生物膜上微生物是丰富的，除细菌和多种种属的原生动物和后生动物外，还能够生长氧化能力较强的球衣菌属的丝状菌，而无污泥膨胀之虑。在生物膜上能形成稳定的生态系统和食物链。

填料表面全为生物膜所布满，形成生物膜的主体结构，由于丝状菌的大量滋生，有可能形成一个立体结构的密集的生物网，污水在其中通过起到类似"过滤"的作用，能够有效地提高净化效果。

总体而言，生物接触氧化法填料的比表面积大，充氧效果好，氧利用效率高。所以，单位容积的微生物量比活性污泥法和生物滤池大，容积负荷高，耐冲击负荷，净化效果好。

b. 占地面积小，管理方便。由于进行曝气，生物膜表面不断地接受曝气吹脱，这样有利于保持生物膜的活性，抑制厌氧膜的增殖，也易于提高氧的利用率，保持较高的活性生物量。因此，生物接触氧化处理技术能够接受较高的有机负荷率，处理效率较高，有利于缩小池容，减少占地面积。

生物接触氧化法容积负荷高，氧化池容积小，又可以取较大的水深，所以占地面积比活性污泥法、生物滤池和生物转盘都小。由于没有污泥回流、出水回流、污泥膨胀、防雨保温和机械故障等问题，所以运行管理方便。

c. 污泥产量低。由于单位体积的微生物量大，容积负荷大时，污泥负荷仍较小，所以污泥产量低。

d. 生物接触氧化处理技术具有多种功能，除有效地去除有机污染物外，如运行得当还能够用以脱氮，因此，可作为深度处理技术。

② 生物接触氧化处理技术的主要缺点。

a. 如果设计运行不当，填料可能堵塞；此外，布水、布气、曝气不易均匀，可能在局部部位出现死角。

b. 动力消耗比自然通风生物膜法大。由于采用强制通风供氧，所以动力消耗比一般的生物膜法大。

c．污泥沉降性能差。与活性污泥法和生物滤池相比，生物接触氧化出水中生物膜的老化程度高，受水力冲击变得很细碎，沉降性能差。在二次沉淀池设计时要采用较小的上升流速，取 1.0 m/h 比较适宜。

d．污泥膨胀的可能性比生物滤池大。生物接触氧化法一般不发生污泥膨胀，但当污水的供氧、营养、水质（毒物、pH）和温度等条件不利时，生物膜的性能（生物相、附着能力、沉淀性能等）变差，在剧烈的水力冲刷作用下脱落，随水流失，发生污泥膨胀的可能性比生物滤池大。

3.3.2.4　生物流化床

（1）净化机理

如果使附着生物膜的固体颗粒悬浮于水中做自由运动而不随出水流失，悬浮层上部保持明显的界面，这种悬浮态生物膜反应器叫作生物流化床。生物流化床是污水以较高的上升流速使载体处于流化状态，流化的颗粒表面生长有生物膜，污水在流化床内同分散十分均匀的生物膜相接触而获得净化。生物流化床综合了介质的流化机理、吸附机理和生物化学机理，过程比较复杂。由于它兼有物理化学法和生物法的优点，又兼有活性污泥法和生物膜法的优点，所以，这种方法颇受人们的重视。目前在许多部门正积极研究和应用这种方法处理污水，在试验和生产中已取得一些经验。

（2）生物流化床的结构

生物流化床由床体、载体、布水装置、充氧装置和脱膜装置等部分组成。床体用钢板焊制或钢筋混凝土浇制，平面形状一般为圆形或方形，其有效高度按空床流速计算。床底布水装置是关键设备，既使布水均匀，又承托载体。常用多孔板、加砾石多孔板、圆锥底加喷嘴或泡罩布水。

生物流化床的基本结构如图 3-42 所示。由于载体颗粒一般很小，比表面积非常大（2 000～3 000 m²/m³ 载体），所以单位容积反应器的微生物量很大。由于载体呈流化状态，与水充分接触，紊流剧烈，所以传质效果很好。因此，生物流化床的处理效率高。

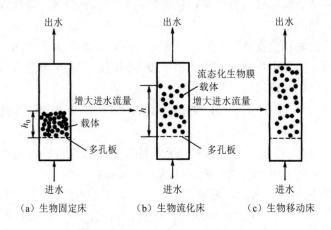

图 3-42　生物流化床的基本构造

（3）生物流化床的特征

① 耐冲击负荷。生物流化床内载有生物膜的流化介质能均匀分布在全床，同上升水流接触条件良好。因此，它具有活性污泥法均匀接触条件所形成的高效率和生物膜法能承受负荷变动冲击的优点。

② 降解速率较高。由于比表面积大，污水污染物的吸附能力强，尤其是采用活性炭作为流化介质时，吸附作用更为显著。在这样一个强吸附力场作用下，污水中有机物和微生物、酶都将在流化的生物膜表面富集，使表面形成微生物生长的良好场所。像活性炭这样的介质，其表面官能团（—COOH、—OH、>MC＝O）能与微生物的酸结合，所以表面的浓度很高，炭粒实际已成为酶的载体。因此，一些难以分解的有机物或分解速度较慢的有机物，能够在介质表面长期停留，对表面吸附着的生物膜进行长时间的驯化和诱导，使之能够顺利降解，同时也能在高浓度的作用下，提高降解的速度。

在流化床中，支撑生物膜的固相物是流化介质，为了获得足够的生物量和良好的接触条件，流化介质应具有较高的比表面积和较小的颗粒直径，通常流化介质采用相对密度大于 1 的细小惰性颗粒如砂粒、焦炭粒、无烟煤粒、活性炭粒或陶粒等。一般颗粒直径为 0.6～1.0 mm，所提供的表面积是很大的。例如，用直径 1 mm 的砂粒作载体，其比表面积为 3 300 m^2/m^3，是一般生物滤池的 50 倍，比采用塑料滤料的塔式生物滤池高约 20 倍，比平板式生物转盘高 60 倍。因此，在流化床能维持相当高的微生物浓度，可比一般的活性污泥法高 10～20 倍，因此，污水底物的降解速率很快，停留时间很短，污水负荷较高。

（4）生物流化床的应用

生物流化床技术具有占地面积小、容积负荷高、抗冲击负荷能力强等特点，特别适用于提标改造的污水处理项目，采用理想的流化床载体可大幅提高原有生化池的容积负荷，节省基建投资。

好氧生物流化床可用于处理含中、低浓度有机污染物的工业废水和生活污水，同时去除 NH_3-N。厌氧生物流化床不必充氧或曝气，但厌氧微生物产生的甲烷气体与反应器内的固、液两相叠加为三相生物流化床。厌氧生物流化床可以处理高、中、低浓度的有机污水。

3.3.2.5　移动床生物膜反应器

移动床生物膜反应器（MBBR）是为解决固定床反应器需定期反冲洗、流化床需使载体流化、淹没式生物滤池堵塞需清洗滤料和更换曝气器的复杂操作而发展起来的。

（1）MBBR 的构成

MBBR 的关键部件是填料（搅拌器）、曝气（搅拌器）系统和出水滞留滤网系统。

① 填料（搅拌器）。相对密度接近于水、轻微搅拌下易随水自由运动，有较大的受保护、可供微生物生长的内表面积，比表面积为 500～1 200 m^2/m^3，材质多为聚乙烯或聚丙烯有机塑料，使用寿命长达 20 年。

② 曝气（搅拌器）系统。曝气系统采用中小孔径的多孔管系，布气均匀，气量可以调节控制。厌氧反应池中采用香蕉叶片形的潜水搅拌器。

③ 出水滞留滤网系统。出水滞留滤网在保持反应器内良好设计流态的同时，还要把生物填料保留在生物池中。滤网装置有多孔平板式或缠绕焊接管式（垂直或水平方向）。

（2）MBBR 的技术优势

① MBBR 容积负荷高，与传统活性污泥法相比可节省占地面积 50%以上。

② 解决方案灵活，适用于各种池型，选择不同的填料填充率即可提高排放标准，扩大处理规模。

③ 耐冲击负荷，对于高 SS 负荷的污水无须预处理。

④ 污泥沉降性能良好，易于固液分离，减少污泥膨胀问题，剩余污泥量少。

⑤ 优质耐用的生物填料、曝气系统和出水装置可以长期使用而不需要更换。

⑥ 曝气池内无须设置填料支架，对填料以及池底的曝气装置的维护方便。

在 MBBR 的众多优点中，最大的优点便是其微生物有着非常高的浓度和非常长的食物链，并且，这种技术在污水处理过程中可以降低对能量的损耗，有着比较高的传质速率，就可以更好地实现水和载体的有效结合，这种有效结合主要得益于载体和水的密度非常相近这一特点。与此同时，这种污水处理技术还有占地面积小、能源损耗比较低等方面的优势，这就使得其保养和维修的成本大大降低。总之，基于以上这些优点，MBBR 法在污水处理过程中得到了广泛的应用。

（3）MBBR 的应用

基于 MBBR 的核心技术，能够提供面向现有污水处理厂新建或升级改造的更经济、可靠、运行稳定和更具扩展性的解决方案。

基于 MBBR 一体化反应器的解决方案，既可以非常紧凑、高效地单独运行，又可以完美地与其他工艺相结合，适用于分散污水的处理。如与活性污泥混合工艺，可提高 50%以上的处理能力并达到脱氮除磷的目标。可在不增加池容的条件下，与 A^2/O、氧化沟、SBR 等多种工艺结合。

采用 MBBR 工艺处理，原水为生活污水，出水水质可达到《城镇污水处理厂污染物排放标准》（GB 18918—2002）一级 B（或一级 A）标准；原水为工业废水，出水水质可达到《污水综合排放标准》（GB 8978—1996）。根据需要，出水水质还可达到更高的标准（如回用等）。举例如下。

① 无锡芦村污水处理厂的升级改造工程：处理规模为 20 万 m^3/d，主体改造工艺采用 A^2/O 投加悬浮填料工艺（MBBR 工艺），出水水质稳定达到《污水综合排放标准》（GB 8978—1996）一级 A 标准；

② 青岛李村河污水处理厂的升级改造工程：总处理规模为 17 万 m^3/d，在 VIP 工艺（一期）及改良 A^2/O 工艺（二期）基础上增加 MBBR 强化硝化与反硝化，深度处理采用混凝沉淀/滤布滤池工艺，出水水质由二级标准提升至《污水综合排放标准》（GB 8978—1996）一级 A 标准。

MBBR 工艺也可以用于设计处理规模为 $10\sim200$ m^3/d 的污水处理。该类装置可设计成车载式、集装箱式和一体化等，具有占地面积小、集成化、操作简便等特点，适用于城镇居民生活小区、宾馆、酒店、学校、医院、别墅区、旅游景区、部队营房、工厂职工宿舍等场所的生活污水以及与之类似的水产加工厂、屠宰场、肉制品厂、乳制品厂等食品行业产生的有机工业废水的处理，处理后可达到中水回用标准或污水综合排放标准。

3.3.3　生物膜系统的运行管理、异常问题与对策

3.3.3.1　生物膜的培养与驯化

（1）挂膜

使具有代谢活性的微生物污泥在处理系统中填料上固着生长的过程称为挂膜。挂膜也就是生物膜处理系统中膜状污泥的培养和驯化过程。

挂膜过程所采用的方法，一般有直接挂膜法和分步挂膜法两种。

生活污水、城市污水、与城市污水相接近的工业废水，可以采用直接挂膜法。即在合适的环境条件（水温、DO 等）和水质条件（pH、BOD、C/N 等）下，让处理系统连续正常运行，一般经过 7～10 d 就可以完成挂膜过程。在挂膜过程中，宜让氧化池出水和池底污泥回流。

在各种形式的生物膜处理设施中，生物接触氧化池和塔式生物滤池，由于具有曝气系统且填料量和填料空隙均较大，可以采用直接挂膜法，而普通生物滤池、生物转盘等适合采用分步挂膜法。

对于不易生物降解的工业废水，尤其是使用普通生物滤池和生物转盘等设施处理时，为了顺利挂膜，可通过预先培养驯化相应的活性污泥，然后再投加到生物膜系统中进行挂膜，也就是分步挂膜。

将培养的活性污泥与工业废水混合后，在生物膜法处理装置中循环运行，形成生物膜后，通水运行，并加入要处理的工业废水。可先投配 20% 的工业废水，经分析进出水水质，确认生物膜具有一定的处理效果后，再逐步加大工业废水的比例，直到全部都是工业废水为止。也可用掺有少量（20%）工业废水的生活污水直接进行培养生物膜，挂膜成功后再逐步增大工业废水的比例，直到全部都是工业废水为止。

对于工业废水的挂膜，其中必然有膜状污泥适应水质的过程，这与活性污泥法的培菌过程，即污泥驯化是一样的。

对于多级处理的生物膜处理系统，要使各级培养驯化出优势微生物，完成挂膜所用的时间，可能要比一般挂膜过程（城市污水仅两级处理）长 2～3 周。这是因为不同种属细菌对水质的适应性和世代时间不一样。

（2）培养和驯化的注意事项

① 开始挂膜时，进水流量应小于设计值，可按设计流量的 20%～40% 启动运转。在外观上可见已有生物膜生成时，流量可提高到 60%～80%，待出水效果达到设计要求时，即可提高流量到设计标准。

② 在生物转盘中，用于硝化的转盘挂膜时间要增加 2～3 周，并注意进水 BOD 应低于 30 mg/L，因自养性硝化细菌世代时间长，繁殖生长慢，若进水有机物过高，可使膜中异养细菌占优势，从而抑制了自养细菌的生长。

③ 当出水中出现亚硝酸盐时，表明生物膜上的硝化作用已开始；当出水中亚硝酸盐浓度下降，并出现大量硝酸盐时，表明硝化细菌在生物膜上已占优势，挂膜完成。

④ 挂膜所需的环境条件与活性污泥培养菌相同，进水要具有合适的营养、温度、pH 等，尤其是氮、磷等营养物质必须充足（COD：N：P=100：5：1），同时避免毒物的大量进入。

⑤ 因初期膜量较少，反应器内充氧量可稍少（生物转盘转速可稍慢），使溶解氧不致过高；同时采用小负荷进水的方式，减少对生物膜的冲刷作用，提高填料或滤料的挂膜速度。

⑥ 在冬季13℃时挂膜，培养周期比温暖季节延长2～3倍。

⑦ 在生物膜培养挂膜期间，由于刚刚长成的生物膜适应能力较差，往往会出现膜状污泥大量脱落的现象，尤其是采用工业废水进行驯化时，脱膜现象会更严重。

⑧ 要注意控制生物膜的厚度，保持在2mm左右，不使厌氧层过分增长，通过调整水力负荷（改变回流量）等形式使生物膜的脱落均衡进行。同时随时进行镜检，观察生物膜生物相的变化情况，注意特征微生物的种类和数量变化情况。

3.3.3.2　生物滤池的运行与管理

生物滤池的日常运行管理及异常问题与防治方法如下所述。

（1）布水系统

喷嘴需定期检查，清除喷口污物，防止堵塞；冬季停水时，不可使水积存在布水管中以防止管道冻裂；旋转式布水器的轴承需定期加油。

（2）填料

填料大小均一，留存适当空隙率，防止堵塞；及时清除滤池表面杂物，以免堵塞和影响通风，同时避免布水不均匀。

（3）排水系统

应定期检查，以确保不被过量的生物物质堵塞，堵塞处应冲洗。新建滤池有时会有小的滤料石块冲下，这时应将其冲净，但不应排入二次沉淀池，否则会引起管道堵塞或减少池子的有效容积，可将它与砂粒一起处理。

（4）运转方式

根据污水的水质、水量及处理要求的不同，可以采取不同的运转方式和工艺流程。

① 回流。当进入滤池的污水流量不大、有机物浓度较高时，可以采取回流的运转方式，将生物滤池的一部分出水回流到滤池前和进水混合。

回流作用：降低进水的浓度；增加水力负荷，使容易脱膜、避免生物膜过厚；减少滤池蝇滋生的机会；在进水流量小时，可缩短污水在初次沉淀池中的停留时间，以减少气味；回流液中挟带的微生物可使滤池中有用的微生物增加。

回流方式：连续回流；在原水流量小时回流；仅以保证足够水力负荷为目标进行回流；原水流量小时回流至初次沉淀池，防止原水在初次沉淀池中因停留时间过长发生腐败。

回流水量大小的选定应预先经过试验，根据动力消耗及处理深度的需要进行选择，但试验周期需要几个星期才可改变一个参数，以免影响结论的准确性。

② 二级滤池方式运转。在出水水质要求高或污水水量增大时，可采用二级滤池串联起来运行。这样，BOD的去除率可达90%以上，出水净化程度较高，常能达到硝化阶段。为了防止一级滤池膜过厚，也可将串联的两个滤池交替地用作第一级滤池或第二级滤池使用。

（5）滤池蝇

在环境干湿交替条件下发生最频繁，影响环境卫生。幼虫在滤池的生物膜上滋生，成体蝇在周围飞翔，可飞越普通的窗纱，进入人体的眼、耳、口、鼻等。滤池蝇的生长周期随气温上升而缩短，为 15℃的 22 d 到 29℃的 7 d 不等。

滤池蝇的防治方法如下：

① 使滤池连续、不间断受水；

② 除去过剩的生物膜；

③ 隔 1～2 周淹没滤池 24 h；

④ 彻底冲淋滤池暴露部分的内壁，如可延长布水横管，使污水洒布于壁上，若池壁保持潮湿，则滤池蝇不能生存；

⑤ 在厂区内铲除滤池蝇的避难场所；

⑥ 在进水中加氯，使余氯为 0.5～1 mg/L，加药周期为 1～2 周，以避免滤池蝇完成生命周期；

⑦ 在滤池壁表面施杀虫剂，以杀死进入滤池的成蝇，加药周期为 4～6 周；在施药前应考虑杀虫剂对受水水体的影响。

（6）气味

由于滤池是好氧环境，一般不会有严重臭味，若有臭鸡蛋味则表明有厌氧条件存在。生物滤池臭味的防治方法如下：

① 整个系统应维持好氧条件，包括沉淀池和污水管线；

② 减少污泥和生物膜的累积；

③ 在进水中短期加氯，最好在流量小时进行，可节省加药量；

④ 出水回流；

⑤ 整个厂维护良好；

⑥ 疏通出水渠道中所有死角；

⑦ 清洗所有通气口；

⑧ 在排水系统中鼓风，以增加流通性；

⑨ 避免高负荷冲击，如避免高浓度牛奶加工废水、罐头污水的进入，此类污水易引起污泥的累积。

（7）滤池泥穴

① 滤池泥穴产生的原因。a. 石块或其他填料太小或大小不均匀；b. 石块或其他填料因恶劣气候而破碎，引起堵塞；c. 初次沉淀池运行不良，使大量悬浮物进入。

② 滤池泥穴的防治方法。a. 在进水中加氯，剂量折合游离氯 5 mg/L，或隔几周加氯数小时，最好在流量小时进行，以减少用氯量，氯浓度为 1 mg/L 时即会抑制真菌生长；b. 使滤池停止运行 1 d 至数天，使膜干燥；c. 使滤池至少淹没 24 h（当滤池壁坚固、不漏水、出水道也能堵死时）；d. 当上述方法失效时，只能重新铺填料，用新填料往往比用旧填料冲干净后铺更经济。

（8）滤池表面冻结

冬天不仅处理效率降低，有时还会结冰，使滤池完全失效。防止滤池冬季冻结的方法如下：

① 减小出水回流倍数，有时可完全不回流，直至气候转暖；

② 当采用两级滤池时，可使它并联运行，回流减少或不回流，直至天气转暖；

③ 调节喷嘴，使之能均匀布水；

④ 滤池上设挡风装置；

⑤ 经常破冰，并将冰去除。

（9）布水管及喷嘴堵塞

使污水在填料上分配不均，受水面积减少，效率降低，严重时大部分喷嘴堵塞，会使布水器内压力增高而爆裂。布水管及喷嘴堵塞的防治方法如下：

① 清洗所有喷嘴，有时还需清洗布水器管道；

② 提高初次沉淀池对油脂和悬浮物的去除率；

③ 维持足够的水力负荷；

④ 按设备说明书润滑布水器。

（10）防止滋生蜗牛、苔藓和蟑螂

蜗牛等繁殖快，死亡后壳会堵塞布水器或泵。常见于南方地区，其可引起滤池泥穴或其他操作问题。防治方法：在进水中加氯，剂量为余氯 0.5～1 mg/L，维持数小时；用最大回流比的水冲淋滤池。

3.3.3.3 生物转盘的运行与管理

（1）生物转盘的日常运行管理

① 预处理。经常清理初次沉淀池，使其稳定运行，去除悬浮物、沙砾和大有机物颗粒，保证转盘氧化槽的进水水质。

② 流量和负荷的波动。长期的高负荷运转，会使转盘的第一级盘片挂膜过厚、厌氧发黑、BOD 去除率下降，同时增大驱动负荷，不利于驱动设备的使用寿命。应控制合理的负荷。

③ 进水方向。进水方向与转盘的旋转方向关系不大，不会影响处理效果。

④ 覆盖物。尤其在北方，要将建在室外的转盘覆盖，冬季低温时可防止热量散失；防止藻类生长、防止晒太阳、防止受雨水冲淋而影响生物膜的正常生长及处理效果的下降。

⑤ 二次沉淀池。应定期排除二次沉淀池中的污泥，使之不发生腐化。

⑥ 溶解氧。去除 BOD 有机物时，第一级的溶解氧浓度为 0.5～1.0 mg/L，后几级的溶解氧浓度可增高至 1.0～8.0 mg/L。此外，混合液 DO 值随水质和水力负荷的变化而相应变化。

⑦ 出水悬浮物。一般为脱落的生物膜，表现为 BOD 或 COD，要去除脱落的生物膜，否则会影响出水水质，必要时采取微絮凝工艺。

⑧ 生物相及生物膜颜色的观察。第一级生物膜往往以菌胶团为主，随着污水有机物浓度的下降，逐级出现丝状菌、原生动物及后生动物，生物的种类不断增多，但生物量随之减少。正常的生物膜较薄，厚度约 1.5 mm，外观粗糙、黏稠，呈灰褐色；用于硝化的转盘，生物膜相对更薄，外观较光滑，呈金黄色。

⑨ 设备巡检与维护。转轴的轴承、电机是否发热；有无不正常的杂音；传动皮带或链条的松紧程度；减速器、轴承、链条的润滑情况；盘片的变形程度。所有的易损件都要及时更换，避免停机事故发生。

（2）生物转盘的异常对策

生物转盘运行稳定，不易出现故障，但若水质、水量、气候大幅变化，再加上操作管理不慎，会严重影响或破坏生物膜的正常工作，导致处理效果下降。

① 生物膜严重脱落。

a．进水中含有大量毒物（如金属、氯）或抑制生物生长的物质（如其他有机物）。

应对策略：查明有毒物质及其浓度；立即将氧化槽内的水排空，用其他污水注入槽中，旋转转盘，以降低盘片上的毒物浓度。

由于生产工艺的限制，避免毒物进入是不可能的，这时，只能设法缓冲高峰负荷，使毒物在允许范围内均匀进入（如设调节池，稀释进水）。

b．pH 突变。正常范围的 pH 是 6.0～8.5；急剧变化至低于 5 或高于 10.5 时，生物膜大量脱落。

解决措施：予以中和至正常范围。

② 产生白色生物膜。

原因：污水发生腐败；污水中含有高浓度的含硫化合物（如 H_2S、Na_2S、亚硫酸钠等）；负荷过高，氧化槽混合液缺氧；生物膜中硫细菌占优势。

应对策略：对原水进行预曝气，或在氧化槽增设曝气装置，增大氧气的补给；投加氧化剂，以提高污水的氧化还原电位（可投加 H_2O_2、$NaNO_3$ 等）；对污水进行脱硫处理；消除超负荷状况，增加第一级转盘的面积，将第一、第二级转盘串联运行改为并联运行，降低第一级转盘的负荷。

③ 处理效率降低。

主要原因：污水温度下降；流量或有机负荷突变；pH 不在合理范围（去除 BOD 时 pH 为 6.5～8.5，硝化转盘 pH 为 8.4 左右）内。

④ 固体物的积累。及时清理初次沉淀池和氧化槽中的积累固体，避免发生腐败或堵塞污水进入。

3.3.3.4　生物接触氧化池的运行与管理

（1）填料的选择

填料是附着生物膜生长的介质，可影响生物接触氧化池中微生物的数量、空间分布、状态和代谢活性等，还对生物接触氧化池中布水、布气产生影响。除使用寿命长、价格适中等通常的要求外，填料还受制于污水的性质和浓度等条件。填料选择有以下注意事项：

① 在处理高浓度污水时，由于微生物产率高、生长快，微生物膜往往过厚。相反在处理低浓度污水时，生物膜往往较薄，为增加其生物菌量，可选择易于挂膜和比表面积较大的软性纤维填料。

② 硝化细菌是一类严格的好氧微生物。在生物脱氮系统中的硝化区段，其只生长在生物膜的表层，因此最好选择空间分布均匀，但比表面积又大的悬浮填料或弹性立体填料。

③ 目前，集硬性、软性填料优点于一体的组合式填料在污水处理中得到了广泛的应用。为了使倾向于悬浮生长的硝化细菌能够附着在填料上生长，还可将纤维填料表面"打毛"，造成高低不平的粗糙表面。若生物膜在填料上成团生长甚至结球，那么硝化细菌仅限于在生物团块的表面生长，其内层往往生长着大量的兼性好氧甚至厌氧微生物，导致硝化作用低下。

④ 对悬浮填料除按上述标准注意其空间形状结构外，还应注意其相对密度，以附着生

物膜后相对密度略大于水为佳，这样在曝气后可使填料像活性污泥一样在生物接触氧化池内上下翻腾，以利于污水中有机物向生物膜中转移和对曝气气泡的切割，增强传质效果，并有利于过厚的生物膜脱落。

⑤ 填料选择的经济性应综合考虑填料本身的价格、填料使用周期以及配套设施的维护费用。虽然球形填料本身价格明显高于半软性填料，但由于球形填料使用寿命长，可省去安装费用和支架维护费用，从长远来看选择球形填料在经济上可能更合算。

⑥ 在污水生物处理中填料的研究和开发是热点，不时有新型产品推出，应根据污水的性质和处理要求，选择适合的产品。

（2）防止生物膜过厚、结球

在采用生物接触氧化法的污水处理中，在进入正常运行阶段后的初期，效果往往会有所下降，究其原因是在挂膜结束后的初期生物膜较薄，生物代谢旺盛，活性强，随着兼性生物膜不断生长加厚，由于周围悬浮液中的溶解氧被生物膜吸收后须从膜表面向内层渗透转移，途中不断被生物膜上的好氧微生物吸收利用，膜内层微生物活性低下，进而影响处理效果。

在固定悬浮式填料的处理系统中，应在氧化池不同区段悬挂下部不固定的一段填料。操作人员应定期将填料提出水面观察其生物膜厚度，在发现生物膜不断增厚、生物膜呈黑色并散发臭味、运行日报表也显示处理效果不断下降时应采取措施脱膜。

某些工业废水中含有较多黏性污染物（如饮料污水中的糖类、腈纶污水中的低聚物、衬布污水中的聚乙烯醇等）导致填料严重结球，此时的生物膜几乎是"死疙瘩"，大大降低了生物接触氧化法的处理效率，因此在设计中应选择空隙率较高的漂浮填料或弹性立体填料等，对已结球的填料应瞬时使用气或水进行高强度冲洗，必要时应立即更换填料。

一旦出现生物膜过厚、结球的现象，可采取以下措施：

① 可通过瞬时的大流量、大气量的冲刷使过厚的生物膜从填料上脱落下来。

② 还可以停止曝气一段时间，使内层厌氧生物膜在厌氧情况下发酵，产生 CO_2、CH_4 等气体，产生的气体使生物膜与填料之间的黏性降低，此时再以大气量冲刷脱膜效果较佳。

（3）及时排出过多的积泥

生物接触氧化池中的积泥来源于脱落的老化生物膜和预处理未彻底分离的悬浮物。积泥过多时，其中的有机体会发生自身氧化，增加了处理系统的负荷，其中一部分难生物降解组分会使出水 COD 升高，影响处理效果。另外积泥也会引起曝气器的微孔堵塞。

解决方法：

① 定期检查氧化池底部是否积泥，池中的悬浮固体浓度是否过高。

② 及时利用氧化池的排泥系统排泥。

③ 沉积污泥流动性差时可采用一边曝气一边排泥的方法。必要时可用压缩空气吹扫氧化池四角及底部。

（4）生物接触氧化池的运行与管理

① 启动调试。生物接触氧化池在启动调试时须培养生物膜，其方式类似活性污泥的培养，可间歇或连续进水；注意营养平衡（碳、氮、磷）、pH、抑制物浓度等；应对生物膜的生长情况经常进行观察，并及时调整运行条件。

② 日常运行管理。生物接触氧化池日常运行过程中，主要有如下注意事项：

a．对于好氧生物接触氧化，一般应控制溶解氧浓度为 2.5～3.5 mg/L。

b．避免过大的冲击负荷。

c．防止填料堵塞。解决填料堵塞的办法：加强前处理，降低进水中的悬浮固体浓度；增大曝气强度，以增强生物接触氧化池内的紊流；采取出水回流，以增加水流上升流速，冲刷生物膜。

d．做好常规监测，发现问题及时解决。

3.4 厌氧生物处理

3.4.1 厌氧生物处理的机理

厌氧生物处理是在隔绝与空气接触的条件下，借助兼性菌和厌氧菌的生物化学作用，对有机物进行生化降解的过程，称为厌氧生化处理法或厌氧消化法，主要用来处理高浓度的有机工业废水、城镇污水的污泥、动植物残体及粪便等。

3.4.1.1 厌氧生物处理的历史与发展

厌氧生物处理已有 100 多年的历史，它的发展和应用大致经历了 3 个阶段：

① 20 世纪 10 年代以前的初级阶段，主要应用于污水和粪便处理；

② 20 世纪 10—50 年代为第二阶段，普通消化池是唯一的实用装置；

③ 20 世纪 50 年代特别是 70 年代以后的第三阶段，出现了一大批更为先进实用的厌氧生物处理技术。

3.4.1.2 厌氧生物处理的原理

厌氧生物处理是一个复杂的微生物化学过程，主要依靠水解产酸菌、产氢产乙酸菌和甲烷菌的联合作用完成。因此将厌氧消化过程分为以下 3 个阶段（图 3-43）。

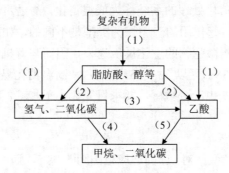

（1）—产酸菌；（2）—产氢产乙酸菌；（3）—同型产乙酸菌；（4）—利用 CO_2 和 H_2 产甲烷菌；
（5）—分解乙酸产生甲烷菌。

图 3-43 有机物厌氧分解产甲烷过程

（1）第 I 阶段——水解酸化阶段

污水中不溶性大分子有机物，如多糖、淀粉、纤维素等水解成小分子，进入细胞体内分解产生挥发性有机酸、醇、醛类等，主要产物为较高级脂肪酸。

（2）第Ⅱ阶段——产氢产乙酸阶段

产氢产乙酸菌将第Ⅰ阶段产生的有机酸进一步转化为氢气和乙酸。

（3）第Ⅲ阶段——产甲烷阶段

甲酸、乙酸等小分子有机物在产甲烷菌的作用下，通过甲烷菌的发酵过程将这些小分子有机物转化为甲烷。所以在水解酸化阶段 COD、BOD 浓度变化不大，仅在产气阶段由于构成 COD 或 BOD 的有机物多以 CO_2 和 CH_4 的形式逸出，才使污水中的 COD、BOD 浓度明显下降。

3.4.1.3 厌氧生物处理法的特点

（1）优点

厌氧生物处理法与好氧生物处理法相比具有下列优点：① 应用范围广，好氧适用低浓度污水，厌氧可直接处理高浓度污水；② 能量需求低，还可以产生能量；③ 污泥产量极低；④ 对水温的适应范围较为宽广；⑤ 能够被降解的有机物多。

（2）缺点

厌氧生物处理法有以下缺点：① 厌氧处理启动时间较长；② 处理出水水质较差；③ 对 pH 较为敏感；④ 厌氧处理过程机理较为复杂，是多种不同性质的微生物协同工作的过程，远比好氧复杂。

3.4.1.4 影响厌氧生物处理的因素

因甲烷发酵阶段控制整个厌氧消化过程，所以，厌氧发酵工艺的各项影响因素也以对产甲烷菌的影响因素为准。

（1）温度

细菌的生长与温度有关，根据产甲烷菌的生长对温度的要求可以将产甲烷菌分为 3 类，即低温产甲烷菌（5～20℃）、中温产甲烷菌（20～42℃）、高温产甲烷菌（42～75℃）。利用低温产甲烷菌进行厌氧消化处理的系统称为低温消化，与之对应的有中温消化和高温消化。在这几类消化系统中，起作用的产甲烷菌类型是不同的，如高温消化系统运行的是高温产甲烷菌。温度主要影响微生物的生化反应速率，因而与有机物的分解速率有关。工程上，中温消化温度为 30～38℃（以 33～35℃为多）；高温消化温度为 50～55℃。

厌氧消化对温度的突变也十分敏感，要求日变化小于±2℃。温度突变幅度太大，会导致系统停止产气。

（2）pH 和酸碱度

水解产酸菌及产氢产乙酸菌对 pH 的适应范围为 5～8.5，而产甲烷菌对 pH 的适应范围为 6.6～7.5，即只允许在中性附近波动。而且水解产酸菌及产氢产乙酸菌对环境的要求较产甲烷菌低，世代时间也较短。因此在厌氧消化系统中，水解发酵阶段与产酸阶段的反应速率比产甲烷阶段快，可能会使 pH 降低，影响产甲烷菌的生长。但是，在消化系统中，由于微生物的代谢产物如挥发性脂肪酸、二氧化碳和重碳酸盐（碳酸氢铵）等建立起的自然平衡关系具有缓冲作用，在一定范围内可以避免发生这种情况。

在实际运行中，如果系统中挥发酸的浓度居高不下，积累一段时间必然导致 pH 下降，此时，酸和碱之间的平衡已被破坏，碱度的缓冲能力已经丧失，所以不能只靠 pH 的检测来指导生产，而应以挥发酸浓度及碱度作为重要的管理指标。一般消化池中挥发酸（以乙酸计）浓度应控制在 200～800 mg/L，如果超过 2 000 mg/L，产气率将迅速下降，甚至停止产气。挥发酸本身并不毒害产甲烷菌，然而 pH 的下降会抑制产甲烷菌的生长。如 pH 低，可投加石灰或碳酸钠，调节 pH，一般投加石灰，但不应加得太多，以免产生 $CaCO_3$ 沉淀。碱度控制在 2 000～3 000 mg/L。

（3）有机负荷

在厌氧生物处理法中，有机负荷通常指容积有机负荷，简称容积负荷，即厌氧反应器单位有效容积每天接受的有机物量 [kg COD/（$m^3 \cdot d$）]。对悬浮生长工艺，也有用污泥负荷表达的，即 kg COD/（kg 污泥·d）。在污泥消化中，有机负荷习惯上用污泥投配率，即每天所投加的生污泥体积占污泥消化器有效容积的百分数表示。污泥投配率也是消化时间的倒数，例如，当投配率为 5% 时，新鲜污泥在消化池中的平均停留时间为 20 d。由于各种湿污泥的含水率、挥发性组分不同，投配率不能反映实际的有机负荷，为此，又引入反应器单位有效容积每天接收的挥发性固体质量这一参数，即 kg MLVSS/（$m^3 \cdot d$）。

有机负荷是影响厌氧消化效率的一个重要因素，直接影响产气量和处理效率。在一定范围内，随着有机负荷的提高，产气率即单位质量有机物的产气量趋于下降，而消化器的容积产气量增多，反之亦然。当有机物负荷过高时，产甲烷菌处于低效不稳定状态；当负荷适中时，pH 为 7～7.2，呈弱碱性，处于高效稳定发酵状态；当有机负荷小时，供给养料不足，产酸量偏少，pH>7.2 是碱性发酵状态，处于低效发酵状态。

（4）营养比

厌氧微生物的生长繁殖需按一定的比例摄取碳、氮、磷以及其他微量元素。工程上主要控制污泥或污水的碳、氮、磷比例，因为其他营养元素不足的情况较少见。不同的微生物在不同的环境条件下所需的碳、氮、磷比例不完全一致。一般认为，厌氧生物法中的碳、氮、磷比控制为（200～300）∶5∶1 为宜。在碳、氮、磷比例中，C/N 对厌氧消化的影响更为重要。

在厌氧处理时提供氮源，除满足微生物生长所需之外，还有利于提高反应器的缓冲能力。若氮源不足，即 C/N 太高，则厌氧菌不仅增殖缓慢，而且会使消化液的缓冲能力降低，pH 容易下降。相反，若氮源过剩，即 C/N 太低，氮不能被充分利用，将导致系统中氨过分积累，pH 上升至 8.0 以上，抑制产甲烷菌的生长繁殖，使消化效率降低。

城市污水厂的初次沉淀池污泥的 C/N 约为 10∶1，活性污泥的 C/N 约为 5∶1，因此，活性污泥单独消化的效果较差。一般都是把活性污泥与初次沉池污泥混合在一起进行消化。粪便单独厌氧消化，含氮量过高，C/N 太低，厌氧发酵效果受到一定影响，如能投加一些含碳多的有机物，不仅可以提高消化效果，还能提高沼气产量。

（5）搅拌

在污泥厌氧消化或高浓度有机污水的厌氧消化过程中，定期进行适当、有效的搅拌是很重要的，搅拌有利于新投入的新鲜污泥（或污水）与熟污泥（或称消化污泥）的充分接触，使反应器内的温度、有机酸、厌氧菌分布均匀，并能防止消化池表面结成污泥壳，以利于沼气的释放。搅拌可提高沼气产量，缩短消化时间。

（6）厌氧活性污泥

厌氧活性污泥主要由厌氧微生物及其代谢的产物和吸附的有机物、无机物组成。厌氧活性污泥的浓度和性能与厌氧消化的效率有密切的关系。性状良好的污泥是厌氧消化效率的基础保证。厌氧活性污泥的性质主要表现为它的作用效能与沉淀性能，前者主要取决于污泥中活微生物的比例及其对底物的适应性。活性污泥的沉淀性能，是指污泥混合液在静止状态下的沉降速度，它与污泥的凝聚性有关。与好氧处理一样，厌氧活性污泥的沉淀性也以 SVI 衡量。在上流式厌氧污泥床反应器中，当活性污泥的 SVI 为 15～20 mL/g 时，污泥具有良好的沉淀性能。

厌氧处理时，污水中的有机物主要靠活性污泥中的微生物分解去除，故在一定的范围内，活性污泥浓度越高，厌氧消化的效率也越高。但到一定程度后，效率的提高不再明显。这主要是因为厌氧污泥的生长率低、增长速度慢，积累时间过长后，污泥中无机成分比例增高，活性降低；污泥浓度过高有时易引起堵塞而影响正常运行。

（7）有毒物质

有许多物质会毒害或抑制厌氧菌的生长、繁殖并破坏消化过程。所谓"有毒"是相对的，事实上任何一种物质对甲烷的消化都有两方面的作用，即有促进甲烷菌生长的作用与抑制甲烷菌生长的作用，至于到底有哪方面的作用取决于它的浓度。

3.4.2　厌氧生物处理分类及设备（构筑物）

厌氧生物处理分为厌氧活性污泥法和厌氧生物膜法，其中厌氧活性污泥法使用的设备（构筑物）包括普通消化池、厌氧接触池、上流式厌氧污泥床反应器等；厌氧生物膜法使用的设备（构筑物）包括厌氧生物滤池、厌氧流化床、厌氧生物转盘等。

3.4.2.1　普通厌氧消化池

（1）普通消化池池形结构

池形：圆柱形和蛋形两种。池径从几米至三四十米，柱体部分的高度约为直径的 1/2，池底呈圆锥形，以利排泥。为使进水与微生物尽快接触，需要一定的搅拌。常用搅拌方式有池内机械搅拌、沼气搅拌、循环消化液搅拌 3 种。

构造：主要包括进水、出水、排泥及溢流系统，沼气排出、收集与贮气设备，搅拌设备及加温设备等。

普通厌氧消化池如图 3-44 所示。

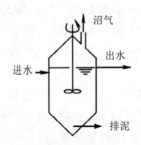

图 3-44　普通厌氧消化池

（2）普通消化池的特点

① 可以直接处理悬浮固体含量较高或颗粒较大的料液；

② 厌氧消化反应与固液分离在同一个池内实现，结构较简单；

③ 缺乏保留或补充厌氧活性污泥的特殊装置，消化器中难以保持大量的微生物细胞；

④ 对无搅拌的消化器，还存在严重的料液分层现象、微生物不能与料液均匀接触的问题；

⑤ 温度不均匀，消化效率低。

（3）厌氧接触工艺

为了克服普通消化池单用不能保留或补充厌氧活性污泥的缺点，在消化池后设沉淀池，将沉淀污泥回流至消化池，形成厌氧接触工艺。其工艺流程如图 3-45 所示。该系统中污泥不易流失，出水水质稳定，又可提高消化池内的污泥浓度，从而提高设备的有机负荷和处理效率。

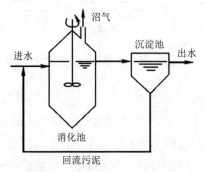

图 3-45　厌氧接触法工艺流程

厌氧接触法有以下 5 个特点：① 通过污泥回流（回流量一般为污水量的 2～3 倍），可以使消化池内保持较高的污泥浓度，一般可达 10～15 g/L，因此该工艺耐冲击能力较强；② 消化池的容积负荷较普通消化池高，中温消化时，一般为 2～10 kg COD/（$m^3 \cdot d$），但在高的污泥负荷下，厌氧接触工艺也会产生类似好氧活性污泥法的污泥膨胀问题，一般认为接触反应器中的 SVI 应为 70～150 mL/g；③ 水力停留时间比普通消化池大大缩短，如常温下，普通消化池为 15～30 d，而厌氧接触法小于 10 d；④ 该工艺不仅可以处理溶解性有机污水，而且可以用于处理悬浮物较多的高浓度有机污水，但悬浮物浓度不宜过高，否则将使污泥的分离发生困难；⑤ 混合液经沉淀后，出水水质好，但需增加沉淀池、污泥回流和脱气等设备，厌氧接触法还存在混合液难以在沉淀池中进行固液分离的缺点。

3.4.2.2　厌氧生物滤池

（1）厌氧生物滤池的构造

厌氧生物滤池（AF）又称厌氧固定膜反应器，是 20 世纪 60 年代末开发的新型高效厌氧处理装置，滤池呈圆柱形，池内装有填料，且整个填料浸没于水中，池顶密封。厌氧微生物附着于填料的表面生长，当污水通过填料层时，在填料表面的厌氧生物膜作用下，污水中的有机物被降解，并产生沼气，沼气从池顶部排出。滤池中的生物膜不断地进行新陈代谢，脱落的生物膜随出水流出池外，为了分离被出水挟带的生物膜，一般在滤池后设沉淀池。

厌氧生物滤池主要由以下几个重要部分组成，即滤料、布水系统和沼气收集系统。厌氧生物滤池采取了出水回流、部分充填载体和软性填料的方式进行了工艺改进，处理效果更优。

根据污水在厌氧生物滤池中流向的不同，可分为升流式厌氧生物滤池、降流式厌氧生物滤池和升流式混合型厌氧生物滤池 3 种形式，如图 3-46 所示。

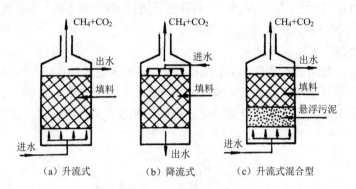

图 3-46　厌氧生物滤池类型

（2）厌氧生物滤池的特点

① 由于填料为微生物附着生长提供了较大的表面积，滤池中的微生物量较高，又因为生物膜停留时间长，平均停留时间 100 d，因而可承受的有机容积负荷高，COD 容积负荷为 2～16 kg COD/（$m^3 \cdot d$）；② 耐水量和水质的冲击负荷能力强；③ 微生物以固着生长为主，不易流失，因此无须污泥回流和搅拌设备；④ 启动或停止运行后再启动比前述厌氧接触工艺时间短；⑤ 适用于处理溶解性有机污水。

3.4.2.3　上流式厌氧污泥床反应器

（1）上流式厌氧污泥床反应器的构造与工作原理

上流式厌氧污泥床反应器简称 UASB 反应器，是在 20 世纪 70 年代研制开发的。反应器内没有载体，是一种悬浮生长型的消化器。UASB 反应器主体部分由反应区、沉降区和气室 3 部分组成，见图 3-47。

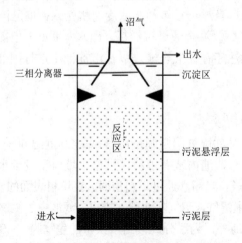

图 3-47　UASB 反应器构造

污水从底部进入，与污泥层中的污泥进行混合接触，微生物分解污水中的有机物产生沼气，气泡上升产生较强烈的搅动，在污泥层上部形成污泥悬浮层。气、水、泥的混合液上升至三相分离器内，实现三相分离。上清液从沉降区上部排出，污泥沿着斜壁返回到反应区内。在一定的水力负荷下，绝大部分污泥颗粒能保留在反应区内，使反应区具有足够的污泥量。

上流式厌氧污泥床的池形有圆形、方形、矩形。小型装置常为圆柱形，底部呈锥形或圆弧形。反应器主要由以下几部分组成：

① 污泥层：污泥浓度一般为 4 000～80 000 mg/L，是反应器中降解污染物的主要部分。

② 污泥悬浮层：污泥浓度为 15 000～30 000 mg/L。

③ 三相分离器：由沉淀区、回流缝和气封组成。

④ 进水配水系统：均匀布水，并具有水力搅拌作用。

（2）UASB 反应器的特点

① UASB 反应器结构紧凑，集生物反应与沉淀于一体，无须设置搅拌与回流设备，不装填料，因此占地面积小，造价低，运行管理方便。

② UASB 反应器最大的特点是能在反应器内形成颗粒污泥，使反应器内的平均污泥浓度达到 30～40 g/L，底部污泥浓度可高达 60～80 g/L，颗粒污泥的粒径一般为 1～2 mm，相对密度为 1.04～1.08，比水略重，具有较好的沉降性能和产甲烷活性。

③ 一旦形成颗粒污泥，UASB 反应器即能承受很高的容积负荷，一般为 10～20 kg COD/（$m^3 \cdot d$），最高可达 30 kg COD/（$m^3 \cdot d$）。但如果不能形成颗粒污泥，而主要以絮状污泥为主，那么，UASB 反应器的容积负荷一般不要超过 5 kg COD/（$m^3 \cdot d$）。如果容积负荷过高，厌氧絮状污泥就会大量流失，而厌氧污泥增殖很慢，这样可能导致 UASB 反应器失效。

④ 处理高浓度有机污水或含硫酸盐较高的有机污水时，因沼气产量较大，一般采用封闭的 UASB 反应器，并考虑利用沼气的措施。处理中、低浓度有机污水时，可以采用敞开形式的 UASB 反应器，其构造更简单，更易于施工、安装和维修。但 UASB 反应器也存在由于穿孔管被堵塞造成的短流现象影响处理能力和启动时间较长的缺点。

UASB 反应器不仅适用于处理高、中浓度的有机污水，也适用于处理城市污水，是目前应用最多和最有发展前景的厌氧生物处理装置。

3.4.2.4　厌氧流化床

（1）厌氧流化床的构造

厌氧流化床（AFB）反应器（图 3-48）内填充着粒径小、比表面积大的载体，厌氧微生物组成的生物膜在载体表面生长，载体处于流化状态，具有良好的传质条件，微生物易与污水充分接触，细菌具有很高的活性，设备处理效率高。常用的填充载体有石英砂、无烟煤、活性炭、聚氯乙烯颗粒、陶粒和沸石等，粒径一般为 0.2～1 mm，大多在 300～500 μm。

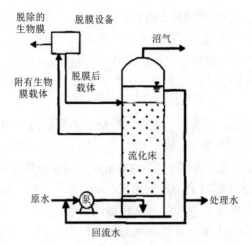

图 3-48　厌氧流化床反应器

（2）厌氧流化床的特点

① 载体颗粒细，比表面积大，可高达 2 000～3 000 m²/m³，床内具有很高的微生物浓度，因此有机物容积负荷大，水力停留时间短，具有较强的耐冲击负荷能力，运行稳定。

② 载体处于流化状态，无床层堵塞现象，对高、中、低浓度污水均表现出较好的效能。

③ 载体流化时，污水与微生物之间接触面大，同时两者相对运动速度快，强化了传质过程从而具有较高的有机物净化速度。

④ 床内生物膜停留时间较长，剩余污泥量少。

⑤ 结构紧凑、占地面积小以及资源利用率高。

⑥ 载体流化耗能较大，且对系统的管理技术要求较高。

3.4.2.5　两段厌氧消化系统

（1）两段厌氧消化系统的构造

两段厌氧消化系统和普通消化池在设备构造上无明显差别，主要是厌氧消化反应分别在两个独立的反应器中进行（图 3-49），每一反应器完成一个阶段的反应，比如，一个为产酸阶段，另一个为产甲烷阶段，故又称两段式厌氧消化法。第一步反应器可采用简易非密闭装置，在常温、较宽 pH 范围条件下运行；第二步反应器则要求严格密封、严格控制温度和 pH 范围。

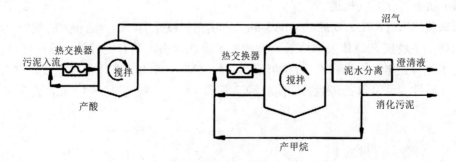

图 3-49　两段厌氧消化系统

（2）两段厌氧消化系统的特点

① 耐冲击负荷能力强，运行稳定，避免了一步法不耐高有机酸浓度的缺陷。

② 两阶段反应不在同一反应器中进行，相互间的影响小，可更好地控制工艺条件。

③ 消化效率高，尤其适于处理含悬浮固体多、难消化降解的高浓度有机污水。

④ 但两步法设备较多，流程和操作复杂。

3.4.2.6 厌氧膨胀颗粒污泥床反应器

（1）厌氧膨胀颗粒污泥床反应器的构造

厌氧膨胀颗粒污泥床（expanded granular sludge bed，EGSB）反应器是 20 世纪 90 年代初荷兰 Wageningen 农业大学的 Lettinga 教授等在上流式厌氧污泥床反应器的研究基础上开发的第三代高效厌氧反应器。EGSB 工艺实质上是固体流态化技术在有机污水生物处理领域的具体应用。目前，这种技术已经广泛应用于石油、化工、冶金和环境等部门。

EGSB 反应器在运行过程中，待处理污水与被回流的出水混合经反应器底部的布水系统均匀进入反应器的反应区。反应区内的泥水混合液及厌氧消化产生的沼气向上流动，部分沉降性能较好的污泥经过膨胀区后自然回落到污泥床上，沼气及其余的泥水混合液继续向上流动，经三相分离器后，沼气进入集气室，部分污泥经沉淀后返回反应区，液相挟带部分沉降性极差的污泥排出反应器（图 3-50）。

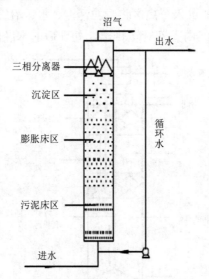

图 3-50 EGSB 反应器示意图

（2）EGSB 反应器的特点

与污水的好氧生物法相比，厌氧法具有负荷高、产泥少、能耗低、回收部分生物能等优点。但是厌氧法具有启动周期长、对环境因素敏感、有臭味等缺点，这在一定程度上限制了其发展。EGSB 反应器作为一种高效厌氧反应器，其主要特点如下：

① 结构方面，高径比大，占地面积大大减少；均匀布水，污泥处于膨胀状态，不易产生沟流和死角；三相分离器工作状态和条件稳定。

② 操作方面，COD 有机容积负荷可高达 40 kg/（m^3·d），污泥截留能力强；高的液体

表面上升流速（4～10 m/h），固液混合状态好；反应器设有出水回流系统，更适合处理含有悬浮性固体和有毒物质的污水；有利于污泥与污水间充分混合、接触，因而在低温、处理低浓度有机污水时有明显优势；颗粒污泥活性高，沉降性能好，颗粒大，强度较好。

③适合处理中、低浓度有机污水；对难降解有机污水、大分子脂肪酸类化合物、低温、低基质浓度、高含盐量、高悬浮性固体的污水有相当好的适应性。

3.4.2.7　内循环厌氧反应器

（1）内循环厌氧反应器的构造

内循环厌氧反应器又称 IC 反应器，相当于两个 UASB 反应器串联使用，主要由混合区、颗粒污泥膨化区、深处理区、内循环系统、出水区 5 部分组成，核心部分由布水器、下三相分离器、上三相分离器、提升管、泥水回流管、气液分离器、罐体及溢流系统组成，构造见图 3-51。工作过程如下：两层三相分离器人为地将整个反应区分为上、下两个区域，下部为高负荷区域，上部为深处理区。污水在进入 IC 反应器底部时，与从下三相分离器回流的水混合，混合水在通过反应器下部的颗粒污泥层时，将污水中大部分的有机物分解，产生大量沼气。通过下三相分离器的污水由于沼气的提升作用被提升到上部的气水分离装置，实现沼气和污水分离，沼气通过管道排出，分离后的污水再回流到罐的底部，与进水混合；经过下三相分离器的污水继续进入上部的深处理区，进一步降解污水中的有机物。最后污水通过上三相分离器进入分离区将颗粒污泥、水、沼气进行分离，污泥则回流到反应器内以保持生物量，沼气由上部管道排出，处理后的水经溢流系统排出。

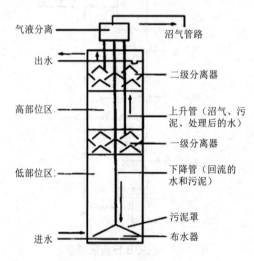

图 3-51　IC 反应器示意图

（2）IC 反应器的优点

①IC 厌氧装置在布水系统上采用旋流布水，上、下三相分离器采用差别式设计，大大提高了分离效果，确保了反应器高效稳定地运行。

②内部自动循环，不必外加动力，普通厌氧反应器的回流是通过外部加压实现的，而IC 反应器以自身产生的沼气作为提升的动力来实现混合液内循环，不必设泵强制循环，节省了动力消耗。

③ 处理能力高，IC 反应器的负荷是 UASB 反应器负荷的 5～7 倍，UASB 反应器的容积负荷通常为 3～5 kg COD/（m³·d），而 IC 反应器的容积负荷可达到 20～30 kg COD/（m³·d）。

④ 沼气利用价值高，反应器产生的生物气纯度高，CH_4 为 70%～80%，CO_2 为 20%～30%，其他有机物为 1%～5%，可作为燃料加以利用。

⑤ 运行费用低，由于 IC 反应器的处理效率、进水负荷比 UASB 反应器的处理效率高，污水的处理成本低，可节省大量运行费用。

⑥ 污泥不易流失，容易形成颗粒污泥，IC 反应器独特的反应器结构和高的水力负荷及产气负荷，比 UASB 反应器更能形成和保持颗粒污泥。

⑦ 投资省，占地面积少，因 IC 反应器的有机负荷比 UASB 反应器高，因此处理同样规模的有机污水，IC 反应器的容积比 UASB 反应器要小，故 IC 反应器的建造成本比 UASB 反应器要低。

（3）IC 厌氧反应器存在的问题

两个 UASB 反应器的串联，导致 IC 反应器具备其他反应器没有的优势，当然也存在一定的问题：

① 从构造上看，IC 反应器内部结构比普通厌氧反应器复杂，设计施工要求高。反应器高径比大，一方面增加了进水泵的动力消耗，提高了运行费用；另一方面加快了水流上升速度，如果三相分离器处理不当将使出水中细微颗粒物比 UASB 反应器中多，加重后续处理的负担。另外内循环中泥水混合液的提升管和回流管易产生堵塞，使内循环瘫痪，处理效果变差。

② IC 厌氧反应器发酵细菌通过胞外酶作用将不溶性有机物水解成可溶性有机物，再将可溶性的大分子有机物转化成脂肪酸和醇类等，该类细菌水解过程相当缓慢。由于 IC 厌氧反应器相对较短的水力停留时间将会影响不溶性有机物的去除效果。

③ 缺乏在 IC 反应器水力条件下培养活性和沉降性能良好的颗粒污泥关键技术。

3.4.2.8　厌氧折流板反应器

（1）厌氧折流板反应器的构造

厌氧折流板反应器又称 ABR 反应器，如图 3-52 所示，在设备中使用一系列垂直安装的折流板使被处理的污水在反应器内沿折流板做上下流动，借助处理过程中反应器内产生的沼气，反应器内的微生物固体在折流板所形成的各个隔室内做上下膨胀和沉淀运动，而整个反应器内的水流则以较慢的速度做水平流动。

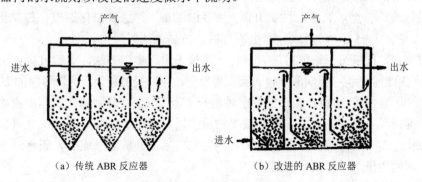

（a）传统 ABR 反应器　　　　　　（b）改进的 ABR 反应器

图 3-52　ABR 反应器示意图

（2）ABR 反应器的特点

① 具有良好的水力条件。通过使用示踪剂对反应器内水力停留时间分布情况进行测定，可分析其死区容积分数和混合状态。研究表明，ABR 反应器的容积利用率要高于其他形式的反应器。随着处理水量的增加，产气量提高，促进了返混作用，但同时由于折流板的阻挡作用，阻止了各间隔室间的混合作用，因而就整个反应器而言，具有推流式的流态，且分隔室越多，越趋于推流态，处理能力较强。

② ABR 反应器对生物固体具有良好而稳定的截留能力。ABR 反应器中 80%的生物固体集中在上向流室内形成高浓度的污泥层，其浓度可高达 50～80 g/L。污泥具有良好的沉降性能，不受进水量的变化而影响产气。但 UASB 反应器则可能在高的水力负荷条件下发生污泥流失问题。ABR 反应器的生物固体截留能力是由上述良好的水力流态造成的。因此，ABR 反应器的运行是稳定可靠的。

③ 有良好的颗粒污泥形成及微生物种群的分布。ABR 反应器中，上向流室中的水流类似于 UASB 反应器。虽然颗粒污泥的形成并不是 ABR 工艺的关键，但它确实可形成颗粒污泥。形成颗粒污泥的产甲烷菌在 ABR 反应器中具有良好的分布，而在不同隔室中以优势种群存在。如在前端隔室中主要以八叠球菌属为主；在中间隔室中以甲烷丝菌属为主；在后端隔室中则存在异氧产甲烷菌和脱硫弧菌等。这种分布使 ABR 反应器具有稳定而高效的处理效果。

④ 有良好而稳定的处理效果。ABR 反应器处理工艺能很有效地处理不同中、高浓度有机污水。

3.4.3 厌氧生物处理运营管理

3.4.3.1 厌氧微生物的培养和驯化

新建的各类厌氧反应设施，需要培养消化污泥，培养方法有以下两种。

（1）逐步培养法

将每天排放的浓缩后的活性污泥投入厌氧池，然后加热，使每小时温度升高 1℃，当温度升到消化温度时，维持温度，然后逐日加入新鲜污水，直至设计液面，停止加水，维持消化温度，使有机物水解、液化，待污泥成熟、产生沼气后，方可投入正常运行。

（2）一步培养法

将浓缩后的活性污泥投入消化池内，投加量占消化池容积的 1/10，以后逐日加入新鲜污水至设计液面。然后加温，控制升温速率为 1℃/h，并达到消化温度，控制池内 pH 为6.5～7.5，稳定 3～5 d，污泥成熟产生沼气后，再加入新鲜污水。

总而言之，厌氧污泥培养方法有多种，建议采用逐步培养法，大致过程如下：好氧系统经浓缩池的剩余污泥（已厌氧）投入到厌氧反应池中，投加量为反应器容量的 20%～30%，然后加热（如需要），逐步升温，使每小时温升 1℃，当温度升到消化所需温度时（根据设计温度）维持温度。营养物量随着微生物量的增加而逐步增加，不能操之过急。当有机物水解液化（需 1～2 个月），污泥成熟并产生沼气后，分析沼气成分，正常时进行点火试验，然后再利用沼气，投入日常运行。

启动初始一般控制有机负荷较低。当 COD_{Cr} 去除率达到 80%时才能逐步增加有机负荷。

3.4.3.2　厌氧生物处理的运营管理

（1）定期取样分析检测——微生物的管理

厌氧消化过程是在密闭厌氧条件下进行的，微生物在这种条件下生存不能像好氧处理中作为指标生物的各种生物那样，依靠镜检来判断污泥的活性。只能采用反映微生物代谢影响的指标间接判断微生物活性，与活性污泥好氧处理系统相比，污泥厌氧消化系统对工艺条件及环境因素的变化反应更敏感。为了掌握消化池的运转情况，应当及时监测、化验上述要求的每日瞬时监测、化验指标，如温度、pH、沼气产量、泥位、压力、含水率、沼气中的组分等。根据需要快速作出调整，避免引起大的损失。

（2）毒物控制

入流中工业废水成分较高的污水处理厂，其污泥消化系统经常会出现中毒问题。当出现重金属的中毒问题时，根本的解决方法是控制上游有毒物质的排放，加强污染源管理。在处理厂内常可采用一些临时性的控制方法，常用的方法是向消化池内投加 Na_2S。绝大部分有毒重金属离子能与 S^{2-} 反应形成不溶性的沉淀物，从而使其失去毒性。而 Na_2S 的投加量可根据重金属离子的种类及污泥中的浓度计算确定。

（3）泄空清泥清渣

一般 5 年左右进行一次，彻底清泥和除浮渣，还要进行全面的防腐、防渗检查与处理。主要对金属管道、部件进行防腐，如损坏严重应更换，有些易损坏件最好换成不锈钢材料。对池壁进行防渗、防腐处理。维修后投入运行前必须进行满水试验和气密性试验。对消化池内的积砂和浮渣状况要进行评估，如果严重说明预处理不好。要对预处理进行改进，防止沉砂和浮渣进入。另外放空消化池以后，应检查池体结构变化，如是否有裂缝，是否为通缝，及时请专业人员处理。借此时机也应将仪表大修或更换。

（4）定期维护搅拌系统

沼气搅拌主管常发生被污泥及其他污物堵塞的现象，可以将其余主管关闭，使用大气量冲吹被堵塞管道。对于机械搅拌桨被棉纱和其他长条杂物缠绕故障可采取反转机械搅拌器甩掉缠绕杂物。另外，要定期检查搅拌轴与楼板相交处的气密性。

（5）酸清洗系统，防止结垢

系统结垢的原因是进泥中的硬度（Mg^{2+}）以及磷酸根离子（PO_4^{3-}）会与消化液中的大量 NH_4^+ 结合，生成磷酸铵镁沉淀。如果在管道内结垢，将增大管道阻力；如果热交换器结垢，将降低热交换器效率。在管路上设置活动清洗口，经常用高压水清洗管道，可有效防止垢的增厚。当结垢严重时，最基本的方法是用酸清洗。

（6）厌氧系统进行全面防腐防渗检查

厌氧池内的腐蚀现象很严重，既有电化学腐蚀也有生物腐蚀。电化学腐蚀主要是消化过程产生的 H_2S 在液相形成氢硫酸导致腐蚀。生物腐蚀经常不被重视，而实际腐蚀程度很严重，用于提高气密性和水密性的一些有机防渗防水涂料，经过一段时间常被微生物分解掉，从而失去防水防渗效果。厌氧池停运放空后，应根据腐蚀程度，对所有金属部件进行重新防腐处理，对池壁应进行防渗处理。

（7）消化池泡沫处理

产生泡沫一般说明厌氧系统运行不稳定，因为泡沫主要是 CO_2 产量太大形成的，温度波动太大，或进泥量发生突变等，均可导致消化系统运行不稳定，CO_2产量增加，进而导致泡沫产生。如果将运行不稳定因素排除，泡沫一般也会随之消失。在培养消化污泥过程中的某个阶段，由于 CO_2产量大、甲烷产量小，因此也会存在大量泡沫。随着产甲烷菌的培养成熟，CO_2产量降低，泡沫会逐渐消失。厌氧池的泡沫有时是由于污水处理系统产生的诺卡氏菌引起的，此时曝气池也必然存在大量生物泡沫，对于这种泡沫的控制措施之一是暂不向消化池投放剩余活性污泥，而根本性的措施是控制污水处理系统内的生物泡沫。

（8）安全运行

整个厌氧系统要防火、防毒。所有电气设备应采用防爆型，接线要做好接地、防雷。坚决杜绝可能造成危害的事故苗头。严禁在防火、防爆警区域内吸烟，防止出现火花等明火，如进入该区域内的汽车应戴防火帽，进入的人应留下火种。带钉鞋和穿易产生静电的工作服都是不允许进入的。另外，报警仪等都应正常维护、保养，按时到权威部门鉴定、标定，确保能正常工作。还要备好消防器材、防毒呼吸器、干电池手电筒等以备急用。

3.5　污水脱氮除磷

3.5.1　概述

氮、磷均是动植物生长所必需的元素，是蛋白质的构成元素，对人类有非常重要的意义。氮、磷元素的过量或者不足，对动植物的生长均会造成负面影响。氮在水体中对鱼类有危害作用的主要形式是氨氮和亚硝酸盐，氮、磷含量过高，会造成水体的富营养化，引发赤潮或水华。藻类的迅速生长，会消耗水里的溶解氧，导致鱼类等其他水生生物窒息而死。赤潮消失期，赤潮生物大量死亡和分解，消耗水中的溶解氧，且分解物产生大量的有害气体，产生恶臭，影响养殖业和人类生活，通过生物链影响人类健康。

城镇生活污水中氮元素的主要来源为生活污水、地表径流、氮氧化合物、固体物、渗滤液等。氮一般以有机氮、氨氮、亚硝酸盐氮和硝酸盐氮 4 种形态存在。磷元素的主要来源为人类活动的排泄物、废弃物和生活洗涤污水，特别是含磷洗涤剂。城镇生活污水中含磷化合物可分为有机磷与无机磷两类。有机磷大多是有机磷农药，如乐果、甲基对硫磷、乙基对硫磷、马拉硫磷等，它们大多呈胶体和颗粒状，不溶于水，易溶于有机溶剂，可溶性有机磷只占 30% 左右。无机磷几乎都以各种磷酸盐形式存在，包括正磷酸盐、偏磷酸盐、磷酸氢盐、磷酸二氢盐，以及聚合磷酸盐（如焦磷酸盐、三磷酸盐）等。

3.5.2　脱氮

污水脱氮技术可以分为物理化学脱氮和生物脱氮两种技术。

3.5.2.1　物理化学脱氮

城镇污水中氮的物理化学去除常用方法有吹脱法、折点加氯法和选择性离子交换法。物理化学脱氮方法不包括有机氮转化为氨氮和氨氮氧化为硝酸盐的过程，通常只能去除污水中的氨氮。

（1）吹脱法

污水中的氨氮以氨离子（NH_4^+）和游离氨（NH_3）两种形式保持平衡状态而存在：

$$NH_3+H_2O \longrightarrow NH_4^+ +OH^-$$

将 pH 保持在 11.5 左右（投加一定量的碱），让污水流过吹脱塔，促使 NH_4^+-N 向 NH_3-N 转化，析出的 NH_3 进入空气，其去除率可达 85%。碱性吹脱法操作简便易控，除氨效果稳定；但 pH 过高易形成水垢，在吹脱塔的填料上沉积，堵塞塔板；当水温降低时，水中氨的溶解度增加，氨的吹脱率降低，且游离氨逸散会造成二次污染等。吹脱法脱氨处理流程如图 3-53 所示。

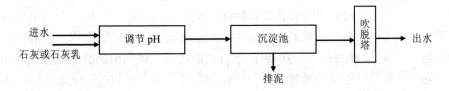

图 3-53 吹脱法脱氨处理流程

（2）折点加氯法

折点加氯法脱氨是将氯气或次氯酸钠投入污水中，将污水中的 NH_4-N 氧化成 N_2 的化学脱氮工艺。氯投加于水中后与水中的氨氮发生如下反应：

$$NH_4^+ +HClO \longrightarrow NH_2Cl+H_2O+H^+$$

$$NH_2Cl+HClO \longrightarrow NHCl_2+H_2O$$

$$NHCl_2+HClO \longrightarrow NCl_3+H_2O$$

1 mg NH_4^+-N 被氧化为 N_2，至少需要 7.5 mg 的氯。折点加氯法因加氯量大、费用高，以及产酸增加总溶解固体等，目前在城镇污水处理厂运行较少。折点加氯法脱氯工艺流程如图 3-54 所示。

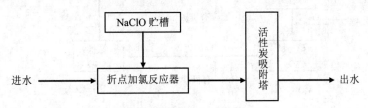

图 3-54 折点加氯法脱氯工艺流程

（3）选择性离子交换法

采用斜发沸石作为除氨的离子交换体，将中等酸性污水通过弱酸性阳离子交换柱，NH_4^+ 被截留在树脂上，同时生成游离态的 H_2S，从而达到去除氨氮的目的。选择性离子交换法的一般处理流程为：先用物化法或生物法去除污水中大量的悬浮物和有机碳，然后使污水流经交换柱，当交换柱饱和或出水中氨浓度过高时，停止操作并用无机酸对交换柱进行再生。选择性离子交换法存在的问题是：再生液需要再次脱氨；在沸石交换床内，氨解吸塔及辅助配管内存在碳酸钙沉积；污水中的有机物易造成沸石堵塞而影响交换容量，须用各种化学及物理复苏剂除去黏附在沸石上的有机物，故实际应用也不多。

3.5.2.2 生物脱氮

（1）生物脱氮原理

生物脱氮是在微生物的作用下，将有机氮和氨态氮转化为 N_2 和 N_xO 气体的过程，其中包括氨化、同化、硝化和反硝化 4 个反应过程，具体去除机理见图 3-55。氨化作用是有机氮在微生物的分解作用下释放出氨的过程。同化作用是在污水生物处理中，一部分氮（氨氮或有机氮）被同化成微生物细胞的组分的过程，按细胞干重计算，微生物细胞中氮的含量约为 12.5%。硝化作用是硝化菌将氨氮转化为硝酸盐的过程。反硝化作用是反硝化菌将硝酸盐转化为氮气的过程，生物脱氮过程中，反硝化菌起了关键的作用，反硝化细菌在自然界很普遍，多数是兼性的，在溶解氧浓度极低的环境中可利用硝酸盐中的氧（NO_x^--O）作为电子受体，有机物则作为碳源及电子供体提供能量并将硝酸盐转化成氮气。该反应需要具备两个条件：① 污水中含有充足的电子供体，包括与氧结合的氢源和异养菌所需的碳源；② 厌氧或缺氧条件。反硝化反应一般以有机物为碳源和电子供体，当环境中缺乏此类有机物时，无机盐如 Na_2S 等也可作为反硝化反应的电子供体，微生物还可以消耗自身的原生质，进行所谓的内源反硝化。

生物脱氮原理如图 3-55 所示。

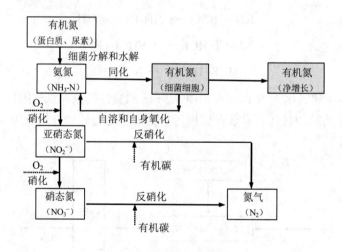

图 3-55　生物脱氮原理

（2）生物脱氮工艺

① 三段生物脱氮工艺。三段生物脱氮工艺为传统生物脱氮工艺（图 3-56），是指污水连续经过 3 套生物处理装置，依次完成碳氧化、硝化、反硝化 3 个过程。第一段为氨化过程，去除 BOD 和 COD，进行曝气，有机氮转化为氨氮；第二段为亚硝化和硝化过程，氨氮转化为 NO_3^-，需要加碱；第三段为反硝化，NO_3^- 转化为 N_2，必须外加碳源（加甲醇或引污水），否则效率低，需搅拌。

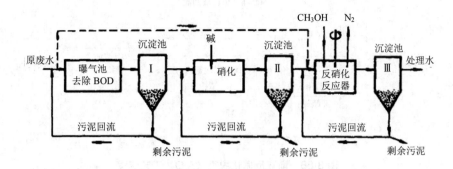

图 3-56 三段生物脱氮工艺

三段生物脱氮工艺的特点：各段在各自的反应器下完成，可控制各个反应器最适宜的条件；脱氮率较高；反应器多、构筑物多，需外加碳源和碱，造价高，管理也不便。

② 二级生物脱氮系统。这种系统是在第一级中同时完成碳氧化和硝化等过程，经沉淀后在第二级中进行反硝化脱氮，然后混合液进入最终沉淀池，进行泥水分离。

③ 单级生物脱氮系统。此种系统的特点是没有中间沉淀池（图 3-57），仅有一个最终沉淀池。有机污染物的去除和氨化过程、硝化反应在同一反应器中进行，从该反应器流出的混合液不经沉淀，直接进入缺氧池，进行反硝化。所以该工艺流程简单，处理构筑物和设备较少，克服了多级生物脱氮系统的缺点。但是存在反硝化的有机碳源不足、难以控制出水水质等缺点。

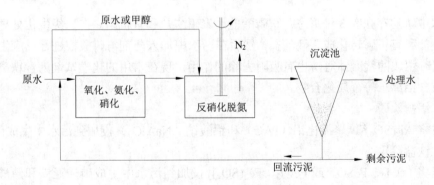

图 3-57 单级生物脱氮系统

④ 前置反硝化脱氮（A/O）工艺。常规系统都是遵循污水碳氧化、硝化、反硝化顺序进行的。这 3 种系统都需要在硝化阶段投加碱，在反硝化阶段投加有机物。为了解决这个问题，在 20 世纪 80 年代后期产生了前置反硝化工艺，即将反硝化反应器放置在系统前段，原污水、回流污泥同时进入系统最前端的反硝化缺氧池，与此同时，后续反应器内已进行充分反应的硝化液的一部分回流至缺氧池，在缺氧池内将硝态氮还原为气态氮，完成生物脱氮。之后，混合液进入好氧池，完成有机物氧化、氨化、硝化反应，如图 3-58 所示。

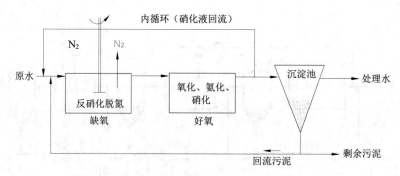

图 3-58　前置反硝化脱氮（A/O）工艺流程

　　由于原污水直接进入缺氧池，为缺氧池的硝态氮反硝化提供了足够的碳源有机物，不需外加。缺氧池在好氧池之前，由于反硝化消耗了一部分碳源有机物，有利于减轻好氧池的有机负荷，减少好氧池的需氧量。反硝化反应所产生的碱度可以补偿硝化反应消耗的部分碱度，因此，一般情况下可不必另行投碱以调节 pH。该流程简单，省去了中间沉淀池，构筑物少，节省了基建费用，同时运行费用低，电耗低，占地面积小。A/O 系统的好氧池和缺氧池可以合建在同一构筑物内，用隔墙将两池分开，也可以建成两个独立的构筑物。

3.5.3　除磷

3.5.3.1　化学除磷

　　污水中磷的存在有 3 种形态：正磷酸盐、聚磷酸盐和有机磷。在二级生化处理中，能将聚磷酸盐和有机磷转化成正磷酸盐，然后在污水中加入药剂与磷酸根进行反应生成沉淀去除，同时生成的絮凝体对磷也有吸附去除的作用。现在常用的化学试剂为含铁离子、含钙离子或含铝离子等金属化合物。

　　（1）铝盐除磷

　　一般将 $Al_2(SO_4)_3$、聚氯化铝（PAC）和铝酸钠（$NaAlO_2$）投加到污水中生成磷酸铝。

　　（2）铁盐除磷

　　一般将 $FeCl_2$、$FeSO_4$ 或 $FeCl_3$、$Fe_2(SO_4)_3$ 投加到污水中生成磷酸亚铁和磷酸铁。

　　（3）石灰混凝除磷

　　向含磷的污水中投加石灰，由于形成碱性环境，污水的 pH 上升，磷与 Ca^{2+} 反应生成羟磷灰石。

3.5.3.2　生物除磷

　　（1）生物除磷机理

　　生物法除磷的核心是聚磷菌的超量吸磷现象：在厌氧条件下，聚磷菌将其体内的有机磷转化为无机磷并加以释放，并利用此过程产生的能量摄取污水中的溶解性有机基质以合成聚-β-羟基丁酸盐（PHB）颗粒；在好氧条件下，聚磷菌将 PHB 降解以提供摄磷所需能量，从而完成聚磷过程。

可见，生物除磷是系统中污泥在厌氧—好氧交替运行的条件下通过磷的释放和对磷的摄取，最终通过剩余污泥的排放而完成的。

（2）生物除磷工艺

① A/O 生物除磷工艺。该工艺说明同生物脱氮 A/O 工艺，工艺流程如图 3-58 所示，与前置反硝化脱氮可以同步使用，一个工艺实现同步的脱氮除磷，磷通过剩余污泥排放。

② 弗斯特利普（Phostrip）除磷工艺。该工艺于 1972 年开发，是将生物除磷和化学除磷相结合的一种工艺，其流程如图 3-59 所示，将含磷污水和由除磷池回流的脱磷但含有聚磷菌的污泥同步进入曝气池。在好氧条件下，聚磷菌过量摄取磷，有机物得到降解，同时还可能出现硝化反应。从曝气池流出的混合液进入沉淀池 Ⅰ，在这里进行泥水分离，含磷污泥沉淀至池底，已除磷的上清液作为处理水而排放，及时排放剩余污泥。

回流污泥的一部分（为进水流量的 10%～20%）流入一个除磷池，除磷池处于厌氧状态，含磷污泥（聚磷菌）在这里释放磷。投加冲洗水，使磷充分释放，已释放磷的污泥沉于池底，然后回流至曝气池。含磷上清液从上部流出进入混合池。

含磷上清液进入混合池，同步向混合池投加石灰乳，经混合后再进行搅拌反应，磷与石灰反应，使溶解性磷转化为不溶性的磷酸钙 [$Ca_3(PO_4)_2$] 固体物质。沉淀池 Ⅱ 为混凝沉淀池，经过混凝反应形成的磷酸钙固体物质在这里与上清液分离，已除磷的上清液回流曝气池，而含有大量 $Ca_3(PO_4)_2$ 的污泥排出。

Phostrip 除磷工艺是生物除磷与化学除磷相结合的工艺，除磷效果良好，处理水中含磷量一般都低于 1 mg/L，只适于单纯除磷、不脱氮的污水处理工艺。Phostrip 除磷工艺流程复杂，运行管理难度大，费用高。

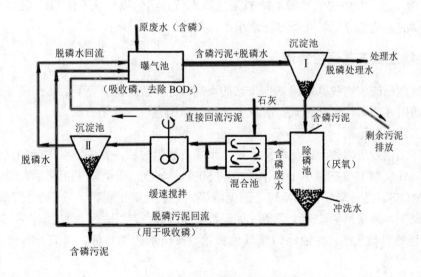

图 3-59　弗斯特利普除磷工艺流程

③ A²/O 工艺。A²/O 工艺其实为同步生物脱氮除磷工艺（图 3-60），它是 A/O 工艺的改进，在传统活性污泥法的基础上增加一个厌氧段，将好氧池流出的一部分混合液回流至缺氧池前端，以达到硝化脱氮的目的，使 A²/O 工艺同时具有去除 BOD_5、SS、氮、磷的功能。

在首段厌氧池进行磷的释放使污水中磷的浓度升高，溶解性有机物被细胞吸收而使污水中 BOD_5 浓度下降，另外 NH_3-N 因细胞合成而被去除一部分，使污水中 NH_3-N 浓度下降。

在缺氧池中，反硝化菌利用污水中的有机物作碳源，将回流混合液中带入的大量 NO_3^--N 和 NO_2^--N 还原为 N_2 释放至空气中，因此 BOD_5 浓度继续下降，NO_3^--N 浓度大幅下降，但磷的变化很小。

在好氧池中，有机物被微生物生化降解，其浓度继续下降；有机氮被氨化继而被硝化，使氨氮浓度显著下降，NO_3^--N 浓度显著增加，而磷随着聚磷菌的过量摄取也以较快的速率下降。

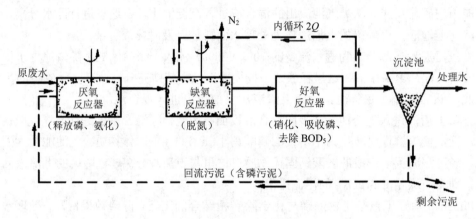

图 3-60　A^2/O 工艺流程

④ 其他工艺。常用的生物脱氮除磷工艺除本节介绍的以外，还有 SBR 法和氧化沟法等，在本章的其他部分已经介绍过，这里不再赘述。

3.5.4　生物脱氮工艺运营管理

污水处理厂的生物脱氮除磷依据工艺的不同，各参数之间有差异，本节主要介绍在各个工艺中通用性的运行管理方式。脱氮工艺控制原则有以下几个方面。

（1）工艺控制原则

先保障硝化效果再调反硝化效果。对污水项目脱氮过程，首先，应保障硝化正常（一般情况下，好氧池末端氨氮小于出水限值的 50%）；其次，硝化效果正常后，通过调节可控参数（MLSS、溶解氧、内回流比、污泥龄等）促进反硝化脱氮。按 DO、好氧 HRT 的顺序进行调控，每次只调控一个参数（如参数 F），其余参数不变，每次调控不少于 1 周，摸索出最佳的参数值 F，并依此调整其他参数，按出水达标目标，形成一套恰当的参数组合。

（2）出水总氮报警点的设定原则

历史进水总氮负荷变化幅度大时，以进水时高限值能出水达标为去除率的设定上限；进水总氮负荷变化不大时，一般以出水总氮限值的 80%～85% 作为出水总氮报警点，应设置应急措施快速降低出水总氮值。

（3）DO 控制原则

满足氨氮达标的前提下，尽可能降低好氧池 DO，缩短曝气时间，减少曝气区域。减少好氧条件下的内源碳源消耗，提高系统内碳源的有效利用，促进反硝化。

3.5.4.1 硝化过程控制

（1）污泥浓度与污泥龄

一般情况下，建议按可使硝化完成的 MLSS 浓度为依据控制污泥浓度。由于硝化细菌在生化系统中世代时间最长，系统污泥龄以满足硝化细菌为先。当生化系统容积一定时，控制污泥龄的手段是控制系统 MLSS，系统 MLSS 的确定方法：当 MLSS 控制在某一数值时出水氨氮可以稳定地控制在 1 mg/L 以下，认为该污泥浓度合适。冬季和夏季根据水温不同可以适当调整，目标是在具有一定耐冲击能力下，实现最低的 MLSS 能够保证氨氮稳定达标的污泥浓度，同时二次沉淀池不跑泥。一般范围如下：夏季 MLSS 为 2 500～4 500 mg/L，SRT 为 10～20 d；冬季 MLSS 为 3 000～5 000 mg/L，SRT 为 15～25 d。

MLVSS 应该作为污水处理运行的控制参数之一，MLVSS/MLSS 一般为 0.40～0.70。

上述方法确定污泥浓度后，可根据进水 COD 情况进行复核，一般认为，处理系统的 COD 负荷低于 0.3 kg COD/（kg MLVSS·d）时，硝化反应可以正常进行。

（2）好氧池 DO

硝化反应速率和 DO 的关系为：DO 为 0～2 mg/L 时，硝化反应速率随着 DO 的增长而明显增大；当 DO 大于 2 mg/L 时，随着 DO 的增长硝化反应速率增长非常缓慢（图 3-61），因此好氧池 DO 一般控制在 2 mg/L 以下即可。

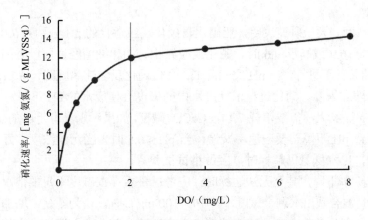

图 3-61 硝化速率与 DO 的关系示意图

曝气量的三级控制方法：一般污水处理厂生物处理系统分为多个系列，在曝气量控制中要按照曝气总量（DO）、干管曝气量、支管曝气量（梯度）3 个层面进行控制。在进行气量控制时，首先应做好水量、污泥回流量的控制，使曝气池各个系列之间配水量、污泥回流量尽量均衡，污泥浓度近似相等。

① 曝气总量控制方法。调整对象为鼓风机，应根据所有系列生物池 DO 情况调整鼓风机输出总风量，如 DO 整体偏高可降低鼓风机总风量，如 DO 整体偏低可提高鼓风机总风量。同时可根据进水水量、水质的变化对总风量进行预判性调节，如进水水量突然增大可提高总风量，如进水水质突然升高也可提高总风量，反之如水量、水质突然降低也可提前降低总风量，不必等 DO 变化再调节。曝气总量也可以根据出水氨氮进行大反馈调节，如出

水氨氮升高一般需加大总风量，如出水氨氮低于 0.5 mg/L 可适当降低总风量。具体增大、降低量可现场摸索，积累经验，确定数值。

② 干管曝气量控制方法。调整对象为各系列干管阀门，控制方法为比较各个系列之间 DO 是否均衡，对某个系列 DO 平均值低的加大其干管阀门开度，对某个系列 DO 平均值高的降低其干管阀门开度。调整必须坚持至少 1 个阀门开度要达到 100%，不可所有阀门均不满开，否则会对鼓风机正常运行造成不利影响。总体调整目标为各个系列之间 DO 相对均衡，数值相近。

③ 支管曝气量控制方法。调整对象为各系列曝气立管（支管）阀门，对于推流式好氧池，控制方法是调整各支管阀门开度，根据活性污泥对氧的需求调整气量，按照渐减曝气的原则进行调整。总体目标是好氧池前段、中段 DO 能够达到 2 mg/L 左右，末段 DO 可降至 1 mg/L 以下。前、中段高是为了保证 COD、氨氮的去除效果，末端降低是为了消除多余氧气，防止内回流挟带氧气影响反硝化效果。

对于设计池容较大或者进水负荷较低的厂，可采用好氧池全程低 DO 模式运行，具体 DO 控制到多少以最终氨氮可降至 0.5 mg/L 以下为准，如氨氮稳定应尽可能降低运行 DO 值。也可采用间歇曝气的方式运行，但需注意间歇曝气对风机、曝气头带来的负面影响和防止停曝期间水质的波动。也可在好氧池末端设置消氧区或可变曝气区。

对于完全混合池型，应按照氨氮反馈控制确定 DO 目标值，在满足氨氮稳定达标的基础上 DO 值应控制尽量低。

（3）其他

① pH 和碱度。大量研究表明，亚硝化与硝化反应适宜的 pH 分别为 7.0~8.5 和 6.0~7.5，当 pH 低于 6.0 或高于 9.6 时，硝化反应停止。硝化细菌经过一段时间驯化后，可在低 pH（5.5）的条件下进行，但 pH 突然降低，会使硝化反应速率骤降，待 pH 升高恢复后，硝化反应也会随之恢复。硝化过程消耗废水中的碱度会使废水的 pH 下降。

每硝化 1 g 氨氮大约需要消耗 7.14 g $CaCO_3$ 碱度，如果污水没有足够的碱度进行缓冲，硝化反应将导致 pH 下降、反应速率减慢，当 pH<6.5 时，当污泥浓度、好氧池 DO 等均处于正常范围，出水氨氮仍超标时，应做小试试验。

当氨氮去除率下降，甚至无法达标时，应考虑是否存在碱度不足的情况，有以下 3 种判断方法：测量混合液出水剩余碱度，其小于 100 mg/L 时，认为不足；增加碱度小试对比试验进行判断；理论计算判断。碱度核算应考虑以下几部分：入流污水中的碱度、生物硝化消耗的碱度、分解 BOD_5 产生的碱度，以及混合液中应保持的剩余碱度（一般大约为 100 mg/L）。要使生物硝化顺利进行，必须满足式（3-8）：

$$ALKw + ALKc > ALKN + ALKE \tag{3-8}$$

如果碱度不足，要使硝化顺利进行，则必须投加纯碱，补充碱度。投加的碱量可按式（3-9）计算：

$$\Delta ALK = (ALKN + ALKE) - (ALKw + ALKc) \tag{3-9}$$

式中，ΔALK ——系统应补充的碱度；

ALKN ——生物硝化消耗及反硝化回收的碱量，一般按硝化 1 kg NH_4^+-N 消耗 7.14 kg 碱，反硝化每 1 kg NO_3^--N（以实际发生量计）回收 3.57 kg 碱计算；

ALKE ——混合液中应保持的剩余碱量，一般按曝气池排出的混合液中剩余 100 mg/L 碱度（以 $CaCO_3$ 计）计算；

ALKw ——原污水中的总碱量，与自来水的水源（地下水、地表水）及城市所处地区有关，由原污水测定获得；

ALKc ——BOD_5 分解过程中产生的碱量，与系统的 SRT、生物池池深等因素有关（一般可按降解每克 BOD_5 产碱 0.1 g 计算）。

② 温度。硝化反应适宜的温度范围为 5～35℃，反应速率随温度升高而加快。在同时去除 COD 和硝化反应体系中，温度小于 15℃时，硝化反应速率会迅速降低，对硝化菌的抑制会更加强烈。实际运行过程中，当水温低于 15℃时，及时、适当采取提高 MLSS 等措施，可降低低温对硝化反应的不利影响。

③ 抑制物质。硝化菌容易受到进水中抑制硝化过程物质的影响，如过高的氨氮、重金属（汞、镍、银、三价铬等）、某些有机物质（苯胺、氨基硫脲等）及某些无机物质（氰化物、硫化物等）的浓度达到一定程度时对硝化反应有抑制作用。

3.5.4.2　反硝化过程

（1）碳源

反硝化过程需要碳源，碳源的来源有 3 个主要途径，即原水碳源、外加碳源、内源碳源（活性污泥中微生物体内的聚合物作为碳源）。碳源的利用应首先利用原水中的碳源和内源碳源，在工艺控制中设法提高碳源用于反硝化反应的比例，尽可能减少碳源与氧气反应的机会。对外加碳源的筛选，可参照各企业技术指南选择高性价比药剂，如《北控水务集团有限公司污水处理系统药剂筛选技术指引》。

（2）缺氧池 DO

DO 是氧气输入量和消耗量动态平衡后剩余的氧气体现出来的数值，是动态量。能够测出 DO，证明氧气的消耗量大于输入量，因此严格来讲只要 DO>0，即是好氧状态。

因在好氧状态下碳源和氧气的反应非常容易进行，和硝态氮反应的概率就大大降低，因此 DO 的存在对反硝化具有很大的影响，会造成巨大的碳源浪费。

为了保证反硝化过程的进行，必须保持严格的缺氧状态，使 DO 趋近于 0，保持氧化还原电位为 –110～–50 mV。

（3）回流比

内回流的作用是向反硝化反应器内提供硝态氮，将其作为反硝化作用的电子受体，从而达到脱氮的目的，内回流比不但影响脱氮的效果，而且影响整个系统的动力消耗。内回流比的取值与要求达到的效果以及反应器类型有关。有数据表明，内回流比在 50% 以下，脱氮率很低；内回流比在 200% 以下，脱氮率随循环比升高而显著上升；内回流比高于 200% 以后，脱氮效率提高较缓慢（图 3-62）。一般情况下，对低氨氮浓度的废水，回流比在 100%～200% 最为经济。在满足脱氮要求的情况下，内回流比应尽量降低。

考虑脱氮时，宜适当调大外回流比，考虑除磷时，宜适当降低外回流比。具体外回流比根据进水氮、磷浓度和出水标准等因素综合确定。

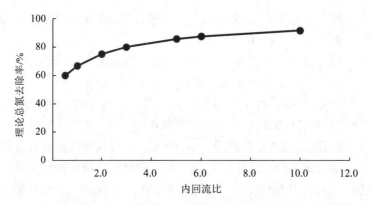

图 3-62　理论总氮去除率随内回流比的变化（外回流比按 100%考虑）

（4）混合

缺氧池内活性污泥必须处于悬浮状态，并使碳源、泥、水充分混合，防止出现大面积污泥上浮及混合不充分、短流等情况，强化反硝化效果，可起到减少碳源的效果。一般搅拌功率为 3～8 W/m³ 池容。

对于内、外回流液采用管道回流的，回流液入流方向应与厌氧或缺氧池混合液流动方向一致，以减少搅拌功率，提高搅拌效果。

（5）其他

① pH 和碱度。反硝化细菌最适宜的 pH 为 7.0～8.5，在这个 pH 下反硝化速率较高，当 pH 低于 6.0 或高于 8.5 时，反硝化速率将明显降低。反硝化过程会产生一定量的碱度使 pH 上升（每反硝化 1 g 硝酸盐将产生 3.57 g 碱度，以 $CaCO_3$ 计）。

② 抑制物质。当反硝化异常时，需考虑抑制物质的抑制作用。镍浓度大于 0.5 mg/L、亚硝酸盐含量超过 30 mg/L 或盐浓度高于 0.63%时都会抑制反硝化作用。

3.5.5　除磷工艺运行管理

3.5.5.1　生物除磷控制关键因子及运行要点

（1）ORP

一般厌氧池 ORP 控制到 –200 mV 以下可获得较好的释磷效果，聚磷菌只有见到小分子有机物才会释放磷，因此，当释磷效果好的时候说明聚磷菌已经储存了大量的有机物，到缺氧区或好氧区遇到氧化剂时必然会发生氧化还原反应从而产生大量能量来过量吸收磷。所以，生物除磷的关键是释磷，物质基础是小分子有机物，控制要点是低 ORP，硝态氮或溶解氧都会提高 ORP，对释磷效果产生严重影响。

（2）DO

由于生物除磷效果对厌氧池 ORP 极为敏感，当进水碳源和二次沉淀池硝态氮含量一定时，厌氧池 ORP 的高低很大程度上取决于外回流挟带 DO 的量，从某种意义上讲，日常运行中优化生物除磷最易于调节的参数就是 DO。因此，应该尽可能降低好氧段末端的 DO 值，生物池好氧区最好设置消氧区或采用渐减曝气原则进行控制，详细操作方法见《污水处理除磷系统运营技术指引》。

（3）碳磷比

聚磷菌厌氧释磷时，伴随着吸收易降解有机物储存于菌体内，若进水 BOD_5/TP 值过低，则聚磷菌不能很好地吸收和储存易降解有机物，从而影响其好氧吸磷的效果，使除磷效果下降。一般认为进水总 BOD_5/TP 大于 17，或者溶解性 BOD_5/溶解性 P 大于 12 时，出水溶解性磷浓度可低于 1 mg/L。

减少预处理单元碳源损失（如减少跌水复氧等），尽可能地提高厌氧池进水 COD，尽可能地降低 ORP 值，减少外回流 DO 和 ORP 实质上也是降低厌氧池碳源的浪费。此外，当原水中自有碳源不足，需要外加药剂除磷时，从成本的角度应优先考虑化学除磷，外加碳源除磷的投加量较大且效果不如化学除磷明显。

（4）外回流比

厌氧区硝态氮包括硝酸盐和亚硝酸盐，硝态氮的存在也会消耗有机基质而抑制聚磷菌对磷的释放，从而影响好氧条件下聚磷菌对磷的吸收。另外，硝态氮的存在会被部分聚磷菌作为电子受体进行反硝化，从而影响其以发酵产物作为电子受体进行发酵产酸、抑制聚磷菌的释磷和摄磷能力及 PHB 的合成能力。硝酸盐在厌氧阶段存在时，反硝化细菌与聚磷菌竞争有机物，反硝化细菌优先利用底物中的甲酸、乙酸、丙酸等低分子有机酸，聚磷菌处于劣势，抑制了磷的释放。一般认为 $NO_3\text{-}N < 3$ mg/L 不会对聚磷菌释磷造成影响。

在维持生化段 MLSS 稳定和足够的情况下，宜尽量降低外回流比。由于污泥沉降性影响外回流比（表 3-3），应控制生化系统 MLSS 和曝气量处于合适范围，使污泥有较好的沉降性。

表 3-3　外回流比参考值

SV（对应沉淀池实际停留时间，需考虑外回流水量）/%	SV-外回流比系数	推荐外回流比/%
10	4.0	40
20	2.7	53
30	2.2	67
40	2.0	80
50	1.9	93
60	1.8	107
70	1.7	120

（5）富磷污泥的排放

产生的富磷污泥通过剩余污泥的形式排放，从而将磷去除。虽然从物质守恒来看，磷最终通过排泥从生物系统中去除，但同时应注意，生物除磷效果的好坏受排泥量影响并不大。原因是生物除磷本身是将磷从水中转移到泥里，更多的磷存在于生物池和二次沉淀池的污泥中，要充分考虑污泥存储磷的能力，剩余污泥排出的污泥量和整个生化系统相比是少数。因此，当生物除磷效果不佳时，应优先考虑回流比、厌氧池 ORP、生物池 DO 控制、碳源等因素，加大排泥是其中一种措施，对除磷效果影响不大，排泥量应根据脱氮需求确定。

（6）厌氧池 HRT

一般厌氧池 HRT 为 1.5～2 h 即可完成释磷，超过 2 h 必要性不大。

3.5.5.2 化学除磷关键因子及控制要点

（1）常用除磷剂介绍

① 铝盐化学除磷药剂。铝盐除磷的常用药剂是硫酸铝、聚合硫酸铝、氯化铝、聚合氯化铝和铝酸钠等。不同的是投加硫酸铝会降低废水的 pH，而投加铝酸钠会提高废水的 pH。因此硫酸铝和铝酸钠分别适用于处理碱性和酸性废水。铝盐的投加比较灵活，可以在初次沉淀池前投加，也可以在曝气池中投加，或者在曝气池和二次沉淀池之间投加，还可以将化学除磷与生物处理系统分开，以二次沉淀池出水为原水投加铝盐进行混凝过滤，或在滤池前投加铝盐进行微絮凝过滤。在初次沉淀池前投加，可以提高初次沉淀池对有机物和 SS 的去除率；在曝气池和二次沉淀池之间投加，渠道或者管道的湍流有助于改善药剂的混合效果；在生物处理系统之后投加，生物处理对磷的水解作用可以使除磷效果更好。受废水碱度和有机物的影响，除磷的化学反应是一个复杂的过程，因此铝盐的最佳投加量不能计算确定，必须经过试验确定。

② 铁盐化学除磷药剂。铁盐除磷药剂主要有硫酸亚铁、聚合硫酸铁、氯化亚铁、氯化铁及聚合氯化铁等，常用的是三氯化铁。与铝盐相似，大量三氯化铁要满足与碱度反应生成 $Fe(OH)_3$，以此促进胶体磷酸铁的沉淀分离。磷酸铁沉淀的最佳 pH 范围是 4.5～5.0，实际应用中 pH 在 7 左右甚至超过 7，仍有较好的除磷效果。城市废水投加 45～90 mg/L 三氯化铁，可去除磷 85%～90%。和铝盐一样，铁盐投加点可以在预处理、二级处理或深度处理阶段。但是化学除磷会产生以下问题：

a. 化学除磷最大的问题是会使污水处理污泥量显著增加。因为在除磷时产生的金属磷酸盐和金属氢氧化物以悬浮固体的形式存在于水中，最终变成污泥。在初次沉淀池前投加金属盐，初次沉淀池污泥增加 60%～100%，整个污水处理厂污泥量会增加 60%～70%；在二级处理过程中投加金属盐，剩余污泥量增加 35%～45%。

b. 化学除磷会使污泥浓度降低 20%左右，因此污泥体积加大，从而增加了污泥处理与处置的难度。

c. 使用化学除磷时，出水可溶性固体含量增加。若固液分离不好，铁盐除磷会使出水呈微红色。

d. 铁盐与磷酸盐反应形成的沉淀物相对于铝盐更加稳定，具有沉降速度快的优点，因此实际应用比较多，但是具有出水浊度与色度高、对出水 pH 影响大、对设备腐蚀大等缺点，同时铁也是刺激藻类生长和引发湖泊水华的一个重要因素。

③ 复合除磷药剂。复合除磷药剂种类多样，其中主要有聚氯化铝铁（PAFC）、聚合硫酸铝铁（PAFS）、聚合双酸铝铁（PAFCS）以及上述几种除磷药剂和 PAM、二氧化锰等形成的混合物等。这些除磷药剂基本上都有良好的电荷中和与吸附架桥功能，凝聚性能良好，絮凝体生成迅速，密集度高且质量大，沉降性能优越，沉降的污泥脱水性能好，无二次污染，适用水体 pH 范围广，具有较强的去除效果，而且药剂生产工艺简单，原料易得，生产成本低。其中 PAFC 在环境污水厂中应用得比较多，原因在于 PAFC 结合了铝盐和铁盐的双重优点，如化学反应速率快、形成絮体大且重、沉降快和过滤性好等。因此，PAFC

既能克服铝盐絮体生成慢、絮体轻、沉降慢的不足，又能克服铁盐除磷的出水浑浊、色度高的缺点。

④ 石灰除磷。石灰除磷是投加石灰与磷酸盐反应生成羟基磷灰石沉淀。由于石灰进入水中后，首先与水的碱度反应生成碳酸钙沉淀，然后过量的钙离子才能与磷酸盐反应生成羟基磷灰石沉淀，因此所需的石灰量主要取决于待处理废水的碱度，而不是废水的磷酸盐含量。另外，废水的镁硬度也是影响石灰除磷的因素。因为在高 pH 条件下，生成的 $Mg(OH)_2$ 沉淀是胶体沉淀，不但消耗石灰，而且不利于污泥脱水。pH 对石灰除磷的影响很大，随着 pH 升高，羟基磷灰石的溶解度急剧下降，即磷的去除率增加，pH 大于 9.5 后，水中所有的磷酸盐都转为不溶性的沉淀。一般控制 pH 在 9.5～10 除磷效果最好。不同废水的石灰量投加应该通过试验确定。石灰除磷的具体方法有 3 种：一是在污水厂初次沉淀池之前投加；二是在污水生物处理之后的二次沉淀池投加；三是在生物处理系统之后投加石灰并配备再碳酸化系统。

（2）除磷剂选择的基本原则

① 应定期开展药剂混凝小试比选试验，进行技术经济综合比选，合理确定除磷药剂类型。

② 受纳管网有工业废水进入，二次沉淀池总磷浓度高于一级 A 标 1～2 倍；水质碱度较低（pH<7），需要考虑基准加药量下水质 pH 是否会影响脱氮功能以及排放标准，此时选择除磷剂多考虑用铝盐（聚铝）或者铝含量较高的铝铁复合盐。

③ 与② 相反，进水水质碱度稍高（7.5<pH<8.5），可优先考虑铁系盐作为除磷药剂，因为铁系盐的酸度通常高于铝系盐，在不影响出水的情况下，其会自动调节水质 pH 到更合理的反应条件。

④ 采用紫外消毒方式的污水处理厂，不宜使用铁盐作为除磷剂，以免影响消毒效果。

⑤ 采用 MBR 工艺的污水处理厂，也不宜使用铁盐作为除磷剂，以减缓膜污染。

⑥ 如果生物段采用的是生物滤池，不宜使用铁盐药剂，以防止对填料产生危害（产生黄锈）。

（3）除磷剂投加方式

根据化学除磷试剂投加点与生物除磷反应的先后顺序，可将化学除磷工艺分为前置化学除磷工艺、同步化学除磷工艺、后置化学除磷工艺和多点投加化学除磷工艺。

① 前置化学除磷。前置化学除磷工艺，是指投药点设在生物反应前，如将除磷药剂投放在沉砂池（也可投加在初次沉淀池进水渠、文丘里渠）中，产生的沉淀物在沉砂池或初次沉淀池中即被分离去除。其一般需要设置产生涡流的装置或者供给能量以满足混合的需要。

污水处理厂前置除磷过程中，因副反应生成的金属氢氧化物絮体可吸附和絮凝污水中含碳、含氮有机物，对二者的去除起到一定的促进作用。前置化学除磷工艺适合于有机物浓度较高的废水除磷处理。而对于有机物浓度不高，且工艺要求反硝化脱氮（需要碳源）的工艺不宜采用（因为前置加药会引起碳源不足）。对有机物浓度不高的污水，除磷药剂对微生物生长的影响不可忽略。前置除磷应控制剩余磷酸盐的含量，要能够满足后续生物处理对磷的需要，一般生化系统进水 COD：TP 不低于 100：1。

② 同步化学除磷。同步化学除磷（过程加药除磷）的投加点在生物反应阶段，一般加在生物池出口至二次沉淀池进口之间，形成的沉淀物与剩余污泥一起排出。同步化学除磷

达到排放标准时，因化学药剂使生化系统内磷酸盐含量整体降低，会对生物除磷造成影响，导致无法吸磷，长期投加会导致聚磷菌被淘汰，释磷效果也不明显。同时同步化学除磷产生的化学污泥会增大生化系统无机成分的含量，降低 VSS 比例，在一定程度上会占据生物池的有效容积，影响生化反应的效率。因此，在有条件的情况下，应尽量避免长期采用同步化学除磷方式运行。

③ 后置化学除磷。后置化学除磷工艺的投加点是在生物处理之后，形成的沉淀物通过另设的固液分离装置进行分离，这一方法的出水水质好，一般较同步化学除磷投加量要低，除磷效率高，是较为常用的除磷加药方式。

后置化学除磷一般分为药剂投加、混合、絮凝反应、沉淀、过滤几个步骤。

a. 药剂投加。药剂投加量要根据除磷需求量进行计算后投加，宜采用智能加药，随着水量、水质的变化调整加药量，药剂投入点应可见药剂流动状态并设置调节阀门，可设置承接漏斗，如图 3-63 所示。漏斗可较图 3-63 放置得更低一些，以方便使用量筒采用容积式计量为宜（容积式计量方法：用量筒接药 10 s，读取药剂容积，可计算出实际加药流量）。该方法简单、准确、易行，应经常测量药剂实际流量，并与流量计进行对比。

图 3-63　药剂投加点示意图

b. 混合。混合阶段发生的反应为金属离子和磷酸根的沉淀反应，离子间的碰撞概率直接影响反应的效率，因此混合阶段需要较快的搅拌速度梯度，以促进反应。一般所需停留时间为 60 s，G 值为 $600\sim1\,000\,S^{-1}$，单位池容的搅拌功率为 $30\sim82\,W$。

c. 絮凝反应。絮凝反应阶段发生的反应为微小的磷酸盐沉淀物胶体以及原水中原有胶体和剩余的混凝剂继续发生絮凝反应。这一阶段需加入阴离子 PAM 和污泥浓缩区回流污泥，辅助大颗粒絮体形成。这一阶段所需的搅拌速度梯度较低。一般所需停留时间为 900 s，G 值为 $30\sim60\,S^{-1}$，单位池容的搅拌功率为 $0.07\sim0.3\,W$。

有高效沉淀池等混凝沉淀法深度处理的水厂，应选择后置投加方式。混凝反应需投加 PAM，以提高混凝效果，降低除磷剂投加量。PAM 投加量为 $0.1\sim0.3$ mg/L 或 10%有效成分 PAC 的 1%，需避免过量投加。

高密池运行良好可降低除磷剂投加量。高效沉淀池应进行污泥回流，混凝池 SS 宜在 500~1 000 mg/L。

d．沉淀。沉淀阶段需控制泥位，泥位不宜过低也不宜过高，过低会导致回流污泥浓度较低，影响共沉淀效果，过高则可能导致污泥溢出。具体泥位控制值可在运行中摸索，以获得较低的出水 SS 为宜。正常情况下斜管或斜板应清晰可见。泥位宜控制在 0.5~1.0 m。

e．过滤。具有过滤工艺的可通过过滤对 SS 进行深度去除，在沉淀阶段效果不佳时起到保险作用，使得出水更加稳定。一般沙滤工艺滤床深度约为滤料直径的 1 000 倍，可获得较好的过滤效果。

3.5.5.3 除磷药剂控制措施

通过增加流量计、变频器，更改控制程序，实现药剂投加量及时自动调整，实现精细化加药。精细化加药有以下 3 种方式：

① 通过流量、出水 TP 值实时反馈、控制药剂投加量；

② 根据加药前 TP 值反馈、控制药剂投加量；

③ 根据加药前 TP 值、流量、出水 TP 值控制投加量。

在没有安装精细化加药系统的水厂，可安排运行人员根据水量、出水 TP 的变化，及时调整加药泵流量，以降低药耗。

3.5.5.4 除磷设施运行管理注意事项

① 厌氧段是生物除磷最关键的环节，其容积一般按水力停留时间 1.5~2 h 确定。

② 如果磷的排放标准很高，而所选的除磷工艺不能满足出水要求，可以增加化学除磷或者过滤处理去除水中残留的低含量磷。

3.5.5.5 除磷剂投加量计算示例

某污水处理厂采用传统活性污泥法，某日污水处理量为 10 000 m³/d，假定 24 h 水量相同，二次沉淀池出水实测总磷为 1.5 mg/L，预控制出水 TP 为 0.4 mg/L，采用有效成分为 40%、密度为 1.42 kg/L 的 $FeCl_3$ 溶液或有效成分为 10%（Al_2O_3）、密度为 1.2 kg/L 的 PAC 溶液。

（1）$FeCl_3$ 溶液投加量计算方法

沉淀化学除磷按照 1 mol 磷需要 2 mol 的铝盐或者铁盐来考虑。

TP 去除量= 1.5 mg/L – 0.4 mg/L=1.1 mg/L（以一级 A 标准为例）

$$FeCl_3溶液投加量 = \frac{1.1\times2\times\dfrac{56}{31}\times\dfrac{56+35.5\times3}{56}}{40\%} = 28.8（mg/L）$$

每天 $FeCl_3$ 投加量 = 10 000 × 28.8 =10 000 × 28.8

$$= 288（kg）= 0.288（t）$$

$$FeCl_3溶液流量 = \frac{288}{24\times1.42} = 8.45（L/h）$$

计算过程：2 个 $FeCl_3$ 分子去除 1 个 P，相对分子质量分别为 2×（56+35.5×3）和 31，其质量比为 2×（56+35.5×3）/31=10.48。也就是说去除 1 mg/L 的 P 需要投加 10.48 mg/L 的 $FeCl_3$。因此去除 1.1 mg/L 的磷，需投加含量为 40%的 $FeCl_3$ 溶液 10.48×1.1/0.4=28.8（mg/L）。（铝盐计算过程相同，不再赘述）

相对原子质量：Fe 为 56，P 为 31，Cl 为 35.5。

（2）PAC 溶液投加量计算方法

$$PAC溶液投加量 = \frac{1.1 \times 2 \times \dfrac{27}{31} \times \dfrac{27 \times 2 + 16 \times 3}{27 \times 2}}{10\%} = 36.2（mg/L）$$

$$每天 PAC 投加量 = 10\,000 \times 36.2 = 362（kg）= 0.362（t）$$

$$PAC溶液流量 = \frac{362}{24 \times 1.2} = 12.6（L/h）$$

3.6   污水二级处理运行案例

3.6.1   A²O 工艺运行案例

（1）案例水厂：长沙某污水处理厂一期。

（2）运营规模：$3.0 \times 10^4 \, m^3/d$，变化系数 K_z=1.05。

（3）生化池设计参数。

厌氧池

平面尺寸：28.3 m×9 m，共 2 池。

污泥浓度：MLSS=3 000 mg/L。

有效水深：h=3.3 m。

水力停留时间：t=1.34 h。

缺氧池

平面尺寸：28.3 m×9 m，共 2 池。

污泥浓度：MLSS=3 000 mg/L。

污泥负荷：F_s=0.108 kg BOD₅/（kg MLSS·d）。

有效水深：h=3.3 m。

水力停留时间：t=1.34 h。

好氧池

平面尺寸：12 m×12 m，共 8 格。

污泥浓度：MLSS=3 000 mg/L。

污泥负荷：F_s=0.108 kg BOD₅/（kg MLSS·d）。

有效水深：h=4 m。

水力停留时间：t=3.69 h。

A²O 工艺运行案例见表 3-4。

表 3-4　A^2O 工艺运行案例

案例水厂	长沙某污水处理厂一期	运行工艺	A^2O 工艺

工艺构筑物视图

  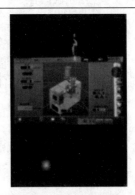

全景图	细节图（鼓风机房）	细节图（控制界面）

工艺控制方式	通过控制厌氧区、缺氧区、好氧区的 DO、ORP、MLSS、MLVSS、污泥回流比等，保持各功能区最佳的污染物去除功能，一般根据好氧池 DO 值合理控制鼓风机风量；根据池内污泥浓度指标合理控制排泥和污泥回流等
日常巡视要点	（1）检查配水系统和回流污泥分配系统，确保进入各系列或各曝气池的污水量和污泥量均匀； （2）按规定对曝气池在线仪器仪表进行巡视，尤其是 MLSS、DO、ORP、回流流量计等项目要每日记录结果，并及时采取控制措施，防止出现异常情况； （3）仔细观察曝气池内泡沫的状况，发现并判断泡沫异常增多的原因，及时上报并采取相应措施； （4）仔细观察曝气池内混合液的翻腾情况，检查空气曝气器是否堵塞或脱落并及时更换，确定鼓风曝气是否均匀，及时汇报并调整； （5）观察鼓风机的运行参数，以及是否按照工艺调整单执行，设备有无报警； （6）观察鼓风机过滤棉使用情况，灰尘较多或是设备报警应及时更换
异常处置	（1）发现配水不均，先检查配水井配水情况，发现回流污泥分配不均，检查回流泵运行情况，及时上报； （2）巡视发现生化池在线仪表异常，首先清洗探头，清洗后数据还是异常，则上报设备维护人员，由其判断是工艺异常还是仪表故障，仪表故障由设备维护人员检修； （3）巡视发现鼓风机报警项"风压过高"，检查最近池上是否做好排气工作，检查鼓风机前后过滤芯、过滤棉（如灰尘过多则进行更换并做好记录），排除以上问题，当风机多次报警后，系统会自动锁定，只有解锁后才能开机，依据系统操作进行解锁
安全注意事项	（1）池体巡视及检修时需穿戴安全防护用品，并遵守安全操作规程； （2）进入鼓风机房必须佩戴耳塞

3.6.2　氧化沟工艺运行案例

（1）案例水厂：长沙某污水处理厂二期，改良型氧化沟工艺。

（2）运营规模：$1.5 \times 10^4 \, \mathrm{m^3/d}$，变化系数 $K_z = 1.05$。

（3）生化池设计参数。

厌氧池

　　平面尺寸：66 m×12 m，共 2 池。

单池有效容积：V=3 162.1 m^3。

有效水深：h=4.35 m。

水力停留时间：t=1 h。

氧化沟

平面尺寸：66 m×68 m，共 2 池。

单池有效容积：V=19 006 m^3。

污泥负荷：F_s=0.108 kg BOD$_5$/（kg MLSS·d）。

有效水深：h=4.3 m。

水力停留时间：t=5.6 h。

污泥龄：7.7 d。

氧化沟运行案例见表 3-5。

表 3-5　氧化沟运行案例

案例水厂	长沙某污水处理厂二期	运行工艺	氧化沟工艺
工艺构筑物视图			

| 全景图 | 细节图 | 细节图 |

工艺控制方式	氧化沟属于完全混合式生化池，可自定义制造厌氧、缺氧、好氧功能区，通过调节各功能区 DO、ORP、MLSS、MLVSS、污泥回流比等指标来实现最佳的污染物去除效果，一般根据好氧池 DO 值来合理控制风机开启台数或时长；根据池内污泥浓度指标合理控制排泥等
日常巡视要点	（1）检查配水系统和回流污泥分配系统，确保进入曝气池的污水量和污泥量均匀； （2）按规定对曝气池在线仪器仪表进行巡视，尤其是 MLSS、DO、ORP、回流流量计等项目要每日记录结果，并及时采取控制措施，防止出现异常情况； （3）检查表面曝气机的运行情况，以及是否按照工艺执行开启，出现反转、异常抖动、大量漏油、异响等异常情况及时上报； （4）仔细观察曝气池内泡沫的状况，并判断泡沫异常增多的原因，及时上报并采取相应措施； （5）仔细观察表面曝气的淹没深度是否适中，及时汇报并调整； （6）巡视曝气机的运行台数和位置是否按照工艺调整单执行
异常处置	（1）发现配水不均，先检查配水井配水情况，发现回流污泥分配不均，检查回流泵运行情况，及时上报； （2）巡视发现生化池在线仪表异常，首先清洗探头，清洗后数据还是异常，则联系设备维护人员判断是工艺异常还是仪表故障，仪表故障由设备维护人员检修； （3）巡视曝气机出现反转、异常抖动、大量漏油、异响等异常情况应及时上报，同步关闭设备待修
安全注意事项	（1）巡检人员严禁不断开电源而随意触摸设备移动、旋转部分； （2）池体巡视及检修时需穿戴安全防护用品，并遵守安全操作规程

3.6.3　CASS 工艺运行案例

（1）案例水厂：某县城污水处理厂。

（2）运营规模：$2.0 \times 10^4 \, m^3/d$。

（3）生化池设计参数。

每组规模：$Q = 0.5 \times 10^4 \, m^3/d$，共 4 组。

单组平面尺寸：44.4 m×20 m×5.8 m（含超高 0.5 m，含选择区）。

水力停留时间：16.8 h。

回流比：20%。

单组选择区尺寸：4.8 m×20 m×5.8 m。

单组有效容积：$508.8 \, m^3$。

搅拌器功率：2.2 kW，设 2 台。

主反应区：

搅拌器功率：11 kW，设 2 台。

MLSS：3 500 mg/L。

设计污泥龄：18.4 d。

气水比：8.6∶1。

产泥率：$1.34 \, kg \, SS/kg \, BOD_5$。

剩余干泥：1.8 t/d。

污泥负荷：$0.09 \, kg \, BOD_5/（kg \, MLSS·d）$。

消毒接触池：

尺寸：40 m×4.75 m×2.6 m（含超高 0.6 m），接触时间：54 min。

CASS 工艺运行案例见表 3-6。

表 3-6　CASS 工艺运行案例

案例水厂	某县城污水处理厂	运行工艺	CASS 工艺
工艺构筑物视图			

全景图	细节图

工艺控制方式	两组 CASS 生化池交替运行，交替进水（15 min）、曝气（40 min）、沉淀（1.5 h）、滗水。水下搅拌器分周期运行，混合液内回流泵按周期运行。 （1）合理调节各池进水，使各池配水均匀； （2）通过调整生化池溶解氧、污泥负荷、污泥龄等方式进行工艺控制，曝气时的溶解氧应控制在 1.5～3 mg/L，视活性污泥系统的有机负荷、污泥龄、硝化及反硝化程度、污泥回流比和生物除磷要求等因素合理调整； （3）剩余污泥排放量应根据进水水质、混合液污泥浓度、污泥龄、生物脱氮及除磷要求、污泥异常情况等因素合理确定
日常巡视要点	（1）观察各反应池曝气区泥水翻动是否均匀，水面气泡有无异常，曝气大小是否合适； （2）观察曝气池上仪表读数是否正常（ORP 仪正常范围：厌氧段的混合液控制在小于−250 mV，DO 仪正常范围为 1.5～3 mg/L）； （3）观察污泥的颜色是否正常（正常时为黄褐色），污泥浓度是否正常； （4）检查各个阀门的开启位置是否正常，留意安全防护栏、各种设备设施有无损坏； （5）检查生化池控制柜运行指示是否正常，有无故障信号
异常处置	（1）针对水温、水质或生化池运行方式的变化而引起的污泥膨胀、污泥腐化、污泥解体、生物泡沫、生物浮渣、污泥上浮等不正常现象，应分析原因，并针对具体情况调整系统运行工况，采取适当措施恢复生化系统的正常运转； （2）操作人员应注意观察底部微孔曝气系统堵塞情况，并分析堵塞原因，采取对应措施； （3）当 CASS 池出水总磷浓度达不到排放要求时，应辅以化学除磷，除磷药剂的种类、剂量、投加点宜根据水中磷的性质采取试验确定； （4）当进水碳氮比失衡时，可考虑在 CASS 池内投加碳源，保持良好的反硝化效果
安全注意事项	（1）防滑跌、防溺水，未经允许不得跨护栏作业； （2）遇雨、雪天气，应及时清除池走道上的积水或冰雪，必要时应铺设防滑垫

3.6.4 MBR 工艺运行案例

（1）案例水厂：成都某污水处理厂，MBR 工艺。

（2）运营规模：$4.0×10^4\ m^3/d$，变化系数 $K_z=1.2$。

（3）设计参数。

① 生化池设计参数。

总容积：5 780×2+3 480（m^3）。

    厌氧区容积：1 200×2（m^3）。

    缺氧区容积：2 700×2（m^3）。

    好氧 1 区容积：1 880×2（m^3）。

    好氧 2 区容积：3 480 m^3。

    有效水深：4.1～4.0 m。

总停留时间：9.02 h。

    厌氧区停留时间：1.44 h。

    缺氧区停留时间：3.24 h。

    好氧 1 区停留时间：2.25 h。

    好氧 2 区停留时间：2.09 h。

污泥浓度：

    厌氧区污泥浓度：3 000～4 000 mg/L。

    缺氧区污泥浓度：5 000～6 000 mg/L。

好氧 1 区污泥浓度：5 000～6 000 mg/L。

好氧 2 区污泥浓度：7 000～8 000 mg/L。

好氧区污泥负荷：0.042 kg BOD_5/（kg MLSS·d）。

回流比：

膜池至好氧 2 区回流比：300%～400%。

好氧 2 区至缺氧区回流比：200%～300%。

缺氧区至厌氧区回流比：100%～200%。

曝气量（最大值）：200 m^3/min。

气水比（最大值）：7.2∶1。

② MBR 膜池设计参数。

膜池系列：8 列。

单列膜池尺寸：13 m×3.05 m×4.26 m。

膜池总容积：500 m^3。

膜池运行污泥浓度：10 000 mg/L。

二期 MBR 膜箱：28 个。

二期膜元件：1 152 片。

单片膜面积：370 m^2。

膜系统平均通量：25.25 LMH。

膜系统平均瞬时通量：27.55 LMH。

③ 进入膜池的进水指标参数。

水温：12～35℃。

设计最低水温：12℃。

pH：6.0～9.0。

可溶性 COD_{Cr}：≤40 mg/L。

可溶性 BOD_5：≤10 mg/L。

可溶性 NH_3-N：≤3 mg/L。

总磷：≤0.5 mg/L。

MLSS：≤8 000 mg/L。

总油、脂（TFOG）：≤5 mg/L（无游离油或浮油）。

胶体 TOC（c-TOC）：≤10 mg/L。

膜池混合液中大于 1 mm 的杂质含量：≤1 mg/L。

污泥的过滤时间（TTF）：≤150 s。

溶解氧：>1.5 mg/L。

碱度（以 $CaCO_3$ 计）：50～200 mg/L。

硬度：<300 mg/L。

Cl^-：≤150 mg/L。

SO_4^{2-}：≥2 600 mg/L。

TDS：≤4 500 mg/L。

空气擦洗时各膜元件瞬时空气流量：15.46 m^3/h。

④ MBR 膜出水性能指标参数。

产水平均流量：$4 \times 10^4 \, \text{m}^3/\text{d}$（≥12℃）。

总悬浮性固体物（TSS）：≤5 mg/L。

浊度：≤1 NTU。

MBR 工艺运行案例见表 3-7。

表 3-7　MBR 工艺运行案例

案例水厂	成都某污水处理厂	运行工艺	MBR 工艺

工艺构筑物视图

全景图　　　　　　　　　　　　　　　　细节图（膜箱）

工艺控制方式	该污水处理厂运营规模为 4 万 t/d，分一、二期建设，系统内共设 8 组膜池，其中一期每组膜池内设 5 个膜箱，二期每组膜池内设 6 个膜箱，每个膜池可以独立运行，工艺运行控制要点： （1）污水进入膜池前，确认要进行曝气操作的膜池主管阀门处于关位，支管上所有与膜组件相连的阀门处于开位，其他未安装膜组件的阀门处于关位，开启一台风机对膜池曝气，防止膜池中的曝气管堵塞，然后膜池方可进水； （2）进水前确认已安装膜组件的膜池的前后闸门全部打开，另外两个廊道闸门关闭，关闭配水渠、污泥渠的连通闸门； （3）调整鼓风机风量，将池内的溶氧量控制在 2 mg/L 以上； （4）确认所有膜廊道曝气量均匀，所有膜箱曝气良好，且没有污泥累积在膜丝上； （5）反冲洗控制，目前 MBR 系统需每周进行 2 次次氯酸钠及 1 次柠檬酸清洗，需定期对加药泵进行标定 MC：次氯酸钠（10.3%）1.86 L/mol　　　RC：次氯酸钠（10.3%）17.08 L/mol 　　　柠檬酸（50%）3.61 L/mol　　　　　　柠檬酸（50%）6.63 L/mol
日常巡视要点	（1）观察跨膜压差变化，跨膜压差的范围在 −55～55 kPa，超过此范围，说明膜系统已污堵，需要及时进行恢复性清洗及离线清洗等处理措施； （2）观察膜浊度值变化，膜出水浊度≤1 NTU，超过此范围，说明膜系统存在膜丝断裂或产水管管道连接器松动等情况，需及时检查，进行气密性测试等处理措施
异常处置	观察膜系统流量、压力、TMP、浊度数据变化，及时报警处理
安全注意事项	（1）巡视时需防滑跌、防坠入等； （2）遇雨、雪天气，应及时清除池走道上的积水或冰雪，必要时铺设防滑垫

第4章　城镇污水深度处理工艺

（扫码获取本章电子资源）

城镇污水深度处理工艺主要应用物理、化学或物理化学方法，如混凝、过滤、吸附、消毒等。深度处理的对象为生活污水一级、二级处理未能有效去除或去除效率不高的物质，如重金属离子、氮磷元素等。深度处理的目的主要是适应日益提高的水质标准（污水排放标准、回用水标准等），将处理水回用，实现污水资源化。

4.1　混凝法

混凝法是工业废水经常采用的一种处理方法，近年来，随着城镇生活污水处理要求的提高，混凝法也越来越多地应用于生活污水深度处理工艺。通过混凝法可以去除污水中细分散的固体颗粒、乳状油及胶体物质等，降低污水的浊度和色度。通过这种方法，可以去除多种高分子物质、有机物、某些重金属毒物（汞、镉、铅）和放射性物质等，也可以去除能够导致水体富营养化的氮、磷等可溶性无机物。因此，混凝法在污水处理中使用得非常广泛，既可以作为独立的处理法，也可以和其他处理法配合，作为预处理、中间处理或最终处理。

4.1.1　胶体的特性

4.1.1.1　胶体的双电层结构

水中的各种悬浮杂质大多可以通过自然沉降的方法去除，而细微颗粒的悬浮物（特别是胶体颗粒）的自然沉降速度则是极其缓慢的，在停留时间有限的水处理构筑物内难以沉降下来。这类污染物有赖于破坏其胶体的稳定性，如加入混凝剂使胶体脱稳，使颗粒相互聚结形成容易去除的大絮凝体而被去除。

水处理工程所研究的分散体系中，颗粒直径为 1 nm～0.1 μm 的称为胶体溶液，颗粒直径大于 0.1 μm 的称为悬浮液。胶体分子聚合而成的胶体颗粒称为胶核，胶核表面吸附了某种离子而带电。由于静电引力的作用，溶液中的异号离子（反离子）就会被吸引到胶体颗粒周围形成吸附层，而其他异号离子离核较远，不随胶核运动并有向水中扩散的趋势形成扩散层。

通常将胶核与吸附层组合在一起称为胶粒，胶粒与扩散层组合在一起称为胶团。胶团的结构如图 4-1 所示。

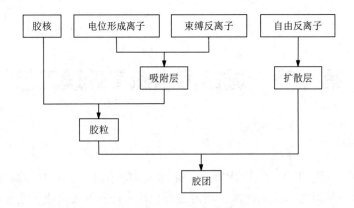

图 4-1 胶团结构示意图

图 4-2 为一个想象中天然水的黏土胶团。天然水的浑浊大多是由黏土颗粒形成。黏土的主要成分是 SiO_2，颗粒带有负电，其外围吸引了水中常见的许多带正电荷的离子。吸附层的厚度很薄，只有 2～3Å（$1Å=10^{-10}$ m）。扩散层比吸附层厚得多，有时可能是吸附层的几百倍。在扩散层中，不仅有正离子及其周围的水分子，而且可能有比胶核小的带正电的胶粒，也夹杂着一些水中常见的 HCO_3^-、OH^-、Cl^- 等负离子和带负电荷的胶粒。

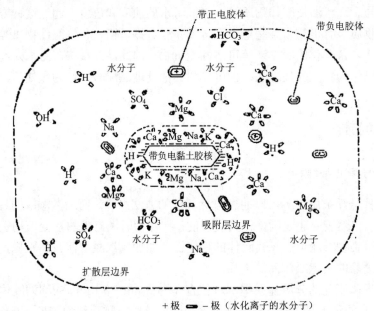

图 4-2 天然水中黏土胶团示意图

由于胶核表面所吸附的离子总比吸附层里的反离子多，所以胶粒带电。而胶团具有电中性，因为带电胶核表面与扩散于溶液中的反离子电性中和，构成双电层结构，如图 4-3 所示。

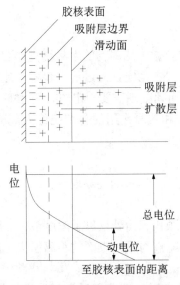

图 4-3　胶体双电层结构示意图

扩散层中的反离子由于与胶体颗粒所吸附的离子间吸附力很弱，当胶体颗粒运动时，大部分离子脱离胶体颗粒，这个脱开的界面称滑动面。胶核表面上的电位离子和溶液主体之间形成的电位称总电位，即 ψ 电位。胶核在滑动时所具有的电位称动电位，即 ξ 电位，它是在胶体运动中表现出来的，也就是在滑动面上的电位。在水处理研究中，ξ 电位具有重要意义，可以用激光多普勒电泳法或传统电泳法测得。天然水中胶体杂质通常带负电。地面水中的石英和黏土颗粒，根据组成成分的酸碱比例不同，其 ξ 电位为 –40～–15 mV。一般在河流和湖泊水中，颗粒的 ξ 电位为 –25～–15 mV，当包含有机污染物时，ξ 电位可达 –60～–50 mV。简言之，胶体表面一般带负电荷。

4.1.1.2　胶体的稳定性

胶体的稳定性是指胶体颗粒在水中长期保持分散悬浮状态的特性。构成胶体颗粒稳定性的主要原因是颗粒的布朗运动、胶体颗粒间同性电荷的静电斥力和颗粒表面的水化作用。

胶体颗粒的布朗运动，构成了动力学稳定性，反映为颗粒的布朗运动对抗重力影响的能力。水中粒度较微小的胶体颗粒，布朗运动足以抵抗重力的影响，因此，能长期悬浮于水中而不发生沉降，称为动力学稳定性。

胶体间的静电斥力和颗粒表面的水化作用，构成了聚集稳定性，反映了水中胶体颗粒之间因其表面同性电荷相斥或者由于水化膜的阻碍作用而不能相互凝聚的特性。

布朗运动一方面使胶体具有动力学稳定性，另一方面为碰撞接触吸附絮凝创造了条件。但由于有静电斥力和水化作用，使之无法接触。

因此，胶体稳定性关键在于聚集稳定性，一旦聚集稳定性被破坏，胶体颗粒就会聚结变大而下沉。

4.1.2 **混凝原理**

混凝，是指水中胶体颗粒及微小悬浮物的聚集过程，它是凝聚和絮凝的总称。凝聚，是指水中胶体被压缩双电层而失去稳定性的过程。絮凝，是指脱稳胶体相互聚结成大颗粒絮体的过程。凝聚是瞬时的，而絮凝则需要一定的时间才能完成，二者在一般情况下不好截然分开。因此，把能起凝聚和絮凝作用的药剂统称为混凝剂。

4.1.2.1 混凝机理

目前普遍用 4 种机理来定性描述水的混凝现象。

（1）压缩双电层作用机理

胶体双电层结构，决定了颗粒表面处反离子浓度最大。胶体颗粒所吸附的反离子浓度与距颗粒表面的距离成反比，随着与颗粒表面的距离增大，反离子浓度逐渐降低，直至与溶液中离子浓度相等。

当向溶液中投加电解质盐类时，溶液中反离子浓度增高，胶体颗粒能较多地吸引溶液中的反离子，使扩散层的厚度减小。根据浓度扩散和异号电荷相吸的作用，这些离子可与颗粒吸附的反离子发生交换，挤入扩散层，使扩散层厚度缩小，进而更多地挤入滑动面与吸附层，使胶粒带电荷数减少，ξ 电位降低。这种作用称为压缩双电层作用。此时两个颗粒相互间的排斥力减小，同时由于它们相撞时的距离减小，相互间的吸引力增大，胶粒得以迅速聚集。这个机理是借单纯的静电现象来说明电解质对胶体颗粒脱稳的作用。

压缩双电层作用机理不能解释其他一些复杂的胶体脱稳现象。例如，混凝剂投量过多时，凝聚效果反而下降，甚至重新稳定；可能与胶粒带同号电荷的聚合物或高分子有机物有好的凝聚效果；等电状态应有最好的凝聚效果，但在生产实践中，ξ 电位往往大于零时，混凝效果最好。

（2）吸附和电荷中和作用机理

吸附和电荷中和作用指胶粒表面对异号离子、异号胶粒或链状分子带异号电荷的部位有强烈的吸附作用而中和了它的部分电荷，减少了静电斥力，因而容易与其他颗粒接近而互相吸附。这种吸附力，除静电引力外，一般认为还存在范德华力、氢键及共价键等。

当采用铝盐或铁盐作为混凝剂时，随着溶液 pH 的不同可以产生各种不同的水解产物。当 pH 较低时，水解产物带有正电荷。给水处理时原水中胶体颗粒一般带有负电荷，因此，带正电荷的铝盐或铁盐水解产物可以对原水中的胶体颗粒起中和作用。

（3）吸附架桥作用机理

吸附架桥作用是指高分子物质与胶体颗粒的吸附与桥连。当高分子链的一端吸附了某一胶粒后，另一端吸附另一胶粒，形成"胶粒—高分子—胶粒"的絮凝体，高分子物质在这里起了胶体颗粒之间相互结合的桥梁作用。高分子物质投量过少，不足以将胶粒架桥连接起来；投量过多，胶粒的吸附面均被高分子覆盖，又会产生"胶体保护"作用，使凝聚效果下降，甚至重新稳定，即所谓的再稳。

除了长链状有机高分子物质外，无机高分子物质及其胶体颗粒，如铝盐、铁盐的水解产物等，也都可以产生吸附架桥作用。

（4）沉淀物网捕作用机理

沉淀物网捕（又称卷扫）是指向水中投加含金属离子的混凝剂（如硫酸铝、石灰、氯化铁等高价金属盐类），当药剂投加量和溶液介质的条件足以使金属离子迅速生成金属氢氧化物沉淀时，所生成的难溶分子就会以胶体颗粒或细微悬浮物作为晶核形成沉淀物，即所谓的网捕、卷扫水中胶粒，以致产生沉淀分离。这种作用基本上是一种机械作用，混凝剂需要量与原水杂质含量成反比。

在水处理过程中，以上所述的 4 种机理有时可能同时发挥作用，只是在特定情况下以某种机理为主。

4.1.2.2　影响混凝效果的主要因素

（1）水温

水温对混凝效果有明显影响。低温水絮凝体形成缓慢，絮凝颗粒细小、松散，沉淀效果差。水温低时，即使过量投加混凝剂也难以取得良好的混凝效果。一般冬天混凝剂用量比夏天多。

无机盐混凝剂水解是吸热反应，低温时水解困难，造成水解反应慢。例如，硫酸铝，水温降低 $10℃$，水解速度常数降低 $2\sim4$ 倍。水温在 $5℃$ 时，硫酸铝水解速度极其缓慢。

为提高低温水混凝效果，常用的办法是投加高分子助凝剂，如投加活化硅酸后，可对水中负电荷胶体起到桥连作用。如果与硫酸铝或三氯化铁同时使用，可降低混凝剂的用量，提高絮凝体的密度和强度。

（2）pH

混凝过程中要求有一个最佳 pH，使混凝反应速率达到最快，絮凝体的溶解度最小。pH 可以通过试验测定。混凝剂种类不同，水的 pH 对混凝效果的影响程度也不同。

对于铝盐与铁盐混凝剂，不同的 pH，其水解产物的形态不同，混凝效果也各不相同。

对硫酸铝来说，用于去除浊度时，最佳 pH 为 $6.5\sim7.5$；用于去除色度时，pH 一般为 $4.5\sim5.5$。对三氯化铝来说，适用的 pH 范围较硫酸铝要宽，用于去除浊度时，最佳 pH 为 $6.0\sim8.4$；用于去除色度时，pH 一般为 $3.5\sim5.0$。

高分子混凝剂的混凝效果受水的 pH 影响较小，故对水的 pH 变化适应性较强。

（3）悬浮物含量

浊度高低直接影响混凝效果，过高或过低都不利于混凝。浊度不同，混凝剂用量也不同。对于去除以浊度为主的地表水，主要的影响因素是水中的悬浮物含量。

水中悬浮物含量过高时，所需铝盐或铁盐混凝剂投加量将相应增加。为了减少混凝剂用量，通常投加高分子助凝剂，如聚丙烯酰胺及活化硅酸等。对于高浊度原水处理，采用聚合氯化铝具有较好的混凝效果。

水中悬浮物浓度很低时，颗粒碰撞速率大大减小，混凝效果差。为提高混凝效果，可以投加高分子助凝剂，如活化硅酸或聚丙烯酰胺等，通过吸附架桥作用，使絮凝体的尺寸和密度增大；投加黏土类矿物颗粒，可以增加混凝剂水解产物的凝结中心，提高颗粒碰撞速率并增加絮凝体密度；也可以在原水投加混凝剂后，经过混合直接进入滤池过滤。

（4）水力条件

要使杂质颗粒之间或杂质与混凝剂之间发生絮凝，一个必要条件是使颗粒相互碰撞。

推动水中颗粒相互碰撞的动力来自两个方面：一是颗粒在水中的布朗运动；二是在水力或机械搅拌作用下所造成的流体运动。由布朗运动造成的颗粒碰撞聚集称为"异向絮凝"，由流体运动造成的颗粒碰撞聚集称为"同向絮凝"。

同向絮凝要求有良好的水力条件，控制混凝效果的水力条件，往往以速度梯度 G 值和 GT 值作为重要的控制参数。

GT 值是速度梯度 G 与水流在混凝设备中的停留时间 T 的乘积，可间接地表示在整个停留时间内颗粒碰撞的总次数。

在混合阶段，异向絮凝占主导地位。药剂水解、聚合及颗粒脱稳进程很快，故要求混合快速剧烈，通常搅拌时间为 10～30 s，一般 G 值为 500～1 000 s^{-1}。在絮凝阶段，同向絮凝占主导地位。絮凝效果不仅与 G 值有关，还与絮凝时间 T 有关。在此阶段，既要创造足够的碰撞机会和良好的吸附条件，让絮体有足够的成长机会，又要防止生成的小絮体被打碎，因此搅拌强度要逐渐减小，反应时间相对加长，一般为 15～30 min，平均 G 值为 20～70 s^{-1}，平均 GT 值为 1×10^4～1×10^5。

4.1.3 混凝剂

为了使胶体颗粒脱稳而聚集所投加的药剂，统称为混凝剂。混凝剂具有破坏胶体稳定性和促进胶体絮凝的功能。习惯上把低分子电解质称为凝聚剂，这类药剂主要通过压缩双电层和电性中和机理起作用；把主要通过吸附架桥机理起作用的高分子药剂称为絮凝剂。

混凝剂的基本要求是，混凝效果好，对人体健康无害，适应性强，使用方便，货源可靠，价格低廉。

混凝剂种类很多，按化学成分可分为无机型和有机型两大类，如表 4-1 所示。

表 4-1　混凝剂的类型及名称

类型			名称
无机型	无机盐类		硫酸铝、硫酸钾铝、硫酸铁、氯化铁、氯化铝、碳酸镁
	碱类		碳酸钠、氢氧化钠、石灰
	金属氢氧化物类		氢氧化铝、氢氧化铁
	固体细粉		高岭土、膨润土、酸性白土、炭黑、飘尘
	高分子类	阴离子型	活化硅酸（AS）、聚合硅酸（PS）
		阳离子型	聚合氯化铝（PAC）、聚合硫酸铝（PAS）、聚合氯化铁（PFC）、聚合硫酸铁（PFS）、聚合磷酸铝（PAP）、聚合磷酸铁（PFP）
		无机复合型	聚合氯化铝铁（PAFC）、聚合硫酸铝铁（PAFS）、聚合硅酸铝（PASI）、聚合硅酸铁（PFSI）、聚合硅酸铝铁（PAFSI）、聚合磷酸铝（PAFP）
		无机有机复合型	聚合铝-聚丙烯酰胺、聚合铁-聚丙烯酰胺、聚合铝-甲壳素、聚合铁-甲壳素、聚合铝-阳离子有机高分子、聚合铁-阳离子有机高分子
有机型	天然类		淀粉、动物胶、纤维素的衍生物、腐殖酸钠、壳聚糖
	人工合成类	阴离子型	聚丙烯酸、海藻酸钠（SA）、羧酸乙烯共聚物、聚乙烯苯磺酸
		阳离子型	聚乙烯吡啶、胺与环氧氯丙烷缩聚物、聚丙烯酰胺阳离子化衍生物
		非离子型	聚丙烯酰胺（PAM）、尿素甲醛聚合物、水溶性淀粉、聚氧化乙烯（PEO）
		两性型	明胶、蛋白素、干乳酪等蛋白质、改性聚丙烯酰胺

无机混凝剂应用历史悠久，广泛用于饮用水、工业水的净化处理以及地下水、污水淤泥的脱水处理等。无机混凝剂按金属盐种类可分为铝盐系和铁盐系两类；按阴离子成分又可分为盐酸系和硫酸系；按分子量可分为低分子体系和高分子体系两大类。

近 20 年来，有机混凝剂的使用发展迅速。这类混凝剂可分为天然高分子混凝剂（褐藻酸、淀粉、牛胶）和人工合成高分子混凝剂（聚丙烯酰胺、磺化聚乙烯苯、聚乙烯醚等）两大类。

4.1.3.1　无机类混凝剂

（1）无机盐类

无机低分子混凝剂即普通无机盐，包括硫酸铝、氯化铝、硫酸铁、三氯化铁等。在水处理混凝过程中，投加铝盐或铁盐后，发生金属离子水解和聚合反应过程，其产物兼有凝聚和絮凝作用的特性。无机电解质在水中发生电离水解生成带电离子，其电性与水中颗粒所带电性相反，水解离子的价态越高，凝聚作用越强。但用于水处理时，无机低分子混凝剂成本高，腐蚀性大，在某些场合净水效果还不太理想。

① 硫酸铝。硫酸铝使用方便，混凝效果较好，是使用历史最久、目前应用仍较为广泛的一种无机盐混凝剂。净水用的明矾 $[Al_2(SO_4)_3 \cdot K_2SO_4 \cdot 24H_2O]$ 就是硫酸铝和硫酸钾的复盐，其作用与硫酸铝相同。硫酸铝的分子式是 $Al_2(SO_4)_3 \cdot 18H_2O$，其产品有精制和粗制两种。精制硫酸铝是白色结晶体。粗制硫酸铝质量不稳定，价格较低，其中，Al_2O_3 含量为 10.5%～16.5%，不溶杂质含量为 20%～30%，增加了药液配制和排除废渣等方面的困难。硫酸铝易溶于水，pH 为 5.5～6.5，水溶液呈酸性反应，室温时溶解度约为 50%。

硫酸铝使用时水的有效 pH 范围较窄，与原水硬度有关。对于软水，pH 为 5.7～6.6；中等硬度的水，pH 为 6.6～7.2；较高硬度的水，pH 为 7.2～7.8。

除了固体硫酸铝外，还有液体硫酸铝。液体硫酸铝制造工艺简单，Al_2O_3 含量约为 6%，一般用坛装或灌装，通过车、船运输。液体硫酸铝使用范围与固体硫酸铝相似，但配制和使用均比固体硫酸铝方便得多，近年来在南方地区使用较为广泛。

② 硫酸亚铁。硫酸亚铁分子式为 $Fe_2SO_4 \cdot 7H_2O$，半透明绿色晶体，又称绿矾。易溶于水，水温 20℃时溶解度为 21%，硫酸亚铁离解出的 Fe^{2+} 只能生成最简单的单核络合物，所以没有三价铁盐那样良好的混凝效果。残留在水中的 Fe^{2+} 会使处理后的水带色，Fe^{2+} 与水中的某些有色物质作用后，会生成颜色更深的溶解物。因此，在使用硫酸亚铁时应将二价铁先氧化为三价铁，而后再混凝作用。

处理饮用水时，硫酸亚铁的重金属含量应极低，应考虑在最高投药量处理后，水中的重金属含量应在国家饮用水水质标准的限度内。

铁盐使用时，水的 pH 的适用范围较宽，为 5～11。

③ 三氯化铁。三氯化铁分子式为 $FeCl_3 \cdot 6H_2O$，是黑褐色晶体，也是一种常用的混凝剂，有强烈的吸水性，极易溶于水，其溶解度随着温度的上升而增加，形成的矾花沉淀性能好，絮体结得大，沉淀速度快。处理低温水或低浊水时的效果要比铝盐好。目前使用的三氯化铁有无水物、结晶水物和液体。液体、晶体物或受潮的无水物具有强腐蚀性，尤其是对铁的腐蚀性最强。对混凝土也有腐蚀，对塑料管也会因发热而引起变形。因此调制和加药设备必须考虑用耐腐蚀器材。例如，采用不锈钢的泵轴运转几星期就被腐蚀，一般采用钛制泵轴有较好的耐腐蚀性能。三氯化铁 pH 的适用范围较宽，但处理后的水的色度比用铝盐高。

（2）无机高分子类

无机高分子絮凝剂是 20 世纪 60 年代在传统的铝盐、铁盐的基础上发展起来的一类新型的水处理剂。药剂加入水中后，在一定时间内吸附在颗粒物表面，以其较高的电荷及较大的分子量发挥电中和及黏结架桥作用。它比原有低分子絮凝剂可成倍地提高效能，且价格相对较低，因而有逐步成为主流药剂的趋势。近年来，研制和应用聚合铝、铁、硅及各种复合型絮凝剂成为热点。

① 聚合氯化铝。聚合氯化铝（PAC）是目前生产和应用技术成熟、市场销量最大的无机高分子絮凝剂。在实际应用中，聚合氯化铝具有比传统絮凝剂用量省、净化效能高、适应性宽等优点，比传统低分子絮凝剂用量少 1/3～1/2，成本低 40% 以上，因此在国内外已得到迅速发展。例如，日本聚合氯化铝产量在 20 世纪 80 年代为 400 kt 以上，比 20 世纪 60 年代末增长了 30 倍，20 世纪 90 年代产量已达 600 kt 以上，占日本絮凝剂生产总量的 80%，并有逐渐取代传统絮凝剂的趋势。

聚合氯化铝也称碱式氯化铝。聚合氯化铝化学式表示为 $[Al_2(OH)_n \cdot Cl_{6-n}]_m$，其中，$n$ 为可取 1～5 的任何整数，m 为小于等于 10 的整数。这个化学式实际指 m 个 $Al_2(OH)_n \cdot Cl_{6-n}$（羟基氯化铝）单体的聚合物。

聚合氯化铝的外观状态与盐基度、制造方法、原料、杂质成分及含量有关。盐基度＜30% 时为晶状固体；盐基度在 30%～60% 时为胶状固体；盐基度在 40%～60% 时为淡黄色透明液体；盐基度＞60% 时为无色透明液体，玻璃状或树脂状固体；盐基度＞70% 时的固体状不易潮解，易保存。

② 聚合硫酸铝。除聚合氯化铝外，聚合硫酸铝在处理天然河水时，剩余浊度低于 4 μg/g，COD_{Cr} 低于 6 mg/L，脱色效果明显；在处理含氟污水时，F 含量低于 10^4 μg/g。聚合硫酸铝除浊效果显著，并且有较宽的温度和 pH 适用范围。

③ 聚合硫酸铁。聚合硫酸铁（PFS）是一种红褐色的黏性液体，是碱式硫酸铁的聚合物。其化学式为 $[Fe_2(OH)_n \cdot (SO_4)_{3-n/2}]_m$，其中，$n$ 为小于 2 的整数，m 为大于 10 的整数。聚合硫酸铁具有絮凝体形成速度快、絮团密实、沉降速度快、对低温高浊度原水处理效果好、适用水体的 pH 范围广等特性，同时能去除水中的有机物、悬浮物、重金属、硫化物及致癌物，无铁离子的水相转移，脱色、脱油、除臭、除菌功能显著，它的腐蚀性远比三氯化铁小。与其他混凝剂相比，有着很强的市场竞争力，其经济效益也十分明显，值得大力推广应用。

④ 活化硅酸。活化硅酸（AS）又称活化水玻璃、泡化碱，其分子式为 $Na_2O \cdot xSiO_2 \cdot yH_2O$。活化硅酸是粒状高分子物质，属阴离子型絮凝剂，其作用机理是靠分子链上的阴离子活性基团与胶体微粒表面间的范得华力、氢键作用而引起的吸附架桥作用，而不具有电中和作用。活化硅酸是在 20 世纪 30 年代后期作为混凝剂开始在水处理中得到应用的。活化硅酸呈真溶液状态，在通常的 pH 条件下其组分带有负电荷，对胶体的混凝是通过吸附架桥机理使胶体颗粒粘连，因此常常称为絮凝剂或助凝剂。

活化硅酸一般在水处理现场制备，无商品出售，因为活化硅酸在储存时易析出硅胶而失去絮凝功能。实质上活化硅酸是硅酸钠在加酸条件下水解、聚合反应进行到一定程度的中间产物，其电荷、大小、结构等组分特征，主要取决于水解反应起始的硅浓度、反应时间和反应时的 pH。活化硅酸适用于硫酸亚铁与铝盐混凝剂，可缩短混凝沉淀时间，节省混凝剂用量。在使用时宜先投入活化硅酸。在原水浑浊度低、悬浮物含量少及水温较低（14℃以下）时使用，效果更为显著。在使用时要注意加注点，要有适宜的酸化度和活化时间。

4.1.3.2 有机类混凝剂

有机类混凝剂，是指线型高分子有机聚合物，即我们通常所说的絮凝剂。其种类按来源可分为天然高分子絮凝剂和人工合成的高分子絮凝剂；按反应类型可分为缩合型和聚合型；按官能团的性质和所带电性可分为阴离子型、阳离子型、非离子型和两性型。凡基团离解后带正电荷者称阳离子型，带负电荷者称阴离子型，分子中既含有正电荷基团又含有负电荷基团者称两性型，若分子中不含可离解基团者称非离子型。常用的有机类混凝剂，主要是人工合成的有机高分子混凝剂。

有机混凝剂品种很多，以聚丙烯酰胺为代表。其优点是投加量少，存放设施小，净化效果好。但对其毒性，各国学者看法不一，有待深入研究。聚丙烯酰胺（PAM）是非离子型聚合物的主要品种，另外还有聚氧化乙烯（PEO）。

聚丙烯酰胺是使用最为广泛的人工合成有机高分子絮凝剂，它是由丙烯酰胺聚合而成的有机高分子聚合物，无色、无味、无臭、易溶于水，没有腐蚀性。聚丙烯酰胺在常温下稳定，高温、冰冻时易降解，并降低絮凝效果。故在储存和配制投加时，注意温度控制在 2~55℃。

聚丙烯酰胺的聚合度可高达 20 000~90 000，相应的分子量高达 150 万~600 万。它的混凝效果在于对胶体表面具有强烈的吸附作用，在胶粒之间形成桥联。聚丙烯酰胺每一链节中均含有一个酰胺基（—$CONH_2$）。由于酰胺基之间的氢键作用，线型分子往往不能充分伸展开来，致使桥联作用削弱。

4.1.3.3 复合类混凝剂

（1）复合型无机高分子混凝剂

复合型无机高分子混凝剂是在普通无机高分子絮凝剂中引入其他活性离子，以提高药剂的电中和能力，如聚铝、聚铁、聚活性硅胶及其改性产品。王德英等研制的聚硅酸硫酸铝，其活性较好，聚合度适宜，不易形成凝胶，絮凝效果显著。用于处理低浊度水时，其效果优于 PAC 和 PFS。此外，为了改善低温、低浊度水的净化效果，人们又研制开发出一种聚硅酸铁（PSF），这种药剂处理低温低浊度水，比硫酸铁的絮凝效果有明显的优越性：用量少，投料范围宽，絮团形成时间短且颗粒大而密实，可缩短水样在处理系统中的停留时间，对处理水的 pH 基本无影响。东北电力大学的袁斌等以 $AlCl_3$ 和 Na_2SiO_3 为原料，采用向聚合硅酸溶液直接加入 $AlCl_3$ 的共聚工艺，制备了聚硅氯化铝（PASC）絮凝剂，PASC 比 PAC 具有更好的除浊、脱色效果，残留铝含量更低。

（2）无机—有机高分子混凝剂复合使用

无机高分子混凝剂对含各种复杂成分的水处理适应性强，可有效除去细微悬浮颗粒。但生成的絮体不如有机高分子生成的絮体大。单独使用无机混凝剂投药量大，目前已很少这样使用。

与无机药剂相比，有机高分子絮凝剂用量小，絮凝速度快，受共存盐类、介质 pH 及环境温度的影响小，生成污泥量也少；而且有机高分子絮凝剂分子可带—COO^-、—NH、

—SO$_3$、—OH 等亲水基团，可具链状、环状等多种结构，有利于污染物进入絮体，脱色性好。许多无机絮凝剂只能去除 60%～70% 的色度，而有些有机絮凝剂可去除 90% 的色度。

由于某些有机高分子絮凝剂因其水解、降解产物有毒，合成产物价格较高，现多以无机高分子絮凝剂与有机高分子絮凝剂复合使用，或以无机盐的存在与污染物电荷中和，促进有机高分子絮凝剂的作用。

4.1.3.4　助凝剂的作用与原理

当单独使用某种絮凝剂不能取得良好效果时，还需要投加助凝剂。助凝剂，是指与混凝剂一起使用，以促进水的混凝过程的辅助药剂。助凝剂通常是高分子物质。其作用往往是改善絮凝体结构，促使细小而松软的絮粒变得粗而密实，调节和改善混凝条件。

水处理常用助凝剂有骨胶、聚丙烯酰胺及其水解产物、活化硅酸、海藻酸钠等。

在水处理过程中还会用到其他种类的助凝剂，按助凝剂的功能不同，可分为调整剂、絮体结构改良剂和氧化剂 3 种类型。

（1）调整剂

在污水 pH 不符合工艺要求时，或在投加混凝剂后 pH 变化较大时，需要投加 pH 调整剂。常用的 pH 调整剂包括石灰、硫酸和氢氧化钠等。

（2）絮体结构改良剂

当生成的絮体较小且松散易碎时，可投加絮体结构改良剂以改善絮体的结构，增加其粒径、密度和强度，如采用活化硅酸、黏土等。

（3）氧化剂

当污水中有机物含量高时易起泡沫，使絮凝体不易沉降。这时可以投加氯气、次氯酸钠、臭氧等氧化剂来破坏有机物，从而提高混凝效果。

4.1.3.5　微生物絮凝剂

随着全球性人口老龄化的加剧，人们对使用安全性提出了质疑。有关研究表明，常饮用以铝盐为絮凝剂的水，能引起阿尔茨海默病。目前广泛使用的聚丙烯酰胺，已被指出存在安全及环境方面的问题：完全聚合化的聚丙烯酰胺危险性不大，但聚合用的单体丙烯酰胺对神经有强烈的毒性，是膀胱癌的致剂，且残留性极大。现有混凝剂存在的问题，使研究开发具有高絮凝活性、安全、无毒和不造成二次污染的絮凝剂成为迫切而有意义的课题，因此人们开始把研究目光转向微生物絮凝剂。

微生物絮凝剂是利用现代生物技术，经过微生物的发酵、提取、精制等工艺从微生物或其分泌物中制备的具有凝聚性的代谢产物，如 DNA、蛋白质、糖蛋白、多糖、纤维素等。这些物质能使悬浮物微粒连接在一起，并使胶体失稳，形成絮凝物。微生物絮凝剂广泛应用于医药、食品、化学和环保等领域。微生物絮凝剂克服了无机混凝剂和合成有机高分子混凝剂的缺点。不仅不易产生二次污染，降解安全可靠，而且能快速絮凝各种颗粒物质，在污水处理中，与有机合成高分子絮凝剂和无机絮凝剂相比，微生物絮凝剂具有高效、安全、无毒和无二次污染等优点，但目前对其的研究还主要停留在高效微生物絮凝剂的产生菌种的分离、筛选和培养上，所以微生物絮凝剂还不能大规模应用于污水处理。微生物絮凝剂是当今一种最具希望的絮凝剂，有着广阔的研究和发展前景。

4.1.4　混凝过程的设备与运行管理

在水处理过程中，向水中投加药剂，进行水与药剂的混合，从而使水中的胶体物质产生凝聚或絮凝，这一综合过程称为混凝。混凝的工艺操作包括药剂的配制与投加、混合和反应等几个步骤，每一步骤采用相应功能的设备（构筑物）。

4.1.4.1　混凝剂的配制与投加

混凝剂投加分干法投加和湿法投加两种方式。

干法投加是把药剂直接投放到被处理的水中。干法投加劳动强度大，劳动卫生条件差，投配量较难掌握和控制，对搅拌设备要求高。目前国内已很少使用。

湿法投加是目前普遍采用的投加方式，是指将混凝剂配成一定浓度的溶液，直接定量投加到原水中的方式。混凝剂配置与投加系统，包括溶解池、溶液池、定量设备、提升设备和投加设备等。药剂的配置与投加过程如图 4-4 所示。

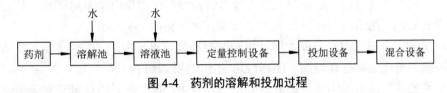

图 4-4　药剂的溶解和投加过程

（1）混凝剂的配置过程

溶解池是把块状或粒状的混凝剂溶解成浓溶液，对难溶的药剂或在冬季水温较低时，可用蒸汽或热水加热。一般情况下，只要适当搅拌即可溶解。药剂溶解后流入溶液池，配成一定浓度的溶液。在溶液池中配制时同样要进行适当搅拌。搅拌时可采用水力、机械或压缩空气等方式。一般药量小时采用水力搅拌，药量大时采用机械搅拌。凡和混凝剂溶液接触的池壁、设备、管道等，应根据药剂的腐蚀性采取相应的防腐措施。

（2）混凝剂投加设备运行管理

① 定量设备。通过定量设备将药液投入原水中，并能够随时调节。一般中小水厂可采用孔口计量，常用的有苗嘴和孔板，如图 4-5 所示。在一定液位下，一定孔径的苗嘴出流量为定值。当需要调整投药量时，只需更换苗嘴即可。标准图中苗嘴共有 18 种规格，其孔径为 0.6～6.5 mm。为保持孔口上的水头恒定，还要设置恒位水箱，如图 4-6 所示。为实现自动控制，可采用计量泵、转子流量计或电磁流量仪等。

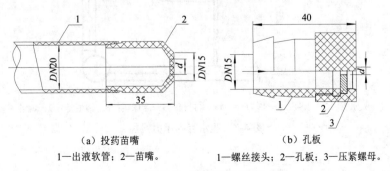

（a）投药苗嘴　　　　　　　　　　（b）孔板

1—出液软管；2—苗嘴。　　　　1—螺丝接头；2—孔板；3—压紧螺母。

图 4-5　苗嘴和孔板

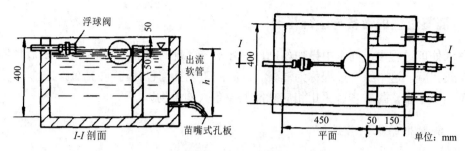

图 4-6 恒位水箱

② 投加设备。投加方式分为重力投加或压力投加，一般根据水厂高程布置和溶液池位置的高低来确定投加方式。

a. 重力投加。是利用重力将药剂投加在水泵吸水管内（图 4-7）或吸水井中的吸水喇叭口处（图 4-8），利用水泵叶轮混合。取水泵房离水厂加药间较近的中小型水厂采用这种办法较好。图中水封箱是为防止空气进入吸水管而设的。如果取水泵房离水厂较远，可建造高位溶液池，利用重力将药剂投入水泵压水管上，如图 4-9 所示。

b. 压力投加。是利用水泵或水射器将药剂投加到原水管中，适用于将药剂投加到压力水管中，或需要投加到标高较高、距离较远的净水构筑物内。

水泵投加是在溶液池中提升药液送到压力水管中，有直接采用计量泵和采用耐酸泵配以转子流量计两种方式，如图 4-10 所示。

水射器投加是利用高压水（压力＞0.25 MPa）通过喷嘴和喉管时的负压抽吸作用，吸入药液到压力水管中，如图 4-11 所示。水射器投加应设有计量设备。一般水厂内的给水管都有较高压力，故使用方便。

药剂注入管道的方式，应有利于水与药剂的混合，如图 4-12 所示为几种投药管布置方式。投药管道与零件宜采用耐酸材料，并且便于清洗和疏通。

药剂仓库应设在加药间旁，尽可能靠近投药点，药剂的固定储备量一般按 15～30 d 最大投药量计算，其周转储备量根据供药点的距离与当地运输条件决定。

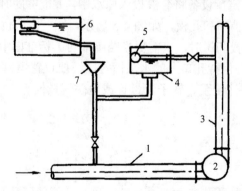

1—吸水管；2—水泵；3—压力管；4—水封箱；5—浮球阀；6—溶液池；7—漏斗。

图 4-7 吸水管内重力投加

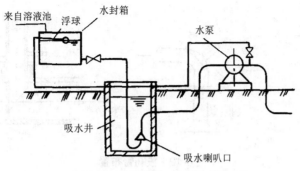

图 4-8　吸水喇叭口处重力投加

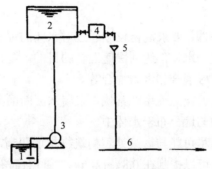

1—溶解池；2—溶液池；3—提升泵；4—投药箱；5—漏斗；6—高压水管。

图 4-9　高位溶液池重力投加

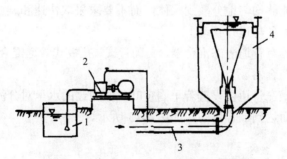

1—溶液池；2—计量泵；3—原水进水管；4—澄清池。

图 4-10　应用计量泵压力投加

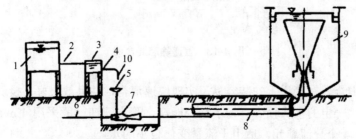

1—溶液池；2，4—阀门；3—投药箱；5—漏斗；6—高压水管；7—水射器；
8—原水进水管；9—澄清池；10—孔、嘴等计量装置。

图 4-11　水射器压力投加

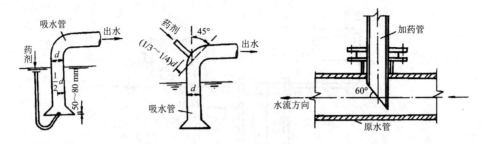

图 4-12 投药管布置

4.1.4.2 混合过程

为了创造良好的混凝条件，要求混合设施通过对水体的强烈搅动，能够在很短的时间内促使药剂均匀地扩散到整个水体，达到快速混合的目的。混合设施种类较多，归纳起来有水泵混合、管式混合、机械混合和水力混合等。

铝盐和铁盐混凝剂的水解反应速率非常快，采用水流断面上多点投加，或者采用强烈搅拌的方式，可以使药剂均匀地分布于水体中。

在设计时注意混合设施尽可能与后续处理构筑物拉近距离，最好采用直接连接方式。采用管道连接时，管内流速可以控制在 0.8～1.0 m/s，管内停留时间不宜超过 2 min。根据经验，反映混合指标的速度梯度 G 值一般控制在 500～1 000 s^{-1}。

混合方式与混凝剂的种类有关。例如，使用高分子混凝剂时，因其作用机理主要是絮凝，所以只要求药剂能够均匀地分散到水体，而不要求采取快速和剧烈的混合方式。

（1）管式混合的设备与运行管理

常用的管式混合器有管道静态混合器，文氏管式、孔板式管道混合器，扩散混合器等。最常用的为管道静态混合器。

管道静态混合器是在管道内设置若干固定叶片，通过的水呈对分流，并产生涡旋反向旋转和交叉流动，从而达到混合目的，如图 4-13 所示。

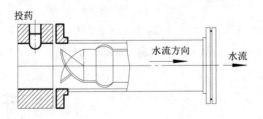

图 4-13 管道静态混合器

管道静态混合器在管道上安装容易，实现快速混合，并且效果好，投资省，维修工程量少。但会产生一定的水头损失。为了减少能耗，管内流速一般采用 1 m/s。该种混合器内一般采用 1～4 个分流单元，适用于流量变化较小的水厂。

（2）扩散混合器运行管理

扩散混合器是在孔板混合器的前面加上锥形配药帽组成的。锥形帽为 90°夹角，顺水流方向投影面积是进水管面积的 1/4，孔板面积是进水管面积的 3/4，管内流速为 1 m/s 左右，混合时间取 2～3 s，G 值一般在 700～1 000 s^{-1}，如图 4-14 所示。扩散混合器的长度一般在 0.5 m 以上，用法兰连接在原水管道上，安装位置低于絮凝池水面。扩散混合器的水头损失为 0.3～0.4 mH$_2$O[①]，多用于直径为 200～1 200 mm 的进水管上，适用于中、小型水厂。

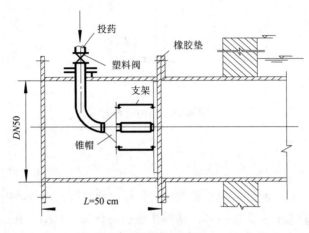

图 4-14　扩散混合器

（3）水泵混合的运行管理

水泵混合是利用水泵叶轮产生的涡流达到混合目的。该方式设备简单，无须专门的混合设备，没有额外的能量消耗，所以运行费用较省。但在使用三氯化铁等腐蚀性较强的药剂时会腐蚀水泵叶轮。

由于采用水泵混合可以省去专门的混合设备，故在过去的设计中较多采用。近年来的运行发现，水泵混合的 G 值较低，水泵出水管进入絮凝池的投药量无法精确计量而导致自动控制投加难以实现，一般水厂的原水泵房与絮凝池距离较远，容易在管道中形成絮凝体，进入池内破碎影响了絮凝效果。

因此要求混凝剂投加点一般控制在 100 m 之内，混凝剂投加在原水泵房水泵吸水管或吸水喇叭口处，并注意设置水封箱，以防止空气进入水泵吸水管。

（4）机械混合的设备与运行管理

机械混合是通过机械在池内的搅拌达到混合目的。要求在规定的时间内达到需要的搅拌强度，满足速度快、混合均匀的要求。机械搅拌一般采用桨板式和推进式。桨板式结构简单，加工制造容易。推进式效能高，但制造较为复杂。混合池有方形和圆形之分，以方形较多。池深与池宽比为（1～3）：1，池子可以单格或多格串联，停留时间为 10～60 s。

机械搅拌一般采用立式安装，为了减少共同旋流，需要将搅拌机的轴心适当偏离混合池的中心。在池壁设置竖直挡板可以避免产生共同旋流，如图 4-15 所示。机械混合器水头损失小，并可适应水量、水温、水质的变化，混合效果较好，适用于各种规模的水厂。但机械混合需要消耗电能，机械设备管理和维护较为复杂。

---

① 1 mmH$_2$O=9.806 Pa。

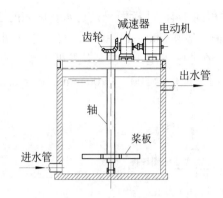

图 4-15　机械混合器

4.1.4.3　絮凝过程

原水与药剂混合后，通过絮凝设备的外力作用，使具有絮凝性能的微絮凝颗粒接触碰撞，形成肉眼可见的大的密实絮凝体，从而实现沉淀分离的目的。在原水处理构筑物中，完成絮凝过程的设施称为絮凝池，絮凝过程是净水工艺中不可缺少的重要内容。

为了达到较为满意的絮凝效果，絮凝过程需要满足以下基本要求：① 颗粒具有充分的絮凝能力；② 具备保证颗粒获得适当的碰撞接触而又不致破碎的水力条件；③ 具备足够的絮凝反应时间；④ 颗粒浓度增加，接触效果增加，即接触碰撞机会增多。

（1）絮凝设施的分类

絮凝设施的形式较多，一般分为水力搅拌式和机械搅拌式两大类。

水力搅拌式是利用水流自身能量，通过流动过程中的阻力给水流输入能量，反映为在絮凝过程中产生一定的水头损失。

机械搅拌式是利用电机或其他动力带动叶片进行搅动，使水流产生一定的速度梯度，这种形式的絮凝不消耗水流自身的能量，絮凝所需要的能量由外部提供。

常用的絮凝设施分类见表 4-2。

表 4-2　常用的絮凝设施分类

分类	形式	
水力搅拌	隔板絮凝	往复隔板
		回转隔板
	折板絮凝	同波折板
		异波折板
		波纹板
	网格絮凝（栅条絮凝）	
	穿孔旋流絮凝	
机械搅拌	水平轴搅拌	
	垂直轴搅拌	

　　除了表 4-2 所列主要形式外，还可以将不同形式加以组合应用，如穿孔旋流絮凝与隔板组合、隔板絮凝与机械搅拌组合等。

　　（2）几种常用的絮凝池

　　① 隔板絮凝池。水流以一定流速在隔板之间通过从而完成絮凝过程的絮凝设施称为隔板絮凝池。水流方向是水平运动的称为水平隔板絮凝池，水流方向为上下竖向运动的称为垂直隔板絮凝池。水平隔板絮凝池应用较早，隔板布置采用来回往复的形式，如图 4-16 所示。水流沿隔板间通道往复流动，流动速度逐渐减小，这种形式称为往复式隔板絮凝池。往复式隔板絮凝池可以提供较多的颗粒碰撞机会，但在转折处消耗能量较大，容易引起已形成矾花的破碎。为了减小能量的损失，出现了回转式隔板絮凝池，如图 4-17 所示。这种絮凝池将往复式隔板 180° 的急剧转折改为 90°，水流由池中间进入，逐渐回转至外侧，其最高水位出现在池的中间，出口处的水位基本与沉淀池水位持平。回转式隔板絮凝池避免了絮凝体的破碎，同时减少了颗粒碰撞机会，影响了絮凝速度。为保证絮凝初期颗粒的有效碰撞和后期的矾花顺利形成免遭破碎，出现了往复—回转组合式隔板絮凝池。

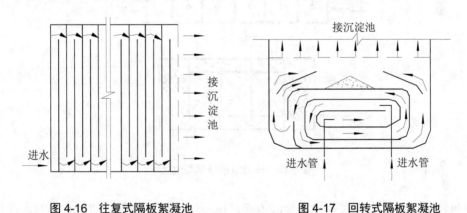

图 4-16　往复式隔板絮凝池　　　　　　　图 4-17　回转式隔板絮凝池

　　② 折板絮凝池。折板絮凝池于 1976 年在我国镇江市首次试验研究并取得成功。它是在隔板絮凝池的基础上发展起来的，是目前应用较为普遍的形式之一。在折板絮凝池内放置一定数量的平折板或波纹板，水流沿折板竖向上下流动，多次转折，以促进絮凝。

　　折板絮凝池的布置方式有以下几类。

　　按水流方向可以分为平流式和竖流式，以竖流应用较为普遍。

　　按折板安装相对位置不同，可以分为同波折板和异波折板，如图 4-18 所示。同波折板是将折板的波峰与波谷对应平行布置，使水流不变，水在流过转角处产生紊动；异波折板将折板波峰与波谷相对，形成交错布置，使水的流速时而收缩成最小，时而扩张成最大，从而产生絮凝所需要的紊动。

　　按水流通过折板间隙数，又可分为单通道和多通道，如图 4-18 和图 4-19 所示。单通道是指水流沿二折板间不断循序流动，多通道则是将絮凝池分隔成若干格，各格内设一定数量的折板，水流按各格逐格通过。

　　无论哪一种方式都可以组合使用。有时絮凝池末端还可采用平板。同波折板和异波折板絮凝效果差别不大，但平板效果较差，只能放置在池末起补充作用。

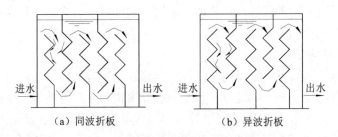

（a）同波折板　　　　　　（b）异波折板

图 4-18　单通道同波折板和异波折板絮凝池

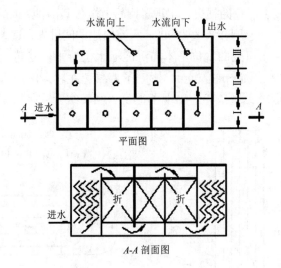

图 4-19　多通道折板絮凝池

　　③ 机械搅拌絮凝池。机械搅拌絮凝池通过电动机经减速装置驱动搅拌器对水进行搅拌，使水中颗粒相互碰撞，发生絮凝。搅拌器既可以旋转运动，也可以上下往复运动。国内目前都是采用旋转式，常见的搅拌器有桨板式和叶轮式，桨板式较为常用。根据搅拌轴的安装位置，又分为水平轴式和垂直轴式，见图 4-20。前者通常用于大型水厂，后者一般用于中、小型水厂。机械搅拌絮凝池宜分格串联使用，以提高絮凝效果。

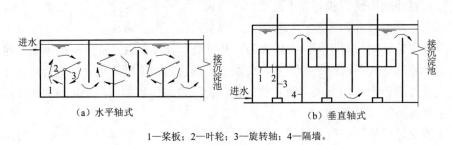

（a）水平轴式　　　　　　　　　　（b）垂直轴式

1—桨板；2—叶轮；3—旋转轴；4—隔墙。

图 4-20　机械搅拌絮凝池

4.1.4.4　澄清池

　　澄清池是利用池中积聚的活性泥渣与原水中的杂质颗粒相互接触、吸附，使杂质从水中分离出来，从而达到使水变清的构筑物，在一个构筑物中完成混合、絮凝、沉淀 3 个过程。澄清池适用于给水处理和污水处理，近年来，在污水深度处理工艺中应用越来越广泛。

澄清池由于利用活性泥渣加强了混凝过程，加速了固液分离，提高了澄清效率。但对水量、水质和水温的变化适应性差，要求管理技术较高。

澄清池的种类和形式较多，基本上可分为泥渣循环型和泥渣过滤型两类，见图 4-21。

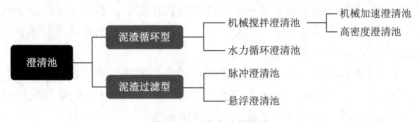

图 4-21 澄清池的分类

泥渣循环型澄清池的原理是利用机械或水力的作用，使部分活性泥渣循环回流，在回流的过程中，活性泥渣不断地接触、吸附原水中的杂质，使杂质从水中分离出来。其主要池型有机械搅拌澄清池和水力循环澄清池。

泥渣过滤型澄清池的原理是，当原水通过处于悬浮状态的污水泥渣层时，水中杂质会与泥渣接触、碰撞，并被悬浮泥渣层吸附、过滤而截留下来，使水得到澄清。悬浮状态的泥渣层是利用上升水流速度与泥渣层重力下降速度的平衡，形成悬浮层的。其主要池型有脉冲澄清池和悬浮澄清池。泥渣过滤型澄清池在管理上要求高，小水厂较多地采用泥渣循环型澄清池。

下面介绍几种常用的泥渣循环型澄清池。

（1）机械加速澄清池

机械加速澄清池主要由进水管、配水槽、絮凝室、分离区、集水区、污泥浓缩室、搅拌设备等组成，见图 4-22。

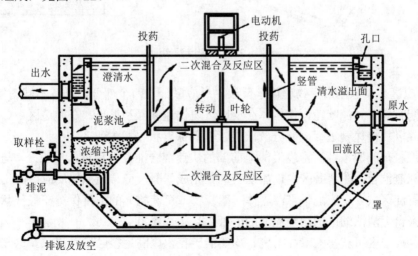

图 4-22 机械加速澄清池

机械加速澄清池的工作原理：原水由进水管引入，经环状三角形配水槽均匀地从锥体内壁流至第一絮凝室。在搅拌叶轮的带动下，水体不断旋转，使原水、凝絮剂和回流的大量活性泥渣充分混合进行初步凝聚，生成细小矾花，再由提升叶轮将水送入第二絮凝室（提升水量一般为进水量的3～5倍），水流仍继续旋转，水中杂质被活性泥渣吸附，生成大颗粒矾花。当水体进入分离室后，由于面积突然扩大，流速急骤降低，形成泥、水分离的有利条件，清水上升经集水槽出水管流出，泥渣在重力作用下，沿伞形罩外壁下沉。由于叶轮的抽吸作用，大量泥渣回流至第一絮凝室，又和新进入的原水和凝聚剂混合，多余一部分泥渣进入浓缩室，经浓缩后由排泥管定期排出。

机械加速澄清池对水量、水质变化的适应性较强，处理效果较稳定，一般适用于进水浊度在5 000 mg/L以下，短时间内允许达到5 000～10 000 mg/L。但需要机械搅拌设备，维修麻烦。机械加速澄清池单池出水量为20～430 m³/h。

（2）高密度澄清池

高密度澄清池综合了斜管沉淀和泥渣循环回流的优点，工艺构成可分为反应区、预沉—浓缩区、斜管分离区3个主要部分，见图4-23。

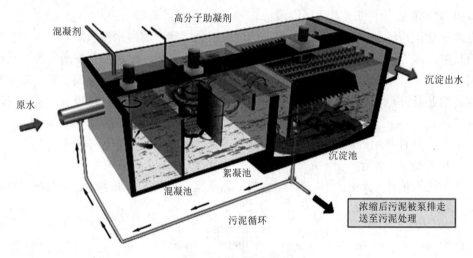

图 4-23　高密度澄清池

① 反应区。在该区进行物理化学反应。反应区分为两个部分，具有不同的絮凝能量，中心区域配有一个轴流叶轮，使絮体在反应区内快速絮凝和循环；在周边区域，主要是柱塞流使絮凝以较慢速度进行，并分散低能量以确保絮状物增大致密。

加注混凝剂的原水经高密度澄清池前部的快速混合池混合后进入反应区，与浓缩区的部分沉淀泥渣混合，在絮凝池内投加助凝剂并完成絮凝反应。经搅拌反应后的出水以推流形式进入沉淀区域，反应池中悬浮固体（絮状物或沉淀物）的浓度保持在最佳状态，泥渣浓度通过来自泥渣浓缩区的浓缩泥渣的外部循环得以维持。

因此，反应区可获得大量高密度、均质的矾花，以满足接触絮凝需求。这些絮状物以较高的速度进入预沉区。

② 预沉—浓缩区。矾花慢速地从一个大的预沉区进入澄清区，这样可避免损坏矾花或产生旋涡，使大量的悬浮固体颗粒在该区均匀沉积。

矾花在澄清池下部汇集成污泥并浓缩。浓缩区分为两层，一层位于排泥斗上部，另一层位于其下部。上层为再循环污泥的浓缩，污泥在这层的停留时间为几小时，然后排到排泥斗内。排泥斗上部的污泥入口处较大，无须开槽。部分浓缩污泥自浓缩区用污泥泵排出，循环至反应池入口。下层是产生大量浓缩污泥的地方，浓缩污泥的质量浓度不小于 20 g/L。污泥浓缩区设有超声波泥位控制开关，用来控制污泥泵的运行，保证浓缩污泥层在所控制的范围内，并保证浓缩池的正常工作。

采用污泥泵从预沉池、浓缩池的底部抽出剩余污泥，送至污泥脱水间进行脱水处理。

③ 斜管分离区。在逆流式斜管沉淀区可将剩余的矾花沉淀，通过固定在清水收集槽下侧的纵向板进行水力分布，这些板有效地将斜管分为独立的几组以提高水流均匀分配。澄清水由一个集水槽系统回收。絮凝物堆积在澄清池的下部，形成的污泥也在这部分区域浓缩。通过刮泥机栅条的慢速搅动，将污泥间空隙水排挤，浓缩污泥在刮泥机轴心较小范围内聚集，部分循环至反应池入口处，剩余污泥排放。

（3）水力循环澄清池

水力循环澄清池主要由进出水系统、混凝系统、分离系统、排泥系统 4 个部分组成，见图 4-24。进出水系统：进水管、出水槽、出水管；混凝系统：喷嘴、喉管、喇叭口、第一絮凝室和第二絮凝室；分离系统：分离室；排泥系统：浓缩室、排泥管、放空管。

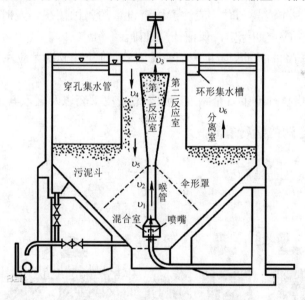

图 4-24　水力循环澄清池

水力循环澄清池的工作原理：投加凝聚剂的原水由进水管引入，利用进水本身的动能，使喷嘴产生高速水流进入喉管，在喇叭口四周形成真空，将数倍于进水量的活性泥渣吸入喉管，使原水、凝聚剂、活性泥渣在此剧烈而均匀地快速混合，然后进入絮凝室。

水流通过第一絮凝室和第二絮凝室时，由于水流断面逐渐扩大，使水流速度逐渐降低，在这种流速的作用下，增加了颗粒间的接触碰撞，又因利用了活性泥渣较大的吸附能力，在絮凝室中迅速形成较大的矾花颗粒，有效地完成了混凝过程。

当水流进入分离室后，由于流速突然降低，造成泥、水分离的有利条件，清水通过分离室上的清水区进入出水槽，从出水管中流出，泥渣由于重力作用而下沉，一部分通过浓缩室被排泥管排出，以保持池内泥渣的平衡，大部分泥渣进行循环回流，重复利用。

水力循环澄清池具有体积小、效率高等优点。还具有构造简单，无机械、真空、虹吸等较复杂的设备，能充分利用进水本身的动能，节省能耗；有较大的适应性，处理浊度范围较广；可连续工作，也允许间隙运转，施工、运转管理较方便等特点。它适用于与无阀滤池配套使用。

水力循环澄清池单池产水量为 40~320 m³/h，进水悬浮物含量一般要求小于 2 000 mg/L。

4.1.4.5 混凝（沉淀）系统日常维护管理

混凝（沉淀）系统的日常维护管理包括以下内容：

① 每次均应观察并记录矾花产生情况，并将之与历史资料相比。如发现异常应及时分析原因，并采取相应对策。

② 沉淀池排泥要及时且准确。排泥间隔太长或一次性排泥量太大，都会影响正常运行。

③ 应定期清洗加药设备，保持清洁卫生；定期清扫池壁，防止藻类滋生。

④ 定期取样分析水质，并定期核算混合区和絮凝池的 G 及 GT 值。

⑤ 定期巡检设备的运行情况，如有故障，则及时排除。

⑥ 当采用氯化铁作混凝剂时，应注意检查设备的腐蚀情况，及时进行防腐处理。

⑦ 加药计量设施应定期标定，保证计量准确。

⑧ 加强对库存药剂的检查，防止药剂变质失效。对硫酸亚铁尤应注意。用药应遵守"先存后用"的原则。

⑨ 配药时要严格执行卫生安全制度，必须戴胶皮手套以及采取其他劳动保护措施。

4.1.5 高密度沉淀池的运行管理

4.1.5.1 高密度沉淀池的结构

见图 4-25。

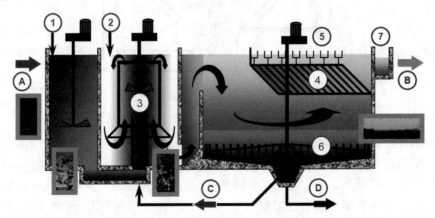

1—混凝剂投加；2—絮凝剂投加；3—反应池；4—斜管；5—出水堰；6—栅形刮泥机；7—出水渠；

A—进水；B—出水；C—污泥回流；D—剩余污泥排放。

图 4-25 高密池沉淀池流程

4.1.5.2　工艺组成

高密度沉淀池系统通常包括以下几个部分：

① 高密度沉淀池上游带有混凝剂投加的快速搅拌池；

② 带有聚合物投加和污泥回流功能的反应池；

③ 配备斜管的沉淀池；

④ 澄清水的集水槽及出水渠；

⑤ 污泥回流和排放系统；

⑥ 带有泥位检测的控制系统。

4.1.5.3　混凝快速搅拌池

进水首先流入混凝快速搅拌池，与混凝剂 PAC（或其他药剂）进行混凝，一台快速搅拌器连续运行，以帮助混凝并避免矾花沉淀。一台变频加药泵（一用一备）投加混凝剂，按照进水流量和需要的投加浓度来控制加药泵的运行。

4.1.5.4　反应池

在高密度沉淀池系统中，反应池单元是非常重要的部分。因为该处理单元决定了水和污泥处理的效果，所以反应池必须合理地调整。

（1）药剂投加量的确定

药剂的投加量取决于进水的性质和悬浮固体物浓度。投加量必须按照浓度最高的进水通过烧杯试验来确定。试验中需掌握以下参数：

① 进水的温度、pH、浊度、悬浮固体物浓度、色度等。

② 最佳投药量。

③ 产泥量。

（2）反应池搅拌器速度

搅拌器的转速应确保聚合物搅拌充足和絮凝良好。如果转速过高，矾花就有被打碎的危险；太低则有污泥在反应区内沉淀的危险。

（3）污泥回流

污泥回流的目的在于加速矾花的生长以及增加矾花的密度。

4.1.5.5　沉淀区

沉淀池是高密度沉淀池系统中重要的部分，大部分矾花在这里沉淀和浓缩。连续刮扫促进了沉淀污泥的浓缩。部分污泥回流到反应池中，这种精确控制的外部污泥回流用来维持均匀絮凝所要求的高污泥浓度。斜板放置在沉淀池的顶部，用于去除剩余的矾花和产出最终合格的水。

4.1.5.6　调试运行

调试运行步骤如下：

① 开启高密度沉淀池总进水阀，用进水灌满高密度沉淀池。

②启动搅拌器和浓缩刮泥机。启动絮凝反应池的搅拌器之前，水位必须高于导流筒和高泥位开关。

③开启回流泵。如果系统中没有污泥，从底部进行污泥回流（采用剩余排泥泵进行回流）。回流量控制在2%左右。

④化学药剂PAC混凝剂和PAM絮凝剂开始投加。具备条件的可双路投加PAM。依据絮体情况调控投加量。

⑤排泥。只有污泥层达到一定高度时，才可启动排泥，参考值为0.5～1 m。

⑥监测：水量、进出水水质指标（至少SS和TP）、泥层厚度、回流污泥浓度、反应池内污泥浓度和回流比。

4.1.5.7　絮凝剂投加

絮凝剂PAM投加量取决于进水中悬浮固体物的性质和浓度的影响。必须通过化验浓度更高的进水来确定。试验中需控制的参数是絮凝记录、污泥量和沉淀速度。投加点上的聚合物的质量浓度必须稀释到0.05～0.1 g/L，以实现最好的絮凝效果。

4.1.5.8　反应池搅拌器速度

搅拌器的转速确保聚合物搅拌充足和絮凝良好。如果旋转速度过高，那么矾花就有被打碎的危险。搅拌器转速调节的原则：当水温降低和絮凝比较困难时应提高转速；当矾花易碎、水量较低、导流筒中的水流不对称时应降低转速。

4.1.5.9　反应池污泥回流比的控制

（1）回流污泥比率的控制原则

确定污泥的沉降性能：污泥在1 L的带有刻度的量筒中沉淀10 min后的泥层的高度即污泥的沉降比（以%表示）。刻度量筒中的沉淀污泥的量应该是30～150 mL，也就是说，性能良好的泥层的沉降比一般为3%～15%。

如果没有足够的污泥，所取得的处理效果就不会好。如果泥量过多，就会超出固体负荷的限制，泥床有上升的危险。好的污泥回流能达到2%～4%的污泥沉降比，甚至更高。

（2）污泥回流调节

改变回流泵的流量，可以调节污泥的沉降比。最佳的调节是在流量最大的情况下完成的。请注意下列数据：污泥比率超过15%，减小回流泵的流量；如果泥床升高了，那么就降低预设的沉降比值（回流泵流量）；当回流污泥的沉降比值得到满足时，那么不管进水流量如何，回流泵的调整值均可以保持不变。

如果流量徒增或泥位升高，可以采取以下手段：降低污泥回流流量；逐步提高进水流量：每一步大约为最大流量的10%，每一步所需的时间是20～30 min。

污泥回流的目的在于加速矾花的生长以及增加矾花的密度。

回流泵的调节：不管进水流量如何，污泥回流泵均以恒定的流速运转。回流泵的流量按照进水最大流量调节，以便得到反应池内最佳的污泥沉降比。

当系统内没有污泥时启动，应从底部进行污泥回流以便反应池尽快达到正确的污泥浓度。当泥床位置升至0.5～1 m时（或泥位超过低位探头时），恢复从池锥部位回流污泥。

4.1.5.10　泥位

泥床的作用在于为回流积攒足够的污泥并提高污泥的浓度。泥位的稳定性是判断高密度沉淀池运行状况的一个指标。通过一系列的仪表监测污泥界面并以此为依据对排泥进行控制和调节。

（1）高泥位检测

该仪表用于当泥位明显升高时进行加速排泥控制，该探头的安装位置必须高于刮泥机的栅条约 0.2 m（否则有拉断的危险）。其设定必须满足以下两个要求：

① 最大流量下泥层的完整性，泥位过高则有可能造成被水流带走，并造成斜管下方污泥浓度过大、部分或全部斜管跑泥。

② 稳定和高浓度的回流：根据处理类型及规模的不同，要求泥层至少要高于回流锥 0.5～2 m。

（2）低泥位检测

该探头用于保证回流的稳定性和在系统中保持一定的泥位，可禁止或减少排泥。如果泥床过低，就有回流的污泥不够的危险，会导致澄清效果不好，排放的污泥浓度低。

（3）回流污泥采集点

如果在没有污泥的情况下启动高密度沉淀池，必须从泥斗底部开始污泥循环，以快速地在絮凝池内得到准确的浓度，当泥床位置升至 0.5～1 m 时，从池锥部位开始回流污泥。

（4）检查和取样

必须定期通过取样点对泥层的状况进行检查。

检查的方法是检测各个取样点的污泥沉降比。通过检查可以得知泥层深度、探头的运行状况以及斜管下是否有污泥。该检查通常为每天一次，必须根据实际运行情况来确定检查的频率。如果泥位探测器出故障，那么必须定期打开取样阀观察泥床液位的情况。观察的次数取决于该系统运作的稳定性。

为实现该功能，4 个取样点（结合图 4-25 序号排列）设计如下：

1#取样点：用于排放的污泥；

2#取样点：用于回流污泥；

3#取样点：正常泥位；

4#取样点：在澄清水的斜板下。

高泥位的设定点位于 3#与 4#取样点之间，低泥位的设定点位于 2#与 3#取样点之间。泥床液位必须稳定在 2#与 3#取样点之间。1#取样点用来检查回流污泥的质量。从 4#取样点中提取的样品应为清水，而且斜板模块附近不应有污泥存在，否则表示泥床液位过高。

4.1.5.11　排泥

（1）物料平衡

进水中所有的悬浮物产生的沉淀物都将在高密度沉淀池中去除。

进入：流量 Q_A，体积 V_i，浓度 c_A。

排出：污泥排放和产出净水，平均出水流量 Q_E，体积 V_E，浓度 c_E；排泥流量 Q_{ET}，体积 V_{ET}，浓度 c_{ET}。

高密度沉淀池物料平衡如图 4-26 所示。

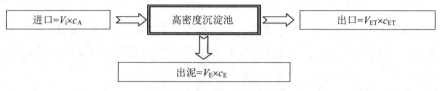

图 4-26　高密度沉淀池物料平衡

计算公式如下：

$$V_i \times c_A = V_{ET} \times c_{ET} + V_E \times c_E \Rightarrow V_i \times c_A = V_E \times c_E \Rightarrow V_E = c_A / c_E \times V_i \ (\text{m}^3/\text{d})$$

或者：

$$Q_A \times c_A = Q_{ET} \times c_{ET} + Q_E \times c_E \Rightarrow Q_A \times c_A = Q_E \times c_E \Rightarrow V_E = c_A / c_E \times Q_A \ (\text{m}^3/\text{h})$$

（2）排出污泥特征

污泥排放与进水流量成正比。对于高密度沉淀池，c_A/c_E 比例独立于流量，并且相对稳定。如果 c_A 发生变化，c_E 也会发生相应的变化（在水厂投入运作的第一年中必须进行检查）。污泥的排放受泥床高液位探测器和高密度沉淀池刮泥机的第一个力矩报警控制。排泥不连续控制。

（3）排泥调节

排泥的目的在于通过进口和出口的物料平衡来维持泥床的液位。

如果排泥可以做到与进水流量成正比，那么每个排泥期间 t_E（s）可以在每流过进水 V_i（m³）后开始。固定排泥时间 t_E（s），以保证泥床液位的稳定性。如果出现泥床高液位或高密度沉淀池刮泥机的第一个力矩报警，那就应该提高排泥的频率和泵送时间。

4.1.5.12　日常运行关注点

利用高密度沉淀池的运行记录表，对照图 4-27 开展日常运行，运行关注点均在表 4-3 中体现。

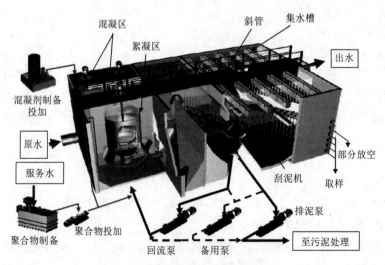

图 4-27　高密度沉淀池轴侧图

表 4-3 高密度沉淀池运行记录

高密度沉淀池运行记录表		日期	
项目		单位	具体内容
进水流量			
药剂投加	混凝剂 PAC 投加量	mg/L	
	混凝剂 PAC 规格		
	絮凝剂 PAM 投加量		
	絮凝剂 PAM 规格		
高密度沉淀池出水	SS	mg/L	
	浊度	NTU	
进水	SS	mg/L	
	浊度	NTU	
	温度	℃	
重点设备设定值	回流泵	m³/h	
	剩余泵	m³/h	
	刮泥机	rev/h	
	反应池搅拌器	r/min	
	排泥量	m³	
	排泥时间	min	
污泥浓度	回流污泥	mg/L	
	排放污泥	mg/L	
反应区污泥沉降比	样品 1	%	
	样品 2	%	
	样品 3	%	
	样品 4	%	
	样品 5	%	
斜管清洗		是/否	
集水池清洗		是/否	
反应池清洗		是/否	
备注说明			

4.2 常规过滤法

过滤是使含悬浮物的废水流过具有一定孔隙率的过滤介质，水中的悬浮物被截留在介质表面或内部而除去。在污水处理中，过滤一般用于污水的深度处理（包括中水回用）。用在混凝、沉淀或澄清等处理之后，进一步去除水中的细小悬浮颗粒，降低浊度。在常规过滤时，水中有机物、细菌乃至病毒等更小的粒子由于吸附作用也将随着水的浊度降低而被部分去除。另外，常规过滤还常用在对水的浊度要求较高的处理工艺前面，作为预处理。

4.2.1 常规过滤的机理

用于常规过滤的装置称为滤池。目前所用的几乎全是快滤池（滤速可达 10 m/h 以上），其基本组成是将 0.5～1.2 mm 石英砂作为滤料，滤料层厚度一般为 70 cm 左右。过滤时，水自上而下流过，将杂质阻留在滤料层中，得到清水；当阻留杂质过多，失去过滤功效时，用清水自下而上反冲洗，将滤料冲洗干净后就可重新开始过滤。

常规过滤主要是悬浮颗粒与滤料颗粒之间黏附作用的结果，常规过滤的机理可以归纳为以下 3 种主要作用。

4.2.1.1 阻力截留

当污水自上而下流过颗粒滤料层时，粒径较大的悬浮颗粒首先被截留在表层滤料的空隙中，随着此层滤料间的空隙越来越小，截污能力也变得越来越大，逐渐形成一层主要由被截留的固体颗粒构成的滤膜，并由它起到重要的过滤作用。

4.2.1.2 重力沉降

污水通过滤料层时，众多的滤料表面提供了巨大的沉降面积。水中颗粒由于自身的重力作用或惯性作用而脱离流线被抛向滤料表面。

4.2.1.3 接触絮凝

由于滤料具有巨大的比表面积，它对悬浮物有明显的物理吸附作用。此外，静电力等也会使滤料颗粒黏附水中的悬浮颗粒，就像在滤料层内部发生接触絮凝。

在实际过滤过程中，上述 3 种机理往往同时起作用，只是随条件不同而有主次之分。对粒径较大的悬浮颗粒，以阻力截留为主；对于细微悬浮物，以发生在滤料深层的重力沉降和接触絮凝为主。

4.2.2 快滤池的结构与工作过程

快滤池包括池体、滤料、配水系统与承托层、反冲洗装置等几部分。工作过程为过滤、冲洗两个阶段交替进行。其组成和工作原理如图 4-28 所示。

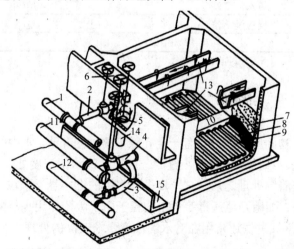

1—进水总管；2—进水支管；3—清水支管；4—冲洗水支管；5—排水阀；6—浑水渠；7—滤料层；
8—承托层；9—配水支管；10—配水干管；11—冲洗水总管；12—清水总管；13—冲洗排水槽；
14—排水管；15—污水渠。

图 4-28 普通快滤池构造剖视图

过滤时，开启进水支管 2 与清水支管 3 的阀门；关闭冲洗水支管 4 的阀门与排水阀 5。浑水依次经过进水总管 1、进水支管 2、浑水渠 6 进入滤池，进入的滤池水经过滤料层 7、承托层 8 过滤后，由配水支管 9 汇集起来，再经配水干管 10、清水支管 3、清水总管 12 流往清水池。

浑水流经滤料层时，水中杂质即被截留在滤料层中。随着滤料层中截留杂质的量越来越多，滤料颗粒间孔隙越来越小，滤层中的水头损失越来越大。当水头损失增至一定程度（普通快滤池一般为 2.0～2.5 m），以至于滤池出水流量下降，甚至滤出水的浊度上升，不符合出水水质要求时，滤池就要停止过滤，进行反冲洗。

反冲洗时，关闭进水支管 2 与清水支管 3 的阀门；开启排水阀 5 与冲洗水支管 4 的阀门。冲洗水依次经过冲洗水总管 11、冲洗水支管 4、配水干管 10 进入配水支管 9，冲洗水通过配水支管 9 及其上面的许多孔眼流出，由下而上穿过承托层及滤料层，均匀地分布在滤池平面上。滤料在由下而上的水流中处于悬浮状态，由于水流剪力及颗粒间相互碰撞作用，滤料颗粒表面杂质被剥离下来，从而得到清洗。冲洗污水经冲洗排水槽 13、浑水渠 6、排水管 14、污水渠 15 进入下水道。冲洗一直进行到滤料基本洗干净为止。

冲洗结束后，即可关闭冲洗水支管 4 的阀门与排水阀 5，开启进水支管 2 与清水支管 3 的阀门，重新开始过滤。

4.2.2.1　滤料

滤料的主要作用是作为载体提供黏附水中细小悬浮物所需的面积。根据其用途，对滤料的要求如下：具有足够的机械强度，以防止冲洗时滤料产生磨损和破碎现象；具有足够的化学稳定性；具有一定的颗粒级配和适当空隙率，外形接近球形，表面比较粗糙而有棱角；就地取材，货源充足，价格低廉。

石英砂是使用最广泛的滤料。在双层和多层滤料中，常用的还有无烟煤、磁铁矿、石榴石、金刚砂、铁矿等。在轻质滤料中，可采用聚苯乙烯及陶粒等。

4.2.2.2　配水系统与承托层

配水系统位于滤池底部，反冲洗时，使冲洗水在整个滤池平面上均匀分布；过滤时，能均匀地收集滤后水。配水均匀性对反冲洗效果至关重要。若配水不均匀，水量小，滤料得不到足够的清洗；水量大，反冲洗强度过高，会造成滤料流失，甚至会使局部承托层发生移动，造成过滤时漏砂现象。

根据反冲洗时配水系统对冲洗水的阻力大小，配水系统可分为大阻力、中阻力和小阻力 3 种配水系统。

（1）大阻力配水系统

常用的大阻力配水系统是"穿孔管大阻力配水系统"，如图 4-29 所示。中间是一根配水干管（或渠），在其两侧接出若干根间距相等、彼此平行的支管。在支管下部开有两排与管中心线呈 45°角且交错排列的配水小孔。反冲洗时，水流从干管起端进入后，流入各支管，由各支管孔口流出，再经承托层自下而上对滤料层进行冲洗，最后流入排水槽。

图 4-29 中 a 点和 c 点处的孔口分别是距进水口最近和最远的两孔，其孔口内压力水头相差最大。

大阻力配水系统的优点是配水均匀性较好，但系统结构较复杂，检修困难，而且水头损失很大（通常在 3.0 mH$_2$O 以上），冲洗时需要专用设备（如冲洗水泵），动力耗能多。

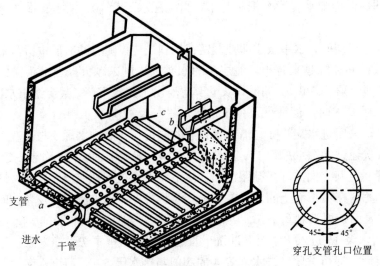

图 4-29 穿孔管大阻力配水系统

（2）中、小阻力配水系统

水处理过程中，最常用的小阻力配水系统是在滤池底部留有较大的配水空间，在配水空间上铺设钢筋混凝土穿孔滤板，板上铺设一层或两层尼龙网后，直接铺放滤料（尼龙网上也可适当铺设一些卵石），如图 4-30（a）、图 4-30（b）所示。另外，滤池采用气、水反冲洗时，还可以采用长柄滤头作配水系统，如图 4-30（c）所示。

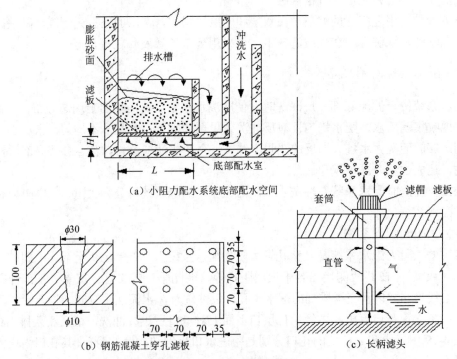

（a）小阻力配水系统底部配水空间

（b）钢筋混凝土穿孔滤板

（c）长柄滤头

图 4-30 小阻力配水系统

小阻力配水系统的开孔比通常都大于 1.0%，水头损失一般小于 0.5 mH$_2$O。开孔比越大，则孔口阻力越小，配水均匀性越差。由于小阻力配水系统的配水均匀性比大阻力配水系统差，一般多用于单格面积不大于 20 m^2 的无阀滤池、虹吸滤池等。

中阻力配水系统，是指开孔比介于大、小阻力配水系统之间的配水系统，其开孔比一般为 0.4%～1.0%，水头损失一般为 0.5～3.0 mH$_2$O。中阻力配水系统的配水均匀性优于小阻力配水系统。最常见的中阻力配水系统是穿孔滤砖，如图 4-31 所示。

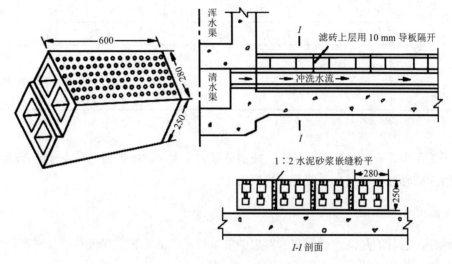

图 4-31　穿孔滤砖

穿孔滤砖的构造分上、下两层连成整体。铺设时，各砖的下层相互连通，起到配水渠的作用；上层各砖之间用导板隔开，互不相通，单独配水。其实际效果就是将滤池分成滤砖大小的许多小格，保证配水均匀。

由于中阻力和小阻力配水系统的结构相似，划分界限也不太明确，有时也将它们统称为小阻力配水系统。

（3）承托层

承托层一般是配合管式大阻力配水系统使用，承托层设于滤料层和底部配水系统之间。其作用是一方面支撑滤料，防止过滤时滤料通过配水系统的孔眼流失；另一方面在反冲洗时均匀地向滤料层分配反冲洗水。

滤池的承托层一般由一定厚度的天然卵石或砾石组成，其粒径和级配应根据冲洗时所产生的最大冲击力而确定，保证反冲洗时承托层不会发生移动。单层或双层滤料的快滤池大阻力配水系统承托层粒径和厚度见表 4-4。

表 4-4　快滤池大阻力配水系统承托层粒径和厚度

层次（自上而下）	粒径/mm	厚度/mm	层次（自上而下）	粒径/mm	厚度/mm
1	2～4	100	3	8～16	100
2	4～8	100	4	16～32	本层顶面高度至少应高出配水系统孔眼 100 mm

三层滤料滤池的承托层宜按表 4-5 采用。

表 4-5　三层滤料滤池承托层材料、粒径与厚度

层次（自上而下）	材料	粒径/mm	厚度/mm
1	重质矿石（如石榴石、磁铁矿等）	0.5～1.0	50
2	重质矿石（如石榴石、磁铁矿等）	1～2	50
3	重质矿石（如石榴石、磁铁矿等）	2～4	50
4	重质矿石（如石榴石、磁铁矿等）	4～8	50
5	砾石	8～16	100
6	砾石	16～32	本层顶面高度至少应高出配水系统孔眼 100 mm

注：配水系统如用滤砖且孔径为 4 mm 时，第 6 层可不设。

如果采用中、小阻力配水系统，承托层可以完全省去，或者适当减小，或者适当铺设一些粗砂或细砾石，视配水系统具体情况而定。

4.2.2.3　滤池冲洗系统

滤池冲洗的目的是清除截留在滤料层中的杂质，使滤池在短时间内恢复过滤能力。

（1）滤池冲洗方法

快滤池的冲洗方法有 3 种：高速水流反冲洗；气—水反冲洗；表面辅助冲洗加高速水流反冲洗。应根据滤料层组成，配水、配气系统形式，或参照相似条件下已有滤池的经验选取冲洗方式，如表 4-6 所示。

表 4-6　冲洗方式和程序

滤料层组成	冲洗方式、程序
单层细砂级配滤料	1. 水冲；2. 气冲—水冲
单层粗砂均匀级配滤料	1. 气冲；2. 气水同时冲；3. 水冲
双层煤、砂级配滤料	1. 水冲；2. 气冲—水冲
三层煤、砂、重质矿石级配滤料	水冲

① 高速水流反冲洗。高速水流反冲洗是利用高速水流反向通过滤料层，使滤层膨胀呈流态化，在水流剪切力和滤料颗粒间碰撞摩擦的双重作用下，把截留在滤料层中的杂质从滤料表面剥落下来，然后被冲洗水带出滤池。这是应用最早的冲洗方法，滤池结构和设备简单，操作简便。

为了保证冲洗效果，要求必须有一定的冲洗强度、适宜的滤层膨胀度和足够的冲洗时间。3 项指标的推荐值如表 4-7 所示。

表 4-7 冲洗强度、膨胀度和冲洗时间（水温 20℃）

滤　　层	冲洗强度/［L/（m²·s）］	膨胀度/%	冲洗时间/min
单层细砂级配滤料	12～15	45	7～5
双层煤、砂级配滤料	13～16	50	8～6
三层煤、砂、重质矿石级配滤料	16～17	55	7～5

注：1. 当采用表面冲洗设备时，冲洗强度可取低值。

2. 由于全年水温、水质有变化，应考虑有适当调整冲洗强度的可能。

3. 选择冲洗强度应考虑所用混凝剂品种。

4. 膨胀度数值仅作设计计算用。

② 气—水反冲洗。将压缩空气压入滤池，利用上升空气气泡产生的振动和擦洗作用，将附着于滤料表面的杂质清除下来并使之悬浮于水中，然后用水反冲把杂质排出池外。气—水反冲洗所需的空气由鼓风机或空气压缩机和储气罐组成的供气系统供给，冲洗水由冲洗水泵或冲洗水箱供应，配气、配水系统多采用长柄滤头。气水冲洗强度及冲洗时间如表 4-8 所示。

表 4-8 气水冲洗强度及冲洗时间

滤料种类	先气冲洗		气水同时冲洗			后水冲洗		表面扫洗	
	强度/［L/（m²·s）］	时间/min	气强度/［L/（m²·s）］	水强度/［L/（m²·s）］	时间/min	强度/［L/（m²·s）］	时间/min	强度/［L/（m²·s）］	时间/min
单层细砂级配滤料	15～20	3～1	—	—	—	8～10	7～5	—	—
双层煤、砂级配滤料	15～20	3～1	—	—	—	6.5～10	7～5	—	—
单层粗砂均匀级配滤料	13～17	2～1	13～17	3～4	4～3	4～8	8～5	—	—
	13～17	2～1	13～17	2.5～3	5～4	4～6	8～5	1.4～2.3	全程

③ 表面冲洗。表面冲洗是在滤料砂面以上 50～70 mm 处放置穿孔管。反冲洗前先用穿孔管孔眼或喷嘴喷出的高速水流，冲洗去表层 10 cm 厚度滤料中的污泥，然后进行水反冲。表面冲洗可提高冲洗效果，节省冲洗水量。

根据穿孔管的安置方式，表面冲洗可分为固定式（较多的穿孔管均匀地固定布置在砂面上方）和旋转式（较少的穿孔管布置在砂面上方，冲洗臂绕固定轴旋转，使冲洗水均匀地布洒在整个滤池）2 种。其表面冲洗强度分别为 2～3 L/（m²·s）和 0.50～0.75 L/（m²·s），冲洗时间均为 4～6 min。

（2）冲洗污水的排除

滤池冲洗污水的排除设施包括反冲洗排水槽和污水渠。反冲洗时，冲洗污水先溢流入反冲洗排水槽，再汇集到污水渠，然后排入下水道（或回收水池），如图 4-32 所示。

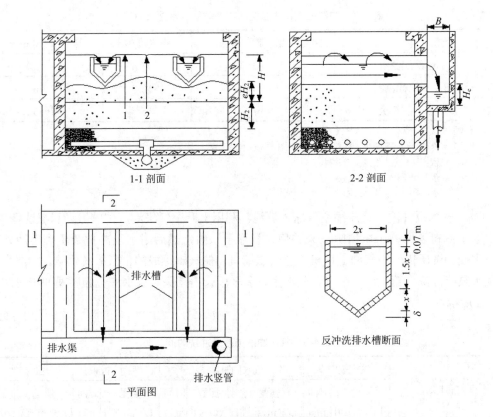

图 4-32 反冲洗污水排除示意图

4.2.3 快滤池的日常运行管理与维护

① 定期放空滤池进行全面检查。例如，检查过滤及反冲洗后滤层表面是否平坦、是否有裂缝、滤层四周是否有脱离池壁现象，并应设法检查承托层是否松动。

② 表层滤料应定期大强度表面冲洗，或更换。

③ 各种闸、阀应经常维护，保证开启正常。喷头应经常检查是否堵塞。

④ 应时刻保持滤池池壁及排水槽清洁，并及时清除生长的藻类。

⑤ 出现以下情况时，应停池大修：

a. 滤池含泥量显著增多，泥球过多并且靠改善冲洗已无法解决；

b. 砂面裂缝太多，甚至已脱离池壁；

c. 冲洗后砂面凹凸不平，砂层逐渐降低，出水中携带大量砂粒；

d. 配水系统堵塞或管道损坏，造成严重冲洗不匀；

e. 滤池已连续运行 10 年以上。

⑥ 滤池的大修包括以下内容：

a. 将滤料取出清洗，并将部分予以更换；

b. 将承托层取出清洗，损坏部分予以更换；

c. 对滤池的各部位进行彻底清洗；

d. 对所有管路系统进行完全的检查修理，水下部分进行防腐处理。

⑦ 将滤料清洗或更换后，重新铺装时应注意以下问题：

a．应遵循分层铺装的原则，每铺完一层后，首先检查是否达到要求的高度，然后铺平刮匀再进行下一层铺装。

b．如有条件，应尽量采用水中撒料的方式装填滤料。装填完毕后，将水放干，将表层的极细砂或杂物清除刮掉。

c．对于双层滤料，装完底层滤料后，应先进行冲洗，刮除表层的极细颗粒及杂物，再进行上层滤料的装填。

d．滤层实际铺装高度应比设计高度高出 50 mm。

e．对无烟煤滤料，投入滤池后，应在水中浸泡 24 h 以上，再将水排干进行冲洗刮平。

f．更换完的滤料，初次进水时，应尽量从底部进水，并浸泡 8 h 以上，方可正式投入运行。

4.2.4　V 形滤池

（1）V 形滤池介绍

V 形滤池是快滤池的一种形式，因为其进水槽形状呈"V"形而得名，也叫均粒滤料滤池、六阀滤池，它是我国 20 世纪 80 年代末从法国 Degremont 公司引进的技术。

（2）V 形滤池的特点

V 形滤池采用了较粗、较厚的均匀颗粒的石英砂滤层，采用了不使滤层膨胀的气、水同时反冲洗兼有待滤水的表面扫洗；采用了专用的长柄滤头进行气、水分配等工艺。它具有出水水质好、滤速高、运行周期长、反冲洗效果好、节能和便于自动化管理等特点。

自 20 世纪 90 年代以来，我国新建的大、中型净水厂差不多都采用了 V 形滤池这种滤水工艺，进入 21 世纪后，随着污水处理要求的提高，V 形滤池也被引进污水处理工艺中。V 形滤池用于污水厂二级处理后的深度处理工艺中，主要用于进一步去除水中悬浮和胶状物质，从而保证出水 COD、SS 等达标。

（3）V 形滤池的工作原理

与其他普通滤池过滤原理一样，利用石英砂将悬浮污染物进行物理截留，随着过滤时间的增加，截留下来的悬浮污染物填充了砂粒间的缝隙，再同石英砂一起截留更多的污染物，当截留到一定程度后，随着截留物的增加，过滤阻力也在相应增加，截留物会逐渐深入下面，当达到一定量时，启动反冲洗程序，将截留在滤料中的污染物反冲洗剥离，然后恢复正常过滤过程。

（4）V 形滤池的基本结构和组成

滤池系统（图 4-33）包括滤池本体、反冲洗鼓风机房、控制间、反冲洗水泵间、出水池（反冲洗集水池），整个滤池系统均设计在一座或几座建（构）筑物内。

滤池的本体结构包括进水系统（进水总渠、进水支渠、V 形进水槽）、出水系统（清水支管、出水水封井、出水堰、清水总管等）、排水系统、配水系统、配气系统和池体等，具体见图 4-34。

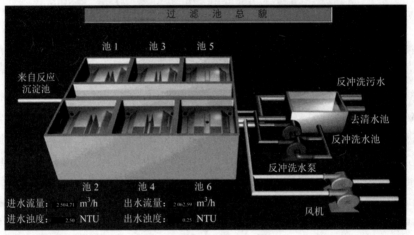

图 4-33　V 形滤池系统

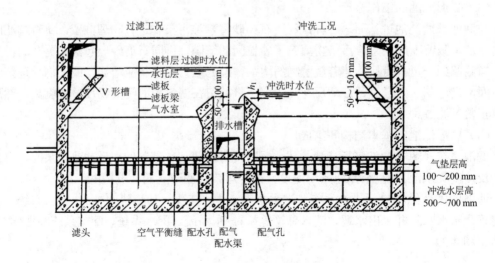

图 4-34　V 形滤池剖面图

（5）V 形滤池的运行过程

① 正常过滤过程。正常过滤时，来水首先进入配水渠，经配水电动闸门进入一次配水渠，再经配水堰进入二次配水渠，然后经两侧进水孔进入滤池 V 形槽，此时水位是高于 V 形槽上顶的，原水经砂滤层过滤，通过长柄滤头进入收水室，再经底部孔洞进入配水配气渠，由出口调节蝶阀控制过流量进入水封井，从而可保证滤池恒水位过滤（依靠超声波液位计反馈信号控制出水调节阀），出水汇合后去往消毒池（图 4-35）。

图 4-35　V 形滤池（水面高于 V 形槽和排水槽）

② 反冲洗启动条件。包括人工启动和自动启动：当系统需要进行程序调试、设备维护或维修、强制反冲洗等情况下需要人工启动，此时进行手动切换即可；自动启动的条件是水位升高超过正常过滤水位 5 cm、达到设定的反冲洗时间或设定的滤阻值。

a．时间控制滤池反冲洗时间设定依据：正常来水条件下，自一次反冲洗完成开始至滤池出水 SS 超标为最大反冲洗间隔，一般因来水水质变化，该间隔时间也会随之变化，设定间隔应有一定安全过滤余量；再者因过滤时间越长，截留物越多，反冲洗越困难，反冲洗效果也会逐渐变差，另外，考虑实际操作，以及间隔时间太长可能与其他自动反冲洗条件重合，会引起集中反冲洗，不利于控制，初步设定的时间间隔为 24 h，可根据实际运行状况适当调整。

b．水位控制启动反冲洗设定依据：滤池过滤采用恒水位过滤（当然有一定波动范围，为 ±2.5 cm），当出水调节蝶阀正常工作时，工作水位上升超过设定液位 5 cm 时并持续一定时间，即认为水位超高，需要启动反冲洗程序。

c．滤阻启动反冲洗设定依据：开始过滤时，此时系统过滤滤阻最小，随着过滤时间延长，过滤阻值会逐渐增加，当达到一定值后，滤池出水水质变差不能满足要求，此时为允许滤阻最大值，当然，一般不会设定达到最大滤阻值时再启动反冲洗，而是取某一中间值作为启动反冲洗的滤阻值。

③ 反冲洗的工作过程。反冲洗时，首先关闭进水闸门，出水控制阀全开，使水位降低至反冲洗启动水位，反冲洗排水阀打开，该池反冲洗进气控制蝶阀打开，反冲洗鼓风机启

动 2 台，气冲洗开始，进行 3 min 后进入气水联合反冲洗阶段，此时进水电动闸阀逐渐开启，即表扫洗开始，反冲洗水泵开启 1 台，反冲洗进水阀打开，气水联合反冲洗历时 4 min 后，此时鼓风机停止运行，反冲洗进气蝶阀关闭，排气电磁阀打开，反冲洗水泵再启动 1 台，进入反冲洗阶段，水反冲洗持续 3 min，该过程中表扫洗一直在进行，此后关闭反冲洗排水阀门，关闭排气电磁阀，关闭反冲洗进水阀，随后关闭反冲洗水泵，滤池内水位逐渐上升，达到设定过滤水位后，出水调节阀开启，进入正常过滤状态。过滤与反冲洗过程中的各功能设备状态见表 4-9，V 形滤池反冲洗见图 4-36。

表 4-9　过滤与反冲洗过程中各功能设备状态

	进水闸板阀	出水调节蝶阀	反冲洗进气蝶阀	反冲洗进水蝶阀	反冲洗排水蝶阀	反冲洗排气电磁阀	反冲洗鼓风机	反冲洗水泵
过滤	开	开	关	关	关	关	关	关
降水位	关	全开	关	关	关	关	关	关
气冲洗 3 min	关	关	开	关	开	关	开 2 台	关
气水联合反冲洗 4 min	开	关	开	开	开	关	开 2 台	开 1 台
水冲洗 3 min	开	关	关	开	开	开	关	开 2 台
水冲完毕	开	关	关	关	关	关	关	关
恢复至过滤水位	开	开	关	关	关	关	关	关

图 4-36　V 形滤池反冲洗现场照片

④ 运行中的注意事项。

a. 定时巡检、定期维护各设备，保证各设备正常工作。

b. 当系统出现故障时，及时按操作手册进行处理，必要时进行手动反冲洗。

c. 及时清理表面浮渣和其他杂物。

d. 摸清不同水质反冲洗的规律，尽可能使 2 组滤池反冲洗时间错开。

e. 掌握系统反冲洗顺序，能根据提示识别故障，并知晓采取相应措施。

f. 注意滤池管廊内地面水位与反冲洗机房泵坑内地面水位。

g. 每位运行人员应掌握手动反冲洗流程。

h. 当出现系统故障后，如停电、自控故障等，若不知如何处理应及时汇报有关人员。

4.3　吸附法

吸附是一种物质在另一种物质表面上进行自动累积或浓集的现象。它可发生在气—液、气—固、固—液两相之间。

吸附法就是利用多孔性的固体物质，使水中一种或多种物质被吸附在固体表面而去除的方法。吸附法可有效完成对水的多种净化功能，如脱色、脱臭，脱除重金属离子、放射性元素，脱除多种难以用一般方法处理的剧毒或难生物降解的有机物等。

具有吸附能力的多孔性固体物质称为吸附剂，如活性炭、活化煤、焦炭、煤渣、吸附树脂、木屑等，其中以活性炭的使用最为普遍。而污水中被吸附的物质则称为吸附质。在水处理领域，吸附处理可作为离子交换、膜分离技术处理系统的预处理单元，用以分离去除对后续处理单元有毒害作用的有机物、胶体和离子型物质，还可以作为三级处理后出水的深度处理单元，以获取高质量的处理出水，进而实现污水的资源化应用。

利用吸附法进行水处理，具有适应范围广、处理效果好、可回收有用物料、吸附剂可再生利用等特点；同时吸附法对进水的预处理要求较为严格，系统庞大、操作复杂、运行费用较高。

4.3.1　吸附原理及类型

溶质从水中移向固体颗粒表面发生吸附，主要是水、溶质和固体颗粒三者相互作用的结果。引起吸附的原因主要是溶质对水的疏水特性和溶质对固体颗粒的高度亲和力。溶质的溶解程度是确定其疏水特性的重要因素。溶质的溶解度越大，其向吸附界面运动的可能性就越小。溶质对固体颗粒的高度亲和力，表现为吸附剂表面的吸附力，由分子间引力（范德华力）、化学键力和静电引力引起，因此吸附可分为物理吸附、化学吸附和交换吸附 3 种类型。

4.3.1.1　物理吸附

物理吸附是溶质与吸附剂之间的分子间引力产生的吸附过程，它是一种常见的吸附现象。物理吸附的特点：过程为放热反应，但放热量较小；没有特定的选择性，由于物质间普遍存在分子引力，同一种吸附剂可以吸附多种吸附质，既可以是单分子层吸附，也可以是多分子层吸附，但吸附的牢固程度不如化学吸附；吸附的动力来自分子间引力，吸附力较小，因而在较低温度下就可以进行；被吸附的物质由于分子的热运动会脱离吸附剂表面发生自由转移，出现解吸现象，所以吸附质在吸附剂表面可以较易解吸。

4.3.1.2 化学吸附

化学吸附是吸附质与吸附剂之间通过化学键力作用使化学性质改变引起的吸附过程。化学吸附的特征为吸附热大，相当于化学反应热；有选择性，一种吸附剂只能对一种或几种吸附质发生吸附作用，且只能形成单分子层吸附；化学吸附比较稳定，当吸附的化学键力较大时，吸附反应为不可逆；吸附剂表面的化学性能、吸附质的化学性质以及温度条件等，对化学吸附有较大的影响。

4.3.1.3 交换吸附

交换吸附，是指溶质的离子由于静电引力聚集到吸附剂表面的带电点上，同时吸附剂表面原先固定在这些带电点上的其他离子被置换出来。离子所带电荷越多，吸附越强。电荷相同的离子，其水化半径越小，越易被吸附。

大多数的吸附现象往往是上述 3 种吸附作用的综合结果，只是由于溶质、吸附剂以及吸附温度等具体吸附条件的不同，使某种吸附占主要地位而已。在具体吸附处理中，由于各种因素的影响，可能其中某种作用是主要的。

4.3.2 吸附平衡与吸附等温线

对于一个可逆的吸附过程，当污水与吸附剂充分接触后，在溶液中的吸附质被吸附剂吸附，同时，由于热运动的结果使一部分已被吸附的吸附质，脱离吸附剂的表面，又回到液相中去。这种吸附质被吸附剂吸附的过程称为吸附过程；已被吸附的吸附质脱离吸附剂的表面又回到液相中去的过程称为解吸过程。当吸附速度和解吸速度相等时，即单位时间内吸附的数量等于解吸的数量时，则吸附质在溶液中的浓度和吸附剂表面上的浓度都不再改变而达到平衡，即达到动态的吸附平衡。此时吸附质在溶液中的浓度称为平衡浓度。

吸附剂吸附能力的大小以吸附容量（g/g）表示。所谓吸附容量，是指单位质量的吸附剂（g）所吸附的吸附质的质量（g）。吸附容量可用式（4-1）计算：

$$q = \frac{V(c_0 - c)}{W} \tag{4-1}$$

式中，q——吸附剂的平衡吸附容量，g/g；

V——溶液体积，L；

c_0——溶液的初始吸附质浓度，g/L；

c——吸附平衡时的吸附质浓度，g/L；

W——吸附剂投加量，g。

在温度一定的条件下，吸附容量随吸附质平衡浓度的提高而增加，吸附容量随平衡浓度而变化的曲线，则称为吸附等温线。

吸附容量是选择吸附剂和设计吸附设备的重要数据。这些指标虽然表示吸附剂对该吸附质的吸附能力，但这些指标与对水中吸附质的吸附能力不一定相符，因此还应通过试验确定吸附容量和选择合适的吸附剂，进行设备的设计。

吸附剂对吸附质的吸附效果，一般用吸附容量和吸附速度来衡量。吸附速度是指单位质量的吸附剂在单位时间内所吸附的物质量。吸附速度属于吸附动力学范畴，对于吸附处理工艺具有实际意义。吸附速度决定了水和吸附剂的接触时间。吸附速度取决于吸附剂对吸附质的吸附过程。水中多孔的吸附剂对吸附质的吸附过程可分为以下 3 个阶段：

① 颗粒外部扩散（又称膜扩散）阶段。吸附质首先通过吸附剂颗粒周围存在的液膜，到达吸附剂的外表面。

② 颗粒内部扩散阶段。吸附质由吸附剂外表面向细孔深处扩散。

③ 吸附反应阶段。吸附质被吸附在细孔内表面上。

在一般情况下，由于第三阶段进行的吸附反应速率很快，因此，吸附速率主要由液膜扩散速率和颗粒内部扩散速率来控制。颗粒外部扩散速率与溶液浓度、吸附剂的外表面积成正比，溶液浓度越高、颗粒直径越小、搅动程度越大，则吸附速率越快，扩散速率就越大。颗粒内部扩散速率与吸附剂细孔的大小、构造、吸附剂颗粒大小、构造等因素有关。

4.3.3 吸附过程的影响因素

了解影响吸附因素的目的是选择比较合适的吸附剂，并控制其操作条件。在吸附的实际应用中，若要达到预期的吸附净化效果，除了需要针对所处理的污水性质选择合适的吸附剂外，还必须将处理系统控制在最佳的工艺操作条件下。影响吸附的因素主要有吸附剂的性质、吸附质的性质和吸附过程的操作条件等。

4.3.3.1 吸附剂的性质

吸附剂的性质主要有比表面积、种类、极性、颗粒大小、细孔的构造和分布情况及表面化学性质等。吸附是一种表面现象，比表面积越大、颗粒越小，吸附容量就越大，吸附能力就越强。吸附剂表面化学结构和表面荷电性质，对吸附过程也有较大影响。一般极性分子（或离子）型的吸附剂易吸附极性分子（或离子）型的吸附质。用于水处理的活性炭应有 3 项要求：吸附容量大、吸附速度快、机械强度好。活性炭的吸附容量除其他外界条件外，主要与活性炭比表面积有关，比表面积大，微孔数量多，可吸附在细孔壁上的吸附质就多。吸附速率主要与粒度及细孔分布有关，水处理用的活性炭，要求过渡孔（半径为 $20 \sim 1\,000$ Å）较为发达，有利于吸附质向微细孔中扩散。活性炭的粒度越小吸附速率越快，一般在 $8 \sim 30$ 目为宜，活性炭的机械耐磨强度直接影响活性炭的使用寿命。

4.3.3.2 吸附质的性质

吸附质的性质主要有溶解度、表面自由能、极性、吸附质分子大小和不饱和度、吸附质的浓度等。吸附质的溶解性能对平衡吸附有重大影响。溶解度越小的吸附质越容易被吸附，也就越不容易被解吸。对于有机物在活性炭上的吸附，随同系物含碳原子数的增加，有机物疏水性增强，溶解度减小，因而活性炭对其的吸附容量越大。

吸附质分子的大小和化学结构对吸附也有较大的影响。吸附质分子体积越大，其扩散系数越大，吸附效率就越大。吸附过程由颗粒内部扩散控制时，受吸附质分子大小的影响较为明显。对活性炭吸附剂来说，在同系物中，分子大的较分子小的易被吸附；不饱和键的有机物较饱和的易被吸附；芳香族的有机物较脂肪族的有机物易被吸附。

一定浓度范围内的吸附质浓度增加，吸附容量也随之增大。

4.3.3.3 吸附过程的操作条件

吸附过程的操作条件主要包括水的温度、pH、共存物质、接触时间等。

（1）温度

吸附过程是放热过程，所以低温有利于吸附，特别是以物理吸附为主的场合。吸附过程的热效应较低，在通常情况下温度变化并不明显，因而温度对吸附过程的影响不大。而在活性炭再生时，需要通过大幅加温以促使吸附质解吸。

（2）pH

pH 会影响吸附质在水中的离解度、溶解度及其存在状态，同样会影响吸附剂表面的荷电性和其他化学特性，进而影响吸附的效果。不同的污染物吸附的最佳 pH 应通过试验确定。

（3）共存物质

物理吸附过程中，吸附剂可对多种吸附质产生吸附作用，所以多种吸附质共存时，吸附剂对其中任何一种吸附质的吸附能力，都要低于组分浓度相同但只含有该吸附质时的吸附能力，即每种溶质都会以某种方式与其他溶质竞争吸附活性中心点。另外，污水中有油类或悬浮物质存在时，油类物质会在吸附剂表面形成油膜，对膜扩散产生影响；悬浮物质会堵塞吸附剂孔隙，对孔隙扩散产生干扰和阻碍作用，故应采取预处理措施。

（4）接触时间

只有足够的时间使吸附剂和吸附质接触，才能达到吸附平衡，吸附剂的吸附能力才能得到充分利用。达到吸附平衡所需要的时间长短取决于吸附操作，吸附速率快，达到平衡所需的接触时间就越短。

4.3.4 吸附剂及其再生

4.3.4.1 吸附剂的表面特性

由于吸附可看作一种表面现象，所以与吸附剂的表面特性有密切的关系。采用吸附的方法进行水处理，实质上是利用吸附剂的吸附特性实现对污染物的分离。吸附剂性能的好坏，选用的吸附剂是否适用于处理对象，对吸附效率影响较大。吸附剂的表面特性有以下几个方面：

① 比表面积。单位质量的吸附剂所具有的表面积称为比表面积（m^2/g），随着物质孔隙的多少而变化。比表面积越大，吸附能力越强，一般比表面积随物质多孔性的增大而增大。多孔性活性炭的比表面积可达 1 000 m^2/g 以上，在水处理中是一种良好的吸附剂。

② 表面能。液体或固体物质内部的分子受它周围分子的引力在各个方向上都是均衡的，一般内层分子之间引力大于外层分子引力，故一种物质的表面分子比内部分子具有多余的能量，称为表面能。固体表面由于具有表面能，因此可以引起表面吸附作用。

③ 表面化学性质。在固体表面上的吸附除与其比表面积有关外，还与固体晶体结构中的化学键有关。固体对溶液中电解质离子的选择性吸附就与这种特性有关。

固体比表面积的大小只提供了被吸附物与吸附剂之间的接触机会，表面能从能量的角度解释吸附表面过程自动发生的原因，而吸附剂表面的化学状态在各种特性吸附中起着重要的作用。

4.3.4.2　吸附剂的选择要求及吸附剂的种类

除了吸附剂的表面特性外，还需要满足以下技术经济性能的要求：吸附选择性好；吸附容量大；吸附平衡浓度低；机械强度高；化学性质稳定；容易再生和再利用；制作原料来源广泛，价格低廉。

可用于水处理的吸附剂种类很多，包括活性炭、磺化煤、焦炭、煤灰、炉渣、硅藻土、白土、沸石、麦饭石、木屑、腐殖酸、氧化硅、活性氧化铝、树脂吸附剂等。其中应用较为广泛的是活性炭、吸附树脂和腐殖酸类吸附剂。

活性炭是目前应用最为广泛的吸附剂。活性炭是用含碳为主的物质，以煤、木屑、果壳以及含碳的有机废渣等作原料，经高温炭化和活化制得的疏水性吸附剂。在制造过程中以活化过程最为重要，根据活化方式可分为药剂活化法及气体活化法。根据活性炭形状，可以分为粉状炭、粒状炭（包括无定形炭、柱状炭、球形炭等）；根据制造方法可以分为药剂活性炭（大部分为 $ZnCl_2$ 活化的粉状炭）、气体活性炭（水蒸气活化的粉状炭和粒状炭）；根据用途分为液相吸附炭和气相吸附炭。

活性炭外观为暗黑色，具有良好的吸附性能，化学稳定性好，可耐强酸及强碱，能经受水浸、高温，相对密度比水轻，是多孔性的疏水性吸附剂。

活性炭在制造过程中，挥发性有机物去除后，晶格间生成的空隙形成许多形状和大小不同的细孔。这些细孔壁的总表面积（比表面积）一般高达 $500\sim1\,700$ m^2/g，这就是活性炭吸附能力强、吸附容量大的主要原因。表面积相同的炭，对同一种物质的吸附容量有时也不同，这与活性炭的细孔结构和细孔分布有关。细孔构造随原料、活化方法、活化条件不同而异，一般可以根据细孔半径的大小分为 3 种：大微孔，半径为 $100\sim10\,000$ nm；过渡孔，半径为 $2\sim100$ nm；小微孔，半径小于 2 nm。一般活性炭的小微孔容积为 $0.15\sim0.90$ mL/g，其表面积占总面积的 95% 以上，对吸附容量的影响最大，与其他吸附剂相比，具有小微孔特别发达的特征；过渡孔的容积为 $0.02\sim0.10$ mL/g，其表面积通常不超过总表面积的 5%；大微孔容积为 $0.2\sim0.5$ mL/g，其表面积仅有 $0.5\sim5$ m^2/g，对于液相物理吸附，大微孔的作用不大，但作为触媒载体时，大微孔的作用甚为显著。

活性炭的吸附特性，不仅受细孔结构而且受活性炭表面化学性质的影响。在组成活性炭的元素中，碳占 70%$\sim$95%，此外，还含有两种混合物，一种是由于原料中本来就存在炭化过程中不完全炭化而残留在活性炭结构中，或在活化时以化学键结合的氧和氢。另一种是灰分，构成活性炭的无机部分。灰分的含量及组成与活性炭的种类有关，椰壳炭的灰分在 3% 左右，煤质炭的灰分高达 20%$\sim$30%。活性炭的灰分对活性炭吸附水溶液中某些电解质和非电解质有催化作用。活性炭含硫较低，活化质量好的活性炭不应检出硫化物，氮的含量极少。

4.3.4.3　吸附剂的再生

吸附剂的再生，就是在吸附剂本身结构不发生或极少发生变化的情况下，用某种方法将被吸附的物质，从吸附剂的细孔中去除，以达到能够重复使用的目的。

活性炭的再生方法有加热法、蒸汽法、溶剂法、臭氧氧化法、生物法等。

（1）加热再生法

加热再生法是粒状活性炭最常用、最有效的再生方法。加热再生法分低温和高温 2 种方法。

低温法适用于吸附浓度较高的简单低分子量的碳氢化合物和芳香族有机物的活性炭的再生。由于沸点较低，一般加热到 200℃即可脱附。一般采用水蒸气再生，可直接在塔内进行再生。被吸附有机物脱附后可利用。

高温法适用于水处理粒状炭的再生。高温加热再生过程一般分以下 5 步进行。

第一步，进行脱水，使活性炭和输送液体进行分离；第二步，进行干燥处理，加温到 100～150℃，将吸附在活性炭细孔中的水分蒸发出来，同时部分低沸点的有机物也能够挥发出来；第三步，进行炭化，继续加热到 300～700℃，高沸点的有机物由于热分解，一部分成为低沸点的有机物进行挥发，另一部分被炭化，留在活性炭的细孔中；第四步，进行活化处理，将炭化留在活性炭细孔中的残留炭，用活化气体（如水蒸气、二氧化碳及氧）进行气化，达到重新造孔的目的，活化温度一般为 700～1 000℃；第五步，进行冷却处理，活化后的活性炭用水急剧冷却，防止氧化。

活性炭高温加热再生系统由再生炉、活性炭储罐、活性炭输送及脱水装置等组成，如图 4-37 所示。

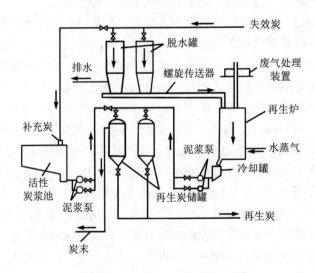

图 4-37　干式加热再生系统

（2）药剂再生法

药剂再生法分为无机药剂再生法和有机溶剂再生法 2 类。

无机药剂再生法采用碱（NaOH）或无机酸（H_2SO_4、HCl）等无机药剂，使吸附在活性炭上的污染物脱附。如吸附高浓度酚的饱和炭，可以采用 NaOH 再生，脱附下来的酚为酚钠盐。

有机溶剂再生法用苯、丙酮及甲醇等有机溶剂萃取，吸附活性炭上的有机物。例如，吸附含二硝基氯苯的染料污水饱和活性炭，用有机溶剂氯苯脱附后，再用热蒸汽吹扫氯苯。

药剂再生设备和操作管理简单，可在吸附塔内进行。但药剂再生，一般随再生次数的增加，吸附性能明显降低，需要补充新炭，废弃一部分饱和炭。

（3）氧化再生法

① 湿式氧化法。吸附饱和的粉状炭可采用湿式氧化法进行再生，其工艺流程如图 4-38 所示。

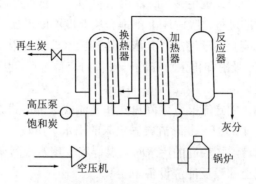

图 4-38　湿式氧化法再生流程

饱和炭用高压泵经换热器和水蒸气加热器送入氧化反应塔。在塔内被活性炭吸附的有机物与空气中的氧反应，进行氧化分解，使活性炭得到再生。再生后的炭经热交换器冷却后，再送入再生储槽。

② 电解氧化法。将炭作阳极，进行水的电解，在活性炭表面产生的氧气把吸附质氧化分解。

③ 臭氧氧化法。利用强氧化剂臭氧，将被活性炭吸附的有机物加以氧化分解。

④ 生物氧化法。利用微生物的作用，将吸附在活性炭上的有机物氧化分解。

4.3.5　吸附操作的方式

4.3.5.1　吸附操作方式

在水处理中，根据水的状态，可以将吸附操作分为静态吸附和动态吸附 2 种。

（1）静态吸附

静态吸附是在水不流动的条件下进行的吸附操作。其操作的工艺过程是，把一定数量的吸附剂投入待处理的水中，不断进行搅拌，经过一定时间达到吸附平衡时，以静置沉淀或过滤方法实现固液分离。若一次吸附的出水不符合要求时，可增加吸附剂用量，延长吸附时间或进行二次吸附，直到符合要求。

（2）动态吸附

动态吸附是在水流动条件下进行的吸附操作。其操作的工艺过程是，污水不断地流过装填有吸附剂的吸附床（柱、罐、塔），污水中的污染物和吸附剂接触并被吸附，在流出吸附床之前，污染物浓度降至处理要求值以下，直接获得净化出水。实际中的吸附处理系统一般都采用动态连续式吸附工艺。

4.3.5.2 吸附设备

水处理常用的动态吸附设备有固定床、移动床和流化床。

（1）固定床

固定床是指在操作过程中吸附剂固定填放在吸附设备中，是水处理吸附工艺中最常用的一种方式。当污水连续流经吸附床（吸附塔或吸附池）时，待去除的污染物（吸附质）不断地被吸附剂吸附，吸附剂的数量足够多时，出水中的污染物浓度可降低到零。在实际运行过程中，随着吸附过程的进行，吸附床上部饱和层厚度不断增加，下部新鲜吸附层则不断减少，出水中污染物浓度会逐渐增加，其浓度达到出水要求的限定值时，必须停止进水，转入吸附剂的再生程序。吸附和再生可在同一设备内交替进行，也可将失效的吸附剂卸出，送到再生设备进行再生。

根据水流方向不同，固定床又分为降流式和升流式 2 种形式。

降流式固定床如图 4-39 所示。降流式固定床的出水水质较好，但经过吸附层的水头损失较大，特别是处理含悬浮物较高的污水时，悬浮物易堵塞吸附层，所以要定期进行反冲洗。有时需要在吸附层上部设反冲洗设备。

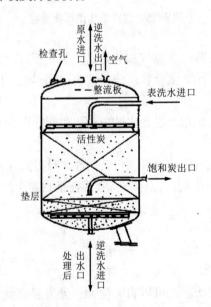

图 4-39　降流式固定床型吸附塔构造示意图

在升流式固定床中，水头损失增大，可适当提高水流流速，使填充层稍有膨胀（上下层不能互相混合）就可以达到自清的目的。这种方式由于层内水头损失增加较慢，所以运行时间较长，但对污水入口处（底层）吸附层的冲洗不如降流式。由于流量变动或操作一时失误就会使吸附剂流失。

根据处理水量、原水的水质和处理要求不同，固定床又可分为单床式、多床串联式和多床并联式 3 种，如图 4-40 所示。

（2）移动床

移动床是指在操作过程中定期将接近饱和的吸附剂从吸附设备中排出，并同时加入等量的吸附剂，如图 4-41 所示。

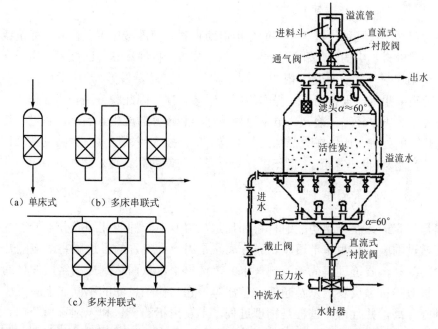

图 4-40　固定床吸附操作示意图　　　图 4-41　移动床吸附塔构造示意图

原水从吸附塔底部流入和吸附剂进行逆流接触，处理后的水从塔顶流出，再生后的吸附剂从塔顶加入，接近吸附饱和的吸附剂从塔底间歇地排出。这种方式较固定床能充分利用吸附剂的吸附容量，并且水头损失小。由于采用升流式，污水从塔底流入，从塔顶流出，被截留的悬浮物随饱和的吸附剂间歇地从塔底排出，故不需要反冲洗设备。但这种操作方式要求塔内吸附剂上下层不能互相混合，操作管理要求高。

移动床一次卸出的炭量一般为总填充量的 5%～20%，卸炭和投炭的频率与处理的水量和水质有关，从数小时到一周。在卸料的同时投加等量的再生炭或新炭。移动床高度可达 5～10 m。移动床进水的悬浮物浓度不大于 30 mg/L。移动床设备简单，出水水质好，占地面积小，操作管理方便，较大规模的污水处理多采用这种形式。

（3）流化床

流化床，是指在操作过程中吸附剂悬浮于由下至上的水流中，处于膨胀状态或流化状态。被处理的污水与活性炭基本上也是逆流接触。流化床一般连续卸炭和投炭，空塔速度要求上下不混层，保持炭层呈层状向下移动，所以运行操作要求严格。由于活性炭在水中处于膨胀状态，与水的接触面积大，因此用少量的炭就可以处理较多的污水，基建费用低，这种操作适用于处理含悬浮物较多的污水，不需要进行反冲洗。

由于流化床操作较麻烦，在水处理中应用较少。

4.4 膜分离技术

4.4.1 概述

膜分离技术（又称膜过滤技术）是指借助膜的选择渗透作用，在外界能量或化学位差的推动下对混合物中的溶质和溶剂进行分离、分级、提纯和富集的技术。由于在膜分离过程中，无须加热，物质不发生相变（个别除外，如渗透蒸发），无化学反应，不破坏生物活性，分离效果好，设备简单，操作简便，维修方便，因此膜分离技术在化工、食品、医药、石油、纺织、轻工、冶金、电子等领域都得到较好的应用。另外，膜过程特别适用于热敏性物质的处理，所以在食品加工、医药、生化技术等领域具有独特的适用性。膜分离技术被认为是 20 世纪末至 21 世纪中期最有发展前途的高新技术之一。

4.4.1.1 膜处理技术原理

膜是具有选择性分离功能的材料。凡是在溶液中一种或几种成分不能透过，而其他成分能透过的膜，都叫作半透膜。膜分离法是用一种特殊的半透膜将溶液隔开，使一侧溶液中的某种溶质透过膜或者溶剂（水）渗透出来，从而达到分离溶质的目的，包括电渗析、扩散渗析、反渗透以及超滤、微滤等。它与传统过滤的不同在于膜可以在分子范围内进行分离，并且这一过程是物理过程，不发生相的变化和无须添加助剂。膜的孔径一般为微米级，依据其孔径的不同（或称截留分子量），可将膜分为微滤膜、超滤膜、纳滤膜和反渗透膜；根据材料的不同可分为无机膜和有机膜，无机膜只有微滤级别的膜，主要是陶瓷膜和金属膜；按膜的结构形式分类，有平板形、管形、螺旋形及中空纤维型等。有机膜是由高分子材料做成的，如醋酸纤维素、芳香族聚酰胺、聚醚砜、聚氟聚合物等。

膜分离过程是一个能耗较低、高效的分离过程。表征分离膜的性能主要有两个参数：一个是各种物质透过膜的速率的比值，即分离因素，通常用截留率来表示，分离因素的大小表示了该体系分离的难易程度；另一个是物质透过膜的速率，又称膜通量，即单位膜面积上单位时间内物质通过的数量，该参数直接决定了分离设备的大小。在膜分离过程中推动力和膜本身的特性是决定膜通量和膜的选择性的基本因素。

4.4.1.2 膜处理技术发展过程及现状

膜是一薄层物质，准确而言是半渗透膜，当一定的推动力作用于膜两侧时，它能按照物质的物理化学性质使物质进行分离。膜分离是一种很早被人们注意到的现象，但作为一种分离方法则是近代发展起来的。早在 18 世纪初，人们就已经注意到了膜分离现象，但直到 19 世纪末至 20 世纪初物理化学家们对渗透现象进行了深入细致的研究之后，人们才对膜分离现象有了一定的了解。自 20 世纪 50 年代膜分离进入工业应用以后，每 10 年就有一种新的膜分离过程得到工业应用。微滤和电渗析于 20 世纪 50 年代率先进入工业应用，1953 年美国佛罗里达大学 Reid 等首次提出用反渗透技术淡化海水的构想。1960 年美国加利福尼亚大学的 Loeb 和 Sourirajan 研制出第一张可实用的高通量、高脱盐率的醋酸纤维素膜，为反渗透和超滤膜的分离技术奠定了基础，从而反渗透作为较经济的海水淡化技术进入了实用阶段。1963 年 Michaels 开发了不同孔径的不对称醋酸纤维素（CA）超滤膜，20 世纪 70 年代进入了超滤应用阶段。1979 年 Prism 开发了中空纤维氮氢分离器使气体膜分离技术进入实用阶段并在此之后取得了空前的发展，20 世纪 90 年代则是渗透蒸发技术的应用。

我国的膜科学技术从 20 世纪 60 年代中期的反渗透膜研制开始，经过 30 多年的努力，电渗析膜、反渗透膜、超滤膜、微滤膜、气体分离膜已经工业化生产，无机膜技术已经开发成功，平板纳滤膜和渗透蒸发膜正在进行中间试验，但与国外水平相比还有一定的差距。

进入 21 世纪，由于膜生产技术的不断改进，在不断扩展应用领域的同时，工业应用的膜分离技术也在不断地发展和完善。随着各种膜材料和膜技术的应用，各种性能优异的膜不断被开发，出现了新形式的膜组件，如卷式和中空纤维膜组件，使膜分离技术的优势不断强化，在海水淡化、苦咸水脱盐、污水处理、生物制品的提纯等越来越多的领域得到应用。

目前，膜分离技术的实用化研究以欧美和日本为主，在我国也已经引起了研究者的重视。1999 年在美国的马尼托瓦克建成了处理量为 5.5×10^4 m^3/d 的 MF 水厂，用于除去原水中的隐孢子虫。水厂的运行参数微滤膜通量为 3.7 m/d，对隐孢子虫的去除率可达 99.99%。加拿大的罗斯西镇于 1996 年建成了一座最终处理能力为 4 000 m^3/d 的水厂，采用淹没式微滤膜装置，在防止病原微生物污染的同时解决了铁/锰的去除问题。USF Memcor 公司于 2000 年年末开发了新一代的浸没式混凝微滤（CMF-S）工艺，应用于澳大利亚的本迪戈市，此项工程包括 4 个水处理厂，其中最大的处理能力是 1.26×10^5 m^3/d。一些国家将深度处理水或注入地下蓄水层或注入淡水水库进行自然净化后，一方面可补充淡水水源，另一方面靠海地区可用于抵御海水入侵。在二级处理中膜技术（微滤+超滤）多与活性污泥过程结合，用以代替原工艺中的二次沉淀池，这就是近年发展极为迅速的膜生物反应器，其出水可用于农业灌溉、绿化、市政工业用水及生活杂用水。

在我国，膜技术也得到了实际应用。例如，我国大庆油田实施了生活饮用水深度处理工程，以提高饮用水出水水质，采用的工艺为自来水微滤—臭氧—生物活性炭—超滤，服务人口 70 万人，此类工艺处理站有 28 个。其中微滤膜处理水量为 1.48 m^3/h。经此工艺净化处理后的水清洁健康，且使用方便。

在水处理技术中，常见的膜分离技术主要有电渗析、反渗透、超滤、微滤、纳滤等，其中，微滤和超滤由于操作压力低、出水量高而应用范围最广。根据不同技术透过物质和截留物质不同，各类膜分离技术的应用也不尽相同，具体如表 4-10 所示。

表 4-10　各类膜分离技术的应用

膜的种类	膜的功能	分离驱动力	透过物质	被截流物质
微滤	多孔膜、溶液的微滤、脱微粒子	压力差	水、溶剂、溶解物	悬浮物、细菌类、微粒子
超滤	脱除溶液中的胶体、各类大分子	压力差	溶剂、离子和小分子	蛋白质、各类酶、细菌病毒、胶粒、微粒子
反渗透纳滤	脱除溶液中的盐类和低分子物质	压力差	水、溶剂	无机盐、糖类、氨基酸、BOD$_5$、COD 等

膜的种类	膜的功能	分离驱动力	透过物质	被截流物质
透析	脱除溶液中的盐类和低分子物质	浓度差	离子、低分子物质、酸、碱	无机盐、床素、尿酸、糖类、氨基酸
电渗析	脱除溶液中的离子	电位差	离子	无机、有机离子
渗透气体	溶液中的低分子及溶液间的分离	压力差浓度差	蒸汽	液体、无机盐、乙醇液体
气体分离	气体、气体与蒸汽分离	浓度差	易透过气体	不易透过气体

4.4.2　电渗析技术

4.4.2.1　电渗析原理

电渗析是在外加直流电场作用下，利用离子交换膜的选择透过性（阳膜只允许阳离子透过，阴膜只允许阴离子透过），使水中阴、阳离子作定向迁移，从而达到离子从水中分离的一种物理化学过程。

电渗析原理如图 4-42 所示。在阴极与阳极之间，放置着若干交替排列的阳膜与阴膜，让水通过两膜及网膜与两极之间所形成的隔室，在两端电极接通直流电源后，水中阴、阳离子分别向阳极、阴极方向迁移，由于阳膜、阴膜的选择透过性，就形成了交替排列的离子浓度减少的淡室和离子浓度增加的浓室。与此同时，在两电极上也发生着氧化还原反应，即电极反应，其结果是阴极室因溶液呈碱性而结垢，阳极室因溶液呈酸性而腐蚀。因此，在电渗析过程中，电能的消耗主要用来克服电流通过溶液、膜时所受到的阻力以及电极反应。

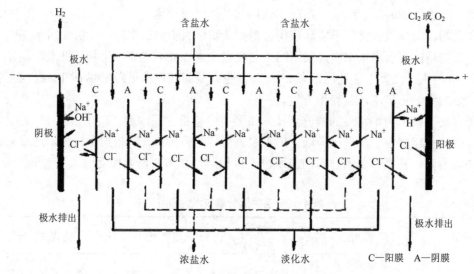

图 4-42　电渗析原理示意图

4.4.2.2 电渗析器的构造

电渗析器的构造包括压板、电极托板、电极、极框、阴膜、阳膜、浓水隔板、淡水隔板等部件。将这些部件按一定顺序组装并压紧，组成一定形式的电渗析器。其中，隔板是用于隔开阴、阳膜的，并与阴、阳膜一起形成浓、淡室的水流通道，其材料有聚氯乙烯、聚丙烯、合成橡胶等。常用的有鱼鳞网、编织网、冲膜式网等。隔板按水流形式可分为有回路式和无回路式 2 种，有回路式隔板流程长、流速高、电流效率高、一次处理效果好，适用于流量较小且处理要求较高的场合。无回路式隔板流程短、流速低，要求隔板搅动作用强，水流分布均匀，适用于流量较大而处理要求不高的场合。常用的电极材料有石墨、钛涂钌、铅、不锈钢等。另外，电渗析器的配套设备还包括控制箱、水泵、转子流量计等。

4.4.2.3 电渗析器组装

一对阴、阳膜和一对浓、淡水隔板交替排列，组成最基本的脱盐单元，称为膜对，电极（包括中间电极）之间由若干组膜对叠在一起即为膜堆。一对电极之间的膜堆称为一级，具有同向水流的并联膜堆称为一段。电渗析器的组装方式有 1 级 1 段、多级 1 段、1 级多段和多级多段等，如图 4-43 所示。

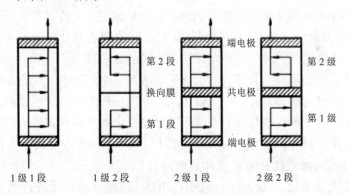

图 4-43 电渗析器的组装方式

4.4.2.4 极化现象

电渗析工作中电流的传导是靠水中的阴、阳离子的迁移来完成的，当电流增大到一定数值时，如若再提高电流，由于离子扩散不及，在膜界面处将引起水的离解，使氢离子透过阳膜、氢氧根离子透过阴膜，这种现象称为极化，此时的电流密度称为极限电流密度。极化发生后阳膜淡室的一侧富集着过量的氢氧根离子，阳膜浓室的一侧富集着过量的氢离子；而在阴膜淡室的一侧富集着过量的氢离子，阴膜浓室的一侧富集着过量的氢氧根离子。由于浓室中离子浓度高，则在浓室阴膜的一侧发生碳酸钙、氢氧化镁沉淀（图 4-44），从而增加膜电阻，加大电能消耗，减小膜的有效面积，降低出水水质，影响正常运行。

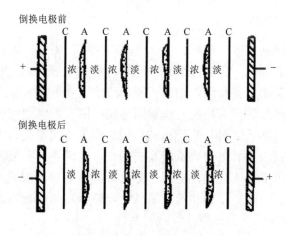

图 4-44　极化现象示意图

4.4.3　反渗透技术

4.4.3.1　反渗透技术的原理

渗透（osmosis）是指两种不同浓度的溶液隔以半透膜（允许溶剂分子通过，不允许溶质分子通过的膜），水分子或其他溶剂分子从低浓度的溶液通过半透膜进入高浓度溶液中的现象。这种允许溶剂分子透过而不允许溶质透过的膜被称为渗透膜。用渗透膜将纯水与咸水（其中的盐分即为溶质）分开，则水分子（溶剂）将从纯水一侧通过膜向咸水一侧透过，结果使咸水一侧的液面上升，直到到达某一高度，此即所谓渗透过程，如图 4-45（a）所示。当渗透达到动平衡状态时，半透膜两侧存在一定的水位差或压力差，如图 4-45（b）所示，此即为指定温度下的溶液（咸水）渗透压。如图 4-45（c）所示，在咸水一侧施加的压力大于该溶液的渗透压，可迫使渗透反向，即水分子从咸水一侧反向地通过膜透过到纯水一侧，实现反渗透（reverse osmosis，RO）过程。因此反渗透膜分离过程必须具备两个条件：一是具有高选择性和高渗透性的半透膜；二是操作压力必须高于溶液的渗透压。

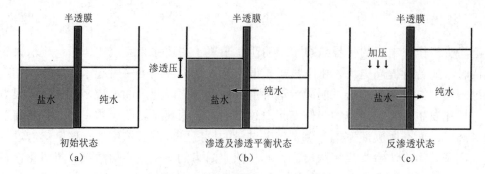

图 4-45　渗透和反渗透现象

4.4.3.2　反渗透膜

目前用于水处理的反渗透膜主要有醋酸纤维素（CA）膜和芳香族聚酰胺膜两大类。一般是表面与内部具有不对称的结构，图 4-46 所示为 CA 膜的结构示意图，其表皮层结构致密，孔径为 0.8~1.0 nm，厚约为 0.25 μm，起脱盐的关键作用。表皮层下面为结构疏松、孔径为 100~400 nm 的多孔支撑层。在其间还夹有一层孔径约为 20 μm 的过渡层。膜总厚度为 100 μm，含水率占 60% 左右。

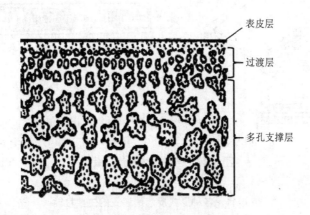

图 4-46　CA 膜结构示意图

4.4.3.3　反渗透装置

目前反渗透装置有板框式、管式、卷式和中空纤维式 4 种类型。板框式装置由一定数量的多孔隔板组合而成，每块隔板两面装有反渗透膜，在压力作用下，透过膜的淡化水在隔板内汇集并引出。管式装置分为内压管式和外压管式两种：前者将膜镶在管的内壁，如图 4-47（a）所示，含盐水在压力作用下于管内流动，透过膜的淡化水通过管壁上的小孔流出；后者将膜铸在管的外壁，透过膜的淡化水通过管壁上的小孔由管内流出。卷式装置如图 4-47（b）所示，把导流隔网、膜和多孔支撑材料依次叠合，用黏合剂沿三边把两层膜黏结密封，另一开放边与中间淡水集水管连接，再卷绕在一起；含盐水由一端流入导流隔网，从另一端流出，透过膜的淡化水沿多孔支撑材料流动，由中间集水管引出。中空纤维式装置如图 4-47（c）所示，把一束外径为 50~100 μm、壁厚为 12~25 μm 的中空纤维装于耐压管内，纤维开口端固定在环氧树脂管板中，并露出管板，通过纤维管壁的淡化水沿空心通道从开口端引出。各种形式的反渗透装置的主要性能见表 4-11，优缺点见表 4-12。

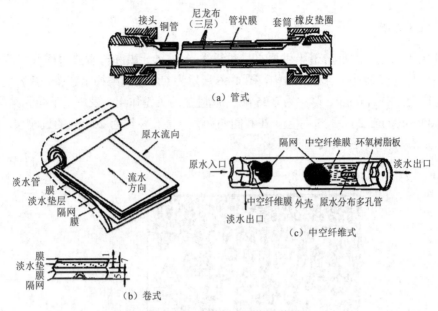

图 4-47 各种形式反渗透装置

表 4-11 各种形式反渗透装置的主要性能

性能指标	板框式	管式	中空纤维式	卷式
膜装填密度/（m²/m³）	492	328	656	9 180
操作压力/MPa	5.5	5.5	5.5	2.8
透水率/[m³/（m²·d）]	1.02	1.02	1.02	0.073
单位体积透水量/[m³/（m²·d）]	501	334	668	668

表 4-12 各种形式反渗透装置的优缺点

类型	优点	缺点
板框式	结构紧凑牢固，能承受高压，性能稳定，工艺成熟，换膜方便	液流状态较差，容易造成浓差极化，成本高
管式	液流流速可调范围大，浓差极化较易控制，流道通畅，压力损失小，易安装、清洗、拆换，工艺成熟，可用于处理含悬浮固体水	单位体积膜面积小，设备体积大，装置成本高
卷式	结构紧凑，单位体积膜面积大，较成熟，设备费用低	浓差极化不易控制，易堵塞，不易清洗，换膜困难
中空纤维式	单位体积膜面积大，不需外加支撑材料，设备结构紧凑，设备费用低	膜易堵塞，不易清洗，预处理要求高，换膜费用高

4.4.3.4 反渗透法处理工艺

反渗透法处理工艺根据原水水质和处理要求的不同，主要有单程式、循环式和多段式3 种工艺，如图 4-48 所示。单程式工艺只是原水一次经过反渗透器装置处理，水的回收率（淡化水流量与进水流量的比值）较低；循环式工艺是以部分浓水回流来提高水的回收率，但淡水水质有所降低；多段式工艺是以浓水多次处理来提高水的回收率，用于产水量大的场合。

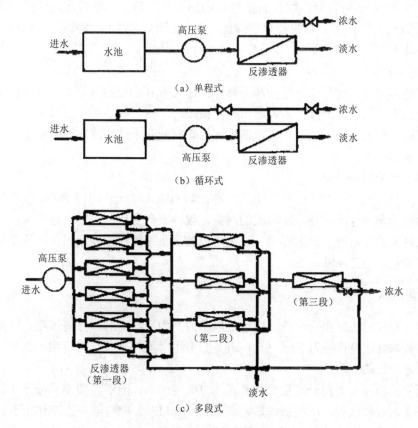

（a）单程式

（b）循环式

（c）多段式

图 4-48 反渗透处理工艺

4.4.3.5 反渗透工艺系统运行控制要素

为了确保反渗透膜处理系统正常、可靠地运转，需要对工艺系统操作运行的工况条件加以控制，具体的反渗透膜运行控制要素包括以下几个方面。

（1）pH

不同材质的反渗透膜具有不同的 pH 适用范围，如醋酸纤维膜的 pH 适用范围为 3～8，芳香聚酰胺膜的 pH 范围为 4～10，杜邦型尼龙中空纤维膜 pH 范围为 1.5～12。料液的 pH 超出膜的使用限定范围时，将会对膜产生水解和老化等有害作用，引起产水量下降，并造成膜性能的持续性降低、直至膜的损坏。通常醋酸纤维膜运行时的 pH 应控制在 4～7，而芳香聚酰胺膜运行时的 pH 应控制在 3～11，复合膜的 pH 允许范围为 2～11。

（2）温度

反渗透膜使用过程中，料液温度随操作的进行会有所提高。在一定范围内，温度升高引起料液黏度的降低，有利于反渗透膜产水量的增加，通常温度每增加 1℃，膜的透水能力增加约 2.7%。商品膜所标注的膜透水能力一般为水温在 24～25℃的数据值，需通过校正系数推算工况温度下的实际透水能力。应注意的是，操作温度不可超过膜的耐热温度，否则将影响膜的使用寿命。

（3）预处理

处理料液的 pH、所含悬浮物及微生物量的高低等，都会影响反渗透膜的效果，因此必要时需对原水采取行之有效的预处理措施，如 pH 调节、过滤、消毒等，以充分发挥反渗透膜的工作效率。

（4）操作压力

在反渗透膜使用的过程中，维持和提高操作压力有利于提高透水率，并且由于膜被压密，盐的透过率会减小。但操作压力超出一定极限时，由于膜压实变形严重，会导致膜的透水能力衰退和膜的老化。因此，应根据实际处理料液和所选反渗透膜的耐压性能，选择适当的运行操作压力。

（5）膜组件的清洗效果

膜污染是反渗透膜运行中必然产生的一种影响系统正常运行的现象。即使在操作之前对料液进行预处理，也不能完全消除膜的污染，膜污染产生后，轻则引起产水量及除盐率下降，重则对膜的寿命产生极大影响，甚至造成处理系统运行瘫痪。因此，需要根据实际情况定期对膜组件进行清洗。

4.4.4 超滤技术

超过滤（简称超滤）和反渗透一样也是以压力差为推动力的膜分离过程，能将溶液净化、分离或者浓缩，膜孔径为 5 nm～0.1 μm。一般用于液相分离，也可用于气相分离，如空气中细菌与微粒的去除。

超滤所用的膜表面活性分离层平均孔径为 10～200 Å，能够截留相对分子质量为 500 以上的大分子与胶体微粒，所用操作压差在 0.1～0.5 MPa。原料液在压差作用下，其中溶剂透过膜上的微孔流到膜的低限侧，为透过液，大分子物质或胶体微粒被膜截留，不能透过膜，从而实现原料液中大分子物质与胶体物质和溶剂的分离。超滤膜对大分子物质的截留机理主要是筛分作用，决定截留效果的主要是膜的表面活性层上孔的大小与形状。除筛分作用外，膜表面、微孔内的吸附和粒子在膜孔中的滞留也使大分子被截留。实践证明，有的情况下，膜表面的物化性质对超滤分离有重要影响，因为超滤处理的是大分子溶液，溶液的渗透压对过程有影响，从这一意义上说，它与反渗透类似。但是，由于溶质分子量大、渗透压低，可以不考虑渗透压的影响。由于超滤孔径较大，无脱盐性能，仅操作压力低，设备简单，故在纯水处理中用于部分去除水中的细菌、病毒、胶体、大分子等微粒相，尤其是对产生浊度物质的去除非常有效，其出水浊度甚至可达 0.1 NTU 以下。工业废水处理中用于去除或回收高分子物质和胶体大小的微粒。在中水处理中亦可部分去除细菌、病毒、有机物和悬浮物等。

在超滤过程中，水在膜的两侧流动，则在膜附近的两侧分别形成水流边界层，在高压侧由于水和小分子的透过，大分子被截留并不断累积在膜表面边界层内，使其浓度高于主体水流中的浓度，从而形成浓度差，当浓度差增加到一定程度时，大分子物质在膜表面生成凝胶，影响水的透过通量，这种现象称为浓差极化。此时，增大压力，透水通量并不增大，因此，在超滤操作中应合理地控制操作压力、浓液流速、水温、操作时间，必要时应对原水进行预处理。

4.4.5 纳滤技术

纳滤介于反渗透和超滤之间，是近 10 年发展较快的一项膜技术，其推动力仍是水压。纳滤膜是一种特殊而又很有前途的分离膜品种，它因能截留物质的大小约为 1 nm 而得名。纳滤的操作压力介于超滤和反渗透之间，通常纳滤分离需要的跨膜压差一般为 0.5～2.0 MPa，比用反渗透分离达到同样的渗透通量所需施加的压差低 0.5～3.0 MPa。

纳滤具有分离特性及低操作压力的特点，与其他几种膜分离过程相比有 3 个方面优势：纳滤膜对离子的截留具有选择性，因而采用纳滤膜分离技术可代替传统工程中的脱盐、浓缩等多个步骤，故比较经济；操作压力低，降低了对系统动力的要求，从而降低了整套设备的投资费用；与反渗透相比，纳滤通量大，降低了成本。

纳滤膜的开发始于 20 世纪 70 年代，最初开发的目的是用膜法代替常规的石灰法和离子交换法的软化过程，所以纳滤膜早期也被称为软化膜。目前国际上的纳滤膜多半是聚酰胺复合膜，其切割分子量为 100～1 000，对氯化钠的脱除率约为 80%，而对硫酸镁的脱盐率高达 98%。最大的优点是操作压力仅为 0.5 MPa，在水的软化、低分子有机物的分级、除盐等方面优点独特，应用广泛。纳滤膜按其材质可分为有机高分子膜、无机膜和有机无机膜。

（1）有机高分子膜

有机高分子材料是工业化纳滤膜的主要材质，如醋酸纤维素（CA）、磺化聚砜（SPS）、磺化聚醚砜（SPES）、聚酰胺（PA）、聚乙烯醇（PVA）等。其中，CA、SPES 等可以采用传统的相转化法制备纳滤膜。

（2）无机膜

无机膜通常是不对称结构，由 3 种不同孔径的孔洞层组成：大孔的支撑体可以保证无机膜的机械强度；中孔的中间层可以降低支撑体的表面粗糙度，有利于微孔层的沉积；而微孔层决定着无机膜的选择渗透性，如陶瓷膜材料。

（3）有机无机膜

有机材料具有柔韧性良好、透气性高、密度低的优点，但是它的耐溶性、耐腐蚀、耐温度性都较差；而单纯无机膜虽然强度高、耐腐蚀、耐溶剂、耐高温，但比较脆，不易加工。有机无机膜是在有机网络中引入无机材料而形成的一种新型膜。

4.4.6 微滤技术

微滤又称微孔过滤，它属于精密过滤，可以截留溶液中的沙砾、淤泥、黏土等颗粒和贾第虫、隐孢子虫、藻类和一些细菌等，而大量溶剂、小分子及少量大分子溶质都能透过膜，可以达到净化、分离等目的。微滤膜的孔径一般为 0.1～75 μm，介于常规过滤和超滤之间。微孔滤膜孔径十分均匀，如平均为 0.45 μm 的滤膜其孔径变化仅在（0.45±0.02）μm 范围。微孔滤膜的表面有 $10^7 \sim 10^{11}$ 个/cm² 的微孔，孔隙率一般在 80% 左右，通量比同等截留能力的滤纸快 40 倍。滤膜薄而轻，便于保存运输。微孔滤膜流动阻力小，使用驱动压力低，一般只需低压即可运行。因此，微孔滤膜应用广泛，从家用净水器到尖端空间工业，都在不同程度上应用这一技术。

微滤技术的应用十分广泛，主要有：① 去除颗粒物质和微生物；② 去除天然有机物

（NOM）和合成有机物（SOC）；③作为反渗透、纳滤或超滤的预处理；④污泥脱水与胶体物质的去除等。

4.4.6.1 微滤技术的原理

原料液在静压差作用下，透过纤维素或高分子材料制成的微孔滤膜，利用其均一孔径，来截留水中的微粒、细菌等，使其不能通过滤膜而被去除。

微滤的过滤机理有筛分、滤饼层过滤、深层过滤 3 种。一般认为微滤的分离机理为筛分机理，膜的物理结构起决定作用。此外，吸附和电性能等因素对截留率也有影响。其能有效分离 0.1～10 μm 的粒子，操作静压差为 0.01～0.2 MPa。

微滤能截留 0.1～1 μm 的颗粒，微滤膜允许大分子有机物和溶解性固体（无机盐）等通过，但能阻挡住悬浮物、细菌、部分病毒及大尺度的胶体的透过，微滤膜两侧的运行压差（有效推动力）一般为 0.7 bar（1 bar=0.1 MPa）。

4.4.6.2 微滤膜的分类

微滤膜的规格目前有十多种，孔径为 0.1～75 μm，膜厚为 120～150 μm。

膜的种类有混合纤维酯微孔滤膜、硝酸纤维素滤膜、聚偏氟乙烯滤膜、醋酸纤维素滤膜、再生纤维素滤膜、聚酰胺滤膜、聚四氟乙烯滤膜以及聚氯乙烯滤膜等。

微孔滤膜可以用多种不同材料制备。根据使用材料微孔滤膜可进一步分成有机膜和无机膜。膜材料包括烧结金属微孔滤膜（如不锈钢）、无机微孔滤膜（如氧化铝、玻璃、二氧化硅等）、有机高分子微孔滤膜（如聚乙烯、聚砜、聚酰胺、醋酸纤维素等）。其中，有机高分子聚合物是最主要的微孔滤膜材料。主要用于水处理的商品化微孔滤膜材料有纤维素酯类、聚酰胺类、含氟材料类、聚烯烃类与无机材料类。

微滤技术常用于电子工业、半导体、大规模集成电路生产中使用的高纯水等的进一步过滤。

4.4.6.3 微滤膜的发展现状

微滤膜若从 1907 年 Bechhold 制得系列化多孔火棉胶膜问世算起，至今已有 100 多年的历史。而微孔膜的广泛应用是从第二次世界大战之后开始的，最初只有 CN 膜，随着聚合物材料的开发，成膜机理的研究和制膜技术也在不断进步。

我国微滤膜研究始于 20 世纪 70 年代初，开始以 CA-CN 膜片为主，于 20 世纪 80 年代相继开发成功 CA、CA-CTA、PS、PAN、PVDF、尼龙等膜片，并进而开发出褶筒式滤芯；开发了控制拉伸致孔的 PP、PE 和 PTFE 膜；也开发出聚酯和聚碳酸酯的核径迹微孔膜，多通道无机微孔膜也实现产业化，并在医药、饮料、饮用水、食品、电子、石油化工、分析检测和环保等领域有较广泛的应用。

4.4.7 膜处理技术的基本性能及应用特点

4.4.7.1 基本性能

膜处理技术依据原水水质，选用不同的膜截留水中物质。所以膜技术是一种严格的物理的和绝对的分离技术。利用膜处理技术可以提供以前饮用水处理设施从未达到的水质和可靠的保证。

膜处理技术有以下基本性能：是一种物理过滤作用，不需要加注药剂；它是一种绝对的过滤作用；它不生产副产品；因为膜工艺运行的驱动力是压力，容易实现自动控制。目前膜法过滤共有5种工艺形式，其适用范围及特点见表4-13。

表4-13 膜法工艺与常规工艺适用范围及特点

	常规工艺	膜法工艺				
	砂滤	微滤（MF）	超滤（UF）	纳滤（NF）	反渗透（RO）	电渗析（ED）
驱动力	重力	压力	压力	压力	压力	电动势
输送主要液种	水	水	水	水	水	离子溶液
最小去除物质	悬浮颗粒	胶体、细菌	大分子量（10^5）有机物、病毒	小分子量有机物（<500）及二价金属离子	绝大部分溶解物	离子
孔径/m	$10^{-7}\sim10^{-2}$	$10^{-7}\sim10^{-2}$	$10^{-8}\sim10^{-7}$	$10^{-10}\sim10^{-9}$	$10^{-10}\sim10^{-9}$	$10^{-10}\sim10^{-9}$
典型的操作压力/$\times10^5$ Pa	$0.1\sim2$	$0.2\sim2$	$1\sim5$	$5\sim20$	$20\sim80$	$1\sim3$
典型的水通量/[L/(cm²·h)]	$2\,000\sim10\,000$	$100\sim1\,000$	$50\sim200$	$20\sim50$	$10\sim50$	—
应用于水处理的工艺（前处理）	混凝、沉淀、澄清、气浮	加药或不加药，混凝沉淀及粗滤或微滤	加药或不加药，混凝沉淀及粗滤或微滤	软化、去色，天然有机物质、微污染物的去除采用微滤或超滤作预处理	海水或苦咸水除盐	苦咸水去盐，离子污染物的去除

市场上供应的几种适用于处理饮用水的膜的主要特性如表4-14所示，以道尔顿（截留分子量的单位）为单位来表示去除水中物质的尺寸。

表4-14 膜的基本性能

工艺	机理	去除范围/μm	病原体	控制的物质有机物	无机物
电渗析（ED）	C	0.000 1	不能	不能	全部去除
反渗透（RO）	S、D	0.000 1	C、B、V	DBPs、SOCs	全部去除
纳滤（NF）	S、D	0.001	C、B、V	DBPs、SOCs	全部去除
超滤（UF）	S	0.001	C、B、V	不能	不能
微滤（MF）	S	0.01	C、B	不能	不能

注：1. 机理：C—充电；S—筛滤；D—渗滤。
　　2. 病原体：C—包囊；B—细菌；V—病毒。

4.4.7.2 应用特点

在以压力为推动力的膜分离技术中，反渗透技术运行压力高，能耗大，而且由于反渗透膜良好的截留性能，将大多数无机离子（包括对人体有益的离子）从水中去除，长期饮用这种水无益于身体健康（人体所需的有益元素绝大部分是从食物中摄取的而不是通过饮水获得），因此反渗透法并不是饮用水厂最理想的处理工艺。

微滤技术运行压力低，不仅适合处理地下水，也适合处理地面水。

膜技术的特点是能提供稳定可靠的水质，占地面积小，运行操作完全自动化，使水厂成为真正意义上的"造水工厂"，不同的膜技术适用的场合不一样，各自的局限性也不一样，需根据原水水质情况以及出水水质要求来选择合适的工艺，并根据需要在处理程度上做合理的组合。

超滤、微滤技术可有效去除颗粒状物质，包括微生物，如隐孢子虫、贾第虫、细菌和病毒，可以在一定程度上降低消毒副产物前体物浓度和限制消毒过程中氧化剂需求量来减少消毒副产物。张捍民等进行超滤膜去除饮用水中污染物的试验研究结果表明，超滤膜能够有效地去除悬浮物固体及胶体。试验中出水浊度始终保持在 0.25 NTU 以下，并且出水中检不出细菌。薛罡等的研究也证明了这一点，并且发现超滤膜除铁、锰的效率高，两者的去除率均达到 85% 以上。

超滤、微滤技术与反渗透膜不同，它不需预处理就可直接处理高悬浮固体浓度的原水。处理能力小的净水厂通常采用单独的膜组件，而处理能力大的净水厂（≥1 万 m^3/d）通常由框架和共用的附属设备组成。膜组件的设计随处理水量的增加而更加优化。目前，在美国、英国、日本、法国、荷兰、澳大利亚和南非等都已相继建立了生产性的微滤、超滤净水厂。

反渗透技术为开发海水、苦咸水资源提供了一种经济有效的途径。1997 年，在我国舟山嵊山建成日产 500 m^3 级反渗透海水淡化站，运行结果表明，反渗透膜元件脱盐率大于 99%，可将含盐量为 27 000 mg/L 的海水淡化至 200 mg/L 以下。继嵊山之后，在辽宁省、浙江省、山东省都相继建成了几个大型反渗透海水淡化站。这标志着我国反渗透海水淡化已步入产业化。

通过大量的实例可以看出膜技术适用于各种水源的处理。对于用常规工艺难以处理或者处理效果不够满意的水源，用膜处理可达到人们预想的水质效果。

膜技术被称为"21 世纪的水处理技术"，在净水处理中具有广阔的应用前景。就目前情况而言，膜处理工艺较适合小型水厂，根据调查，当处理水量小于 20 000 m^3/d 时，膜处理费用低于传统处理工艺。

4.4.8 膜污染控制

4.4.8.1 概述

在膜的使用过程中，膜的性能（渗透通量、截留率等）通常随时间的延长而降低，人们将这种现象称为膜污染。一旦料液与膜接触，膜污染随即开始。膜污染对膜性能的影响相当大，膜污染引起的通量衰减，过滤压力增大，使膜分离效果进一步降低，与初始纯水渗透通量相比，可降低 20%～40%，污染严重时能使通量下降 80% 以上。膜污染不仅会降低膜的性能，而且缩短了膜的使用寿命，因此，必须采取相应的措施延缓膜污染的进程。

膜污染可分为两大类：一类为可逆膜污染，如浓差极化，它可通过流体力学条件的优化以及回收率的控制来减轻和改善；另一类为不可逆膜污染，这一类污染是我们通常所说的膜污染，这类污染可由膜表面的电性及吸附引起或由膜表面孔隙的机械堵塞而引起。这一类污染目前尚无有效的措施加以改善，只能靠水质的预处理或通过抗污染膜的研制及使用来延缓其被污染的速度。

虽然膜污染与浓差极化的概念不同，但二者密切相关，常常同时发生，在许多场合，浓差极化是导致膜污染的根源。微滤、超滤、纳滤以及反渗透膜均能发生污染，除了具有膜污染产生的共性原因，每种膜污染又有自身的特点。

4.4.8.2 膜污染机理与影响因素

对于膜污染来说，一旦物料与膜接触，膜污染即开始，因此，确定膜污染的原因和影响因素，控制膜污染程度，清除污染和恢复膜通量，就显得尤为关键。

膜污染一般分为物理污染与化学污染。物理污染包括膜表面的沉积、膜孔内的阻塞，这与膜孔结构、膜表面的粗糙度、溶质的尺寸和形状等有关；化学污染包括膜表面和膜孔内的吸附，这与膜表面的电荷型、亲水性、吸附活性点及溶质的荷电性、亲水性、溶解度等有关。

膜污染机理指与膜接触的料液中微粒、胶体粒子或溶质大分子由于与膜存在物理化学相互作用或因浓差极化使某些溶质在膜表面的浓度超过其溶解度及因机械作用而引起的在膜表面或膜孔内吸附、沉积造成膜孔径变小或堵塞，使膜产生渗透通量与分离特性的不可逆变化现象。

在压力驱动膜过程中，膜的性能随时间有很大的变化，即时间延长，通过膜的通量减少，造成通量衰减的原因有许多，这些因素对原料通过膜的传递增加了新的阻力。

影响膜通量下降的因素，一般认为主要有以下几点。

（1）浓差极化

浓差极化会增大膜内侧的渗透压，减小了有效操作压力。此外，浓差极化现象会造成溶质在膜面的沉积形成凝胶层，阻止溶剂的通过，即浓差极化的存在降低了膜通量。浓差极化层对溶质渗透性的影响相对复杂，浓差极化层中某些溶质的浓度比主体液料中的高，增大了这些溶质穿过膜的推动力，从而去除率降低。同时因浓差极化层的存在，增加了某些溶质的扩散阻力，从而又使这些溶质的渗透性降低。

（2）膜孔阻塞

被分离溶质在膜表面或膜孔内形成阻塞，造成通量下降。

（3）膜孔吸附

被分离溶质（尤其是蛋白质）在膜表面或膜孔内沉积进而吸附其他的分子，形成污染。

（4）形成凝胶层

在较低流速时浓差极化使膜表面的溶质浓度大于其饱和溶解度，在膜表面吸附沉积而产生凝胶层。

（5）运行工况的影响

① 操作压力和料液流速。当料液浓度一定时，增大压力，水通量上升。盐通量与压力无直接关系，只是膜两侧盐浓度的函数，压力增加，透过膜的水量增大而盐量不变，故脱盐率增大，但同时透过液中组分的浓度减小，膜两侧盐浓度差增大，有降低脱盐率的趋势。这两个方面的共同作用使脱盐率增加逐渐变缓，最后趋于定值。

② 操作时间。在操作压力、流量、温度等其他因素不变的条件下，膜通量会随着运行时间而下降，尤其是在运行初期，通量下降较快，此后通量逐渐趋于稳定。产生

此现象的原因是膜在一定压力下运行时被压实，此压实过程在初期是快速的，造成通量快速下降，此后压实作用逐渐变得困难，从而通量渐渐趋于稳定。

③温度。温度对渗透压与水通量两者均有影响，水通量与温度成正比。

4.4.8.3　膜污染控制措施

（1）膜污染的预防措施

在大多数情况下膜污染是由于不适当的进料水预处理所致。由于料液中常含有无机物、有机物、微生物、粒状物和胶体等杂质，对膜产生不利影响，因此必须对料液进行预处理，以使浓差极化的影响和膜污染减小到最低程度。

预处理措施：增加流速，减薄边界层厚度，提高传质系数，或采用湍流促进器和设计合理的流道结构等方法，使被截留的溶质及时地被水流带走；选择适当的操作压力，避免增加沉淀层的厚度和密度；制膜过程中对膜进行修饰，使其具有抗污染性；为防止微生物、细菌及有机物的污染，常使用消毒试剂，如含氯试剂、过氧化物、碘化物等；适当提高料液水温，加速分子扩散，增大滤速；降低膜两侧的压差或料液浓度，均可减轻已经产生的浓差极化现象。

（2）膜的清洗

膜在长时间运行过程中，随着污染物在膜表面沉积及浓差极化现象，膜通量会出现不同程度的下降，主要污染物包括生物、有机物、胶体、悬浮颗粒以及盐垢，此时需要对膜进行反复清洗，使膜的各项性能指标尽量恢复，以延长膜的使用寿命，相对减少投入。

通常情况下，在膜运行过程中，会周期性地进行物理清洗，主要是利用机械作用，如正、反冲洗与浸泡、气液混合冲洗等。物理清洗方式能使膜的透水性快速、短期内得到一定程度的恢复，但经过短期运行，膜的通量会再次下降，因此，物理清洗只能作为抑制膜污染增长的一种手段，不能使膜通量得到完全的恢复。化学清洗是针对膜污染物的类型采用化学药剂的清洗方式，选择合适的清洗药剂，对膜通量的恢复与膜污染的消除起到决定性的作用。常见的化学清洗药剂包括碱、酸、氧化剂（H_2O_2、$NaClO$）、表面活性剂、酶等。

①碱液。碱液常用来清洗有机物及油脂造成的污染，主要是氢氧化钠和氢氧化钾。配置碱溶液的 pH 也因膜材质而定。对 CA 膜，清洗液 pH 为 8 左右；对 PVDF 膜，pH 为 12 左右。

②酸液。无机离子如 Ca^{2+}、Mg^{2+}在膜表面因浓差极化形成沉淀层，引入 H^+ 可使钙、镁难溶性的盐溶解，常用的酸有盐酸、柠檬酸、草酸等，配制酸溶液的 pH 因膜材质类型而定，一般 pH 不小于 2。

③氧化剂。氧化剂可降解、氧化膜表面的有机污染物，常用于可抗氧化剂的膜。常用氧化剂有次氯酸钠、臭氧、双氧水、高锰酸钾等。例如，利用 200～5 000 mg/L 的双氧水或 500～1 000 mg/L 的次硫酸钠等水溶液清洗多孔膜，既可去除污垢，又可杀灭细菌。

④表面活性剂。表面活性剂能够在膜表面形成致密亲水层使水通量得到改善，表面活性剂在许多场合有很好的清洗效果，可根据实际情况加以选择。但有些阴离子型和非离子型的表面活性剂能同膜结合造成新的污染，在选用时应加以注意。

⑤酶。酶能对膜表面沉积层中的溶质分子，尤其是一些蛋白质分子进行特殊的水解以

减轻膜表面的污染。例如，加入胃蛋白酶、胰蛋白酶等，对去除蛋白质、多糖油脂类污染物有效，但使用酶清洗剂不当会造成新的污染。

4.5　消毒

水的消毒并非要把水中的微生物全部消灭，只是要消除水中致病微生物的致病作用。致病微生物包括病菌、病毒及原生动物孢囊等。

水处理的消毒方法可以分为物理方法和化学方法 2 类。物理方法主要有机械过滤、加热、冷冻、辐射、微电解、紫外线和微波消毒等方法；化学方法主要采用强氧化剂如氯、二氧化氯、臭氧、氯胺、高锰酸钾、卤素、金属离子、阴离子表面活性剂及其他杀菌剂等化学药剂。长期以来，由于化学法具有容易实现、成本低的优点，所以使用较多，而液氯作为廉价的消毒剂有着最广泛的应用。有关氯、臭氧、二氧化氯以及氯胺的研究及应用最多，近年来，由于有关化学消毒副产物的报道的增多和人们对水质标准要求的不断提高，物理消毒方法特别是紫外线消毒引起了专业人士的高度重视。

4.5.1　液氯消毒法

4.5.1.1　液氯消毒原理

氯气与水反应时，一般产生"歧化反应"，生成次氯酸（HOCl）和盐酸（HCl）。氯的灭菌作用主要是次氯酸。

$$Cl_2 + H_2O \rightleftharpoons HOCl + HCl$$

HOCl 相对分子质量很小，是不带电的中性分子，可以扩散到带负电的细菌表面，并渗入细菌内部，氧化破坏细菌体内的酶，致使细菌死亡。在水中形成的 HOCl 是一种弱酸，因此会发生以下电离反应：

$$HOCl \rightleftharpoons H^+ + OCl^-$$

HOCl 和 OCl⁻（次氯酸根）都具有氧化能力，统称有效氯，也称自由氯。OCl⁻虽具有氧化作用，但因其带负电，难以靠近带负电的细菌，故较难起到消毒作用。

当污水的 pH 较高时，HOCl 的电离反应化学平衡向右移动，水中 HOCl 含量降低，消毒效果减弱。因此，pH 是影响加氯消毒效果的一个重要因素。pH 越低，消毒效果越好。在实际运行中，一般控制 pH<7.4，以保证消毒效果，否则应该加酸使 pH 降低。

温度对消毒效果的影响也很大，温度越高，消毒效果越好，反之反则。主要原因是温度升高能促进 HOCl 向细胞内扩散。

4.5.1.2　加氯系统

加氯系统包括加氯机、接触池、混合设备以及氯瓶等部分，见图 4-49。

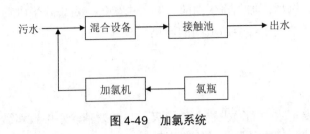

图 4-49 加氯系统

加氯机分为手动和自动两大类。加氯机的功能：从氯瓶送来的氯气在加氯机中先流过转子流量计，再通过压力水的水射器使氯气和水混合，把氯溶解在水中形成高含氯水。氯水再被输送至加氯点投加。为了防止氯气泄漏，加氯机内多采用真空负压运行。国内早期水厂采用转子加氯机手动投加，现已多采用自动加氯机投加，其中，大型加氯机为柜式，加氯容量小于 10 kg/h 的多为挂墙式。自动加氯机的控制有手动和自动方式，其中，自动方式有 3 种模式：流量比例自动控制、余氯反馈自动控制和复合环自动控制（流量前馈加余氯反馈）。图 4-50 为 ZJ 型转子加氯机。

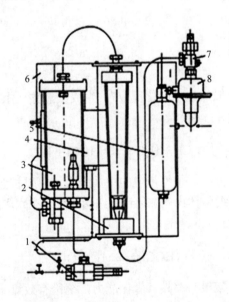

1—水射器；2—转子流量计；3—中转玻璃罩；4—平衡水箱；5—旋风分离器；
6—框架；7—控制阀；8—弹簧膜阀。

图 4-50　ZJ 型转子加氯机

转子加氯机主要由旋风分离器、弹簧膜阀、转子流量计、中转玻璃罩、平衡水箱和水射器等部分组成。液氯自钢瓶进入分离器，将其中的一些悬浮杂质分离出去，然后经弹簧膜阀和转子流量计进入中转玻璃罩。在中转玻璃罩内，氯气和水初步混合，然后经水射器进入污水管道内。弹簧膜片系一定压减压阀门，当压力低于 1 atm（1 atm=760 mmHg）时能自动关闭，同时能起到稳压的作用。中转玻璃罩的作用是缓冲稳定加氯量以及防止压力倒流，同时便于观察加氯机工况。平衡水箱可稳定中转玻璃罩内的水量，当氯气用完后，可破坏罩内真空，防止污水倒流。水射器的作用是负压抽取氯气，使之与污水混合。

目前采用的自动真空加氯机,可有效防止氯气泄漏,其运行安全可靠。图 4-51 为柜式真空自动加氯机。

图 4-51 柜式真空自动加氯机

自动真空加氯系统通常由氯源提供系统、气体计量投加系统、监测及安全保护系统 3 部分共同组成。包括加氯支管、自动切换装置、液氯蒸发器(加氯量小时可以不用)、减压过滤装置、真空调节器、自动真空加氯机和水射器等主要部件。氯源经自然蒸发或利用液氯蒸发器由液态氯转换为气态氯,由真空调节器将输入管道内氯气的压力由正压调至负压,通过加氯机计量,通过水射器与压力水混合后投入水体。其工艺流程见图 4-52。

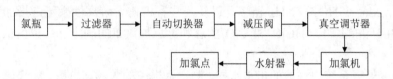

图 4-52 自动真空加氯系统工艺流程

将氯加入污水以后,应使之尽快与污水均匀混合,发挥消毒作用,常采用管道混合方式;当流速较小时,应采用静态管道混合器;当有提升泵时,可在泵前加氯,用泵混合。

接触池的作用是使氯与污水有较充足的接触时间,保证消毒作用的发挥。在污水深度处理中,可考虑在滤池前加药,用滤池作为接触池,但加氯量较滤池后加氯量更高。

氯瓶的作用是运输并储存液氯。氯瓶有立式和卧式 2 种类型,有 50 kg、100 kg、500 kg、1 000 kg 等几种规格,处理厂可结合本厂规模选用。

4.5.1.3 加氯量的控制

在污水处理流程中有以下 3 种加氯消毒形式:

初级处理出水+加氯消毒 ⟶ 排放至水体;

二级处理出水+加氯消毒 ⟶ 排放至水体;

深度处理出水+加氯消毒 ⟶ 进污水回用管网。

常见的为后两种。由于二级出水和深度处理水中污染物浓度及种类和细菌数量不同,其加氯量也存在很大差别。

(1)二级出水加氯量的控制

城市污水经二级处理,排入受纳水体之前,进行加氯消毒,对此目前尚有不同意见。

因为污水中的一些有机物与氯反应之后，可生成三氯甲烷和四氯化碳等致癌物质。某一污水厂的受纳水体，经一定距离或时间的自净之后，往往被作为下游城市的取水水源，而三氯甲烷和四氯化碳等致癌物质在环境中非常稳定，会随水进入下游城市的给水网管，影响人们的身体健康。另外，加氯之后，当污水中余氯量太高时，还会杀灭受纳水体中的一些水生生物，破坏水体生态平衡。鉴于以上情况，一般认为，二级出水中应少加氯，能不加则不加。事实上，欧盟很多国家基本上不再对二级出水加氯消毒。目前，国内新建的二级处理厂中，大部分开始用紫外线消毒。在二级出水的排放标准中，目前也没有对消毒效果或余氯浓度作出硬性规定。因此，二级出水或初级出水的加氯消毒，可不需要在出水中保持余氯浓度，而以实际消毒耗氯量为加氯量控制指标。一般来说，二级水加氯消毒之后，当不需要保持余氯浓度时，二级出水加氯量一般为 5~10 mg/L，初级出水加氯量为 15~25 mg/L。

（2）深度处理出水氯量的控制

在深度处理中，除要求达到一定的消毒效果，即保证一定的大肠菌群的去除率外，还要求回用水管网末端保持一定的余氯量。例如，《城市污水再生利用　城市杂用水水质》（GB/T 18920—2002）中要求总大肠菌群≤3 个/L，回用水管网末端要求≥0.2 mg/L 的总余氯。总的加氯量由以下两部分组成：实际消毒需氯量和游离性余氯量。实际需氯量除直接用于杀灭细菌的氯量之外，还包括氧化污水中的一些还原性物质所需的氯量，如 H_2S、SO_3^{2-}、Fe^{2+}、Mn^{2+}、NO_2^-、NH_4^+ 和胺，以及一些有机物。游离性余氯是指加氯接触一定时间后，水中所剩的 Cl_2、$HClO$ 和 ClO^- 的总和。总加氯量的确定一般也由试验确定，程序如下：

① 取深度处理系统中滤池的出水水样，测定水样中的大肠菌群数，如果该水作为工业冷却水，则细菌总数也应作为消毒的一个控制指标，因此还应测定水样中的细菌总数。

② 自同一、二级出水取若干水样。例如，取 8 个水样，每个为 100 mL。

③ 向每个水样中加入不同的氯量。例如，向 8 个水样中分别加入 0.20 mg、0.25 mg、0.30 mg、0.35 mg、0.40 mg、0.45 mg、0.50 mg、0.55 mg 氯，则每个水样中的氯浓度分别为 2.0 mg/L、2.5 mg/L、3.0 mg/L、3.5 mg/L、4.0 mg/L、4.5 mg/L、5.0 mg/L、5.5 mg/L。

④ 加氯之后，用玻璃棒搅拌每个水样。持续时间与实际运行中污水在接触池内的水力停留时间一样。

⑤ 到达接触时间后，分别测定每个水样中的大肠菌群数和游离性余氯的浓度。余氯测定可用比色法或仪器法测定加氯量。在以上试验结果中，选择既满足所要求的大肠菌去除率，又满足游离性余氯要求的最小加氯量。如果污水回用于工业冷却水，还应同时满足对细菌总数去除的要求。

二级生化出水采用混凝沉淀和过滤工艺进行深度处理时，加氯量一般控制在 3~6 mg/L。

（3）接触时间对加氯量的影响

接触时间是污水在接触池的水力停留时间。一般来说，在保证消毒效果一定的前提下，接触时间延长，加氯量可适当减少。但接触时间很大程度上取决于设计，一般来说，应控制在 15 min 以上。污水量增加时，接触时间会缩短，此时应适当增加加氯量。

4.5.1.4　用氯安全

氯是一种剧毒气体，空气中浓度为 1×10^{-6} 时，人体即会产生反应；空气中的氯气为 15×10^{-6} 时，即可危及人的生命。因此，在运行管理中，应特别注意用氯安全。

（1）液氯运输的安全注意事项

① 运输人员应充分了解氯气的安全运输知识。

② 运输车辆必须是经公安部门验收合格的化学危险品专用车辆。

③ 氯瓶应轻装轻卸，严禁滑动、抛滚或撞击，并严禁堆放。

④ 氯瓶不得与氢、氧、乙炔、氨及其他液化气体同车装运。

⑤ 遵守安全部门的其他规定。

（2）液氯储存的安全注意事项

① 储存间应符合消防部门关于危险品库房的规定。

② 氯瓶入库前应检查是否漏氯，并做必要的外观检查。检漏方法是用 10%的氨水对准可能漏氯部位数分钟。如果漏氯，会在周围形成白色烟雾（氯与氨生成的氯化铵晶体微粒）。外观检查包括瓶壁是否有裂缝、鼓泡或变形。有硬伤、局部片状腐蚀或密集斑点腐蚀时，应认真研究是否需要报废。

③ 氯瓶存放应按照先入先取先用的原则，防止某些氯瓶存放期过长。

④ 每班应检查库房内是否有泄漏，库房内应常备 10%氨水，以备检漏使用。

（3）氯瓶使用的安全注意事项

① 氯瓶在开启前，应先检查氯瓶的位置是否正确，然后试开氯瓶总阀。不同规格的氯瓶有不同的放置要求。

② 氯瓶与加氯机紧密连接并投入使用以后，应用 10%氨水检查连接处是否漏氯。

③ 氯瓶使用过程中，应常用自来水冲淋，以防止瓶壳由于降温而结霜。

④ 在加氯间内，冬季氯瓶周围要有适当的保温措施，以防止瓶内形成氯冰。但严禁用明火等热源为氯瓶保温。

⑤ 氯瓶使用完毕后，应保证留有 0.05～0.1 MPa 的余压，以免遭水受潮后腐蚀钢瓶，同时这也是氯瓶再次充氯的需要。

（4）加氯间的安全措施

① 加氯机的安全使用，详见所采用的加氯机使用说明。

② 加氯间应设有完善的通风系统，并时刻保持正常通风，每小时换气量一般应在 10 次以上。

③ 加氯间内应在最显著、最方便的位置放置灭火工具及防毒面具。

④ 加氯间内应设置碱液池，并时刻保证池内碱液有效。当发现氯瓶严重泄漏时，应先戴好防毒面具，然后立即将泄漏的氯瓶放入碱液池中。

（5）氯中毒的紧急处理措施

在操作现场，一般将氯浓度限制在 0.006 mg/L 以下。当高于此值时，人体会有不同程度的反应。长期在低氯环境中工作会导致慢性中毒，表现为眼黏膜刺激流泪；呼吸道刺激咳嗽，并导致慢性支气管炎；牙龈炎、口腔炎、慢性肠胃炎；皮肤发痒、痤疮样皮疹等症状。短时间内暴露在高氯环境中，可导致急性中毒。轻度急性氯中毒表现为喉干胸闷、脉搏加快等轻微症状。重度急性氯中毒表现为支气管痉挛及水肿、昏迷或休克等严重症状。在处理严重急性中毒事故中，应注意以下事项：

① 设法迅速将中毒者转移至新鲜空气中。

② 对于呼吸困难者，严禁进行人工呼吸，应让其吸氧。

③ 如有条件，也可雾化吸入5%的碳酸氢钠溶液。

④ 用2%的碳酸氢钠溶液或生理盐水为其洗眼、鼻和口。

⑤ 严重中毒者，可注射强心剂。

以上为现场非专业医务人员采取的紧急措施，如果时间允许或条件许可，首要的是请医务人员处理或急送医院。

4.5.2 二氧化氯（ClO_2）消毒法

4.5.2.1 ClO_2 的性质

ClO_2 在常温常压下是一种带有辛辣气味的黄绿色至橙黄色气体，易溶于水形成黄绿或橙黄色溶液，溶解度为107.9 g/L，其相对分子质量为67.45，沸点为11℃，熔点为–59℃，气体ClO_2密度为3.09×10^{-3} g/L（11℃），液体的密度为1.76 g/mL（–56℃），0℃的饱和蒸气压为500 torr（1 torr=133.3 Pa）。ClO_2水溶液在密闭、阴凉处比较稳定，尤其是水处理工艺中常用到的低于1.0 mg/L的浓度下更加稳定。ClO_2还溶于冰醋酸、四氯化碳，易被硫酸吸收且不与其反应。ClO_2蒸气超过41 kPa时易爆炸，压缩或储存ClO_2的一切尝试，商业上均告失败，因此使用ClO_2消毒必须采用现场发生设备。

ClO_2 是国际上公认的含氯消毒剂中唯一的高效消毒灭菌剂，其有效氯含量是液氯的2.6倍。它可以杀灭一切微生物，还可与许多物质发生氧化反应，对含酚水以及对水中的Fe^{2+}、Mn^{2+}、S^{2-}和CN^-等无机离子均有良好的去除效果。ClO_2与酚类有机化合物（如苯酚）的反应机理是单电子转移机理，反应速率快，具有良好的选择性。ClO_2不仅是水中细菌、病毒、藻类和浮游生物的优良杀生剂，而且可以有效地去除空气中的臭味物质，杀灭空气中的病原微生物。

ClO_2 以游离单体存在，氯氧键表现出明显的双键特性（O=Cl=O），是对称的非线型三原子分子。ClO_2具有共轭结构。水处理条件下，ClO_2的还原产物为ClO^-。

4.5.2.2 ClO_2 杀菌消毒的优越性

使用 ClO_2 消毒能有效控制饮用水中卤仿等有机卤代物的形成。ClO_2具有高效广谱的杀菌消毒效果，即使在悬浮物存在的条件下，ClO_2也能以较小剂量杀死大肠杆菌、类炭疽杆菌。对脊髓灰质炎病毒、噬菌体f2、大肠菌噬菌体、柯萨奇病毒B3、埃柯病毒11、腺病毒7、单纯性疱疹病毒1和单纯性疱疹病毒2、流行性腮腺炎病毒、新城病毒、噬菌体OX-174、仙台病毒、坏疽性病毒等都具有良好的灭活效果。由于ClO_2（尤其是低浓度时）在水中的扩散速度与渗透能力都比氯快，因此用量少、作用快、杀菌率高。

相同条件下5 mg/L氯作用5 min后杀菌率为90%，而2 mg/L的ClO_2作用30 s就能杀死近100%的微生物；而且ClO_2在较大的pH范围内都保持了很强的杀菌能力，而Cl_2不能；ClO_2不与氨和大多数胺反应，因此杀菌效果不受胺的影响。ClO_2的持续消毒能力也很强，pH 为 8.6，细菌数为 7.1×10^6 个/mL 的实验用水投加 0.5 mg/L 的 ClO_2，作用时间 12 h 以内，对异养菌的杀灭率保持在 99%以上，而 0.5 mg/L 的氯气的杀菌率最高只能达到 75%，只有当加入 1.0 mg/L 的氯气时，才能杀死 90%以上的异养菌。

ClO_2 能有效去除水中 Fe^{2+}、Mn^{2+}、S^{2-}、CN^- 等无机污染物和酚类、腐殖质等有机污染物。有资料表明，ClO_2 可将有致癌作用的有机物氧化成无致癌作用的物质。在 pH 为 5～9 时将 H_2S 很快氧化生成 SO_4^{2-}。ClO_2 对霉烂味、土味或腥臭味的一些物质有较大的去除效果。除了除臭去味 O_3 略优于 ClO_2，其他方面二者比较接近。但 O_3 发生设备投资运行费用过高，持续消毒能力差，广泛应用受到限制，同时 O_3 在水处理过程中可与溴酸盐作用生成"三致"物质。从各种指标综合来看，ClO_2 比其他消毒剂具有更多的优越性。

4.5.2.3　ClO_2 的发生技术

国外 ClO_2 的生产方法均以专利形式出现，综合各种工艺，其发生方法可以归纳为以下 3 种。

（1）亚氯酸盐法

亚氯酸盐法制取 ClO_2 的过程，包括亚氯酸钠（$NaClO_2$）的氧化（氯化）和 $NaClO_2$ 的酸分解。氧化法采用 $NaClO_2$ 溶液与氯水进行反应，国外水厂多数采用此法发生 ClO_2。酸分解法就是采用 $NaClO_2$ 与一定浓度的酸溶液反应生成 ClO_2。

亚氯酸盐法的特点是制取的 ClO_2 纯度高，副产物少。但由于 $NaClO_2$ 昂贵，决定了 ClO_2 的生产成本较高，一般是氯酸盐法的 3 倍左右。

（2）氯酸盐法

氯酸盐法制取 ClO_2 是指在高酸度介质中还原 $NaClO_2$ 制取 ClO_2。根据还原剂的不同，国外开发了一系列 ClO_2 的生产工艺，有硫酸法工艺（NaCl 作还原剂，H_2SO_4 调节酸度）、盐酸法工艺（HCl 作还原剂，HCl 调节酸度）、二氯化硫法工艺（SO_2 作还原剂，H_2SO_4 调节酸度）、甲醇法工艺（CH_3OH 作还原剂，H_2SO_4 调节酸度）等。

氯酸盐法同亚氯酸盐法相比，明显降低了 ClO_2 的生产成本，但氯酸盐法的缺点是副产一定量的 Cl_2，影响 ClO_2 的纯度，给 ClO_2 的应用带来了麻烦，因为 ClO_2 用作饮水消毒剂要求有较高的纯度，才能避免因 Cl_2 与水中有机物作用产生 $CHCl_3$ 等有机卤代物的毒副作用。

（3）电解法

电解法制取 ClO_2 主要是利用 NaCl 为原料，采用隔膜电解技术制取 ClO_2。市场上的电解法发生器产生的混合气体以 Cl_2 为主，ClO_2 的比例较少。有研究表明采用混合气体 $ClO_2 + Cl_2$ 消毒时，其 ClO_2 所占质量分数应在 90%以上，否则仍然会使水中产生大量的 CH_3Cl 等"三致"有机卤化物。美国虎克公司和 Tetravalent 公司分别获得该项技术专利。电解法制取 ClO_2 也是一种较为经济、竞争力强、有着广泛开发前景的生产方法。我国 ClO_2 的需求市场也相当庞大，对 ClO_2 研究、生产与应用的步伐不断加快。

4.5.3　其他氯消毒法

4.5.3.1　漂白粉消毒

漂白粉的主要成分是 $CaOCl_2$，由氯气和石灰加工而成。漂白粉消毒和氯气消毒的原理是相同的，主要也是加入水后产生次氯酸杀灭细菌。漂白粉消毒需配成溶液加注，且溶液需经 4～24 h 澄清方可使用，但若加入浑水，配制后可立即使用。漂白粉易受光、热和潮气作用而分解使有效氯降低，故必须放在阴凉、干燥的地方。一般用于小水厂或临时性给水。

4.5.3.2 次氯酸钠消毒

次氯酸钠也是强氧化剂和消毒剂，但消毒效果不如氯强。次氯酸钠的消毒作用仍然依靠次氯酸。

4.5.3.3 氯胺消毒

氯胺是由氯气与氨气反应生成的一类化合物，是常用的饮用水二级消毒剂，主要包括一氯胺（NH_2Cl）、二氯胺（$NHCl_2$）和三氯胺（NCl_3）。

氯胺消毒比氯消毒有以下 3 个优点：①减少了消毒过程中 THMs 的产量；②可以维持较长时间，能有效地控制水中残余细菌繁殖；③避免游离性余氯过高时产生的臭味。

人工投加的氨可以是液氨、硫酸铵或氯化铵。液氨投加方法与液氯相似。硫酸铵和氯化铵应先配成溶液，然后投加到水中。一般采用氯：氨为（3～6）：1。氯胺消毒的缺点是，需要较长的接触时间，由于需要加氨，从而使操作复杂。氯胺的杀菌效果差，不宜单独作为饮用水的消毒剂使用。但若将其与氯结合使用，既可以保证消毒效果，又可以减少三卤甲烷的产生，且可以延长配水管网中的作用时间。

从理论上分析，消毒剂消毒能力的大小取决于单位摩尔物质的电子的能力。因此上述各种方法消毒能力依次为 $O_3 > ClO_2 > ClO^- > Cl_2 >$ 氯胺 $> KMnO_4$。从实际使用成本分析由高到低依次为 $KMnO_4 > ClO^- > O_3 > ClO_2 >$ 氯胺 $> Cl_2$。

4.5.4 **臭氧消毒**

4.5.4.1 臭氧的性质

在常温常压下，臭氧是淡蓝色的具有强烈刺激性气味的气体，由 3 个氧原子组成。臭氧的密度是空气的 1.7 倍，易溶于水，在空气或水中均易分解消失。臭氧对人体健康有影响，空气中臭氧的浓度达到 100 mg/L 即有致命危险，故在水处理过程中散发出来的臭氧尾气必须处理。

4.5.4.2 臭氧消毒原理

在水中投入臭氧进行消毒或氧化通称为臭氧化。臭氧既是消毒剂，又是氧化能力很强的氧化剂，但目前臭氧作为氧化剂以氧化去除水中有机污染物的应用更为广泛。臭氧的氧化作用分直接作用和间接作用 2 种。臭氧直接与水中物质反应称为直接作用，直接氧化作用有选择性且反应较慢；间接作用是指臭氧在水中可分解产生二级氧化剂——氢氧自由基（·OH）（表示带有未配对电子，故活性极大）。·OH 是一种非选择性的强氧化剂，可以使许多有机物彻底降解矿化，且反应速率很快。不过，仅由臭氧产生的氢氧自由基量很少，除非与其他物理化学方程配合方可产生较多 ·OH。有关专家认为，水中 ·OH 及某些有机物是臭氧分解的引发剂或促进剂。臭氧消毒机理实际上仍是氧化作用，臭氧在水中发生氧化还原反应的瞬间，能破坏和分解细菌的细胞壁，迅速地扩散至细胞内，氧化破坏细胞内的酶，致死病原体。臭氧的杀菌效果主要取决于水中臭氧的含量。当通入水中的臭氧气体浓度越高，水温越低，臭氧在水中的分散程度越高，臭氧与水的混合就越充分，其在水中的浓度就越高，杀菌消毒的效果也就越好。

4.5.4.3　臭氧消毒的优越性

臭氧作为消毒剂或氧化剂的主要优点是不会产生三卤甲烷等副产物，其杀菌和氧化能力均比氯强。但近年来有关臭氧化的副作用也引起人们关注。有人认为，水中有机物经臭氧化后，有可能将大分子有机物分解成分子较小的中间产物，而在这些中间产物中，可能存在毒性物质或致突变物，或者有些中间产物与氯（臭氧化后往往还需加适量氯）作用后致突变性反而增强。

4.5.4.4　臭氧的制备

臭氧都是在现场用空气或纯氧通过臭氧发生器高压放电产生的。臭氧发生器是臭氧生产系统的核心设备，如果以空气作气源，臭氧生产系统应包括空气净化和干燥装置以及鼓风机或空气压缩机等。所产生的臭氧化空气中臭氧含量一般在 2%～3%（质量分数）；如果以纯氧作气源，臭氧生产系统应包括纯氧制取设备，所生产的是纯氧/臭氧混合气体，其中臭氧含量约达 6%（质量分数）。由臭氧发生器出来的臭氧化空气（或纯氧）进入接触池与待处理水充分混合，为获得最大的传质效率，臭氧化空气（或纯氧）应通过微孔扩散器形成微小气泡均匀分散于水中。

由于臭氧在水中不稳定，易消失，因此臭氧很少作为唯一的消毒剂。为维持持续消毒作用，一般在臭氧消毒后，仍需投加少量氯、二氧化氯或氯胺以维持水中剩余消毒剂。

4.5.5　紫外线消毒

4.5.5.1　紫外线消毒技术的发展

紫外线消毒法有悠久的历史，早在 1801 年，Ritter 就发现了紫外线，并证明其有使氯化银变黑的化学作用。1877 年，英国的 Downes 和 Blunt 正式发表论文报道了用紫外线杀灭枯草芽孢杆菌的试验，证实了紫外线的消菌作用，从而建立了紫外线杀菌消毒发展史上的第一座里程碑。1910 年法国的 Cernovdeow 和 Henvi 首次将紫外线用于饮用水消毒。1929 年，Gates 发现不同波长的紫外线对微生物的杀灭作用不同，杀菌作用光谱平行于核酸碱基对紫外线的吸收光谱，这个发现被誉为第二座里程碑。从此，紫外线杀菌消毒技术逐渐在多个领域得以应用。1960 年以后，出现了较多新型、高效的紫外光源，促进了紫外线消毒技术的发展。1970 年，美国国家环境保护局完成了第一个污水紫外线消毒的示范工程。此后，在美国、加拿大等北美国家应用紫外线消毒法处理污水开始普及，北美地区现有的污水紫外线消毒装置已达 300 多座。欧洲目前也积极地开展这方面的研究和实际应用，日本于近几年也在十几座污水处理厂安装了紫外线消毒装置，进行开发、利用。在我国，该技术在水处理方面的应用才刚刚起步，其很大一部分原因是紫外线消毒的核心设备——紫外线灯的技术一直不成熟。

4.5.5.2 紫外线消毒的原理与特点

太阳光中波长为100～400 nm的一部分光统称为紫外线。如图4-53所示，320～400 nm为A波紫外线（近波紫外线）；275～320 nm为B波紫外线（中波紫外线）；240～275 nm为C波紫外线（远波紫外线）；100～200 nm为真空紫外线。紫外线消毒原理不同于传统的化学消毒剂。化学消毒剂通过破坏微生物的细胞结构，进而阻止微生物新陈代谢、合成和生长。而紫外线杀菌消毒是一种物理消毒方法，是通过产生一系列的光化学反应破坏微生物的DNA和RNA，DNA和RNA遭到破坏，微生物的分裂和后续的繁殖将会停止。因细菌、病毒的生命周期一般较短，在不能繁殖新细菌和病毒的情况下就会迅速死亡。紫外线消毒并不是杀死微生物，而是去掉其繁殖能力进行灭活，微生物在人体内不能复制繁殖，就会自然死亡或被人体免疫系统消灭，从而不会对人体造成危害。微生物细胞中的RNA和DNA吸收光谱为240～280 nm，对波长255～260 nm的紫外线有最大吸收，而紫外线消毒灯所产生的光波的波长恰好在此范围内。放射性的紫外光被微生物的核酸吸收，一方面，可使核酸突变阻碍其复制转录，封锁蛋白质的合成；另一方面，产生自由基，发生光电离，可引起微生物其他结构的破坏从而导致细胞的死亡，由此达到杀菌的目的。

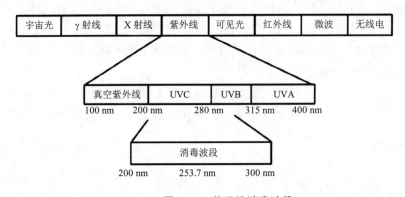

图 4-53 紫外线消毒波段

4.5.5.3 紫外线消毒装置及工艺控制

（1）紫外线灯

水的消毒处理都是采用人工紫外线光源（人工汞灯或汞合金灯光源）。人工汞灯利用汞蒸气被激发后发射紫外线。紫外线灯主要分为低压低强度紫外线灯、低压高强度紫外线灯和中压高强度紫外线灯三大类，近年来还研制出了一些新型紫外线灯，如高臭氧紫外线消毒灯。其中，低压、中压是指点燃灯管后水银蒸气的压强，低压的一般低于0.8～1.5 Pa，中压的可达0.1～0.5 MPa。强度是指灯管的输出功率的大小。

低压低强度紫外线灯是消毒处理中使用范围最广泛的紫外线灯。它是低压汞蒸气灯等，基本上产生单色光照射（光谱范围很窄），其波长为253.7 nm，与DNA的最大吸收峰260 nm接近，属于有效的杀菌波段。低压低强度紫外线灯管的直径一般为15～20 mm，灯管长度为 0.75～1.5 m，灯管寿命为 8 000～13 000 h，工作温度为 35～45℃。紫外线灯采用石英套管，石英套管浸没在要消毒的水中时，灯不与水直接接触，并控制灯管壁温。该灯的优点是，杀菌的光效率高，其有效杀菌波段（C 波段）的输出功率占输入总功率的 30%～40%。不足之处是单灯管的功率一般为 15～70 W，国产低压低强度灯管的功率一般不超过 40 W，大型水处理厂需要使用几十支，甚至上百支灯管。

中压高强度紫外线灯用汞铟合金代替了汞。该灯的单管功率一般为 100～400 W，灯管的寿命也略有延长，但是该灯的发光波长范围变宽，在有效杀菌波段（C 波段）的输出功率占输入总功率的 25%～35%，工作温度为 90～150℃，浸入水中需要设外套管。

高压紫外线灯的工作温度为 600～800℃，浸入水中需要设外套管。该灯产生多色光的照射，其中，在有效杀菌波段（C 波段）的输出功率占输入总功率的 10%～15%，主要的输出波段在紫外线 B 波段，灯管的寿命也较短，为数千小时。但是该灯的单管功率极高，可达数千瓦，适用于水的流量极大且场地有限的消毒场所。

由于紫外线灯管属于气体发光灯，电路特性为非线性电阻，在电路系统需配置镇流器，目前多采用电子镇流器。

紫外线灯管的紫外光输出将随着灯管的老化而逐渐降低，一般以紫外光输出降至新灯的 70% 来计算灯管的使用寿命。紫外线灯管的启动对灯管的寿命影响很大，低压灯管每启动点燃一次大约要消耗 3 h 的有效时间，中压灯管每启动点燃一次要消耗 5～10 h 的有效时间，因此在使用中应避免灯管的频繁开关。在运行中当灯管的紫外线强度低于 2 500 μW/cm^2 时，就应该更换灯管，但由于测定紫外线强度较困难，实际上灯管的更换都以使用时间为标准，计数时除将连续使用时间累加外，还需加上每次开关灯管对灯管的损耗，一般开关一次按使用 3 h 计算。

紫外线灯管的安装、维护注意事项：

① 严禁频繁启动紫外线灯管，特别是在短时间内，以确保紫外线灯管的寿命。

② 定期清洗。根据水质情况，紫外线灯管和石英玻璃套管需要定期清洗，去除石英玻璃套管上的污垢，以免影响紫外线的透过率，而影响杀菌效果。

③ 更换灯管时，先将灯管电源插座拔掉，抽出灯管，再将擦净的新灯管小心地插入杀菌器内，装好密封圈，检查有无漏水现象，再插上电源。注意勿以手指触及新灯管的石英玻璃，否则会因污点影响杀菌效果。

④ 预防紫外线辐射。紫外线对细菌有强大的杀伤力，对人体同样有一定的伤害，启动消毒灯时，应避免对人体直接照射，必要时可使用防护眼镜，不可直接用眼睛正视光源，以免灼伤眼膜。

（2）紫外线消毒设备

紫外线消毒设备分为管式消毒设备和明渠式消毒设备两大类。其中，管式消毒设备多用于给水消毒，明渠式消毒设备多用于污水消毒。其核心部件均为多个平行设置的紫外线灯管，设置在专门的管件或消毒渠道中，在水流经消毒设备的数秒时间内，完成对水的紫外线消毒处理。

管式消毒设备见图4-54。在管段中设置多支紫外线灯管，中小型设备的紫外线灯管与水流方向平行，大型设备的紫外线灯管与水流方向垂直，紫外线灯管可以拆出检修。

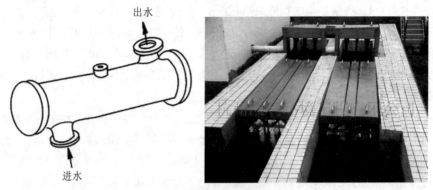

图 4-54　管式紫外线消毒设备

　　明渠式消毒设备见图 4-55。在渠道中设置众多紫外线灯管，一般由几支灯管构成一个组件，挂在渠中，再由多个组件在渠道中排列，构成消毒渠段。紫外线灯管组件可以垂直取出拆卸检修。为了保证稳定的浸没水位，消毒渠道后设置水位控制设施，如溢流堰等。

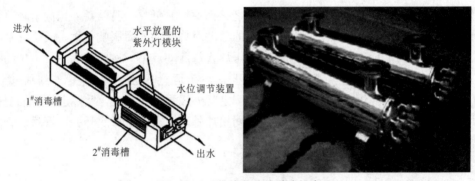

图 4-55　明渠式紫外线消毒设备

　　由于紫外线在水中的照射深度有限，紫外线灯管必须在整个过水断面中均匀排列。对于低压低强度紫外线灯管，灯间距一般只有几厘米，且间距与待处理的水质有关。消毒设备的结构应使水流在纵向的流动为推流，避免水流出现短路。由于紫外线光照强度在设备中的分布是不均匀的，因此，应在横断面上保持一定的紊流，使水流在流经整个设备时受到的光照均匀。

　　紫外线灯在使用过程中会在灯管表面产生结构现象，影响光的透过。现在的紫外线消毒设备大多具有灯管在线清洗设施，多为机械清洗装置，少数设备还设有化学清洗装置，定期进行清洗。

　　（3）紫外线消毒所需剂量

　　紫外线消毒设计的关键是确定适宜的紫外线消毒剂量和进行设备选型。紫外线消毒是一种辐照方法，紫外线照射的强度为单位面积上所受到的照射功率，常用单位为 mW/cm^2。紫外线的剂量，即紫外剂量，为一定时间内单位面积上受到的照射所做的功（能量），可用式（4-2）计算：

$$D = It \qquad\qquad (4-2)$$

式中，D——紫外剂量，mJ/cm^2；

　　　I——紫外强度，mW/cm^2；

　　　t——光照时间，s。

对微生物的灭活效果与紫外剂量有关。在一定条件下，只要紫外剂量相同，消毒的效果也一样。

不同微生物对紫外线的敏感程度不同，其抵抗力由强到弱的次序依次为真菌孢子＞细菌芽孢＞病毒＞细菌菌体。对于污水消毒，我国《室外排水设计规范》（GB 50014—2006）规定，污水的紫外线消毒剂量宜根据试验资料或类似运行经验确定；也可按照下列标准确定：二级处理的出水为 $15\sim22\ mJ/cm^2$，再生水为 $24\sim30\ mJ/cm^2$。

4.5.5.4　紫外线消毒的注意事项

（1）待处理水的性质

水中的有机物（特别是在 254 nm 有较强吸收作用的污染物，如腐殖酸等）、铁和锰（紫外线的强吸收剂）、藻类等物质会过量吸收紫外线，降低紫外线的透过，影响消毒效果。待处理水的紫外透光率是紫外线消毒设备设计的重要考虑因素。

水中的颗粒物会对细菌和病毒起到包裹屏蔽保护作用，降低紫外线消毒的效果。因此对于污水消毒，必须严格控制二次沉淀池出水的悬浮物浓度。根据已有资料，对于悬浮物浓度小于 30 mg/L 的二次沉淀池出水，紫外线消毒可以有效控制大肠菌群在 10^4 个/L 以下；悬浮物浓度小于 10 mg/L 的，紫外线消毒可以有效控制大肠菌群在 10^3 个/L 以下。

对于紫外透光率较低和颗粒物含量较多的水，必须采用较高的紫外剂量。

（2）灯管表面结垢问题

水中的各种悬浮物质、生物以及有机物和无机物（如钙、镁离子），都会造成石英套管表面结垢，将极大地影响紫外线的透过率。需要定期进行机械清洗和化学清洗，紫外线消毒设备要设有清洗设施，给水厂紫外线消毒设备大约每月清洗 1 次，污水处理厂大约每周清洗 1 次，一段时间后还需进行化学清洗。

（3）已经紫外线灭活微生物的光复活问题

在存在可见光的条件下，已被紫外线灭活的微生物会有一部分复活，称为光复活现象。光复活的机理是可见光（最有效的波长在 400 nm 左右）激活了细胞体内的光复活酶，它能分解紫外线产生的胸腺嘧啶二聚体。因此，在实际的紫外线消毒剂量中应考虑光复活的余量，并使消毒后的回用水减少与光线的接触，当然，对于外排的污水消毒，此条件无法实现。

（4）剩余保护问题

紫外线消毒无剩余保护作用，对于污水回用消毒，目前需要采用紫外线与化学消毒剂联合使用的消毒工艺，即以紫外线作为前消毒工艺，再加入少量化学消毒剂（氯胺或二氧化氯等），以满足对管网水剩余消毒剂的要求，控制微生物在管网中的再生长。

4.5.6　消毒技术的比较

常用的氯消毒、臭氧消毒、二氧化氯消毒和紫外线消毒法的优缺点比较见表 4-15。从表 4-15 中可以看出，用二氧化氯、臭氧或氯之类的化学杀菌法，都有化学残留物，甚至会产生副作用，危害水中生物，如三卤甲烷（THMs）。而使用紫外线进行消毒，不会有消毒药物的残存和产生有机氯化物等衍生物而引起对水生环境的二次污染，实现了安全、卫生程度较高的、更贴近大自然的消毒方式；其操作管理也更安全方便。就消毒效果而言，紫外线消毒法杀菌快速有效，杀菌率高，但紫外线消毒技术也存在缺陷，其不足之处在于没有持续的杀菌消毒能力。鉴于紫外线和化学消毒剂的杀菌特点，可以将紫外线和化学消毒剂进行有效的结合，发挥其各自的消毒优势。

表 4-15　常见消毒方法的比较

项目	优点	缺点	消毒效果
氯	具有余氯的持续消毒作用；药剂易得，成本较低，工艺简单，技术成熟，操作简单，投量准确；不需要庞大的设备	原水有机物高时会产生有机氯化物（如THMs），具致癌、致畸作用；处理水有氯或氯酚味；氯气有毒，腐蚀性强；运行、管理有一定的危险性	能有效杀菌，但杀灭病毒的效果相当差
二氧化氯	具有强烈的氧化作用，不会生成THMs；除臭、氧化、漂白和脱色；投放简单方便；副产物较少；不受 pH 影响	ClO_2 是不稳定的化合物，对温度、压力和光较敏感，遇火花和有机物易爆炸；不利于大批量制取和运输，只能就地生产，就地使用；制取设备复杂；操作管理要求高	较 Cl_2 杀菌效果好
臭氧	有强氧化能力，接触时间短；能除臭，脱色，氧化铁、锰等物质；能除酚，无氯酚味；不产生有机氯化物；不受 pH 影响；能增加水中溶解氧	臭氧具毒性，不稳定，在水中易分解；易泄漏；操作要求高，设备复杂；制取臭氧的产率低；电能消耗大；基建投资较大；运行成本高	杀菌和灭病毒的效果均很好
紫外线	不需投加任何化学药品；在水中不生成有害的残余物质；无臭味；操作安全、简单、易实现自动化；运行、管理、劳务和维修费用低	电耗大；紫外线灯管与石英套管需定期更换；对处理水的水质要求较高；无后续杀菌作用	消毒效果好，快速简便

此外，膜分离技术亦可用于分离水中细菌、病毒等微生物，因此也可以采用膜技术对污水进行消毒处理。

4.6　污水深度处理运行案例

4.6.1　高效沉淀池运行案例

（1）案例水厂：湖南某县城污水处理厂。

（2）运营规模：$4.0 \times 10^4 \, m^3/d$。

（3）设计参数。

高效沉淀池分为两格，单格处理规模为 $2.0 \times 10^4 \, m^3/d$，高效沉淀池分为混合区、絮凝区和斜管沉淀区 3 个功能区，其中，混合时间为 3.04 min，絮凝时间为 12.5 min。

斜管沉淀池负荷为 7.64 $m^3/（m^2 \cdot h）$，斜管上升流速为 8.31 m^3/h。

主要设备：快速搅拌器 2 台，絮凝搅拌器 2 台，中心传动刮泥机 2 台，螺杆泵 6 台。

高效沉淀池运行案例见表 4-16。

表 4-16　高效沉淀池运行案例

案例水厂	湖南某县城污水处理厂	运行工艺	高效沉淀池
工艺构筑物视图			

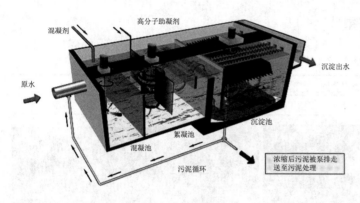

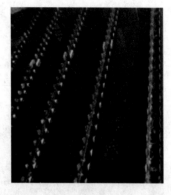

全景图（工艺流程）		细节图（斜管沉淀区）	
工艺控制方式	高效沉淀池共分为两组，24 h 连续进水运行，池体由混合区、絮凝区和斜管沉淀区 3 部分构成。 为加强絮体沉降效果，分别在混合区加入混凝剂，絮凝区加入高分子助凝剂，药剂量通过试验小试综合确定，混合区和絮凝区搅拌器连续 24 h 运行搅拌，沉淀区回流泵 24 h 连续运行，保证部分污泥能连续回流到絮凝区，但剩余污泥泵采用间歇式开启，以维持池体的正常泥位		
日常巡视要点	（1）高效沉淀池的进水水质是否清澈，不能有大量的悬浮物进入； （2）进入高效沉淀池的絮泥剂和除磷药剂是否达到要求，主要观察絮泥区的絮泥效果是否好，有无泥水分离情况，沉淀区沉淀效果是否正常，通过斜管无浮泥往外跑泥； （3）观察各个设备是否有漏油、抖动、发热、异响等异常情况		
异常处置	（1）絮泥效果不好，首先判断药剂是否加到位，药剂量是否合理，如有异常去检查加药间的药剂泵和管道是否有无异常； （2）沉淀区沉淀效果不佳，有污泥外跑异常情况，检查进水量是否过大，沉淀药剂是否合理，污泥浓度是否在指标范围内； （3）各个设备是否有漏油、抖动、发热、异响等异常情况，如有应及时上报，安排设备维护人员检修		
安全注意事项	高效沉淀池泵坑属于有限空间，可能存在有毒有害气体，通风系统需要常开。混合器、搅拌器、沉淀区下池检修一定按有线空间作业。搅拌、沉淀和水泵设备常开，非特殊情况禁止断电、随意搬动、触摸		

4.6.2　转鼓精密转盘滤池运行案例

（1）案例水厂：南方某城市污水处理厂。

（2）运营规模：$10.0 \times 10^4 \ m^3/d$。

（3）设计参数。

转鼓精密过滤池体：长 23.9 m，宽 13.1 m，高 2.75 m。

滤池进、出水总管 DN=1 420 mm，反冲洗排水管 DN=300 mm，排污管 DN= 150 mm。

全池共设 5 套精密过滤器，功率 3.7 kW/套，总功率 18.75 kW。

每套精密过滤器长 3 900 mm，宽 1 700 mm，高 2 200 mm，进水管 DN=600 mm，出水管 DN=700 mm。

转鼓精密转盘滤池运行案例见表 4-17。

表 4-17　转鼓精密转盘滤池运行案例

案例水厂	南方某城市污水处理厂	运行工艺	转鼓精密滤池

工艺构筑物视图

全景图

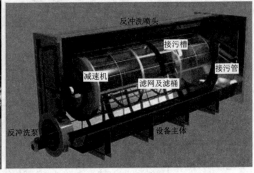

细节图（内部构造）

工艺控制方式	转鼓精密滤池设备主要由设备主体模块、核心过滤模块、驱动系统、反冲洗系统和控制系统组成，运行控制方式如下： （1）启动前检查 ① 清扫精密过滤设备进水渠和出水渠； ② 检查各处螺栓固定及连接是否完好； ③ 检查电源线、控制线、接地线是否完好； ④ 检查减速机及各润滑点是否缺油，润滑是否完好。 （2）开机运转 ① 设备运行切换到自动运行模式； ② 打开设备进水阀门和出水阀门； ③ 关闭超越阀门使设备进水； ④ 设备达到设定液位后自动启动； ⑤ 观察设备，压力表 0.5 MPa 为正常； ⑥ 定期维护设备，清洗滤网、Y 形过滤器及喷头。 （3）停机操作 ① 打开超越阀门； ② 液位降低后设备自动关机； ③ 设备运行切换到手动模式； ④ 手动启动设备减速机和水泵运行 3 min 左右，使过滤网表面无积水和杂物； ⑤ 长时间停机时关闭设备进、出水阀门并排空设备内积水

日常巡视要点	（1）设备开启前与关闭后都必须对设备进行检查，观察设备是否处于正常化； （2）设备运行过程中，反冲洗泵不能处于空转状态，如果冲洗泵空转应立即关闭反冲洗泵； （3）当设备运行时，一旦发现有污水从设备的溢流口流出，应立即关闭进水阀门，保持设备运作，待设备内部的污水水位下降后，关闭出水阀门，放空设备内部的污水后进行检查； （4）设备开启前，微过滤系统状态：设备进水阀门与出水阀门处于全关闭状态，超越渠堰门处于全开状态
异常处置	（1）操作前，首先检查控制柜是否已送电，并处于待机状态。非电工或未经电气培训的运行人员严禁打开控制柜门操作送电开关。 （2）操作前发现存在故障指示，则不能启动运行，立即通知维修人员。 （3）开机过程中，注意观察监控画面各步骤是否有序进行，防止发生异常现象。 （4）运行过程中发现故障信号后，应立即采取停机措施，查找故障原因，排除故障后方能继续运行
安全注意事项	巡视时应穿戴正确的安全防护用品，切勿随意碰触电机及旋转部分，防止滑跌

4.6.3　活性沙滤池运行案例

（1）案例水厂：长沙某污水处理厂。

（2）运营规模：$18.0×10^4$ m³/d，变化系数 $K_z=1.05$。

（3）设计参数。

活性沙滤池：1座14格，每格10个，共140个。

空压机房供气反冲洗：$Q=10.6$ m³/min，$P=0.7$MPa，$N=55$ kW。

活性沙滤池运行案例见表4-18。

表4-18　活性沙滤池运行案例

案例水厂	长沙某污水处理厂	运行工艺	活性沙滤池
工艺构筑物视图			

全景图　　　　　　细节图　　　　　　细节图

工艺控制方式	活性沙滤池为24 h连续自动运行
日常巡视要点	（1）观察单个过滤器是否有砂子跌落； （2）空气控制柜内的空气分配模块是否有异常下落或者上升； （3）阀门是否全开； （4）是否定时排气排液体； （5）青苔是否清理； （6）水面是否有小气泡上浮

异常处置	（1）观察单个过滤器，如果没有沙子跌落，则先检查阀门是否开启，如开启可能为堵塞，上报并安排设备维护人员检修； （2）空气控制柜内的空气分配模块有下落或者上升都是不正常的压力所致，如果调节气压阀无法使其正常，再去检查对应的过滤器是否正常洗砂，按照（1）的检查内容进行上报； （3）如气水分离器或者空气分配模块内液体较多，则进行排气排液体； （4）青苔较多需要清理； （5）如果巡视发现水下有小气泡上浮，可能为气管破损，上报并安排设备维护人员维修
安全注意事项	排气排液体时戴好手套等防护用品

4.6.4 反硝化深床滤池运行案例

（1）案例水厂：湖南某污水处理厂。

（2）运营规模：$10.0 \times 10^4 \ m^3/d$。

（3）设计参数。

滤池共 6 格，单格滤池面积：$30.49 \times 356 = 108.5 \ m^2$。

滤层厚度：2.24 m。

滤料体积：$243 \ m^3$，总滤料体积：$1\ 460 \ m^3$。

设计平均滤速：6.40 m/h，设计最大滤速：8.32 m/h，设计平均水量时强制滤速为 7.68 m/h，设计最大水量时强制滤速为 9.98 m/h。

平均水量时空床停留时间为 21 min，最大日最大水量时空床停留时间为 16.2 min。

深床滤池滤布分布为滤料粒径 2~3 mm，均匀分布。

反冲洗设置：冲洗周期为 48 h，运行时根据水质情况调整冲洗周期，气冲强度为 110 m/h，水冲强度为 14.7 m/h。

反冲洗过程及时间：① 气洗 3~5 min；② 气水混合冲洗 15~20 min；③ 水漂洗 5 min；单次反冲洗水量：$665 \ m^3$，废水排放量比例：2.4%。

反硝化深床滤池运行案例见表 4-19。

表 4-19 反硝化深床滤池运行案例

案例水厂	湖南某污水处理厂	运行工艺	反硝化深床滤池
工艺构筑物视图			

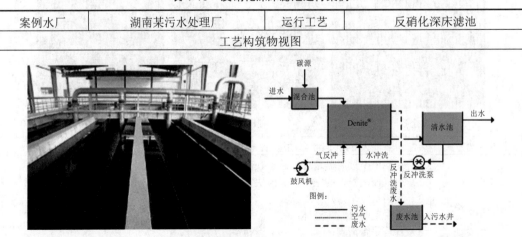

示例图（此为 Denite 反硝化深床滤池参考图，该水厂是地埋式水厂，无法取照）

工艺控制方式	正常滤速 V_1=5.72 m/h。 强制滤速（1 格反冲洗时）：V_2=6.54 m/h。 反冲洗过程：① 气洗 5 min；② 气水联合冲洗 15～20 min；③ 水漂洗 5 min。 反冲洗强度：气洗 26.1 L/（m²·s），水洗 426.1 L/（m²·s）。 反冲洗频率：2 d/格滤池。 反冲洗水量：2%
日常巡视要点	（1）检查每个自动化阶段进水阀、气冲洗阀、出水阀运行状态是否异常； （2）观测液位变化，是否异常； （3）观察出水槽水质是否清澈，观察清水池出水浊度、硝酸盐氮指标是否异常
异常处置	（1）若进水阀、气冲洗阀、出水阀状态或自动控制程序异常，需立即上报并联系设备维护人员开展检修； （2）若硝化滤池出水槽水质、水量异常，立即上报，并寻找原因，相应解决
安全注意事项	属于有限空间，存在有毒气体；沉淀池的池体较深，巡视时需注意踏板处，防止跌落

4.6.5 二氧化氯消毒工艺运行案例

（1）案例水厂：南方某县城污水处理厂。

（2）运营规模：$2.0×10^4$ m³/d。

（3）设计参数。

二氧化氯消毒系统分为盐酸储存间、氯酸钠储存间以及二氧化氯制备间，一期、二期共设有 Y112M-2 动力水泵 2 台，50SGR17-30A 动力水泵 2 台，卸酸泵 2 台，现为冷备，二氧化氯发生器 2 台，一用一备。

二氧化氯投加系统：单台产量为 5 kg/h，N＝2.0 kW。

消毒剂：ClO_2。

投加量：5 mg/L。

平面尺寸：9 m×7.2 m，高 4.1 m。

二氧化氯消毒工艺运行案例见表 4-20。

表 4-20　二氧化氯消毒工艺运行案例

案例水厂	南方某县城污水处理厂	运行工艺	二氧化氯消毒工艺
工艺构筑物视图			

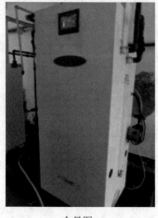

全景图

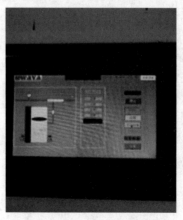

细节图（控制界面）

工艺控制方式	二氧化氯消毒系统间歇运行； 动力水泵 24 h 连续运行，动力水泵流量为 11.7 m³/h，扬程为 44 m，功率为 4 kW； 盐酸根据用量采购，由专用槽车运送卸装储存罐内，氯酸钠根据储罐使用液位情况，人工进行配制，正常运行时投加量控制在 3 kg/h 左右，根据水量大小及出水情况进行调整
日常巡视要点	（1）检查动力水泵是否有剧烈振动及异常响声； （2）有无报警指示，余氯报警仪工作是否正常； （3）巡回检查二氧化氯发生器是否有泄漏现象，水射器冲洗是否干净，冲洗水压力是否正常； （4）计量泵打药状况； （5）检查电动机是否有温度过高或超载现象； （6）检查各种管道、阀门是否有泄漏现象； （7）动力水泵，压力表读数是否正常
异常处置	（1）巡检发现异常响声、振动、气味应立即采取措施或停止检查； （2）二氧化氯泄漏报警时应立即停机撤离现场，上报并启动应急预案，严禁明火，防止中毒及爆炸事故发生
安全注意事项	（1）巡检过程中应开启排风扇，严防有毒气体伤害； （2）操作盐酸及配制氯酸钠溶液时操作人员必须穿戴好防护用品； （3）氯酸钠溶液配置过程中严禁明火和撞击火花； （4）氯酸钠和盐酸应分开单独存放，氯酸钠属危险爆炸品，因此干粉氯酸钠原料应存放在干燥、通风、避光处，严禁挤压、撞击，注意防潮，氯酸钠储间应采用防爆灯具； （5）盐酸属易制毒品，严禁氯酸钠和盐酸原料罐混用； （6）如条件允许，尽量将电气控制箱与氯酸钠和盐酸分置于不同的房间内

4.6.6 次氯酸钠消毒工艺

（1）案例水厂：湖南某县城污水处理厂。

（2）运营规模：2.0×10^4 m³/d。

（3）设计参数。

厂内配置一套 GTL 系列次氯酸钠发生器设备，现场制备次氯酸钠用于出水消毒，系统包括冷水机部分、软水制备部分、溶盐部分、配稀盐水部分、电解制次氯酸钠部分、储存及排氢部分、投加部分以及酸洗部分。

产氯量：8～8.2 kg/h。

输入电压：380 V。

电极：板型。

软水流量：750～1 000 L/h。

盐水浓度：2.7%～3.3%。

电导率值：45～54 ms/cm。

耗盐量：25.6～27.8 kg/h。

操作方式：手工/自动。

次氯酸钠消毒工艺运行案例见表 4-21。

表 4-21　次氯酸钠消毒工艺运行案例

案例水厂	湖南某县城污水处理厂	运行工艺	次氯酸钠消毒

工艺构筑物视图

全景图（流程图）　　　　　　　细节图（电解槽）　　　　　　　细节图（盐水池和软水系统）

工艺控制方式	电解槽控制方式一般为自动控制，自动控制方式为液位控制或手动自动启动。 （1）液位控制。当储罐液位低于设置低液位启动值时，系统自行启动，当储罐液位达到高液位停机值时，系统自动停机。 （2）手动自动启动。如果液位处于低液位启动值与高液位停机值之间，则系统启动还需要电机自动启动按钮，如果需要关闭系统，则需要电机自动停止按钮
日常巡视要点	（1）检查发生器控制柜上的各个仪表、指示灯及按钮的状态是否正常； （2）检查进水压力表是否正常； （3）检查发生器的管道与设备是否渗漏； （4）检查 PLC 各设备手动、自动状态是否正确； （5）检查发生器各阀门开闭是否处于正确位置； （6）检查现场操作柜触摸屏上是否有报警未确认并复位，否则将无法启动发生器； （7）检查电解电流、电解电压、流量是否正常； （8）检查浴盐池中盐水是否充足
异常处置	（1）电流、电压异常，联系维修人员。 （2）系统突然停机。检查报警信息，按照报警信息及时消除故障，无法消除故障联系维修人员。 （3）出水温度超过 50℃。检查进水温度过高；温度探头故障；进水流量偏小；电解槽阴极结垢；电解电流过高。 （4）系统停机后次氯酸钠储罐液位仍在上升。软水电动阀故障。 （5）次氯酸钠浓度低。进水盐含量低；电解电流底；进水流量大；电解槽阴极结垢；电解槽故障
安全注意事项	强电流输出，请注意用电安全；电解食盐水会产生氢气，严禁烟火

4.6.7　紫外线消毒工艺运行案例

（1）案例水厂：长沙某污水处理厂。

（2）运营规模：$18.0 \times 10^4 \text{ m}^3/\text{d}$，变化系数 $K_z = 1.05$。

（3）设计参数。

设计峰值量：$234\,000 \text{ m}^3/\text{d}$。

设计平均流量：$18.0 \times 10^4 \text{ m}^3/\text{d}$。

紫外透光率：65%。

消毒指标：粪大肠菌群 1 000 个/L。

渠道：2 道。

渠道宽度：B=2.23 m。

渠道尺寸：$L×B×H$=9 m×2.23 m×1.575 m。

总灯组数：2 组。

每个灯组的模块数：20 个。

每个模块的灯管数：8 支。

总紫外线灯管数：320 支。

灯管功率：150 kW。

总功率：180 kW。

清洗方式：机械加化学清洗。

紫外线消毒工艺运行案例见表 4-22。

表 4-22　紫外线消毒工艺运行案例

案例水厂	长沙某污水处理厂	运行工艺	紫外线消毒

工艺构筑物视图

全景图	细节图（紫外线灯区）	细节图（控制柜）

工艺控制方式	紫外线消毒的运行方式为 24 h 连续自动运行
日常巡视要点	（1）两组紫外线灯管是否全部开启； （2）定期检查清洗系统是否正常，避免清洗系统出现故障，灯管存在污垢影响处理效果； （3）灯管、镇流器是否正常，记录故障灯管位置； （4）出水水质是否清澈、无异味
异常处置	发现紫外线灯管或镇流器故障，及时上报并联系设备维护人员检修
安全注意事项	注意紫外光辐射，保持安全距离，防止跌落

第 5 章 城镇污水污泥处理与处置技术

（扫码获取本章电子资源）

　　污泥是在污水处理过程中产生的半固体或固体物质，是一种由有机残片、无机物、微生物、胶体和水等组成的复杂的非均相物质，一般不包括格栅、沉砂池及其他工艺环节产生的渣或砂。

　　生活污水处理过程产生的大量污泥，含有较多有机质，性质不稳定，易腐化变质发臭，且含有细菌、病原微生物、寄生虫卵、金属离子、有毒有机污染物等，如不经过科学的处理处置直接排放到环境中，会对水体、土壤、地下水和空气造成极大污染，进而危害人体健康。同时，污泥中的有机质可经过处理产生电能或热能加以利用，也含有一定的氮、磷、钾等植物营养物质，可以回收，变废为宝。

5.1 污泥处理处置概述

5.1.1 污泥的分类

　　生活污水处理厂产生的污泥，按产生工序可分为初次沉淀池污泥、二次沉淀池污泥、消化污泥和化学污泥。

5.1.1.1 初次沉淀池污泥

　　初次沉淀池污泥，是指在初次沉淀池沉淀下来并排出的污泥，又称初沉污泥。正常情况下初沉污泥为棕褐色，略带灰色；如发生腐化变质则为灰色或黑色，并带有难闻的气味。当工业废水比例较大时，颜色、气味和性质会随工业废水的特性而改变。初沉污泥的 pH 一般为 5.5~7.5，典型值为 6.5 左右，略显酸性；含固率一般为 2%~4%，常在 3% 左右，与初次沉淀池的排泥操作密切有关。正常生活污水厂的初沉污泥有机成分一般为 55%~70%。

5.1.1.2 二次沉淀池污泥

　　来自活性污泥法和生物膜法中的二次沉淀池，前者称为剩余活性污泥，后者称为腐殖污泥。这两种污泥含有大量微生物及被其吸附的有机物质，污泥成分以有机物为主。正常情况下，二次沉淀池污泥为黄褐色，带土腥味，含固率为 0.5%~0.8%；有机成分在 70%~85%，与污水处理厂是否设有初次沉淀池及生化系统的泥龄长短有关；pH 为 6.5~7.5，与污水处理工艺及运行状况有关，当采取硝化工艺时，pH 有时会低于 6.5，但一般不会低于 6.0。

5.1.1.3 消化污泥

初次沉淀池污泥、剩余活性污泥和腐殖污泥等经过消化稳定处理的污泥称为消化污泥，又称熟污泥。消化污泥通过较长时间的好氧或厌氧处理，污泥中有机物含量降低到相对稳定状态，不易腐烂和发生恶臭，含水率为95%左右，较易于脱水。

5.1.1.4 化学污泥

用混凝、化学沉淀等化学法处理污水，所产生的污泥称为化学污泥。其性质取决于采用的混凝剂种类，如当采用铁盐混凝剂时，略显暗红色。一般来说，化学污泥气味较小，易浓缩或脱水。由于其有机分含量不高，所以一般不需要消化处理。有些生活污水处理厂提标改造时，在二次沉淀池后进行混凝沉淀，也产生化学污泥，但这类污泥量较少，一般和二次沉淀池污泥一起脱水处理。

5.1.2 污泥的性质

污泥处理与处置过程受污泥的性质影响较大，污泥的性质指标有 3 类：物理性指标、化学性指标和生物性指标。物理性指标主要有含水率与含固率、污泥的相对密度、脱水性能、水力特性、热值等；化学性指标有 pH、碱度、挥发性固体与灰分、植物营养元素含量、有毒有害物质含量等；生物性指标有污泥的可消化程度和污泥的卫生学指标等。

（1）含水率与含固率

污泥含水率是单位质量的污泥所含水分的质量分数，污泥含固率则是单位质量的污泥所含固体的质量分数。含水率是污泥最基本和最常用的物理性质指标，它直接影响污泥的体积。

污泥的含水率、含固率和污泥体积可用式（5-1）计算。

污泥的湿基含水率：

$$P_W = \frac{W}{W+S} \times 100\% \qquad (5-1)$$

式中，P_W —— 污泥湿基含水率，%；

$\quad\quad W$ —— 污泥中水分质量，g；

$\quad\quad S$ —— 污泥中总固体质量，g。

污泥的干基含水率：

$$d = \frac{W}{S} \times 100\% \qquad (5-2)$$

式中，d —— 污泥干基含水率，%。

污泥的干基含水率在污泥干燥设备的设计计算中应用较为方便，因为在干燥过程，污泥中的水分不断减少，但干固体质量基本不变。

污泥的含固率：

$$P_s = \frac{S}{W+S} \times 100\% = 1 - P_w \qquad (5-3)$$

式中，P_s —— 污泥含固率，%；

P_w —— 污泥含水率，%。

污泥的体积、质量及污泥所含固体物浓度之间的关系可用式（5-4）来表示。

$$\frac{V_1}{V_2}=\frac{W_1}{W_2}=\frac{100-p_2}{100-p_1}=\frac{c_2}{c_1} \tag{5-4}$$

式中，V_1、W_1、c_1 —— 污泥含水率为 p_1 时的污泥体积、质量与固体物质浓度；

V_2、W_2、c_2 —— 污泥含水率变为 p_2 时的污泥体积、质量与固体物质浓度。

式（5-4）适用于含水率大于 65% 的污泥。因为含水率低于 65% 以后，污泥颗粒之间不再被水填满，体积内有气体出现，体积与重量不再符合式（5-4）关系。

如果污泥含水率从 99% 降低到 96%，污泥体积可以减少多少？计算方法如下：

$$V_2=V_1\frac{100-p_1}{100-p_2}=V_1\frac{100-99}{100-96}=\frac{1}{4}V_1$$

结果：污泥体积可以减少 3/4。

污泥含水率的变化对应污泥体积的变化如表 5-1 所示。

表 5-1　污泥含水率的变化对应污泥体积的变化

污泥含水率/%	99	98	96	92	84	68
污泥体积/m³	200	100	50	25	12.5	6.25

污水含水率（P）与污泥体积（V/V_0）关系如图 5-1 所示。

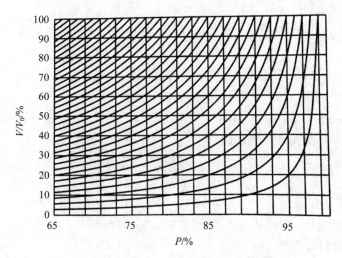

图 5-1　污泥含水率与污泥体积关系曲线

由图 5-1 可知，污泥体积与含水率直接相关。因此，通过污泥浓缩、脱水和干化处理降低污泥的含水率，可有效实现污泥减量，进而大幅度降低后续污泥运输及处置的成本和难度。

（2）污泥的相对密度

湿污泥的质量等于其中所含水的质量与固体质量之和。湿污泥相对密度是湿污泥的质量与同体积水质量之比。由于污泥含水率很高，湿污泥相对密度往往接近 1。由于水的相对密度为 1，所以湿污泥相对密度（γ）可用式（5-5）计算：

$$\gamma = \frac{p + (100 - p)}{p + \dfrac{100 - p}{\gamma_s}} = \frac{100\gamma_s}{p\gamma_s + (100 - p)} \tag{5-5}$$

式中，γ —— 湿污泥相对密度；

$\quad\quad p$ —— 湿污泥含水率，%；

$\quad\quad \gamma_s$ —— 干污泥相对密度。

干固体物质由有机物（挥发性固体）和无机物（灰分）组成，有机物相对密度近似等于 1，无机物相对密度为 2.5～2.65，以 2.5 计，则干污泥平均相对密度（γ_s）为

$$\gamma_s = \frac{250}{100 + 1.5 p_V} \tag{5-6}$$

式中，p_V —— 污泥中有机物含量，%。

确定湿污泥相对密度和干污泥相对密度，对于浓缩池的设计、污泥运输及后续处理都有实用价值。湿污泥在不同含水率条件下的相对密度如表 5-2 所示。

表 5-2　湿污泥在不同含水率条件下的相对密度

污泥含水率/%	99	98	95	90	80	70
湿污泥的相对密度	1.002	1.004	1.009	1.018	1.037	1.057

（3）脱水性能

含水率高的污泥，体积较大、流动性强，不利于储存、运输、处理、处置和利用，必须进行脱水处理。

常用污泥脱水的方法是过滤，过滤效果可用比阻（r）和毛细吸水时间（CST）两个指标来衡量，故常用这两项指标来评价污泥的脱水性能。

① 污泥的比阻。污泥比阻是指单位过滤面积上，单位干重滤饼所具有的阻力。比阻越大，过滤性能越差，污泥越难脱水。

$$r = \frac{2PA^2}{\mu} \times \frac{b}{c} \tag{5-7}$$

式中，r —— 比阻，m/kg；

$\quad\quad P$ —— 过滤压力，即滤饼上下表面间的压力差，N/m²；

$\quad\quad A$ —— 过滤介质面积，m²；

$\quad\quad \mu$ —— 滤液的动力黏度，N·s/m²；

$\quad\quad c$ —— 单位体积过滤介质上被截留的固体质量，kg/m³；

$\quad\quad V$ —— 污泥的体积，m³；

$\quad\quad t$ —— 过滤时间，s；

$\quad\quad b$ —— 过滤实验中以 t/V 对 V 作图得出的直线的斜率。

常见污泥的比阻范围如表 5-3 所示。

表 5-3　常见污泥的比阻范围　　　　　　　　　　　　　　　　　　　单位：m/kg

污泥种类	初沉污泥	活性污泥	厌氧消化污泥
比阻（10^{12}）	20～60	100～300	40～80

一般情况下，r 小于 1.0×10^{11} m/kg 的污泥易于脱水，大于 1.0×10^{13} m/kg 脱水较困难，污泥机械脱水要求的比阻为（1～4）$\times 10^{12}$ m/kg。污泥的比阻可用比阻计测量。通常污泥中无机物含量越高，r 越低，脱水越容易。

加入石灰有利于脱水，但碱度会增大，给污泥后续处理带来困难。污水处理厂常用的化学调理药剂是阳离子 PAM，在进入脱水机前加入阳离子 PAM 以强化污泥脱水性能。

② 毛细吸水时间。毛细吸水时间是指污泥与吸水纸接触时，在毛细管的作用下，水分在吸水纸上渗透距离为 1 cm 所需要的时间。毛细吸水时间与比阻之间存在一定的对应关系，通常比阻越大，毛细吸水时间越长。

不同性质的污泥脱水难易程度差别很大。污泥的脱水性能不仅与污泥性质、调理方法及条件等有关，还与脱水采用的机械种类有关。

在污泥脱水前进行强化处理，改变污泥颗粒的物化性质，破坏其胶体结构，减少其与水的亲和力，从而改善脱水性能，这一过程称为污泥的调理或调质。污水处理厂常用的化学调理药剂是阳离子聚丙烯酰胺（PAM），在污泥进入脱水机前加入 PAM 以提高污泥脱水性能。污泥性质不同适用的药剂型号也不同，在药剂选型时可用污泥比阻和毛细吸水时间来评价哪种药剂调理效果更好。石灰也可改善污泥的脱水性能，但因其增大了污泥的碱度，给后续处置带来困难，应尽量避免选用，目前其多用于板框脱水工艺。此外，影响污泥脱水性能的另一个重要因素是动电学势能。由絮凝机理可知，通过添加电解液、聚合电解质等手段改变动电学势能，或采用其他方式，如超声波或电磁波等手段改变污泥中的胶体稳定性，可以改变污泥的脱水性能。

（4）水力特性

污泥的水力特性是指污泥的流动性和可混合性，该性质受温度、水体水质、流速、黏度等影响，其中以黏度的影响为主。

污泥的流动性是指污泥在管道内的流动阻力和可泵性。一般情况下，当污泥的含固率小于 1% 时，污泥的流动性与污水基本一致。含固率大于 1% 的污泥，当在管道内流速较低（1.0～1.5 m/s）时，其阻力比污水大；当在管道内流速大于 1.5 m/s 时，其阻力比污水小。因此，若污泥采取管道输送，应保持流速在 1.5 m/s 以上，以降低阻力，节省能耗。当污泥含固率大于 6% 时，污泥可泵性差，污泥管道输送较为困难，可选用螺旋输渣机输送。

（5）热值

生活污水处理厂的污泥含有有机物质，其具有一定的燃烧热值。污泥热值的大小主要取决于有机物含量的高低，是污泥焚烧处理时的重要参数。热值一般为以干污泥为基础的燃烧热值，如表 5-4 所示。

表 5-4　污泥的燃烧热值

污泥种类		燃烧热值（以干污泥计）/（kJ/kg）
初次沉淀污泥	生污泥	15 000～18 000
	消化污泥	7 200
初次沉淀污泥与腐殖污泥混合	生污泥	14 000
	消化污泥	6 700～8 100
初次沉淀污泥与活性污泥混合	生污泥	17 000
	消化污泥	7 400
生污泥		14 000～15 200

（6）挥发性固体与灰分

污泥中的固体物质由无机物和有机物组成。把污泥放入烘箱内以 105℃烘干至恒重即为污泥的干固体质量。再将此干固体放入马弗炉内以 600℃灼烧至恒重，将有机物烧掉，被烧掉的物质，即为挥发性悬浮固体（VSS），燃烧后残留的物质，即为灰分（NVSS）。挥发性固体可表示污泥中的有机物含量，又称灼烧减重；灰分则表示污泥中的无机物含量，又叫灼烧残渣。

（7）污泥的可消化程度

可消化程度表示污泥中挥发性固体被消化降解的百分数。污泥中的有机物，是消化处理的对象。有一部分易于分解（或称可被气化、无机化），另一部分不易或不能被分解，如纤维素、橡胶制品等。可消化程度用 R_d 表示，用式（5-8）计算：

$$R_d = \left(1 - \frac{p_{V_2} p_{S_1}}{p_{V_1} p_{S_2}}\right) \times 100\% \tag{5-8}$$

式中，R_d —— 可消化程度，%；

p_{S_1}、p_{S_2} —— 生污泥及消化污泥的无机物含量，%；

p_{V_1}、p_{V_2} —— 生污泥及消化污泥的有机物含量，%。

（8）污泥的有机物分解率

污泥中的有机物分解率为近年来污水厂污泥消化常用的一个技术指标，它指污泥消化掉的有机物与消化池进泥中有机物的比值，具体见式（5-9）：

$$\eta = \frac{Q_1 c_1 f_1 - Q_2 c_2 f_2}{Q_1 c_1 f_1} \tag{5-9}$$

式中，η —— 消化池有机物分解率，%；

Q_1 —— 消化池进泥量，m^3/d；

c_1 —— 消化池进泥浓度，kg/m^3；

f_1 —— 消化池进泥有机分含量，%；

Q_2 —— 消化池排泥量，m^3/d；

c_2 —— 消化池排泥浓度，kg/m^3；

f_2 —— 消化池排泥有机分含量，%。

（9）污泥的肥分

污泥的肥分主要指氮、磷、钾、有机质、微量元素等的含量。肥分指标直接决定污泥是否适合作为肥料进行农业利用。不同类型污泥植物营养元素含量如表 5-5 所示。

表 5-5　污泥中的植物营养元素含量　　　　　　单位：%

污泥类型	总氮（TN）	磷（P_2O_5）	钾（K）	腐殖质	有机质	灰分
初沉污泥	2.0～3.4	1.0～3.0	0.1～0.3	33	30～60	50～75
剩余活性污泥	2.8～3.1	1.0～2.0	0.11～0.8	47	—	—

（10）污泥的卫生学指标

从污（废）水生物处理系统排出的污泥含有大量的微生物，包括病原体和寄生虫卵。未经卫生处理的污泥直接排放到环境或施用于农田是不安全的。卫生学指标指污泥中微生物的数量，尤其是病原微生物的数量。初次沉淀池污泥和二次沉淀池污泥中病原微生物如表 5-6 所示。

表 5-6　污泥中病原微生物量（以干污泥计）

污泥类型	总大肠杆菌/（个/g）	噬菌体/（PFU/g）	沙门菌/（个/g）	青绿色假单胞菌/（个/g）	弓蛔虫/（个/g）	蛔虫卵/（个/g）
初沉污泥	$1×10^6$～$1.2×10^8$	10^3～10^6	410	2 800	0.2～0.5	0.1～2
剩余活性污泥	$8×10^6$～$7×10^8$	$1.1×10^3$	880	11 000	—	1.36

5.1.3　污泥的一般处理处置工艺

污泥的一般处理与处置工艺流程如图 5-2 所示，包括 4 个处理或处置阶段。第一阶段为污泥浓缩，主要目的是使污泥初步减容，缩小后续处理构筑物的容积或设备容量，常采用的工艺有重力浓缩、离心浓缩或气浮浓缩等。第二阶段为污泥消化，主要目的是使污泥中的有机质分解稳定，同时杀死污泥中的病原微生物和寄生虫卵，污泥消化可分为厌氧消化和好氧消化两大类。第三阶段为污泥脱水，主要目的是使污泥进一步减容，由液态转化为半固态，方便运输和消纳，污泥脱水可分为自然干化和机械脱水两大类，污水处理厂大多采用机械脱水的方式。以上 3 个阶段统称污泥处理，一般与水处理单元一起建在污水处理厂内，大部分项目会有污泥浓缩和污泥脱水处理，小部分项目设有污泥消化处理。第四阶段为污泥处置，目的是消除污泥造成的环境污染并回收利用其中的有用成分，主要方法有污泥填埋、污泥焚烧、污泥堆肥、用作生产建筑材料等。污泥处置项目一般单独建设，可处置一个或多个污水厂产生的污泥。以上各阶段产生的清液或滤液中仍含有大量的污染物质，需送回污水处理系统中进一步处理或单独处理后排放。

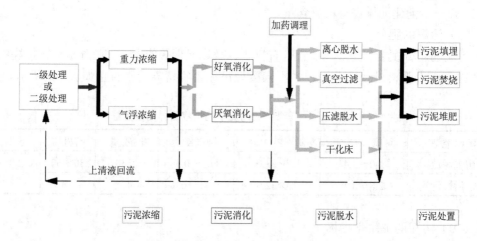

图 5-2　污泥处理与处置基本流程

以上典型污泥处理工艺流程，可使污泥经处理后，实现"四化"。

① 减量化。由于污泥含水量很高，体积很大，呈流动性。经以上流程处理之后，污泥体积减至原来的十几分之一，且由液态转化成半固态，便于运输和处置。

② 稳定化。污泥中有机物含量很高，极易腐败并产生恶臭。污泥消化和污泥堆肥处理，可将易腐败的部分有机物分解转化，使污泥性质相对稳定，恶臭大大降低。

③ 无害化。污泥尤其是初沉淀泥中，含有大量病原菌、寄生虫卵及病毒，易造成传染病传播。污泥消化和污泥堆肥处理，可以灭杀大部分蛔虫卵、病原菌和病毒，大大提高污泥的卫生指标。

④ 资源化。污泥是一种资源，其热值为 14 000～15 000 kJ/kg（干泥），还含有丰富的氮、磷、钾元素。通过以上流程中的污泥消化、污泥处置处理，可回收利用污泥中的这些资源。

我国城镇污水处理厂，目前最常选用的污泥处理工艺包括污泥浓缩和脱水（或干化），污泥消化工序和污泥最终处置通常由城镇垃圾处理场所来完成。

5.1.4　污泥储存与输送

5.1.4.1　污泥的储存

经浓缩、消化、脱水处理的污泥含水率仍在 60%～80%，含有一定的有机质和病原微生物，应尽量避免在污水处理厂内长时间储存，需及时运输至处置场所。如必须储存，应注意以下问题：

① 储存场所四周及顶部有遮挡，避免污泥受到雨淋或水的浸泡，污泥中污染物溶出，造成二次污染。

② 尽量缩短有机质含量高的污泥在厂内的储存时间，尤其是在夏季，可适量喷洒（撒）消毒液或石灰防止蚊蝇大规模滋生。

③ 对含有特殊有毒物质的污泥，应该严格按照国家相关规定进行储存，以免产生危害。

5.1.4.2　污泥的输送

在污泥的处理过程中，输送是一个必不可少的环节。一般采用管道泵送、汽车和驳船运送等方式，污泥输送方式的选择主要取决于输送距离和污泥含水率的大小。经验表明，对同样数量的污泥在运送距离不超过 10 km 时，采用压力管道泵送是比较经济的，也是比较卫生的方法，输送的污泥的固体含量以 5%为宜。当污泥运输距离较远时，应考虑通过脱水及干化等处理缩小污泥体积后再运送。

5.1.5　污泥中的水分

污（废）水处理过程中产生的污泥含水率很高，如生活污水处理系统产生的初次沉淀污泥含水率为 95%～97%，腐殖污泥含水率为 96%左右，而剩余污泥含水率可达 99%以上，相对密度接近 1。此时污泥的体积很大，对后续处理、利用和运输造成很大困难。

污泥中所含水分大致分为 4 类，见图 5-3。

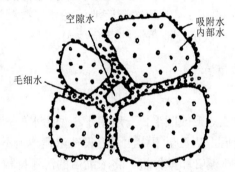

图 5-3　污泥中水分存在形式示意图

① 空隙水（又称游离水、间隙水、自由水）：指被污泥颗粒包围起来的水分，并不与污泥颗粒直接结合，约占总水分的 70%。这部分水可以通过重力沉淀和浓缩（压密）而分离。

② 毛细水：是在固体颗粒接触面上由毛细压力作用，充满于固体与固体颗粒之间的或固体本身裂隙中的水分，约占总水分的 20%。要脱除毛细水，必须向污泥施加外力，如离心力、正压力、负压力等，以破坏毛细管表面张力和凝聚力。

③ 吸附水（又称表面吸附水）：在污泥颗粒表面附着的水分，其附着力较强，常出现在胶体状颗粒、生物污泥等固体表面上。这部分水的去除比较困难，必须通过化学调理剂使胶体颗粒相互絮凝，排除附着在表面的水分。

④ 内部水：指生物污泥中细胞内部的水分，污泥中金属化合物所带的结晶水等，也称结合水。这部分水传统的机械方法无法处理，可以通过热水解或生物分解预处理来破坏细胞壁，将细胞内的水释放出来，再用传统的脱水方法处理。通常表面吸附水和内部水约占污泥总水分的 10%。

通常当污泥含水率大于 85%时，污泥呈流态；含水率为 65%～85%时，污泥呈塑态；含水率小于 65%时，污泥呈固态。

通过降低含水率减小污泥体积的方法主要有：污泥浓缩用于去除污泥水分中的游离

水；自然干化和机械脱水用于去除毛细水；干燥与焚烧用于去除吸附水和内部水。

5.2 污泥浓缩

常用的污泥浓缩方法有重力浓缩法、气浮浓缩法和离心浓缩法 3 种，在选择具体的污泥浓缩方法时，还应综合考虑污泥的来源、性质以及最终的处置方法等，下面将分别予以叙述。

5.2.1 重力浓缩法

5.2.1.1 重力浓缩法的原理

在重力的作用下，使污泥颗粒沉降，将污泥中的水与固体分离，将污泥的含水率降低的方法称为重力浓缩法。该法不需外加能量，是一种节能的污泥浓缩方法。重力浓缩池可以用于浓缩来自初次沉淀池污泥或初次沉淀池污泥和二次沉淀池剩余污泥的混合污泥或初次沉淀池与生物膜法二次沉淀池污泥的混合污泥。

5.2.1.2 重力浓缩法的运行方式

（1）间歇运行

间歇运行的浓缩池可建成矩形或圆形，一般用于小型污水处理厂。首先把污泥排入重力浓缩池，经一定时间沉淀后，从上至下依次开启设在浓缩池上不同高度的清液管阀门，分层放掉上清液，然后打开排泥管和搅拌机，将浓缩后的污泥排放至下一处理单元。当污泥排空或降到一定高度后，再向浓缩池内排入下一批待处理的污泥。间歇运行重力浓缩池结构见图 5-4。

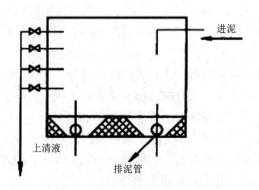

图 5-4 间歇式污泥重力浓缩池

（2）连续运行

连续运行的浓缩池形式类似沉淀池，多用于中、大型污水处理厂。一般采用圆形辐流式，直径为 5～20 m；当池体较小时，可采用竖流式。有 3 种类型：有刮泥机与污泥搅拌装置、无刮泥机以及多层浓缩池。连续运行重力浓缩池结构见图 5-5。

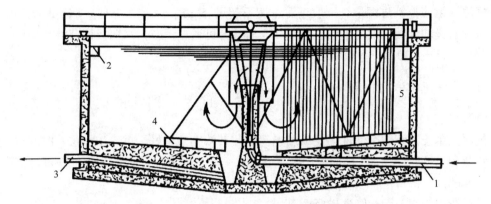

1—中心进泥管；2—上清液溢流堰；3—排泥管；4—刮泥机；5—搅动栅。

图 5-5　有刮泥机与污泥搅拌装置的连续式污泥浓缩池

5.2.1.3　重力浓缩法的特点

（1）优点

运行费用低。

（2）缺点

浓缩池体积大，浓缩时间长可能引起污泥腐化；上清液 BOD 浓度较高，若回流到污水处理系统中，将增加其 BOD 负荷。

5.2.2　气浮浓缩法

5.2.2.1　气浮浓缩法的原理

与重力浓缩法相反，气浮浓缩法是依靠大量微小气泡附着在污泥颗粒的周围，通过减小颗粒的相对密度，形成上浮污泥层达到浓缩效果。撇除浓缩污泥层到污泥槽，泵送至后续处理单元；气浮池下层液体回流到废水处理系统前端进行进一步处理。气浮浓缩池的基本形式有圆形和矩形 2 种，见图 5-6。

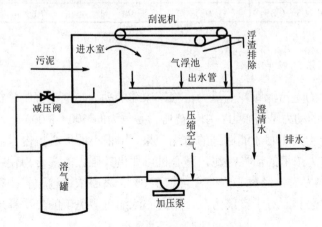

图 5-6　回流水气浮浓缩工艺流程

气浮浓缩应控制进泥量，一般进泥浓度不超过 5 g/L；气浮浓缩前应加混凝剂对污泥进行调理，投加混凝剂量为干污泥量的 2%～3%；可通过调节出水堰板调节浮渣厚度，一般控制在 0.15～0.30 m，刮渣机行走速度为 0.5 m/min。

5.2.2.2 气浮浓缩法的特点

（1）优点

气浮法用于浓缩剩余活性污泥或腐殖污泥，其浓缩效果好于重力浓缩法，时间短，耐冲击负荷和温度的变化，占地面积小，浮渣含水率低，污泥处于好氧环境，基本没有气味。

（2）缺点

运行费用较高，运行管理较复杂。

5.2.3 离心浓缩法

5.2.3.1 离心浓缩法的原理

离心浓缩法是利用污泥中固、液相对密度不同，在高速旋转的机械中具有不同的离心力而进行浓缩分离，分离后的固体颗粒和分离液，由不同的通道导出离心机外。

5.2.3.2 离心浓缩装置的种类

常用的离心装置主要有转盘式离心机、螺旋卸料离心机、筐式离心机。

离心浓缩装置的主要技术参数见表 5-7。

表 5-7　离心浓缩装置的技术参数

离心装置类型	处理能力/ (m³/min)	含水率/%		固体回收率/ %	混凝剂投加量/ (kg/t)
		浓缩前	浓缩后		
转盘式	0.75	99～99.2	94.5～95	85～90	0
	0.75	—	—	90～95	0.5～1.5
	2	—	96	80	0
螺旋式	0.05～0.06	85	87～91	90	0
筐式	0.165～0.35	93	90～91	70～90	0

5.2.3.3 离心浓缩法的特点

重力浓缩的动力是污泥颗粒的重力，气浮浓缩的动力是气泡强制施加到污泥颗粒上的浮力，而离心浓缩的动力是离心力。由于离心力是重力的 500～3 000 倍，因而在很大的重力浓缩池内要经过十几小时才能达到的浓缩效果，用很小的离心机内只需十几分钟就可以实现。对于不易重力浓缩的活性污泥，离心机可凭借其强大的离心力使之浓缩。活性污泥的含固量在 0.5%左右时，经离心浓缩，可增至 6%。离心浓缩过程封闭在离心机内进行，因而一般不会产生恶臭。对于富磷污泥，用离心浓缩可避免磷的二次释放，提高污水处理系统总的除磷率。

5.2.4 污泥浓缩工艺运行管理

5.2.4.1 工艺控制

（1）进泥量控制

对于某一确定的浓缩池和污泥种类来说，进泥量存在一个最佳控制范围。进泥量太大，超过了浓缩能力时，会导致上清液浓度太高，排泥浓度太低，起不到应有的浓缩效果；进泥量太低时，不但降低处理量，浪费池容，还可导致污泥上浮，从而使浓缩不能顺利进行。污泥在浓缩池发生厌氧分解，降低浓缩效果表现为 2 个不同的阶段：当污泥在池中停留时间较长时，首先发生水解酸化，污泥颗粒粒径变小，相对密度减轻，导致浓缩困难；如果停留时间继续延长，则可厌氧分解或反硝化，产生 CO_2 和 H_2S 或 N_2，直接导致污泥上浮。浓缩池进泥量可由式（5-10）计算。

$$Q_i = \frac{q_s \cdot A}{c_i} \qquad (5\text{-}10)$$

式中，Q_i —— 进泥量，m^3/d；

$\quad c_i$ —— 进泥浓度，kg/m^3；

$\quad A$ —— 浓缩池的水平面面积，m^2；

$\quad q_s$ —— 固体表面负荷，kg 干污泥/（$m^2 \cdot d$）。

固体表面负荷（q_s）系指浓缩池单位表面积在单位时间内所能浓缩的干固体量。q_s 的大小与污泥种类及浓缩池构造和温度有关，是综合反映浓缩池对某种污泥的浓缩能力的一个指标。

（2）温度与表面负荷控制

温度对浓缩效果的影响体现在两个相反的方面：当温度较高时，一方面，污水容易水解酸化（腐败），使浓缩效果降低；另一方面，温度升高会使污泥的黏度降低，使颗粒中的空隙水易于分离出来，从而提高浓缩效果。在保证污泥不水解酸化的前提下，总的浓缩效果将随温度的升高而提高。

综上所述，当温度在 15～20℃时，浓缩效果最佳，初沉污泥的浓缩性能较好，其固体表面负荷（q_s）一般可控制在 90～150 kg 干污泥/（$m^2 \cdot d$）。活性污泥的浓缩性能很差，一般不宜单独进行重力浓缩。如果进行重力浓缩，则应控制在低负荷水平，q_s 一般为 10～30 kg 干污泥/（$m^2 \cdot d$）。常见的形式是初沉污泥与活性污泥混合后进行重力浓缩，其 q_s 取决于 2 种污泥的比例。如果活性污泥量与初沉污泥量在 1：2～2：1，q_s 可控制在 25～80 kg 干污泥/（$m^2 \cdot d$），常为 60～70 kg 干污泥/（$m^2 \cdot d$）。即使同一种类型的污泥，q_s 值的选择也因厂而异，运行人员在运行实践中，应摸索出本厂 q_s 的最佳控制范围。

（3）水力停留时间

由式（5-10）计算确定的进泥量还应当用水力停留时间进行核算。

水力停留时间：

$$T = \frac{V}{Q_i} = \frac{A \cdot H}{Q_i} \qquad (5\text{-}11)$$

式中，A —— 浓缩池的表面积，m^2；

$\quad H$ —— 浓缩池的有效水深，通常指直墙深度，m。

水力停留时间一般控制在 12～30 h。温度较低时，允许停留时间稍长一些；温度较高时，停留时间不应该太长，以防止污泥上浮。

5.2.4.2 排泥控制

连续和间隔运行的浓缩池排泥方式不同。连续运行方式，则连续进泥连续排泥，这在规模较大的处理厂比较容易实现。小型处理厂一般只能间歇进泥并间歇排泥，因为初次沉淀池只能是间歇排泥。连续运行可使污泥层保持稳定，对浓缩效果比较有利。无法连续运行的处理厂应"勤进勤排"，使运行尽量趋于连续，当然，这在很大程度上取决于初次沉淀池的排泥操作。不能做到"勤进勤排"时，至少应保证及时排泥。一般不要把浓缩池作为储泥池使用，虽然在特殊情况下它的确能发挥这样的作用。每次排泥一定不能过量，否则排泥速度会超过浓缩速度，使排泥变稀，并破坏污泥层。

5.2.4.3 浓缩效果的评价

在浓缩池的运行管理中，应经常对浓缩效果进行评价，并随时予以调节。浓缩效果通常用浓缩比、固体回收率和分离率 3 个指标进行综合评价。浓缩比是指浓缩池排泥浓度与之入流污泥浓度比，用 f 表示，计算如下：

$$f = \frac{c_\mu}{c_i} \qquad (5\text{-}12)$$

式中，c_i —— 入流污泥浓度，kg/m^3；

c_μ —— 排泥浓度，kg/m^3。

固体回收率是指被浓缩到排泥中的固体占入流总固体的百分比，用 η 表示，计算如下：

$$\eta = \frac{Q_\mu c_\mu}{Q_i c_i} \qquad (5\text{-}13)$$

式中，Q_μ —— 浓缩池排泥量，m^3/d；

Q_i —— 入流污泥量，m^3/d。

分离率是指浓缩池上清液量占入流污泥量的百分比，用 F 表示，计算如下：

$$F = \frac{Q_e}{Q_i} = \frac{1-\eta}{f} \qquad (5\text{-}14)$$

式中，Q_e —— 浓缩池上清液流量，m^3/d；

F —— 分离率，指经浓缩之后，有多少水分被分离出来。

以上 3 个指标相辅相成，可衡量出实际浓缩效果。一般来说，浓缩初沉污泥时，f 应大于 2.0，η 应大于 90%。如果某一指标低于以上数值，应分析原因，检查进泥量是否合适，控制的 q_s 是否合理，浓缩效果是否受到了温度等因素的影响。浓缩活性污泥与初沉污泥组成的混合污泥时，f 应大于 2.0，η 应大于 85%。

5.2.4.4 各类污泥浓缩池运行管理注意事项

（1）重力浓缩池

① 主要工艺参数。

固体负荷：一般采用 30～60 kg/（$m^2 \cdot d$）。

浓缩时间：一般不小于 12 h。

污泥含水率：当采用 99.2%～99.6%时，浓缩后污泥含水率为 97%～98%。

有效水深：一般为 4 m。

刮泥机外缘线速度：重力浓缩池运行管理一般为 1～2 m/min，池底坡向泥斗的坡度不宜小于 0.05°。

② 重力浓缩池运行管理注意事项。

a．入流污泥池中的初次沉淀池污泥与二次沉淀池污泥要混合均匀，防止因混合不匀导致池中出现异重流现象，扰动污泥层，降低浓缩效果。

b．当水温较高或生物处理系统发生污泥膨胀时，浓缩池污泥会上浮和膨胀，此时投加 Cl_2、$KMnO_4$ 等氧化剂抑制微生物的活动可以使污泥上浮现象减轻。

c．必要时在浓缩池入流污泥中加入部分二次沉淀池出水，可以防止污泥厌氧上浮，改善浓缩效果，同时可以适当降低浓缩池周围的恶臭程度。

d．浓缩池长时间没有排泥时，如果开启污泥浓缩机，必须先将池子排空并清理沉泥，否则有可能因阻力太大而损坏浓缩机。在北方地区的寒冷冬季，间歇进泥的浓缩池表面出现结冰现象后，如果开启污泥浓缩机，必须先破冰，也是这个道理。

e．定期检查上清液溢流堰的平整度，如果不平整或局部被泥块堵塞必须及时调整或清理，否则会使浓缩池内流态不均匀，产生短路现象，降低浓缩效果。

f．定期（一般半年一次）将浓缩池排空检查，清理池底的积砂和沉泥，并对浓缩机的水下部件的防腐情况进行检查和处理。

g．定期分析、测定浓缩池的进泥量、排泥量、溢流上清液的 SS 和进泥排泥的含固率，以保证浓缩池维持最佳的污泥负荷和排泥浓度。

h．每天分析和记录进泥量、排泥量、进泥含水率、排泥含水率、进泥温度、池内温度及上清液的 SS、TP 等，定期计算污泥浓缩池的表面固体负荷和水力停留时间等运转参数，并和设计值进行对比。

（2）气浮浓缩池

① 主要工艺参数。气浮浓缩池有圆形和矩形 2 种，多为矩形。矩形池的长宽比为（3～4）：1，深度与宽度之比一般小于 0.3，有效水深为 3～4 m，池中水平流速为 4～10 mm/s。气浮浓缩法的气固比一般为 0.01～0.04，表面水力负荷为 1～3.6 m^3/（m^2·h），固体通量为 1.8～5 kg/（m^2·h），回流比为 25%～35%。所用溶气罐的容积折合加压溶气水停留时间为 1～3 min，罐体高度与直径之比为 2～4，溶气工作压力为 0.3～0.5 MPa。

② 气浮浓缩池运行管理注意事项。

a．巡检时，通过观察孔观察溶气罐内的水位。要保证水位既不淹没填料层，影响溶气效果；又不低于 0.6 m，以防出水中央带大量未溶空气。

b．巡检时要注意观察池面情况。如果发现接触区浮渣面高低不平、局部水流翻腾剧烈，可能的原因是个别释放器被堵或脱落，需要及时检修和更换。如果发现分离区浮渣面高低不平、池面常有大气泡鼓出，表明气泡与杂质絮粒黏附不好，需要调整加药量或改变混凝剂的种类。

c．冬季水温较低影响混凝效果时，除可采取增加投药量的措施外，还可利用增加回流水量或提高溶气压力的方法，增加微气泡的数量及其与絮粒的黏附，以弥补因水流黏度的升高而降低带气絮粒的上浮性能，保证出水水质。

d. 根据反应池的絮凝、气浮池分离区的浮渣及出水水质等变化情况，及时调整混凝剂的投加量，同时要经常检查加药管的运行情况，防止发生堵塞（尤其是在冬季）。

（3）离心浓缩装置

① 主要工艺参数。不同的离心浓缩装置具有不同的工艺参数，总体而言，衡量离心浓缩效果的主要指标是出泥含固率和固体回收率，因此固体回收率越高，分离液中的 SS 浓度越低，泥水分离效果和浓缩效果越好。在浓缩剩余活性污泥时，为取得较高的出泥含固率（＞4%）和固体回收率（＞90%），一般需要投加聚合硫酸铁（PFS）或聚丙烯酰胺（PAM）等助凝剂。

② 离心浓缩装置运行管理注意事项。

a. 转盘式离心装置要求污泥先进行预筛选，以防止该离心装置排放嘴堵塞。

b. 当停止、中断离心装置进料或进料量减少到最低值以下时，应及时用压力水冲洗，以防排出孔堵塞。转盘装置的转动部件，每 2 周必须进行人工冲洗。

c. 对于螺旋式离心机装置，磨损是一个严重的问题，应注意及时清洗设备。

d. 若离心滤液有较多的悬浮固体，应回流到污水处理装置。

5.3　污泥消化

生污泥，是指从各类污（废）水处理系统排放的未经稳定化处理的污泥，它的性质极不稳定。这种污泥在非常新鲜的时候一般呈浅灰色，不散发恶臭，其水分也比较容易分离。但是一般在很短的时间内这种性质就会发生变化，颜色变成了深灰色或黑色，散发出恶臭，脱水困难。因此，必须通过特殊的处理，使生污泥处理到具有良好的脱水性而又不散发恶臭的稳定状态。生污泥的这一处理过程被称为广义的稳定化处理。

污泥消化是利用微生物的代谢作用，使污泥中的有机物质稳定化，减少污泥体积，降低污泥中病原体数量。当污泥中的 VSS 含量降到 40%以下时，即可认为已达到稳定化。污泥消化稳定可分为厌氧消化和好氧消化 2 类，其中厌氧消化最为常用。

5.3.1　污泥的好氧消化

5.3.1.1　污泥好氧消化的原理

污泥好氧消化的基本原理：在好氧条件下使微生物处于内源呼吸阶段，以其自身生物体作为代谢底物获得能量并进行再合成。由于代谢过程存在能量和物质的散失，细胞物质被分解的量远大于合成的量，通过强化这一过程达到污泥减量和稳定的目的。该反应可近似表示为

$$C_5H_7NO_2+5O_2+ H^+ \longrightarrow 5CO_2+ NH_4^{+}+2H_2O+能量$$

由于污泥好氧消化时间可长达 15～20 d，利于世代时间较长的硝化菌生长，故还存在硝化作用：

$$NH_4^+ + 2O_2 \longrightarrow NO_3^- + H_2O + 2H^+$$

上述反应都是在微生物酶催化作用下进行的,其反应速率以及有机体降解规律可以通过参与反应的微生物活性予以反映。

描述污泥好氧消化过程微生物活性的参数有 VSS 浓度、ABN(活性细菌数目)、OUR(氧摄取速率)、TTC-DHA(脱氢酶活性)、ORP(氧化还原电位)、SOUR(比氧摄取速率)等多种技术指标。

5.3.1.2　污泥好氧消化池

好氧消化池的结构主要包括好氧消化室、泥液分离室、消化污泥排除管、曝气系统(图 5-7)。

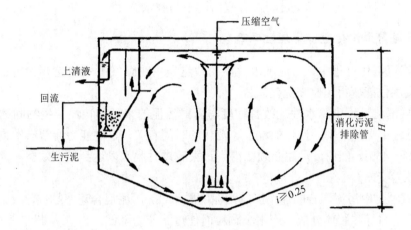

图 5-7　好氧消化池

消化池水深(H)取决于鼓风机的风压,一般为 3～4 m。好氧消化法的操作较灵活,可以间歇运行操作,也可连续运行操作。

5.3.1.3　污泥好氧消化的优缺点

(1)优点
① 污泥好氧消化产品属于生物性稳定的最终产物;
② 稳定的最终产物没有臭味,所以地表处置是可行的;
③ 由于建造简单,好氧消化池的主要建设费用比厌氧消化池低;
④ 好氧消化的污泥通常有好的脱水性;
⑤ 对于生物污泥而言,好氧消化所减少的挥发性固体百分比和厌氧消化是大致相同的;
⑥ 好氧消化比厌氧消化有较高的肥料值;
⑦ 好氧消化的上清液比厌氧消化 BOD 浓度低,好氧的上清液通常可溶性 BOD 低于 100 mg/L,这是其很重要的一个优点,因为许多污水处理厂由于厌氧消化池循环高 BOD 的上清液而导致超负荷。好氧消化池上清液特性如表 5-8 所示。

表 5-8　好氧消化池上清液基本特性

指标	数值	指标	数值	指标	数值
pH	6.0～7.0	COD	1 500～2 500 mg/L	总 P	60～98 mg/L
BOD$_5$	300～500 mg/L	悬浮固体	100～300 mg/L	溶解性 P	15～26 mg/L
可溶性 BOD$_5$	51～100 mg/L	总有机氮	120～170 mg/L	—	—

（2）缺点

① 好氧消化过程中需要大量供氧，因而能耗较大，运行费用高，所以一般只适用于小规模的污水厂；

② 固体的减少效率因温度变动而异；

③ 好氧消化后的污泥仍需经重力浓缩，通常在固体浓缩后方可获得较佳的上清液；

④ 在好氧消化后进行真空过滤，有些污泥不易脱水。

5.3.1.4　污泥好氧消化运行管理注意事项

① 在好氧消化过程中，污泥脱水性能的改进发生在曝气 1～5 d 之后。更长时间的曝气会导致脱水性能变得比原来更差。

② 好氧消化过程中脱水性能改善程度与新鲜污泥的来源和特性、生物固体的停留时间、消化过程中曝气速率、消化的温度、消化的时间有关，过滤能力通常借生物污泥调节可提高 23%～46%。然而，污泥必须在得到最大改进时脱水以达到最大效益，因此过度消化会使其性能变差。

③ 好氧消化中污泥混合的速率影响污泥的脱水性，污泥混合速率越快，污泥絮凝所需力量越大，这将导致胶体分散，产生小颗粒而使过滤能力降低。

④ 消化过程溶氧量超过 2 mg/L 不会改变污泥脱水的性能。

⑤ 中间粒子大小的改变反映了比阻和压缩性能的改变，比阻和胶体大小成反比，而压缩性和胶体大小成正比。

⑥ 活性污泥的脱水性能随个别污泥的来源和稳定程度而异，人工聚合物调理的效用也受这些因素的影响。

⑦ 聚合物对活性污泥的调理效果是非常明显的。在所有好氧消化中，阴离子聚合物不利于脱水性能，而相对地，阳离子聚合物会增进好氧消化污泥的脱水性能。

5.3.2　**污泥的厌氧消化**

污泥厌氧消化是利用兼性菌和厌氧菌进行厌氧生物反应，分解污泥中有机物质的一种污泥处理工艺。厌氧消化是使污泥实现"四化"的主要环节，其中，随着污泥被稳定化，将产生大量高热值的沼气，其作为能源利用，使污泥实现资源化。

5.3.2.1　污泥厌氧消化的机理

厌氧消化的三阶段理论如下所述。

水解阶段：在水解与发酵细菌作用下，使糖类、蛋白质和脂肪水解与发酵转化成单糖、氨基酸、脂肪酸、甘油及二氧化碳、氢等；水解与发酵细菌（包括细菌、原生动物和真菌）

多数为专性厌氧菌，也有不少兼性厌氧菌。

产酸阶段：在产氢产乙酸菌的作用下，把第一阶段的产物转化成氢、二氧化碳和乙酸。

产甲烷阶段：通过两组生理上不同的产甲烷菌的作用，一组把氢和二氧化碳转化成甲烷，另一组是对乙酸脱羧产生甲烷。产甲烷菌是绝对的厌氧菌。

5.3.2.2 污泥厌氧消化法的分类

在污泥厌氧消化过程中，温度对有机物负荷和产气量有明显影响。根据微生物对温度的适应性，可将污泥厌氧消化分为中温（一般为 30～36℃）厌氧消化和高温（一般为 50～55℃）厌氧消化。中温消化应用广泛，但停留时间较长，对有机物去除率和粪大肠菌群等致病微生物的杀灭率低。为了提高厌氧消化效率，有效杀灭污泥病原菌，保证污泥土地利用安全性，越来越多的污泥处理系统采用高温厌氧消化工艺。高温厌氧消化工艺与中温厌氧消化工艺相比具有污泥降解效率高、耐冲击负荷能力强的优点。

根据消化设备的不同，污泥的厌氧消化又分为低负荷消化、高负荷消化和两级消化。

（1）低负荷消化法

低负荷污泥消化池通常为单级消化过程，采用传统消化池，池内不加热，不设搅拌装置，间歇投加污泥和排出污泥。一般负荷率为 0.4～1.6 kg VSS/（m³·d）。由于这种单级消化池存在池内分层、温度不均匀、有效容积小等问题，其消化时间长达 30～60 d，此种低负荷消化法，仅适用于小型污水处理厂的污泥处理。

（2）高负荷消化法

高负荷消化是在高负荷消化池中进行，消化池内设有搅拌设备。其搅拌、污泥投配及熟污泥排除等工序，为 24 h 连续进行，不存在分层现象，全池都处于活跃的消化状态。消化时间仅为低负荷消化池的 1/3 左右（10～15 d），固体负荷提高 4～6 倍。

（3）两级消化法

在两级消化系统内，产酸和产甲烷阶段分别在两个单独的反应池中完成。现在实际应用中的两级消化系统是将污泥消化和浓缩分两段进行。两级消化污泥的产量比单级消化增加 10%～15%。

5.3.2.3 厌氧消化的影响因素

（1）温度

有机物进行厌氧分解的微生物，根据其生活条件所要求的最佳温度，可以分为低温细菌（嗜冷细菌）、中温细菌（嗜温细菌）和高温细菌（嗜热细菌）3 类。这些种类不同细菌的活动在不同的温度条件下或是活跃，或是抑制。

产甲烷菌对于温度的适应性，可分为 2 类：中温产甲烷菌（最适宜温度为 33～35℃）和高温产甲烷菌（最适宜温度为 50～55℃）。中温或高温厌氧消化允许的温度变动范围为 ±（1.5～2.0）℃。当有 ±3℃ 的变化时，就会抑制消化过程；有 ±5℃ 的急剧变化时，就会突然停止产气，有机酸大量积累而破坏厌氧消化。消化温度与消化时间及产气量的关系如表 5-9 所示。

表 5-9　厌氧消化温度与时间对产气量的影响

消化温度/℃	10	15	20	25	30
消化时间/d	90	60	45	30	27
产气量/（mL/g）	450	530	610	710	760

（2）负荷

厌氧消化池的容积取决于厌氧消化的负荷率。

负荷率的表达方式有 2 种：容积负荷（用投配率表示）和有机物负荷（用有机物负荷率表示）。

投配率是指日进入的新鲜污泥体积与池子容积之比，在一定程度上反映了污泥在消化池中的停留时间。投配率的倒数就是生污泥在消化池中的平均停留时间。例如，投配率为 5%，即池的水力负荷率为 0.05 m³/（m³·d）时，停留时间为 1/0.05=20 d。投配率过高，消化不完全消化池内脂肪酸可能积累，导致 pH 下降，产甲烷菌生长受到抑制，产气量下降；投配率减小，污泥中有机物分解彻底，产气量增加，但消化池容积需要很大。根据运行经验，中温消化的生污泥投配率以 5%～8%为好。

有机物负荷率是指每日进入的干泥量与池子容积之比，单位：kg 干泥/（m³·d）。它可以较好地反映有机物量与微生物量之间的相对关系。容积负荷较低时，微生物的反应速率与底物（有机物）的浓度有关。在一定范围内，有机负荷率大，消化速率也高。

由于污泥的消化期（生污泥的平均逗留时间）是污泥消化过程的一个不可忽视的因素。因此，用有机物容积负荷计算消化池容积时，还要用消化时间进行复核。消化时间既可以指固体平均停留时间，也可以指水力停留时间。消化池在不排出上清液的情况下，固体停留时间与水力停留时间相同。我国习惯上计算消化时间时不考虑排出上清液，因此消化时间是指水力停留时间。

（3）搅拌和混合

在有机物的厌氧发酵过程中，让反应器中的微生物和有机物充分接触，将使得整个反应器中的物质传递、转化过程加快。通过搅拌，可使有机物充分分解，增加产气量（搅拌比不搅拌可提高产气量 20%～30%）。此外，搅拌还可打碎消化池面上的浮渣。

在不进行搅拌的厌氧反应器或污泥消化池中，污泥成层状分布，从池面到池底，越往下面，污泥浓度越高，污泥含水率越低，到了池底，则是在污泥颗粒周围只含有少量水。在这些水中包含了有机物厌氧分解过程中的代谢产物，以及难以降解的惰性物质（尤其是在池底大量积累）。微生物被这种含有大量代谢产物、惰性物质的高浓度水包围着，影响了其对养料的摄取，以致其活性降低。如果通过搅拌，则可使池内污泥浓度分布均匀，调整了污泥固体颗粒与周围水分之间的比例关系，同时亦使代谢产物和难降解物不在池底过多积累，而是在整个反应器内分布均匀。这样就有利于微生物的生长繁殖并提高它的活性。

通过搅拌时产生的振动可使污泥颗粒周围原先附着的小气泡（有时由于不搅拌还可能形成一层气体膜）被分离脱出。此外，微生物对温度和 pH 的变化也非常敏感，通过搅拌还能使这些环境因素在反应器内保持均匀。

搅拌采用间断运行，在污泥消化池的实际运行中，采用每隔 2 h 搅拌 1 次，每次搅拌约 25 min，每天搅拌 12 次，共搅拌 5 h 左右。搅拌对产气量的影响如表 5-10 所示。

表 5-10　搅拌对产气量的影响

投配率/%		2	3	4	5	6	7	8	9	10	11
产气量/ （m³/m³）	搅拌	29.7	29.3	17.4	14.8	14.0	12.1	10.7	9.9	8.5	7.9
	不搅拌	18.6	13.9	11.6	10.2	9.2	8.7	8.2	7.8	7.3	7.0

（4）C/N 比

厌氧菌的分解活动，受被分解物质的成分，尤其是碳氮比的影响很大。如果 C/N 比太高，细胞的氮量不足，消化液的缓冲能力就低，pH 就容易降低；C/N 比太低，氮量过多，pH 可能上升，就会抑制消化过程。污泥厌氧消化的 C/N 为（10～20）：1。

（5）有毒物质

污泥中含有有毒物质时，根据其种类与浓度的不同，有时是给污泥的消化、脱水、堆肥等各种处理过程带来影响，有毒物质过多则会导致其不能在农业上加以利用。由于处理厂的污泥数量与成分经常变化，为了早期发现有毒物质的危险含量，必须进行长期的观察。对于有毒物质的容许限度有很多不同看法。如有毒物质的容许限度是由一种毒物，还是几种毒物，或是这些毒物混入的频度来决定的。污泥厌氧消化时的无机物及有毒有机物对产甲烷菌的抑制浓度如表 5-11、表 5-12 所示。

表 5-11　污泥厌氧消化时无机物对产甲烷菌的抑制浓度　　　单位：mg/L

物质名称	中等抑制浓度	强烈抑制浓度	物质名称	中等抑制浓度	强烈抑制浓度
Na^+	3 500～5 500	8 000	Cu	—	50～70（总铜）
K^+	2 500～4 500	12 000	Cr^{6+}	—	3.0（溶解）
Ca^{2+}	2 500～4 500	8 000	Cr^{6+}	—	200～250（总铬）
Mg^{2+}	1 000～1 500	3 000	Cr^{3+}	—	180～420（溶解）
NH_3-N	1 500～3 000	3 000	Ni	—	2.0（溶解）
S^{2-}	—	200	Ni	—	30.0（总镍）
Cu^{2+}	—	0.5（溶解）	Zn	—	1.0（溶解）

表 5-12　污泥厌氧消化时有毒有机物对产甲烷菌的抑制浓度　　　单位：mmol/L

化合物	活性下降 50%的浓度	化合物	活性下降 50%的浓度
1-氯丙烯	0.1	乙烯基乙酸	8
硝基苯	0.1	乙醛	10
丙烯醛	0.2	乙烷基乙酸	11
1-氯丙烷	1.9	丙烯酸	12
甲醛	2.4	邻苯二酚	24
月桂酸	2.6	苯酚	26
乙苯	3.2	苯胺	26
丙烯腈	4.0	间苯二酚	29
丁烯醛	6.5	丙醇	30

（6）酸碱度、pH 和消化液的缓冲作用

pH 影响微生物细胞吸收脂肪酸的作用。一般来说，脂肪酸在 pH 低时比 pH 高时更能迅速地进入细胞内部。

对产甲烷菌来说，弱碱性环境是绝对必要的。最佳的 pH 为 7.0～7.5。正常的产甲烷菌与兼性厌氧菌共生时，消化物质的 pH 就自然成为 6.8～7.6。如果产甲烷菌本身的养分——有机酸过量，其生存就会受到不良影响，但在消化过程第一阶段产生的兼性厌氧菌则几乎不受（或完全不受）自己的分泌物的影响。另外，如果有机酸浓度在 3 000 mg/L 以上，那么无论 pH 为多少，产甲烷菌的生命活动均将受到影响。但是，由于污泥中含有无数种不同的具有缓冲作用的物质，所以，有机酸含量与氢离子浓度之间并无直接关系。

5.3.2.4　厌氧消化系统的组成

污泥厌氧消化系统由 6 部分组成：消化池池体结构、进排泥系统、搅拌系统、加热系统、集气系统、其他装置。普通消化池构造见图 5-8。

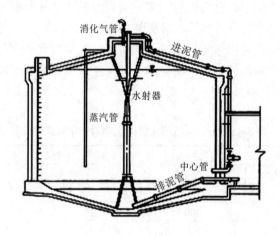

图 5-8　普通消化池构造

（1）消化池池体结构

消化池按其容积是否可变，分为定容式和动容式 2 类。定容式系指消化池的容积在运动中不变化，也称固定盖式（图 5-9），该种消化池往往需附设可变容的湿式气柜，用以调节沼气产量的变化。动容式消化池（图 5-10）的顶盖可上下移动，因而消化池的气相容积可随气量的变化而变化，该种消化池国外采用较多。国内目前普遍采用的是定容式消化池。

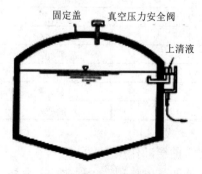

图 5-9　固定盖式消化池

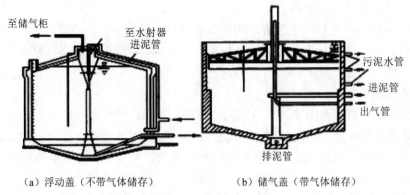

　　（a）浮动盖（不带气体储存）　　　　　（b）储气盖（带气体储存）

图 5-10　浮动盖式消化池

　　好的消化池池形应具有结构条件好、防止沉淀、没有死区、混合良好、易去除浮渣及泡沫等优点。消化池按池形主要分为龟甲形、传统圆柱形、卵形、平底圆柱形 4 种池型，见图 5-11。

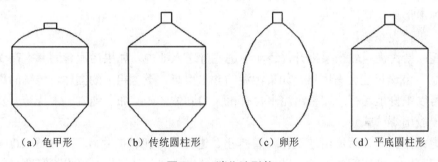

（a）龟甲形　　　　（b）传统圆柱形　　　　（c）卵形　　　　（d）平底圆柱形

图 5-11　消化池形状

　　龟甲形消化池在英、美国家采用得较多，此种池形的优点是土建造价低、结构设计简单。但要求搅拌系统具有较好的防止和消除沉积物效果，因此相配套的设备投资和运行费用较高。

　　传统圆柱形消化池在中欧及中国采用得较多，常用的消化池的形状是圆柱状中部、圆锥形底部和顶部的消化池池形。这种池形的优点是热量损失比龟甲形小，易选择搅拌系统。但底部面积大，易造成粗砂的堆积，因此需要定期进行停池清理。更重要的是，在形状变化的部分存在尖角，应力很容易聚集在这些区域，使结构处理较困难。底部和顶部的圆锥部分，在土建施工浇铸时混凝土难密实，易产生渗漏。

　　卵形消化池在德国从 1956 年就开始采用，并作为一种主要的形式推广到德国全国，应用较普遍。卵形消化池最显著的特点是运行效率高，经济实用。其优点可以总结为以下几点。

　　① 其池形能促进混合搅拌得均匀，单位面积内可积累较多的微生物。用较小的能量即可达到良好的混合效果。

　　② 卵形消化池的形状有效地消除了粗砂和浮渣的堆积，池内一般不产生死角，可保证生产的稳定性和连续性。根据有关文献，德国有的卵形消化池已经成功地运转了 50 年而没有进行过清理。

　　③ 卵形消化池表面积小，耗热量较低，很容易保持系统温度。

④ 生化效果好，分解率高。

⑤ 上部面积小，不易产生浮渣，即使生成也易去除。

⑥ 卵形消化池的壳体形状使池体结构受力分布均匀，结构设计具有很大优势，可以做到消化池单池池容的大型化。

⑦ 池形美观。

卵形消化池的缺点是土建施工费用比传统消化池高。然而卵形消化池运行上的优点直接提高了处理过程的效率，因此节约了运行成本。如果需要设置 2 个以上的卵形消化池，运行费用比较下来则更具有优势。节省下的运行费用，很容易弥补造价的差额，用户从高效的运行中受益更多。对大体积消化池采用卵形池更能体现其优点。

平底圆柱形池是一种土建成本较低的池形。圆柱部分的高度/直径比≥1。这种池形在欧洲已成功地用在不同规模的污水厂中。它要求池形与装备和功能之间要很好地相互协调。当前可配套使用的搅拌设备较少，大多采用可在池内多点安装的悬挂喷入式沼气搅拌技术。

在我国，消化池的形状多年来大多采用传统的圆柱形，随着搅拌设备的引进，我国污泥消化池的池形也变得多样化。近几年我国先后设计并施工了多座卵形消化池，改变了国内消化池池形单一状况。

（2）进排泥系统

进泥：新污泥一般由泵提升，经池顶进泥管送入池内。如果污泥含固率太高（如超过4%～5%），泵送可能会有困难，如果污泥的含水率高，不含粗大的固体，传统的离心式污水泵就可以很好地运行。如果污泥中含有粗大的固体（如破布、绳索、木片等）及浓度较高时，一般用螺杆式泵。

排泥：排泥时，污泥沿池底排泥管排出。进泥、排泥管的直径不应小于 200 mm。进泥和排泥可以连续或间歇进行。操作顺序一般是先排泥到计量槽，再将相等数量的新污泥加入池中。进泥过程中要充分混合。

（3）搅拌系统

消化池的搅拌方法主要有 3 种，即螺旋桨搅拌（图 5-12）、鼓风机搅拌（图 5-13）和射流器搅拌。

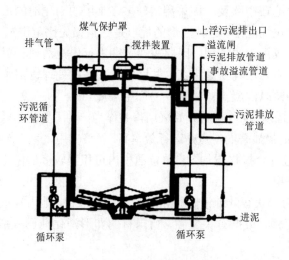

图 5-12　螺旋桨搅拌的消化池

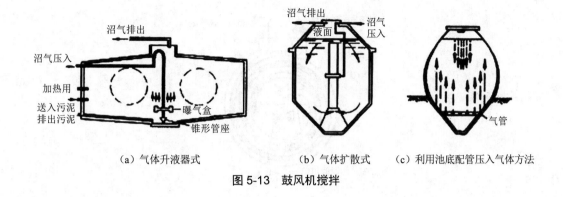

（a）气体升液器式　　　　　　（b）气体扩散式　　　　（c）利用池底配管压入气体方法

图 5-13　鼓风机搅拌

（4）加热系统

池内加热系统热量直接通入消化池内，对污泥进行加热，有热水循环和蒸汽直接加热 2 种方法，见图 5-14。前一种方法的缺点是热效率较低，循环热水管外层易结泥壳，使热传递效率进一步降低；后一种方法热效率很高，但能使污泥在池外进行加热，有生污泥预热和循环加热 2 种方法，见图 5-15。前者系将生污泥在预热池内首先加热到所要求的温度，再进入消化池；后者系将池内污泥抽出，加热至要求的温度后再打回池内。循环加热法采用的热交换器有套管式、管壳式、螺旋板式 3 种。前两种为常见的形式，因有 360° 转弯，易堵塞；螺旋板式系近年来出现的新型热交换器，不易堵塞，尤其适于污泥处理，其结构形式见图 5-16。在很多污泥处理系统中，以上加热方法联合采用。

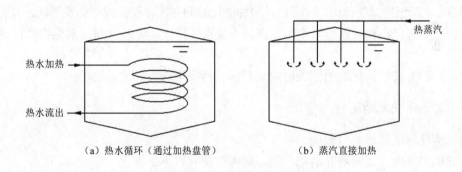

（a）热水循环（通过加热盘管）　　　　　（b）蒸汽直接加热

图 5-14　池内加热系统示意图

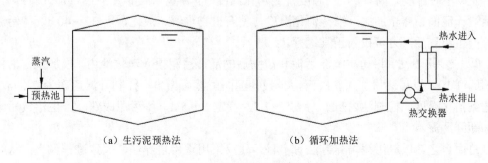

（a）生污泥预热法　　　　　　（b）循环加热法

图 5-15　污泥池外加热系统示意图

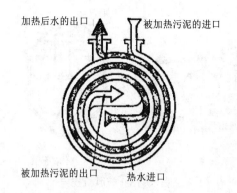

图 5-16　螺旋板式热交换器示意图（多尔—奥利弗式）

（5）集气系统

浮动式顶盖消化池的集气容积较大。而固定式顶盖消化池的集气容积较小，在加料和排料时，池内压力波动较大，此时宜设单独的污泥气储气罐。

（6）其他装置

破渣：破碎消化池表面积累的浮渣，减少浮渣占用消化池的有效容积，有利于污泥气的释放。常用的方法：用自来水或污泥上清液喷淋；将循环污泥或污泥液送到浮渣层上；用鼓风机或射流器抽吸污泥气进行搅拌时，只要抽吸的气体量足够，由于造成池面的搅动较剧烈，也可达到破碎浮渣层的效果。

排液：上清液应及时排出，这有利于增加消化池的有效容积并减少热量消耗。上清液中的悬浮固体、有机物和氨氮的浓度都很高，不能直接排放，应回流到污水生物处理设备中再排出。

监测防护系统：消化池的监测防护装置应包括安全阀、温度计等。

5.3.2.5　厌氧消化池的运行与管理

（1）消化污泥的培养与驯化

新建的消化池，需要培养消化污泥，培养方法有以下 2 种。

① 逐步培养法。将每天排放的初次沉淀污泥和浓缩后的活性污泥投入消化池，然后加热，使每小时温度升高 1℃，当温度升到消化温度时，维持温度，然后逐日加入新鲜污泥，直至设计泥面，停止加泥，维持消化温度，使有机物水解、液化，需 30～40 d，待污泥成熟、产生沼气后，方可投入正常运行。

② 一步培养法。将初次沉淀污泥和浓缩后的活性污泥投入消化池内，投加量占消化池容积的 1/10，以后逐日加入新鲜污泥至设计泥面。然后加温，控制升温速率为 1℃/h，最后达到消化温度，控制池内 pH 为 6.5～7.5，稳定 3～5 d，待污泥成熟，产生沼气后，再投加新鲜污泥。

总而言之，厌氧污泥培养方法有多种，建议采用逐步培养法，大致过程如下：将经浓缩池浓缩后的剩余污泥（已厌氧）投入厌氧反应池中，投加量为反应器容积的 20%～30%，然后加热（如需要），逐步升温，使每小时温升为 1℃，当温度升到消化所需温度（根据设计温度）时维持温度。营养物量应随着微生物量的增加而逐步增加，不能操之过急。当有机物水解液化（需1～2个月），污泥成熟并产生沼气后，分析沼气成分，正常时进行点火试验，然后利用沼气，投入日常运行。

启动初始一般控制有机负荷较低。当COD_{Cr}去除率达到80%时才能逐步增加有机负荷。完成启动的乙酸浓度应控制在 1 000 mg/L 以下。上面只是大致的要求，具体情况还需根据实际情况调整。

因甲烷与空气混合存在爆炸的危险，启动时最好用惰性气体将消化池内的空气进行置换。

（2）厌氧消化工艺控制

工艺控制的目的是保持稳定而高效的消化效果。厌氧消化的效果具体体现在以下 4 个方面：较高的有机物分解率；较高的沼气产量；沼气中较高的甲烷含量；较高的病原菌及蛔虫卵杀灭率。

① 进排泥及上清液控制。在污泥厌氧消化系统中进排泥控制与系统的消化能力有密切的联系。常用两个指标衡量消化能力，一个是最短允许消化时间，另一个是最大允许有机负荷。最短允许消化时间（T_m，单位：d）即达到要求的消化效果时，污泥在消化池内的最短允许水力停留时间。最大允许有机负荷 [F_v，单位：kg/（m^3·d）] 即达到要求的消化效果时，单位消化池容积在单位时间内所能消化的最大有机物量。消化温度波动越小，混合搅拌越均匀充分，T_m越小，F_v越大，系统的消化能力就越大。

在实际运行控制中，投泥量不能超过系统的消化能力，否则将降低消化效果。但投泥量也不能太低，如果投泥量远低于系统的消化能力，且能保证消化效果，但污泥处理效率将大大降低，造成消化能力的浪费。最佳投泥量应为低于系统能力的最大投泥量，计算如下：

$$Q_i = \frac{V \cdot F_v}{c_i \cdot f_v} \qquad (5\text{-}15)$$

式中，V —— 消化池有效容积，m^3；

F_v —— 消化系统的最大允许有机负荷，kg/（m^3·d）；

c_i —— 进泥的污泥浓度，kg/m^3；

f_v —— 进泥干污泥中有机物含量，%；

Q_i —— 投泥量，kg/d。

按式（5-15）计算得到的投泥量还应该核算消化时间：

$$T = V/Q_i \geq T_m \qquad (5\text{-}16)$$

式中，T —— 污泥消化时间，d；

T_m —— 最短允许消化时间，d。

排泥量应与进泥量完全相等，并在进泥之前先排泥。目前我国的污水处理厂，其中包括很有影响力的大型污水处理厂的消化系统中，绝大部分采用底部排泥，对于这些底部直接排泥的消化系统，尤应注意排泥的平衡。如果排泥量大于进泥量，消化池工作液位就会下降，出现真空状态。真空度升至一定值时，消化池池顶的真空安全阀被破坏，空气进入池内，有爆炸的危险。另外，对于混凝土结构不好、产生裂缝的消化池，空气会直接被抽入池内。如果排泥量小于进泥量，消化池的液面上升，污泥就会自溢流管溢走，得不到消化处理，如果此时溢流管路被管路堵塞或不畅，消化池气相工作压力会升高，破坏压力安全阀，使沼气逸入大气中，同样存在沼气爆炸的危险。目前国内有一些新建的处理厂采用底部进泥、上部溢流排泥方式。这种方式可保证进泥量与排泥量自动一致，不存在工作液位变化的问题，但应注意进泥之前应先充分搅拌。如果停止搅拌静置一段时间后再排泥，则充分消化的污泥由于其颗粒密度增大而沉至底部，上部溢流排走的是未经充分消化的污泥。最佳的进排泥方式为上部进泥、底部溢流排泥，该种方式可使泥位保持稳定，并保证充分消化的污泥被排走。但当进泥温度太低时，该种方式应注意热沉淀问题。所谓热沉淀，系指温度很低的冷污泥突然遇热后，会迅速下沉，其原因是冷污泥密度大，热污泥密度小，导致异重流现象。另外，大型消化系统一般进泥次数多，每次进泥历时短，即使发生热沉淀，在冷污泥沉至底部以前，本次排泥也已结束；一些小型处理厂在冬季应采取防止热沉淀的措施，措施之一是缩短每次进泥时间，使上部冷污泥尚未到达底部被排走以前，排泥已结束；措施之二是污泥入池前先进行初步预热，减小污泥与池内液体的温差。

上清液的水质，各厂存在较大的差别。但总体来看，上清液的水质非常差，且消化时间越短，水质越差。通过排放上清液，可提高消化池排泥浓度，减少污泥调质的加药量。不排放上清液，消化排泥浓度一般低于消化进泥浓度。上清液排放量与消化排泥量之和应等于每次的进泥量，否则消化池工作液位也将上升或下降。上清液的每次排放量应仔细确定，排放量太少，起不到浓缩消化污泥的作用；排放量太大，会使上清液中固体物质浓度太高，回到水区的固体负荷太大。一般来说，上清液排放量不可超过进泥量的1/4，具体取决于本厂消化污泥的浓缩分离性能，可在实际运行中调试出最合适的排放量。

②pH 及碱度控制。正常运行时，产酸菌和产甲烷菌会自动保持平衡，并将消化液的 pH 自动维持在 6.5～7.5 的近中性范围内。此时，碱度一般在 1 000～5 000 mg/L（以 $CaCO_3$ 计），典型值在 2 500～3 500 mg/L。

导致 pH 及碱度变化的原因主要有以下几点。

a. 温度波动太大。由于产甲烷菌对温度波动极其敏感，温度波动大时，可降低产甲烷菌的活性，使其分解挥发性脂肪酸（VFA）的速率下降。而产酸菌受温度影响较小，此时产酸菌仍会源源不断地将有机物分解成挥发性脂肪酸。这样，在消化池内便会造成挥发性脂肪酸积累。积累的挥发性脂肪酸会与消化液中的碱度反应，将 HCO_3^- 逐渐消耗掉。

随着 H^+ 的增多，消化液的 pH 将逐渐下降。当 VFA 积累至 2 000 mg/L 以上时，pH 可降至 4.43，此后一般不再下降。而此时产甲烷菌早已完全失去了活性，不再产生甲烷，消化系统被完全破坏。

b. 投入的有机物超负荷。投泥量突然增多或进泥中含固量升高，可导致有机物超负荷。由于消化液中有机物增多，产酸菌的活性将增大，会产生较多的挥发性脂肪酸。而产甲烷菌增殖速率很慢，不能立即将增多的 VFA 分解掉，因此会造成 VFA 积累，使 pH 降至 6.5 以下。

c. 水力超负荷。水力超负荷是指投泥的体积量突然增多，使消化时间缩短，并低于 T_m。由于产甲烷菌世代期长，消化时间缩短会将部分产甲烷菌冲刷掉，并且得不到恢复，这样必然也会造成 VFA 积累，导致 pH 降至 6.5 以下。

d. 产甲烷菌中毒。进泥中含有毒物时，会使产甲烷菌中毒而受到抑制或完全失去活性。此时往往产酸菌并没有中毒，而仍产生 VFA，因此必然导致 VFA 积累，使 pH 降至 6.5 以下。

控制措施：

a．立即外加碱源，增加消化液中的碱度。

b．寻找 pH 下降的原因并针对原因采取相应的控制措施，待恢复正常，停止加碱。

c．在加碱的过程中应注意防止二氧化碳被消耗造成气相负压；防止加药过量；注意钠离子和氨根离子对产甲烷菌的活性抑制。

③ 毒物控制。入流中工业废水成分较高的污水处理厂，其污泥消化系统经常会出现中毒问题。当出现重金属的中毒问题时，根本的解决方法是控制上游有毒物质的排放，加强污染源管理。在处理厂内常可采用一些临时性的控制方法，常用的方法是向消化池内投加 Na_2S。绝大部分有毒重金属离子能与 S^{2-} 反应形成不溶性的沉淀物，从而失去毒性。而 Na_2S 的投加量可根据重金属离子的种类及浓度确定。

④ 搅拌系统的控制。良好地搅拌可提供一个均匀的消化环境，是得到高效消化的前提。完全混合搅拌可使池容 100% 得到有效利用，但实际上消化池的有效容积一般仅为池容的 70% 左右。对于搅拌系统设计不合理或控制不当的消化池，其有效池容会降至实际池容的 50% 以下。实际上，各地大量处理厂的运行证明，搅拌是高效消化很关键的操作。大多数产气率低的处理厂，对搅拌系统进行改造或合理控制以后，获得了较好的效果。

对于搅拌系统的运行方式，尚有不同的意见。一种意见认为应保持连续搅拌，另一种意见认为连续搅拌没有必要，只要每天搅拌数次，总搅拌时间保持 6 h 以上，即可满足要求。目前运行的消化系统绝大部分采用间歇搅拌运行，但应注意以下几点。

a．在投泥过程中，应同时进行搅拌，以便投入的生污泥尽快与池内原消化污泥均匀混合；

b．在蒸汽直接加热过程中，应同时进行搅拌，以便将蒸汽热量尽快散至池内各处，防止局部过热，从而影响产甲烷菌活性；

c．在排泥过程中，如果底部排泥，则尽量不搅拌；如果上部排泥，则宜同时搅拌。

在消化系统试运行中或正常运行以后改变搅拌工况时，对搅拌混合效果进行测试评价，往往是很重要的。在池顶设有观测窗的消化池，可以从观测窗观测搅拌的均匀性，但此方法很难较准确地对搅拌效果作出评价。常用的评价方法有纵横取样法和示踪法。纵横取样法是在消化池不同位置以及不同深度取泥样，测定其含固量。如果最不利点与全池平均值的绝对偏差低于 0.5%，则说明搅拌效果尚可，否则应加强搅拌系统的控制或予以改造。示踪法系采用放射性同位素或染料作为示踪剂，进行示踪试验，测定消化池的停留时间分布，实测的停留时间与理论停留时间越接近，说明搅拌效果越好。常用的示踪剂有 Na^{24}、Au^{128}、氚、$LiCl$、KCl 等。

搅拌强度的问题。搅拌强度的控制因搅拌方式不同而各异。沼气搅拌常用气量控制搅拌强度，沼气用量可由式（5-17）计算：

$$Q_a = K \cdot A \tag{5-17}$$

式中，A —— 消化池的表面积，m^2；

K —— 搅拌强度，系指满足混合要求时，单位消化池面积单位时间内所需要的气量，$m^3/(m^2 \cdot h)$，K 一般在 $1 \sim 2\ m^3/(m^2 \cdot h)$ 的范围内，具体可在运行实际中确定出本厂的最佳值。

当采用机械搅拌时，一般用搅拌设备的功率控制搅拌强度。搅拌功率用式（5-18）计算：

$$P = W \cdot V \qquad (5\text{-}18)$$

式中，V —— 消化池处于完全混合状态的体积，m^3；

W —— 搅拌强度，W/m^3，一般要求高达 $40\ W/m^3$。而实际一般控制在 $10\ W/m^3$ 左右，即能得到较满意的混合搅拌效果，搅拌效果还与池型以及搅拌器的设计布置有关。

⑤ 沼气收集系统的控制。沼气收集系统的运行应能充分适应沼气产量的变化。沼气产量可用式（5-19）计算：

$$Q_a = (Q_i c_i f_i - Q_u c_u f_u) \times q_a \qquad (5\text{-}19)$$

式中，Q_a —— 总沼气产量，m^3/d；

Q_i 和 Q_u —— 分别为进、排泥量，m^3/d；

c_i 和 c_u —— 分别为进、排泥的浓度，kg/m^3；

f_i 和 f_u —— 分别为进、排泥干固体的有机物含量，%；

q_a —— 厌氧分解单位质量有机物所产生的沼气量，$m^3/kgVSS$。

随着进排泥、加热及搅拌系统的变化，q_a 也会变化，但对于典型的城市污水污泥泥质来说，正常运行时 q_a 一般在 $0.75\sim1.0\ m^3/kgVSS$。

（3）消化池日常维护管理

① 定期取样分析检测——微生物的管理。厌氧消化过程是在密闭厌氧条件下进行的，微生物在这种条件下生存不能像好氧处理中作为指标生物的各种生物那样，依靠镜检来判断污泥的活性。只能采用反映微生物代谢影响的指标间接判断微生物活性。与活性污泥好氧处理系统相比，污泥厌氧消化系统对工艺条件及环境因素的变化反应更敏感。为了掌握消化池的运转正常，应当及时监测、化验上述要求的每日瞬时监测、化验指标，如温度、pH、沼气产量、泥位、压力、含水率、沼气中的组分等。根据需要快速作出调整，避免引起大的损失。

② 泄空清砂、清渣。一般 5 年左右进行 1 次，彻底清砂和除浮渣，还要进行全面的防腐、防渗检查与处理。主要对金属管道、部件进行防腐，如损坏严重应更换，有些易损坏件最好换不锈钢材料。对池壁进行防渗、防腐处理。维修后投入运行前必须进行满水试验和气密性试验。对于消化池内的积砂和浮渣状况要进行评估，如果严重说明预处理不好，要对预处理改进，防止沉砂和浮渣进入。另外，放空消化池以后，应检查池体结构变化，如是否有裂缝，是否为通缝，并请专业人员处理。借此时机也应将仪表大修或更换。

③ 定期维护搅拌系统。沼气搅拌主管常有被污泥及其他污物堵塞的现象，可以将其余主管关闭，使用大气量冲吹被堵塞的管道。对于机械搅拌桨被棉纱和其他长条杂物缠绕故障，可采取反转机械搅拌器甩掉缠绕杂物。另外，要定期检查搅拌轴与楼板相交处的气密性。

④ 定期检查维护加热系统。蒸汽加热管道、热水加热管道、热交换器内的污泥处理管道等都有可能出现堵塞现象、锈蚀现象，一般用大流量冲洗。套管式管道要注意冲洗热水

管道时保证泥管中的压力防止将内管道压瘪或拆开清洗。

⑤ 对于日常运行状况、处理措施、设备运行状况都要求作出书面记录，为下一班次提供运行数据，并做好报表向上一级管理层报告，提供工艺调整数据。

⑥ 经常检测、巡视污泥管道、沼气管道和各种阀门，防止其堵塞、漏气或失效。对有可能产生堵塞的管道设置活动清洗口，日常利用高压水冲洗。对于阀门除应按时涂润滑油脂外，还应对常闭闸门和常开闸门定时活动，检验其是否能正常工作。有严重问题时也需要停运处理或更换。

⑦ 定期检验压力、保险阀、仪表、报警装置，送交市专门的技术监督部门，获得国家权威认可后，才能装上使用。

⑧ 酸清洗系统防止结垢。系统结垢的原因是进泥中的硬度（Mg^{2+}）以及磷酸根离子（PO_4^{3-}）在消化液中会与产生的大量 NH_4^+ 结合，生产磷酸铵镁（MAP）沉淀，反应式如下：

$$Mg^{2+}+NH_4^++PO_4^{3-} \longrightarrow MgNH_4PO_4 \downarrow$$

如果在管道内结垢，将增大管道阻力；如果热交换器结垢，则会降低热交换器效率。在管路上设置活动清洗口，经常用高压水清洗管道，可有效防止垢的增厚。当结垢严重时，最基本的方法是用酸清洗。

⑨ 消化池进行全面防腐防渗检查。消化池内的腐蚀现象很严重，既有电化学腐蚀也有生物腐蚀。电化学腐蚀主要是消化过程产生的 H_2S 在液相形成氢硫酸导致的。生物腐蚀常被忽视，而实际腐蚀程度很严重。用于提高气密性和水密性的一些有机防渗防水涂料，经一段时间易被微生物分解掉，而失去防水防渗效果。消化池停运放空后，应根据腐蚀程度，对所有金属部件重新进行防腐处理，对池壁应进行防渗处理。另外，放空消化池以后，应检查池体结构变化，如是否有裂缝，是否为通缝，并进行专门处理。重新投运时宜进行满水试验和气密性试验。

⑩ 消化池泡沫处理。当产生泡沫时，一般说明消化系统运行不稳定，因为泡沫主要是 CO_2 产量太大形成的，温度波动太大或进泥量发生突变等，均可导致消化系统运行不稳定，CO_2 产量增加，从而导致泡沫产生。如果将运行不稳定因素排除，则泡沫也一般会随之消失。在培养消化污泥过程中的某个阶段，由于 CO_2 产量大，甲烷产量小，因此也会存在大量泡沫。随着产甲烷菌的培养成熟，CO_2 产量降低，泡沫也会逐渐消失。消化池的泡沫有时是污水处理系统产生的诺卡氏菌引起的，此时曝气池也必然存在大量生物泡沫，对于这种泡沫的控制措施之一是暂不向消化池中投放剩余活性污泥，根本性的措施是控制污水处理系统内的生物泡沫。

⑪ 消化系统保温措施。因为如果不能有效保温，冬季加热的耗热量会增至很大。很多处理厂由于保温效果不好，热损失很大，导致需热量超过了加热系统的负荷，不能保证要求的消化温度，最终造成消化效果大大降低。故应定期检查消化池及加热管路系统的保温效果，如果不佳，应更换保温材料。

⑫ 消化池与其管道、阀门在冬季必须注意防冻。在北方寒冷地区进入冬季结冰之前必须检查和维修好保温设施，如消化池顶上的沼气管道、水封阀（罐）。沼气提升泵房内的门窗必须完整无损坏，最好门上加棉帘子，湿式脱硫装置要保证在 10℃ 以上工作。特别是室外的沼气管道、热水管道、蒸汽管道和阀门都必须做好保温、防晒、防雨等工作。

⑬沼气柜尤其是湿式沼气柜更容易受H_2S腐蚀，通常3年一小修，5年一大修。要对柜体防腐，腐蚀严重的钢板要及时更换，阴极保护的锌块此时也应更换，各种阀门特别是平常不易维修和更换的闸门，修理没有保证的话就应换新，确保5年内不出问题。

⑭安全运行。整个消化系统要防火、防毒。所有电气设备应采用防爆型，接线要做好接地，防雷。坚决杜绝可能造成危害的事故苗头。严禁在防火、防爆区域内吸烟，防止出现火花等明火，进入该区域内的汽车应戴防火帽，进入的人应留下火种。穿带钉鞋和产生静电的工作服都是不允许进入的。另外，报警仪等都应正常维护保养。按时到权威部门鉴定、标定，确保能正常工作。还要备好消防器材、防毒呼吸器、干电池手电筒等以备急用。

（4）厌氧消化运行注意事项

对于污泥消化系统的运行，除消化池、沼气储柜、沼气利用等区域应注意防爆安全外，还存在以下几点值得注意的问题。

①脱硫。沼气从厌氧发酵装置产出时，特别是在中温或高温发酵时，携带大量的H_2S。由于沼气中还有大量的水蒸气存在，水与沼气中的H_2S共同作用，加速了金属管道、阀门和流量计的腐蚀和堵塞。另外，H_2S燃烧后生成的SO_2，与燃烧产物中的水蒸气结合成亚硫酸，使设备的金属表面产生腐蚀，并且会造成对大气环境的污染，影响人体健康。因此，在使用沼气之前，必须脱除其中的H_2S。

业内常用的沼气脱硫方法有干法脱硫、湿法脱硫、生物法脱硫等。

②管道堵塞。运行中发现，从消化池出泥管到后浓缩池、从后浓缩池到脱水机前的储泥池，以及离心脱水机上清液输送管道都容易被堵塞。其原因是磷酸铵镁的形成。在厌氧消化中，有机物得到分解，并释放出PO_4^{3-}、NH_4^+，它们与污水污泥中含有的Mg^{2+}反应形成MAP，消化池排放污泥在接触大气后，会释放一定的CO_2，使污泥中的pH呈弱碱性，更有利于MAP的形成。经验表明，此物质易在垂直下降的管道上、管道的弯头处及不光滑的管壁上形成，因而这部分管道宜采用PE、HDPE及不锈钢管材。发生堵塞的管道可采用机械法疏通（如管道疏通车）。

③沼气发电机组的操作和维护。消化产生的沼气是可回收利用的能源，用途广泛。可直接净化后作为天然气使用，可直接作为能源供沼气锅炉、沼气鼓风机利用，也可通过沼气发电机组转换成电能并入电网使用。如果发电机组采用的是并入厂内低压电网运行的工作方式，由于厂内电网容量小，机组的工作较易受到厂内电网参数波动的影响而报警停机，需专人值班操作。

【实例】某厂是A-B工艺，污泥消化池有时不稳定。尤其是过一段时间就会产生消化池内泡沫过多的状况，很容易泄压，也很容易将阻火器阻塞。此种状况一旦出现，就会发生需长时间排放冷凝水的现象。请分析原因并提出解决办法。

【答】可能是新鲜污泥投加到消化池后没有充分搅拌，一般来说，新鲜污泥投入后几小时内池内污泥至少应该全部翻动一次，这样可使泥温和污泥浓度均匀，稳定池内的碱度，防止污泥分层和形成浮渣。还要确认投配率是否相对稳定，温度是否过低，这些会造成生化不彻底，浮渣增多。

（5）消化池异常问题的分析与排除

① VFA（挥发性有机酸）/ALK（碱度）升高。其原因及控制对策如下所述。

a. 水力超负荷。水力超负荷一般是由于进泥量太大，消化时间缩短，对消化液中的产甲烷菌和碱度过度冲刷，导致 VFA/ALK 升高，如不立即采取控制措施，会导致产气量降低和沼气中甲烷的含量降低。首先应将投泥量降至正常值并减少排泥量；如果条件许可，还可将消化池部分污泥回流至一级消化池，补充产甲烷菌和碱度的损失。

b. 有机物投配超负荷。进泥量增大或泥量不变，而含固率或有机分升高，可导致有机物投配超负荷。大量的有机物进入消化液，使 VFA 升高，而 ALK 却基本不变，VFA/ALK 会升高，控制措施是减少投泥量；当有机物超负荷是处理厂进水中有机物增加所致时（如大量化粪池污水和污泥进入），应加强上游污染源管理。

c. 搅拌效果不好。搅拌系统出现故障，未及时排除，搅拌效果不佳，会导致局部 VFA 积累，使 VFA/ALK 升高。

d. 温度波动太大。温度波动太大，可降低产甲烷菌分解 VFA 的速率，导致 VFA 积累，使 VFA/ALK 升高。温度波动如为进泥量突变所致，则应增加进泥次数，减少每次进泥量，使进泥均匀；如为加热量控制不当所致，则应加强系统的控制调节。有时搅拌不均匀，使热量在池内分布不均匀，也会影响产甲烷菌的活性，使 VFA/ALK 升高。

e. 存在毒物。产甲烷菌中毒以后分解 VFA 的速率下降，导致 VFA 积累，使 VFA/ALK 升高。此时应首先明确毒物种类，如为重金属类中毒，可加入 Na_2S 降低毒物浓度；如为 S^{2-} 类中毒，可加入铁盐降低 S^{2-} 浓度。解决毒物问题的根本措施是加强上游污染源的管理。

② 产气量降低。其原因及解决对策如下所述。

a. 有机物投配负荷太低。在其他条件正常时，沼气产量与投入的有机物成正比，投入有机物越多，沼气产量越多；投入有机物越少，则沼气产量也越少。出现此种情况，往往是由于浓缩池运行不佳，浓缩效果不好，大量有机固体随浓缩池的上清液排出而流失，导致进入消化池的有机物浓度降低。此时可加强对污泥浓缩的工艺控制，保证要求的浓缩效果。

b. 产甲烷菌活性降低。由于某种原因导致产甲烷菌活性降低，分解 VFA 速率降低，因而沼气产量也降低。水力超负荷，有机物投配超负荷，温度波动太大，搅拌效果不均匀，存在毒物等因素，均可使产甲烷菌活性降低，因而应具体分析原因，采取相应的对策。

③ 消化池气相出现负压，空气自真空安全阀进入消化池。其原因及控制对策如下所述。

a. 排泥量大于进泥量，使消化池液位降低，产生真空。此时应加强进、排泥量的控制，使进、排泥量严格相等，溢流排泥一般不会出现该现象。

b. 用于沼气搅拌的压缩机的出气管路出现泄漏，也可导致消化池气相出现真空状态，应及时修复管道泄漏处。

c. 加入 $Ca(OH)_2$、NH_4OH、$NaOH$ 等药剂补充碱度控制 pH 时，如果投入过量，也可导致负压状态，因此应严格控制该类药剂的投入量。

d. 一些处理厂用风机或压缩机抽送沼气至较远的使用点，如果抽气量大于产气量，也可导致气相出现真空状态，此时应加强抽气与产气量的调度平衡。

④ 消化池气相压力增大，自压力安全阀逸入大气。其原因及控制对策如下所述。

a. 产气量大于用气量，而剩余的沼气又无畅通的去向时，可导致消化池气相压力增大，此时应加强运行调度，增大用气量。

b. 某种原因（如水封罐液位太高或不及时排放冷凝水）导致沼气管路阻力增大时，可使消化池压力增大。此时应分析沼气管阻力增大的原因，并及时予以排除。

c. 进泥量大于排泥量，而溢流管又被堵塞，导致消化池液位升高时，可使气相压力增大，此时应加强进、排泥量的控制，保持消化池工作液位的稳定。

⑤ 消化池排放的上清液含固量升高，水质下降，同时使排泥浓度降低。

a. 上清液排放量太大，可导致含固量升高。上清液排放量一般是每次相应进泥量的 1/4 以下；如果排放太多，则由于排放的不是上清液，而是污泥，因而含固量升高。

b. 上清液排放太快时，由于排放管内的流速太大，会携带大量的固体颗粒一起排走，因而含固量升高，所以应缓慢地排放上清液，且排放量不宜太大。

c. 如果上清液排放口与进泥口距离太近，则进入的污泥会发生短路，不经泥水分离直接排走，因而含固量升高；对于这种情况，应进行改造，使上清液排放口远离进泥口。

⑥ 消化液的温度下降，消化效果降低。

a. 蒸汽或热水量供应不足，导致消化池温度随之下降。

b. 投泥次数太少，一次投泥量太大时，可使加热系统超负荷，因加热量不足而导致温度降低，此时应缩短投泥周期，减少每次投泥量。

c. 混合搅拌不均匀时，会使污泥局部过热，局部由于热量不足而温度降低，此时应加强搅拌混合。

（6）分析、测量与记录

消化系统正常运行的分析、测量项目包括以下几项。

流量：包括投泥量、排泥量和上清液排放量，应测量并记录每一运行周期内的以上各值。

pH：包括进泥、消化液排泥和上清液的 pH，每天至少测 2 次。

含固量（%）：包括进泥、排泥和上清液的含固量，每天至少分析 1 次。

有机分（%）：包括进泥、排泥和上清液干固体中的有机分，每天至少分析 1 次。

碱度（mg/L）：包括测定进泥、排泥、消化液和上清液中的碱度，每天至少 1 次，小型处理厂可只测消化液中的 ALK。

VFA（mg/L）：测定进泥、排泥、消化液和上清液中的 VFA 值，每天至少 1 次，小型处理厂可只测消化液中的 VFA。

BOD_5（mg/L）：只测上清液中的 BOD_5 值，每两天 1 次。

SS（mg/L）：只测上清液中的 SS 值，每两天 1 次。

NH_3-N（mg/L）：包括测定进泥、排泥、消化液和上清液中的 NH_3-N 值，每天 1 次。

TKN（mg/L）：包括测定进泥、排泥、消化液和上清液中的 TKN 值，每天 1 次。

TP（mg/L）：只测上清液中的 TP，每天 1 次。

大肠菌群：测进泥和排泥的大肠菌群，每周 1 次。

蛔虫卵：测进泥和排泥的蛔虫卵数，每周 1 次。

沼气成分分析：应分析沼气中的 CH_4、CO_2、H_2S 3 种气体的含量，每天 1 次。

沼气流量：应尽量连续测量并记录沼气产量。

有机物分解率（%）：η（污泥的稳定化程度）。

分解单位质量有机物的产气量（m^3/kgVSS）：q_a。

有机物投配负荷 [kgVSS/（m^3·d）]：F_V。

消化时间（d）：t。

消化温度（℃）：T。

另外，还应记录每个工作周期的操作顺序及每一操作的历时。

5.4　污泥脱水

污泥经浓缩、消化后，尚有95%～96%的含水率，体积仍然很大。为了综合利用和进一步处置，必须对污泥进行脱水和干化处理。将污泥的含水率降低到85%以下的操作叫脱水。脱水后的污泥已经成为泥块，具有固体特性，能装车运输，便于最终处置和利用。将脱水污泥的含水率进一步降低到65%以下（最低达10%）的操作叫干燥（或称干化）。

5.4.1　污泥脱水的基本理论

污泥脱水的作用是去除污泥中的毛细水和表面附着水。经过脱水处理，污泥含水率可从96%左右降到60%～80%，其体积为原来的1/10～1/5，有利于运输和后续处理。污泥脱水是依靠过滤介质（多孔性物质）两面的压力差作为推动力，使水分强制通过过滤介质，固体颗粒被截留在介质上，以达到脱水的目的。在过滤过程中，开始时滤液只需克服过滤介质的阻力，当滤饼逐渐形成后，滤液还需克服滤饼本身的阻力，因此真正的过滤层包括滤饼与过滤介质。

5.4.2　污泥的脱水性能及其影响因素

5.4.2.1　脱水性能指标

脱水性能系指污泥脱水的难易程度。不同种类的污泥，其脱水性能不同；即使同一种类的污泥，其脱水性能也因厂而异。衡量污泥脱水性能的指标主要有2个：一个是污泥的比阻（r）；另一个是污泥的毛细吸水时间（CST）。

5.4.2.2　不同污泥的脱水性能及其影响因素

不同种类的污泥，脱水性能相差很大，因而其r值和CST值相差甚远。即使同一种污泥，不同处理厂测得的r和CST也相差较多（有时会相差几倍）。

一般来说，初沉污泥的脱水性能较好；一些处理厂的初沉污泥，其比阻（r）会低至$2.0×10^{13}$ m/kg，此时污泥不经过调质，也可进行机械脱水。入流污水中工业废水的成分会影响初沉污泥的脱水性能，但其影响有时增强有时削弱，具体取决于工业废水的成分。钢铁或机械加工行业的污水，会使初沉污泥的脱水性能增强；而食品酿造或皮革加工等行业的污水会使初沉污泥的脱水性能降低。腐败的污泥脱水性能会降低，因污泥颗粒变小，并产生气体。

活性污泥的脱水性能一般都比较差，其比阻常在$10.0×10^{13}$ m/kg 左右，CST 常在 100 s之上，不经调质，无法进行机械脱水。泥龄越长的污泥，脱水性能越差；SVI 值越高的污泥，其脱水性能也越差。一般来说，发生膨胀的活性污泥，无法进行机械脱水，需耗用大量的化学药剂进行调质。

初沉污泥与活性污泥的混合污泥，其脱水性能取决于两种污泥分别的脱水性能，以及每种污泥所占的比例。一般来说，活性污泥所占比例越大，混合污泥的脱水性能也越差。

消化污泥与消化前的生污泥相比，虽然污泥颗粒减小，但颗粒的有机分降低，相对密度增大，黏度减小，因而其脱水性能会略有提高。但已发现一些处理厂的污泥经消化之后比阻增大，脱水性能恶化。其原因是消化采用机械搅拌，搅拌强度太大，将污泥絮体打碎所致。采用沼气搅拌的消化池一般无此情况。

5.4.3 污泥脱水的分类

污泥脱水分为干化脱水和机械脱水两大类。干化脱水也称干燥，其目的在于脱掉污泥中的表面水分，干化脱水分为自然干化脱水和热干燥处理技术2类，因热干燥处理技术由其他工业领域引入污泥处理中的时间不长，发展还不够成熟，故本节不作详细说明，本节重点介绍自然干化脱水和机械脱水的运营管理。自然干化脱水是将污泥摊在到由砂石铺垫的干化场上，通过蒸发、渗透和清液溢流等方式实现脱水。机械脱水是利用机械设备进行污泥脱水。

5.4.3.1 自然干化脱水

（1）干化场分类

自然干化脱水的干化场分为两大类，一是人工滤层干化场，是指需人工铺设滤层，又分为敞开式干化场和有盖式干化场2种；二是自然滤层干化场，是指利用自然土质等作为滤层，适用于自然土质渗透性能好、地下水位低的地区。

人工滤层干化场的构造见图5-17，由不透水底层、排水系统、滤水层、输泥管、隔墙及围堤等部分组成。有盖式的，设有可移开（晴天）或盖上（雨天）的顶盖，顶盖一般用弓形复合塑料薄膜制成，移置方便。

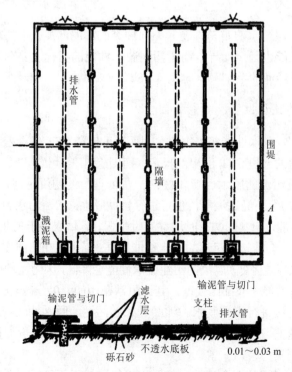

图 5-17　人工滤层干化场

滤水层的上层用细矿渣或砂层铺设，厚度为 200～300 mm；下层用粗矿渣或砾石铺设，层厚 200～300 mm。排水系统用 100～150 mm 的陶土管或盲沟铺成，管道之间中心距 4～8 m，纵坡 0.002～0.003，排水管起点覆土深（至砂层顶面）为 0.6 m。不透水底板由 200～400 mm 厚的黏土层或 150～300 mm 厚三七灰土夯实而成，也可用 100～150 mm 厚的素混凝土铺成，底板有 0.01～0.02 的坡度坡向排水管。

隔墙与围堤把干化场分隔成若干分块，通过切门的操作轮流使用，以提高干化场利用率。在干燥、蒸发量大的地区，可采用由沥青或混凝土铺成的不透水层而无滤水层的干化场，依靠蒸发脱水。这种干化场的优点是泥饼容易铲除。

（2）干化场的脱水特点

污泥在干化场上是借助渗透、蒸发和人工滗除等过程而脱水的。渗透过程在污泥排入后 2～3 h 完成，可使污泥含水率降至约 85%。此后水分只能依靠蒸发脱水，经数周后，含水率可降低至 75%左右。

这种脱水方式适于村镇小型污水处理厂的污泥处理，维护管理工作量很大，且产生大范围的恶臭。

（3）污泥在干化场上脱水的影响因素

影响干化场脱水的因素主要是气候条件和污泥性质。气候条件包括当地的降水量、蒸发量、相对湿度、风速和年冰冻期。污泥性质对脱水影响较大，如初沉污泥或浓缩后的活性污泥，由于比阻较大，水分不易从稠密的污泥层中渗透下去，往往会形成沉淀，分离出上清液，故这类污泥主要依靠蒸发脱水，可在围堤或围墙的一定高度上开设滗水窗，滗除上清液，加速脱水过程。而消化污泥在消化池中承受着高于大气压的压力，污泥中含有许多沼气泡，排到干化场后，由于压力的降低，气体迅速释出，可把污泥颗粒挟带到污泥层的表面，使水的渗透阻力减小，提高渗透脱水性能。

5.4.3.2 机械脱水

（1）机械脱水的原理

污泥机械脱水的原理是以过滤介质（多孔性材质）两面的压力差作为推动力，使污泥中的水分强制通过过滤介质（称滤液），固体颗粒被截留在介质上（称滤饼），从而达到脱水目的。

造成压力差推动力的方法有 3 种：在过滤介质的一面造成负压（如真空吸滤脱水）；加压把污泥中的水分压过过滤介质（如压滤脱水）；通过离心作用使固滤分离（如离心机脱水）。

（2）机械脱水前的预处理——污泥调质

污泥在机械脱水前，一般应进行预处理，也称污泥的调理或调质。这主要是因为城市污水处理系统产生的污泥，尤其是活性污泥脱水性能一般都较差，直接脱水将需要大量的脱水设备，因而不经济。污泥的比阻（r）和毛细吸水时间（CST）越大，污泥的脱水性能越差。一般认为，只有当污泥的比阻（r）小于 $4.0×10^{13}$ m/kg 或毛细吸水时间（CST）小于 20 s 时，才适合进行机械脱水。除少量处理厂的初沉污泥以外，绝大部分处理厂的初沉污泥和所有污水处理工艺系统产生的剩余污泥，其比阻均在 $4.0×10^{13}$ m/kg 以上，CST 均在 20 s 以上。因此，初沉污泥、活性污泥或二者组成的混合污泥，经浓缩或消化，均应进行调质，降低其 r 值或 CST 值，再进行机械脱水。

所谓污泥调质，就是通过对污泥进行预处理，改善其脱水性能，提高脱水设备的生产能力，获得综合的技术经济效果。污泥调质的方法主要有物理调质和化学调质两大类。物理调质有淘洗法、冷冻法及热调质等方法，而化学调质则主要指向污泥中投加化学药剂，改善其脱水性能。以上调质方法在实际中都有采用，但以化学调质为主，原因在于化学调质流程简单，操作不复杂，且调质效果很稳定。

在两种调质方式中因化学调理应用最为普遍，故本节内容主要介绍化学调质的相关运营管理。

① 化学调质中混凝剂与絮凝剂的种类及其作用机理。污泥调质所用的药剂可分为两大类：一类是无机混凝剂，另一类是有机絮凝剂。无机混凝剂包括铁盐和铝盐两类金属盐类混凝剂以及聚合氯化铝等无机高分子混凝剂。有机絮凝剂主要是聚丙烯酰胺等有机高分子物质。"絮凝剂"一词只是习惯叫法，严格来说也是混凝剂。另外，污泥调质中还使用一类不起混凝作用的药剂，称为助凝剂。常用的助凝剂有石灰、硅藻土、木屑、粉煤灰、细炉渣等惰性物质。助凝剂的作用是调节污泥的 pH（如石灰），或提供形成较大絮体的骨料，改善污泥颗粒的结构，从而增强混凝剂的混凝作用。

铁盐混凝剂中常用的为三氯化铁。铝盐混凝剂一般采用硫酸铝。硫酸铝混凝剂调质效果不如三氯化铁，且用量较大，但由于无腐蚀性，且储运方便，使用也较多。而使用三氯化铁的一个较大缺点，是其对金属管道或设备有较强烈的腐蚀性，使之降低使用寿命。三氯化铁适合的 pH 为 6.8~8.4，因其水解过程中会产生 H^+，降低 pH，因而一般需投加石灰作为助凝剂。三氯化铁在对污泥的调质中能生成大而重的絮体，使之易于脱水，因而使用较多。

聚合氯化铝作为一种高分子无机混凝剂，调质效果好，投药量少，虽价格偏高，但也有相当程度的使用。目前，人工合成有机高分子絮凝剂在污泥调质中得到普遍使用，并基本上已取代了无机混凝剂。常用的有机高分子絮凝剂是聚丙烯酰胺（俗称三号絮凝剂，PAM），其聚合度（n）高达 20 000~90 000，相应的分子量高达 50 万~800 万，通常为非离子型高聚物，但通过水解可产生阴离子型，也可通过引入基团制成阳离子型。污泥调质常采用阳离子型聚丙烯酰胺，其作用机理包括两个方面：一是其分子上带电的部位能中和污泥胶体颗粒所带的负电荷，使之脱稳；二是利用其高分子的长链条作用把许多细小污泥颗粒吸附并缠结在一起，结成较大的颗粒。前一作用称为压缩双电层，后一作用称为吸附架桥。

按照离子密度的高低，阳离子聚丙烯酰胺又分成弱阳离子、中阳离子和强阳离子 3 种，实际中都采用较多。离子密度越高，其中和负电荷使污泥胶体颗粒脱稳的作用越强，但高离子密度的 PAM 的分子量往往较小，吸附架桥能力较弱。因此以上 3 种 PAM 的污泥调质效果一般相差不大。表 5-13 为 3 种 PAM 的阳离子相对密度、相对分子质量以及对消化污泥进行调质的加药量范围。

表 5-13　阳离子 PAM 的相对离子密度、相对分子质量及调质加药量

分类	相对离子密度/%	相对分子质量	调质加药量/‰
弱阳离子 PAM	<10	4 000 000~8 000 000	0.25~5.0
中阳离子 PAM	10~25	1 000 000~4 000 000	1.0~5.0
强阳离子 PAM	>25	500 000~1 000 000	1.0~5.0

② 调质药剂的选择。目前调质效果最好的药剂是阳离子聚丙烯酰胺，虽然其价格昂贵，但使用却越来越普遍。具体到某一处理厂，应根据该厂的具体情况，在满足要求的前提下，选择综合费用最低的药剂种类。

采用铁盐或铝盐等无机混凝剂，一般能使污泥量增加15%～30%，另外，其肥效和热值也都将大大降低。因此当污泥消纳场离处理厂距离较远，或污泥的最终处置方式为农用或焚烧时，一般不适合采用无机混凝剂进行污泥调质。但当消纳厂离处理厂很近，且处置方式为卫生填埋时，采用该类药剂有可能综合费用较低。另外，使用该类药剂还能在一定程度上降低脱水过程中产生的恶臭。富磷污泥脱水时，还能降低磷向滤液中的释放量；当采用石灰做助凝剂时，石灰还能起到一定的消毒效果。

采用聚丙烯酰胺进行调质，泥量基本不变，其肥效和热值都不降低，因此当污泥脱水后用作农肥或焚烧时，最好采用该类药剂。另外，阳离子型聚丙烯酰胺在调质过程中，能与一些溶解性折光物质生成沉淀，因而脱水滤液中污染物相对较少，呈透明状。

调质药剂的选择还与脱水机的种类有关系。一般来说，带式压滤脱水机可采用任何一种药剂进行调质污泥，而离心脱水机则必须采用高分子絮凝剂，其原因是离心机内空间较小，对泥量要求很严格，如果采用无机药剂，泥量会增加很多，将大大降低离心机的脱水能力。

很多处理厂为降低污泥调质的综合费用，进行了大量的探索。一个主要途径就是采用了各种各样的复合药剂，即采用两种或两种以上的药剂进行污泥调质。主要有以下几种组合方式。

a. 三氯化铁与阴离子聚丙烯酰胺组合。先加三氯化铁，再加后者。其原理是三氯化铁的电中和作用可使污泥胶体颗粒脱稳，再通过阴离子聚丙烯酰胺的吸附架桥作用，形成较大的污泥絮体。两种药剂的共同作用，使总的药剂费用降低。

b. 三氯化铁与弱阳离子聚丙烯酰胺组合。先加三氯化铁，再加后者。其原理与组合a基本相同。

c. 聚合氯化铝与弱阳离子聚丙烯酰胺组合。

d. 石灰与阴离子聚丙烯酰胺组合。

e. 聚合氯化铝与三氯化铁或硫酸铝组合。

f. 阳离子聚丙烯酰胺与一些助凝剂，如粉煤灰、细炉渣、木屑等合用，可降低其用量；国外一些处理厂尝试在阳离子聚丙烯酰胺加入污泥之前，先加入少量高锰酸钾，可使耗药量降低25%～30%，同时具有减少恶臭的作用。

g. 阳离子型和阴离子型聚丙烯酰胺共用。

许多污水处理厂的运行经验表明，药剂组合使用，往往比单独使用一种的调质效果要好，综合费用会降低，但具体采用哪种组合方式，则因厂而异，处理厂可结合本厂特点，选择出本厂的最佳组合方式。可用烧杯搅拌试验初步选择调质药剂，程序如下。

a. 取几个1 L的烧杯洗净待用。

b. 向每个烧杯中加入600 mL的待脱水泥样。

c. 向每个泥样中加入不同种类的调质药剂，投加量可按照每种药剂的使用说明，或参照其他处理厂的投加量确定。

d. 向每个泥样中放入相同的搅拌器进行搅拌，搅拌速度为75 r/min，搅拌时间控制在

30 s，然后停止搅拌，并取出搅拌器。

e．观测污泥絮体形成情况及其沉降情况，其中，絮体较大、沉降较快的泥样，对应的调质药剂为最佳选择。

通过以上程序初步选择的药剂，还需用比阻或毛细吸水时间进一步确认并确定最佳投药量，详见后述。

③最佳投药量的确定。投药量与污泥本身的性质、环境因素以及脱水设备的种类有关。要综合以上因素，找到既满足要求又降低加药费用的最佳投药量，一般必须进行投药量的试验。程序如下所述。

a．按照所选药剂的使用说明或相近处理厂的运行经验，确定一个大致的投药量范围。例如，当采用带式压滤脱水机对初沉生污泥进行脱水时，如采用 PAM 调质，投药量可选择在 1‰～5.0‰的范围内。

b．在所选择的投药量范围内，确定几个投药量。例如，在 1.0‰～5.0‰的范围内，可确定 1.0‰、2.0‰、3.0‰、4.0‰、5.0‰ 5 个投药量。

c．取几个泥样，每个泥样的体积可为 50～200 mL。按照泥样的量、泥样的含固量、絮凝剂溶液的浓度及所确定的投药量，计算出应向每个泥样中投加的絮凝剂溶液量。

d．测定每一投药量所对应的泥样的比阻或 CST。采用带式压滤脱水或真空过滤脱水时，采用 r 或 CST 皆可，但最好采用 r；采用离心脱水时，最好采用 CST。应注意的是，絮凝剂溶液不能向几个泥样同时投加，应测定一个，投加一个。

e．绘制泥样的比阻或 CST 值与对应的投药量之间的变化曲线，曲线上的最低点对应的投药量即为最佳投药量。

不管污泥原来的比阻或 CST 多高，经加药调质以后，均应将 r 降为 4.0×10^{13} m/kg 以下，否则，投药范围选择不合理或药剂选择不合理，应予以重新选择或确定。

投药量除与污泥本身性质和脱水方式有关外，还与污泥温度有关。温度越高，投药量越小；温度越低，投药量越大。一般来说，在保证同样调质效果的前提下，夏季比冬季减少 10%～20%的投药量。

上述的投药量，实际上系指污泥中单位重量的干固体所需投加的絮凝剂干重量，因而准确地应称为干污泥投药量，用 f_m 表示。实际中，常采用 kg/t 为 f_m 的单位，即每吨干污泥所需投加药量的千克数，这是一个千分比（‰）的概念。在实际运行中，应根据泥质的变化情况，通过比阻或 CST 试验，定期确定或调整 f_m 值。利用 f_m 可较准确地计算出每天每班实际要投加的药量。计算如下：

$$M = Q_s \times c_0 \times f_m \tag{5-20}$$

式中，f_m——干污泥投药量，kg/t；

c_0——待脱水污泥的浓度，t干污泥/m³ 湿污泥；

Q_s——湿污泥量，m³ 湿污泥/d；

M——加药量，kg/d。

【实例计算】某厂采用带式压滤脱水，采用阳离子聚丙烯酰胺进行污泥调质。试验确定干污泥投药量为 3.5 kg/t，待脱水污泥的含固量为 4.5%。试计算湿污泥量为 1 800 m³/d 时所需投加的总药量。

【解】已有数据及单位换算如下：

$$Q_s=1\ 800\ m^3/d,\quad c_0=4.5\%=45\ kg/m^3$$

$$f_m=3.5\ kg/t=3.5\ kg/1\ 000\ kg$$

将 Q_s、c_0、f_m 代入式（5-19），得

$$M=1\ 800\times45\times3.5/1\ 000=284\ kg/d$$

即该厂污泥调质所投加的阳离子型聚丙烯酰胺量为 284 kg/d。

④ 投药系统及其操作。投药有干投和湿投 2 种方法，污泥调质投药常采用湿投法。投加系统一般包括干粉投加及破碎装置、溶药混合装置、储药池、计量泵和混合器等部分。

在投药过程的操作中主要有以下问题需要特别注意。

a. 保证 PAM 充分溶解。PAM 通常应存储在低温干燥的环境中，因 PAM 遇热或潮湿易结饼而失效。干粉加入溶药池后，至少应持续低速搅拌 30 min，以保证 PAM 充分溶解。没有充分溶解的 PAM 呈黏糊状，会堵塞计量泵、管道及脱水机的滤布。可用一种简单的方法检验药剂是否充分溶解：取配制好的少量药液滴到一块玻璃片上，观察其是否平稳流动，如果流动不均匀说明溶解不充分，应继续搅拌。溶液池的温度应控制在 10℃以上，否则很难充分溶解。配制好的絮凝剂溶液在 24 h 内一般不会失效，因此运行中可一次性配好一天的用药量。

b. 絮凝药剂的配制浓度应控制在一定范围内。为保证污泥浓缩与脱水效果，在污泥脱水絮凝剂的配制方面，絮凝药剂的配制浓度应控制在 0.1%～0.5%。浓度太低则投加溶液量大，配药频率增加；浓度过高容易造成药剂黏度过高，可能导致搅拌不够均匀，螺杆泵输送药液时阻力增大，容易加快设备损耗和管路堵塞。另外，不同批次和不同型号的絮凝剂相对密度差别较大，需根据实际情况定期或不定期地标定药剂的配制浓度，适时调整药剂的用量，保证污泥脱水效果和减少药剂浪费。同时，干粉药剂在储存和使用过程中需注意防潮、防失效。

（3）机械脱水设备分类

机械脱水的种类很多，按脱水原理可分为真空过滤脱水、压滤脱水和离心脱水三大类，国外目前正在开发螺旋压榨脱水，但尚未大量推广。以下对各类机械脱水设备的运营管理进行分述。

① 真空过滤脱水机。

工作原理：真空过滤脱水系将污泥置于多孔性过滤介质上，在介质另一侧造成真空，将污泥中的水分强行"吸入"，使之与污泥分离，从而实现脱水。常用的设备有各种形式的真空转鼓过滤脱水机。

特点：真空过滤脱水的特点是能够连续生产，运行平稳，可自动控制。主要缺点是附属设备较多，工序较复杂，运行费用较高。国内使用较广的是 GP 型转鼓真空过滤机，其构造见图 5-18。转鼓真空过滤机脱水系统的工艺流程见图 5-19。

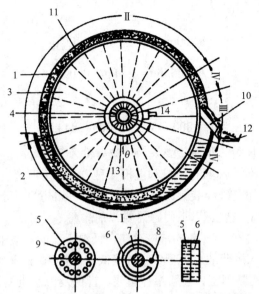

Ⅰ—滤饼形成区；Ⅱ—吸干区；Ⅲ—反吹区；Ⅳ—休止区；θ—滤饼形成区和休止区的夹角和；

1—空心转筒；2—污泥槽；3—扇形格；4—分配头；5—转动部件；6—固定部件；

7—与真空泵通的缝；8—与空压机通的孔；9—与各扇形格相通的孔；10—刮刀；

11—泥饼；12—皮带输送器；13—真空管路；14—压缩空气管路。

图 5-18　转鼓真空过滤机

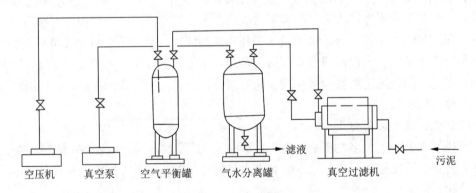

空压机　真空泵　空气平衡罐　气水分离罐　滤液　真空过滤机　污泥

图 5-19　转鼓真空过滤机工艺流程

覆盖有过滤介质的空心转筒 1 浸在污泥槽 2 内。转鼓用径向隔板分隔成许多扇形格 3，每格有单独的连通管，管端与分配头 4 相接。分配头由两片紧靠在一起的转动部件 5（与转鼓一起转动）与固定部件 6 组成。转动部件 5 有一列小孔 9，每孔通过连接管与各扇形格相连。固定部件 6 上的缝 7 与真空管路 13 相通，孔 8 与压缩空气管路 14 相通。当转鼓某扇形格的连通孔 9 旋转处于滤饼形成区 Ⅰ 时，由于真空的作用，将污泥吸附在过滤介质上，污泥中的水通过过滤介质后沿真空管路 13 流到气水分离罐。吸附在转鼓上的滤饼转出污泥槽后，若管孔 9 在固定部件的缝 7 范围内，则处于吸干区 Ⅱ 内继续脱水，当管孔 9 与固定部件的孔 8 相通时，便进入反吹区 Ⅲ 与压缩空气相通，滤饼被反吹松动，然后由刮刀 10 刮除，滤饼经皮带输送器外输。再转过休止区 Ⅳ 进入滤饼形成区 Ⅰ，周而复始。

适用范围：真空过滤脱水是目前应用较多的机械脱水方法，使用的机械是真空过滤机。主要用于初次沉淀池污泥及消化污泥的脱水。

运营注意事项：GP 型真空转鼓过滤机在运行中遇到的主要问题是过滤介质紧包在转鼓上，清洗不充分，易于堵塞，影响过滤效率。为解决这个问题，可采用链带式转鼓真空过滤机，即用辊轴把过滤介质转出，卸料并将过滤介质清洗干净后转至转鼓。

② 污泥压滤机。

压滤也是一种常用的机械脱水方法，它的推动力是由正压和大气压之差造成的。压滤脱水系将污泥置于过滤介质上，在污泥一侧对污泥施加压力，强行使水分通过介质，使之与污泥分离，从而实现脱水，常用的设备有各种形式的板框压滤机和带式压滤脱水机。

a．板框压滤机。

工作原理：将带有滤液的滤板和滤框平行交替排列，每组滤板和滤框中间夹有滤布。用可动段把滤板和滤框压紧，使滤板和滤板之间构成一个压滤室。污泥从料液进口流出，水通过滤板从滤液排出口流出，泥饼堆积在框内滤布上，滤板和滤框松开后泥饼就很容易剥落下来。为了减轻卸料压力，有些厂家增加了自动拉板翻板功能，实现板式压滤机半自动化。板式压滤机可分为板框压滤机（图 5-20）、箱式压滤机和由两者合成的压滤机。

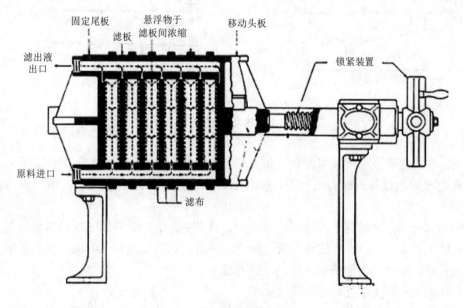

图 5-20　板框压滤机

特点：板框压滤机的优点是结构简单、操作容易，运行稳定故障少，保养方便，设备使用寿命长，过滤推动力大，所得泥饼含水量低。过滤面积选择范围灵活，且单位过滤面积占地较小；对物料的适应性强。其缺点是不能连续运行，处理量小，滤布消耗大。

适用范围：主要适应于中、小型污泥脱水处理场合。

运营注意事项：板框压滤机运行中遇到的主要问题是滤布清洗不充分，易于堵塞，影响过滤效率。故应形成良好的工作习惯，勤洗滤布，必要的时候对滤布进行更换。

传统板框压滤机只能将污泥含水率降至 80%左右，填埋场要求污泥进场含水率小于 60%，因此需要进一步脱水。设备厂家开发了隔膜压榨深度脱水板框压滤机。该设备进行如下改进：板为中空的。当正常压滤完成后，在板中空部分注水增压，对板框之间的污泥进行进一步压滤，降低含水率，在卸料前，将进料通道的稀泥反吹回去。这样，压出来的污泥含水率可降至 55%左右。

b．带式压滤脱水机。

工作原理：带式压滤脱水机见图 5-21。它由滤带、辊压筒、滤带张紧系统、滤带调偏系统、滤带驱动系统和滤带冲洗系统组成。污泥流入在辊之间连续转动的上下两块带状滤布上后，滤布的张力、轧辊的压力、剪力及剪切力依次作用于夹在两块滤布之间的污泥上而进行重力浓缩和加压脱水。脱水泥饼由刮泥板剥离，剥离了泥饼的滤布用水清洗，以防止滤布孔堵塞，影响过滤速度。

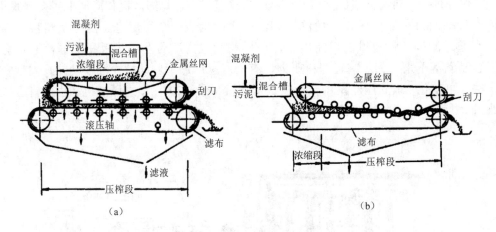

图 5-21 带式压滤脱水机

特点：带式压滤脱水机利用滤布的张力和压力在滤布上对污泥施加压力使其脱水，并不需要真空或加压设备，动力消耗少，操作管理较方便，可以连续操作，因而应用最为广泛。

有些污水处理厂建设时，没建污泥浓缩池，只有储泥池，设备厂商根据这种情况，开发了带式浓缩脱水一体机，将浓缩和脱水两个工序都在带式脱水机上完成，减少了项目用地和基建投资，但增加了加药量，提高了运行成本。

带式压滤脱水机工艺控制如下所述。

ⓐ带速的控制。滤带的行走速度控制着污泥在每一工作区的脱水时间，对出泥泥饼的含固量、泥饼厚度及泥饼剥离的难易程度都有影响。带速越低，泥饼含固量越高，泥饼越厚，就越易从滤带上剥离；带速越高，泥饼含固量越低，泥饼越薄，就越不易剥离。因此，从泥饼质量来看，带速越低越好，但带速的高低直接影响脱水机的处理能力，带速越低，其处理能力越小。对于初沉污泥和活性污泥组成的混合污泥来说，带速一般应控制在 2～5 m/min。在 1.0 m/min 以下，处理能力很低，极不经济；带速太高时，会大大缩短重力脱水时间，使在楔形区的污泥不能满足挤压要求，进入低压区或高压区后，污泥将被挤压溢出滤带，造成跑料。

ⓑ 滤带张力的控制。滤带张力会影响泥饼的含固量，因为施加到污泥层上的压力和剪切力直接取决于滤带的张力。滤带张力越大，泥饼含固量越高。对于城市污水混合污泥来说，一般将张力控制在 0.3～0.7 MPa，常在 0.5 MPa。当张力太大时，会将污泥在低压区或高压区挤压出滤带，导致跑料，或压进滤带造成堵塞。

ⓒ 调质的控制。污泥调质效果直接影响脱水效果。加药量不足，调质效果不佳时，污泥中的毛细水不能转化成游离水在重力区被脱去，因而由楔形区进入低压区的污泥仍呈流动性，无法挤压；如果加药量太大，不仅增大处理成本，更重要的是由于污泥黏性增大，极易造成滤带被堵塞。对于城市污水混合污泥，采用阳离子 PAM 时，干污泥投药量一般为 1～10 kg/t。

ⓓ 处理能力的控制。带式压滤脱水机的处理能力有两个指标：一个是进泥量，另一个是进泥固体负荷。

进泥量是指每米带宽在单位时间内所能处理的湿污泥量 $[m^3/(m\cdot h)]$，常用 q 表示。进泥固体负荷是指每米带宽在单位时间内所能处理的总干污泥量 $[kg/(m\cdot h)]$，常用 q_s 表示。

在污泥性质和脱水效果一定时，q 和 q_s 也是一定的，如果进泥量太大或进泥固体负荷太高，将降低脱水效果。一般来说，q 可达到 4～7 $m^3/(m\cdot h)$，q_s 可达到 150～250 $kg/(m\cdot h)$。q 和 q_s 乘以脱水机的带宽，即为该脱水机的实际允许进泥量和进泥固体负荷。

为保持带式压滤脱水机的正常运行，需注意以下操作与维护事项。

ⓐ 注意时常观察滤带的损坏情况，并及时更换新滤带。滤带的使用寿命一般在 3 000～10 000 h，如果滤带过早被损坏，应分析原因。滤带的损坏常表现为撕裂、腐蚀或老化，滤带的材质或尺寸不合理、滤带的接缝不合理、滚压筒不整齐、张力不均匀、纠偏系统不灵敏均会导致滤带被损坏，应及时分析原因并予排除故障。

ⓑ 每天应保证足够的滤布冲洗时间。脱水机停止工作后，必须立即冲洗滤带，不能过后冲洗。另外，还应定期对脱水机周身及内部进行彻底清洗，以保证清洁，降低恶臭。

ⓒ 按照脱水机要求，定期进行机械检修维护。例如，按时加润滑油，及时更换易损件等。

ⓓ 脱水机房内的恶臭气体，除影响身体健康外，还腐蚀设备。因此脱水机易腐蚀部分应定期进行防腐处理，加强室内通风。增加换气次数，也能有效地降低腐蚀程度。如有条件，应对恶臭气体封闭收集，并进行处理。

ⓔ 应定期分析滤液的水质，有时通过滤液水质的变化，能判断脱水效果是否降低。正常情况下，滤液水质应在以下范围：SS 为 200～1 000 mg/L；BOD_5 为 200～800 mg/L。如果水质恶化，则说明脱水效果降低，应分析原因。

ⓕ 滤带刮刀应采用软性材质，减少对滤带和滤带接口处的磨损。

ⓖ 保证自控系统设有连锁保护装置，防止误动作给整机造成损伤。

带式压滤脱水机运行中常见问题及其解决办法如下所述。

ⓐ 滤带打滑。原因主要是进泥超负荷，应降低进泥量；滤带张力太小，应增加张力；辊压筒损坏，应及时修复或更换。

ⓑ 滤带跑偏。原因主要是进泥不均匀，在滤带上摊布不均匀，应调整进泥口或更换平泥装置；辊压筒局部损坏或过度磨损，应予以检查更换；辊压筒之间相对位置不平衡，应检查调整；纠偏装置不灵敏。应检查修复。

ⓒ 滤带堵塞严重。原因主要是每次冲洗不彻底，应增加冲洗时间或冲洗水压力；滤带张力太大，应适当减小张力；加药过量，即 PAM 加药过量，黏度增加，常堵塞滤布。另外，未充分溶解的 PAM 也易堵塞滤带；进泥中含砂量太大，也易堵塞滤布，应加强污水预处理系统的运行控制。

ⓓ 泥饼含固量下降。原因主要是加药量不足、配药浓度不合适或加药点位置不合理，达不到最好的絮凝效果；带速太大，泥饼变薄，导致含固量下降，应及时地降低带速，一般应保证泥饼厚度为 5～10 mm；滤带张力太小，不能保证足够的压榨力和剪切力，使含固量降低，应适当增大张力；滤带堵塞，不能将水分滤出，使含固量降低，应停止运行，冲洗滤带。

③ 离心脱水机。

工作原理：用于离心脱水的机械叫离心脱水机。离心脱水系通过水分与污泥颗粒的离心力之差使之相互分离从而实现脱水，常用的设备有各种形式的离心脱水机。离心脱水机（图 5-22）主要由转筒和带空心转轴的螺旋输送器组成。污泥由空心转轴送入转筒后，在高速旋转产生的离心力作用下，立即被甩入转毂腔内。污泥颗粒相对密度较大，因而产生的离心力也较大，被甩贴在转毂内壁上，形成固体层；水密度小，离心力也小，只在固体层内侧产生液体层。固体层的污泥在螺旋输送器的缓慢推动下，被输送到转筒的锥端，经转筒周围的出口连续排出，液体则溢流排至转筒外，汇集后排出脱水机。

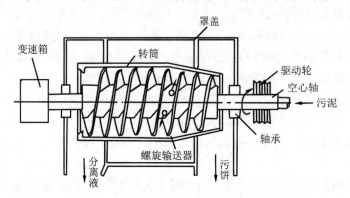

图 5-22　锥筒式离心机构造示意图

特点：离心脱水机占地小、自动化程度高，一般为全封闭形式，利于改善作业环境。但离心脱水机电耗较高，噪声较大，维修技术要求高，污泥的预处理要求较高。

适用范围：离心脱水机单机处理量较大，可达 50 m³/h 以上，处理负荷达 1 500 kg/h，数倍于带式脱水机，较适用于大型污水处理厂，不适用于污泥固液相对密度较为接近的污泥脱水。

要使离心脱水机的污泥脱水处理达到理想的分离效果，可以从以下两个方面来考虑。

a. 转速差越大，污泥在离心机内停留时间越短，泥饼含水率就越高，分离水含固率就可能越大。转速差越小，污泥在离心机内停留时间越长，固液分离越彻底，但必须防止污泥堵塞。利用转速差可以自动地进行调节，以补偿进料中变化的固体含量。

b. 当污泥性质已经确定时，可以改变进料投配速率，减少投配量改善固液分离；增加絮凝剂加注率，可以加速固液分离速度，提高分离效果。

离心脱水机运营中常见问题及其解决办法如下所述。

a. 开机报警或振动报警。离心脱水机开启时低差速报警会引起主电机停机或者振动较大、声音异常，造成报警停机。上述情况为上次停机前冲洗不彻底所致，即冲洗不彻底会导致 2 种情况发生：一是离心机出泥端积泥多导致再次开启时转鼓和螺旋输送器之间的速差过低而报警；二是转鼓的内壁上存在不规则的残留固体导致转鼓转动不平衡而产生振动报警。

b. 轴温过高报警。这主要是由于润滑脂油管堵塞致润滑不充分、轴温过高。由于离心脱水机的润滑脂投加装置为半自动装置，相对人工投加系统油管细长，间隔周期长，投加一次润滑脂容易发生油管堵塞的现象。一旦发生，需要人工及时清理，其主要原理是较频繁地加油以保证细长油管的有效畅通。当然，润滑脂亦不能加注过多，否则亦会引起轴承温度升高。

c. 主机报警而停机。开启离心脱水机或运行过程中调节脱水机转速，主电机变频器调节过大或过快，容易造成加（减）速过电压现象，导致主电机报警。运行中发现，一般变频调节在 2 Hz 左右比较安全。离心脱水机在冲洗状态下，尤其是在高速冲洗时，也易造成加（减）速过电压现象，所以在高速冲洗时离心脱水机旁应有运行人员监护。

d. 离心脱水机不出泥。在离心脱水机正常运转的情况下，相关设备正常运转，但出现不出泥现象，滤液比较浑浊，差速和扭矩也较高，无异响，无振动，高速和低速冲洗时扭矩左右变化不大（亦出现过扭矩忽高忽低的现象），再启动时困难，无差速。

这种情况多发生在雨季，由于来水量大，对生物池的污泥负荷冲击大，导致剩余污泥松散、污泥颗粒小。而污泥颗粒越小，比表面积越大（呈指数规律增大），其越拥有更高的水合强度和对脱水过滤更大的阻力，污泥的絮凝效果差且不易脱水。此时，如不及时进行工艺调整，则离心脱水机可能会出现扭矩力不从心的现象（过高），恒扭矩控制模式下差速会进行跟踪。一方面，一旦差速过大，很容易导致污泥在脱水机内停留时间短、固环层薄；另一方面，转速差越大，由于转鼓与螺旋之间的相对运动增大，对液环层的扰动程度必然增大，固环层内部分被分离出来的污泥会重新返至液环层，并有可能随分离液流失。这种情况下会产生脱水机不出泥的现象。

在进泥浓度较低且污泥松散的情况下，采用高转速、低差速和低进泥量运行能够有效解决不出泥的问题，并且运行效果也不错。高转速是为了增加分离因数，一般来说污泥颗粒越小密度越低，需要的分离因数较高，反之，需要较低的分离因数；采用低差速可以延长污泥在脱水机内的停留时间，污泥絮凝效果增强的同时在转鼓内接受离心分离的时间将延长，同时由于转鼓和螺旋之间的相对运行减少，对液环层的扰动也减轻，因此固体回收率和泥饼含固率均将提高；低进泥量亦增加固体回收率和泥饼含固率。

5.4.3.3　分析测定及记录

每班应监测分析以下指标：进泥量及含固率；泥饼的产量及含固率；滤液的流量及水质（SS、BOD_5、TN、TP 可每天一次）；絮凝剂的投加量；冲洗水水量及冲洗后水质、冲洗次数和每次冲洗历时。

还应计算或测定以下指标：滤带张力、带速、固体回收率、干污泥投药量、进泥固体负荷。

5.5 污泥的最终处置

污泥的处置是以脱水（减小体积，有利运输）及防止二次污染（在可能的情况下进行综合利用，变害为利）为主要目的。污泥的处置方法主要有卫生填埋、焚烧、堆肥与农用、热干化、建材利用、热裂解气化、能源利用等。

5.5.1 污泥卫生填埋

目前我国污泥处置方式主要仍是填埋。污泥填埋的优点是投资省、容量大、见效快，但污泥中含有一些有毒重金属，而且由于有机物含量丰富，所以稳定性很差，有机物会腐烂变质释放出大量臭气及渗滤液。

污泥填埋是一种自然生物处理法，是在厌氧条件下利用微生物将污泥中的有机质分解，使污泥体积减小而趋于稳定的过程。填埋后的污泥，在厌氧条件下转化为甲烷、稳定细胞质、二氧化碳、水、氨等。填埋场产生的气体主要是甲烷，若不采取适当措施会引起爆炸和燃烧。渗滤液如运行不当会污染土壤和地下水资源。

污泥可单独填埋和混合填埋，目前以混合填埋为主，与生活垃圾的混合填埋相对较多。将脱水后含水率小于 60% 的污泥均匀抛撒在生活垃圾上面，混合充分后均匀铺放于填埋场内，压实覆土。生活垃圾与污泥的混合比一般为 4∶1 左右。混合填埋污泥泥质应满足《城镇污水处理厂污泥处置　混合填埋用泥质》（GB/T 23485—2009）和《生活垃圾填埋场污染控制标准》（GB 16889—2008）的要求。

混合填埋时，污泥与生活垃圾的重量比（混合比例）应小于 8%；污泥与生活垃圾混合填埋应充分混合、单元作业、定点倾卸、均匀摊铺、反复压实和及时覆盖。填埋体的压实密度应大于 $1.0\ kg/m^3$。每层污泥压实后，应采用黏土或人工衬层材料进行覆盖，黏土覆盖层厚度应为 20～30 cm。在实际操作中，有些厂家是用化肥袋装袋后填埋，有些是加水泥、石灰半稳定化后直接填埋。

目前，污泥卫生填埋在技术上仍存在以下 2 个问题。

① 含水率较高的污泥进入填埋场，增加了填埋场的渗滤液产生量，加重了渗滤液处理站的负担。污泥颗粒细小，会堵塞渗滤液收集管道和排水管，使填埋场内积水，加重垃圾坝承载负荷，给填埋场的安全和运行管理带来压力。

② 高含水率和高黏度的污泥使压实机经常打滑或陷入其中，给填埋操作带来麻烦。污泥的流动性使填埋体不稳定，易变形和滑坡，给垃圾填埋场运行带来安全隐患。

如果对污泥进行固化/稳定化处理，则可解决上述问题，但会增加污泥处置成本。

填埋并没有从根本上解决污泥对环境的污染，将现代的污染转移到未来，不符合可持续发展的理念，填埋后的污泥上百年仍无法稳定，二次处理成本巨大。

5.5.2 污泥焚烧

污泥焚烧，是指利用污泥中能燃烧产生热量的物质或通过外加辅助燃料，燃烧污泥使污泥实现无害化，回收热能的过程。常用焚烧方式有单独焚烧、与生活垃圾混合焚烧、与工业窑炉协同焚烧等。常用的焚烧装置有立式多膛焚烧炉、流化床焚烧炉和回转窑焚烧炉等。

污泥焚烧存在二次污染问题。采用单独焚烧，污泥焚烧泥质应满足《城镇污水处理厂污泥处置　单独焚烧用泥质》（GB/T 24602—2009）的要求，并对臭气和焚烧产生的烟气、炉渣、飞灰和噪声进行监测和控制。一般情况下，污泥热值不足以自持燃烧，需要外加燃料如煤、天然气、生物质燃料等，焚烧后的产物可作为建材、路基土等应用。经过焚烧可大大减少污泥的体积，杀死绝大多数病原菌，污泥焚烧反应速率快，避免污泥长时间储存带来二次污染。可同时实现污泥的减量化、无害化、稳定化、资源化。

污泥采用单独焚烧方式存在的主要缺点如下：

① 投资大，运行成本高，焚烧过程耗费大量能量，添加外加燃料成本高达 300～400 元/t。

② 污泥颗粒不均匀时容易造成焚烧不充分，影响利用。

③ 对尾气排放影响较大，易产生二噁英等有害气体。

④ 高温焚烧容易黏结炉排，导致送风不畅和焚烧不彻底，甚至冒黑烟。

污泥与生活垃圾混烧，则建议选用流化床焚烧炉，同时要考虑由于飞灰量增大对尾部受热面和烟气净化系统的影响，混烧的温度不得低于 850℃。污泥预干化及与生活垃圾混合焚烧工艺如图 5-23 所示。

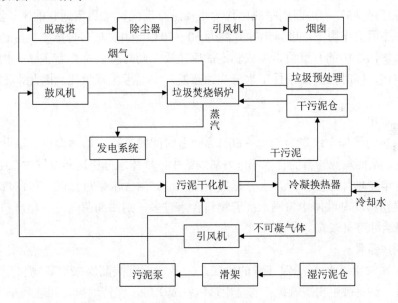

图 5-23　污泥和生活垃圾混合焚烧工艺流程

污泥与工业窑炉协同焚烧方式的主要缺点如下：

① 依赖电厂、水泥厂，在应用时具有一定的局限性。

② 污泥的引入给协同焚烧后的烟气处理带来新的困难，在掺混比例很低的条件下对大型烟气处理系统进行改造成本较高。

③ 随着煤改燃及大气污染的加剧，电厂、水泥厂的运行受到很大限制，无法为污泥提供稳定可靠的出路。

④ 实现了污泥的减量化、稳定化、无害化，但并没有实现资源化。

5.5.3　污泥堆肥与农用

污泥自身的氮磷和有机质含量较高，其中，氮含量为 20～50 g/kg，磷含量为 10～20 g/kg，有机质含量为 300～600 g/kg，肥力较强，可作为有机肥使用。

污泥堆肥，是指在人工参与控制下，在特定的污泥水分、营养配比和温度下将污泥中的有机物转变为肥料的过程。常用技术有 2 种：厌氧堆肥和好氧堆肥。实际应用以好氧堆肥为主。

通风条件下的好氧堆肥，其微生物作用一般分为 3 个阶段：发热阶段、高温阶段、降温和腐熟保肥阶段。为了提高堆肥效率和质量，可在污泥中加入一些辅料，如接种剂、膨胀剂、调节剂和重金属钝化剂等。常用的辅料有刨花、锯末、树叶、干草、秸秆、花生壳、石灰、草灰、磷矿粉等。

影响好氧堆肥的主要因素有温度、含水率、通风条件、碳氮比、pH、有机物含量与营养物、粒径、外加接种剂等。

（1）温度

堆肥初期，以嗜温菌为主，最适宜的温度为 20～40℃；在嗜温菌的作用下，堆体迅速升温，温度超过 45℃，进而由嗜热菌作为主体进行反应，嗜热菌适宜的生长温度为 45～55℃，在嗜热菌的作用下，堆体继续升温为 60～70℃。60℃左右时堆肥反应速率最快，微生物大量降解污泥中的有机质，生成稳定的腐殖质，同时可以杀死有害微生物，使污泥无害化、稳定化，同时在高温条件下水分加速蒸发，实现污泥减量化。因此，污泥一般采用高温堆肥。

（2）含水率

初期物料的最佳含水率为 55%～60%。随着时间的推移，堆体温度逐渐升高，物料水分不断蒸发，从而降低物料的含水率。好氧发酵中，堆体水分快速蒸发发生在 10～15 d 内，之后，随着堆肥堆体温度下降，水分蒸发逐渐减慢。当含水率过低时，可向堆体中添加一定比例的湿物料或对堆体均匀洒水；若物料含水过多，则添加菌菇渣、秸秆粉、锯末、花生壳等降低含水率。

（3）通风条件

实践中通常用 2 种方法保证氧的供应，一是定期机械翻垛来更新物料空隙，允许空气自然通过，满足微生物需氧量；二是用鼓风机或引风，保持通风。堆肥发酵温度为 55℃时，氧气浓度以 5%～15%为宜，强制通风量应控制在 1.5～2.0 m³/（min·t 干物料），在堆肥后期要增加通风量，以减少臭气产生，尽快降低堆体温度。

（4）碳氮比（C/N）

C/N 是影响堆肥效果的最重要因素之一。污泥堆肥合适的 C/N 为（20～35）∶1。若初始堆肥物料的碳氮比较高或偏低，可通过加入秸秆粉、锯末、牲畜粪便和城市垃圾等有机固体物料，调控至合适的碳氮比。堆肥原料 C/N 如表 5-14 所示。

表 5-14 堆肥原料 C/N

原料组成	原料 C/N
纯污泥	8.74
木屑	498.1
麦秸	96.9
甘蔗渣	84.2
牛粪	21.7
猪粪	12.6
鸡粪	10.0
菜籽饼	9.8
豆饼	6.76

另外，磷也是发酵生物细胞核的重要元素，一般要求堆肥发酵初始物料的碳磷比（C/P）为 75～150。

（5）粒径

污泥堆肥，一般控制颗粒粒径为 1.3～7.6 mm，下限适用于通风或连续翻堆的污泥堆肥系统，上限适用于静态堆垛或其他静态通风堆肥系统。

（6）外加菌种

一般情况下，只要条件合适，污泥堆肥不需外加菌种，但外加菌种可提高堆肥效率。菌种可以以固体或液体的形态加入。为了节约污泥处理成本，可采用腐熟料回流方式增加微生物量，回流比一般为 10%～30%。

污泥堆肥的形式可采用静态堆肥、条垛式堆肥、槽式堆肥、简仓式堆肥、塔式堆肥、滚筒式堆肥、隧道窑式堆肥等。

污泥堆肥过程应注意臭气的污染与控制。

污泥堆肥产品与化学肥料相比，其中的氮、磷、钾含量虽较低，但有机物含量高，肥效持续时间长，可以改善土壤结构。所以以污泥用作肥料应该受到充分的重视。

污泥堆肥的主要缺点如下：

① 污泥泥质不稳定，其中的重金属难以稳定化，只能用作园林绿化用肥。

② 堆肥过程产生大量的臭气，主要包括氨、硫化氢、醇醚类以及烷烃类气体，处理难度较大。

③ 加入大量秸秆等调理剂，不断供氧，运行成本在 200 元/t 以上。

④ 堆肥过程中污泥和秸秆的混合物，其混料、翻抛等设备损耗大，故障率高，运行难以稳定。

⑤ 其监管部门不明确，使用标准比较模糊，发酵后的污泥多数面临无处可去的尴尬境地，限制了污泥出路。

⑥ 存在个别不法分子将发酵后不达标的污泥用于农业，进入食物链导致重金属富集从而影响食品安全的问题。

5.5.4 污泥热干化

经机械脱水后的污泥含水率仍在 78%以上，污泥热干化可以通过污泥与热媒之间的传热作用，进一步去除脱水污泥中的水分使污泥减容。干化后污泥的臭味、病原体、黏度、不稳定等问题得到显著改善，可用作肥料、土壤改良剂、制建材、填埋、替代能源或是转变为油、气后再进一步提炼化工产品等。根据干化污泥含水率的不同，污泥干化类型分为全干化和半干化。全干化指较低含水率的类型，如含水率在 10%以下；而半干化则主要指含水率在 40%左右的类型。热干化工艺应与余热利用相结合，单独设置热干化工艺不可取。

污泥热干化的主要缺点如下：

① 热干化降低了污泥的含水率，污泥体积显著减小，但污泥固体中的成分变化不大，需要进一步处理。

② 实现了污泥的减量化，但没有做到无害化、稳定化和资源化，需要结合其他技术进一步处置。

5.5.5 污泥建材利用

污泥建材利用的主要形式有烧结制砖、陶粒、水泥和纤维板等。

污泥制砖可以采用干化污泥直接制砖，也可以利用污泥焚烧灰制砖。用干化污泥直接制砖，要对污泥的成分进行适当调整，使其成分与制砖黏土的成分相当。利用污泥焚烧灰制砖，其化学成分与黏土接近，可和黏土或粉煤灰混合制砖。

将适量的污泥添加到制轻质陶粒的主料中进行煅烧，可提高陶粒的膨胀性能，但污泥添加量要控制适当。广州某轻质陶粒制品厂利用污泥替代部分黏土烧制轻质陶粒，其工艺见图 5-24。

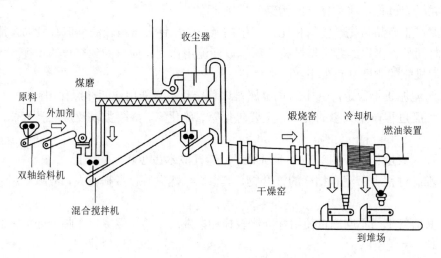

图 5-24 污泥制轻质陶粒生产工艺流程

污泥制生化纤维板材，主要利用活性污泥中所含的粗蛋白与球蛋白，在一定条件下加热、干燥、加压后，会发生一系列性质上的改变，即蛋白质的变性作用，从而制成蛋白胶，与废纤维一起压制成板材。

5.5.6　污泥热裂解气化

污泥热裂解处理装置利用火山石、耐火材料等物质营造出特殊环境，利用活性催化溶解剂，加速对污泥颗粒的氧化裂解处理速度，在热裂解过程中产生大量水蒸气，经冷凝脱水后不凝可燃气引至回转窑炉膛作为热源循环利用。

污泥热裂解技术的显著特点为：

① 是一项绿色、没有二次污染的热处置技术。

② 能源利用率高、减容率高、运行费用低。

③ 从根本上解决污泥中的重金属问题。

④ 无二噁英和呋喃产生，不会因为环境问题扰民。

⑤ 燃烧后，需要处理的废气量小。

⑥ 回收可再生资源，有 CO_2 减排的意义，有清洁发展机制（CDM）收益。

5.5.7　污泥能源利用

污泥富含有机质，可通过物理、化学或生物方法使其产生油、氢气、甲烷等燃料。污泥可通过低温热解（干馏）或直接热化学液化制油。直接热化学液化是在高温、高压、催化剂条件下，通过对污泥进行加水分解、缩合、脱氢、环化等反应，使污泥中的高分子物质变为低分子燃料。污泥制氢有 3 种方式：生物制氢、高温气化制氢和超临界水气化制氢，制氢技术还处于研发阶段，有待工业化应用。也有研究者致力于将污泥制成燃料电池，目前处于研发阶段。

5.6　污泥处理运行案例

5.6.1　污泥浓缩池运行案例

（1）案例水厂：某城市污水处理厂二期。

（2）运营规模：$10.0×10^4$ m³/d；变化系数（K_z）=1.3。

（3）设计参数。

剩余污泥自污泥泵站通过剩余污泥泵提升进入污泥浓缩池。

污泥浓缩池内径为 16 m；单组有效容积 904.32 m³，剩余污泥量 7 661 kg/d；固体表面负荷 40 kg/（m²·h）；停留时间 9.9 h；周边出水采锯齿形出水堰，浓缩池出水通过管道排往粗格栅——污水提升泵房。污泥浓缩池安装中心驱动吸刮泥机 1 台，N=0.55 kW。池中浓缩污泥用 1 根 $D219×6$ 管道接入污泥脱水间，经泵提升进入带式脱水机进行脱水处理。

污泥浓缩池运行案例见表 5-15。

表 5-15　污泥浓缩池运行案例

水厂	某城市污水处理厂二期	运行工艺	污泥浓缩池
工艺构筑物视图			

全景图

细节图（刮吸泥机）

工艺控制方式	重力浓缩池及浓缩池刮泥机 24 h 连续运行。 （1）重力浓缩池可连续进泥亦可间歇进泥，浓缩倍数约为 3 倍，停留时间控制在 9 h 以内，如特殊原因导致浓缩池停留时间超过 9 h，应放空浓缩池并重新排泥。 （2）控制池面无浮泥，上清液清澈，保持堰口清洁。 （3）浓缩池泥位不得低于 3 m，液位不得低于 3.5 m。如浓缩池泥位低于 3 m 或液位低于 3.5 m 应及时通知运行班值班人员开启剩余污泥泵进泥，进泥流量约为浓缩池剩余容积的 3 倍
日常巡视要点	（1）重力浓缩池刮泥机运行状态，刮吸泥机中心传动电机有无异响，有无漏油。 （2）刮吸泥机运行是否平顺，有无卡滞现象，池壁有无明显杂物阻碍刮吸泥机运行。 （3）上清液是否清澈，有无大团浮泥
异常处置	（1）如发现溢流堰有明显杂物，应及时清除； （2）如发现上清液浑浊，应立即停止进泥并测量泥位是否已满； （3）如发现大团浮泥，应检查刮吸泥机是否正常运行或计算浓缩池停留时间是否过长。如刮吸泥机运行异常，应立即联系设备维护人员检修；如停留时间过长应立即减少进泥量并加大排泥量
安全注意事项	设备可能随时启动运行，巡检人员严禁在设备通电情况下随意触摸设备移动、旋转部分

5.6.2　污泥板框脱水机运行案例

（1）案例水厂：湘潭某污水处理厂一期。

（2）运营规模：2.5×10^4 m³/d。

（3）设计参数。

剩余污泥总干固体量：3.3 t/d；

进泥量：110 m³/d（含水率：97%）；

出泥量：6.6 m³/d（含水率：50%以下）；

高压隔膜板框压滤机 2 台，一用一备，单台压滤机每天运行 14 h，每天处理 4 个批次；

进泥螺杆泵 2 台，一用一备，单台设计参数：Q=45 m³/h，H=0.6 MPa，N=11 kW。

污泥板框脱水机运行案例见表 5-16。

表 5-16　污泥板框脱水机运行案例

案例水厂	湘潭某污水处理厂一期	运行工艺	污泥板框脱水机

<table>
<tr><td colspan="4" align="center">工艺构筑物视图</td></tr>
</table>

全景图　　　　　　　　　　　　　　　　　　细节图（滤带）

工艺控制方式	（1）开机前准备 ① 先开启螺杆空压机，确认调理池及脱水机各气动阀门能否正常开启及关闭。 ② 检查配电室和现场控制箱是否送电。 ③ 检查 PAM、PAC 药量是否充足，药量不足时需及时补充。 ④ 检查中水储水罐内中水是否充足，不足时应开启回用水泵补充。打开 PAC 冷却水阀，确认冷却水充足。 ⑤ 查看板框机是否有存泥未卸。查看板框机运行记录，检查之前板框机运行情况是否正常，有异常情况是否得到及时处理；如未得到及时处理不得开机，待无异常情况时方能开机。 （2）污泥调理 ① 查看调理池控制柜，需进行污泥调理的调理池各按钮是否处于"远程"状态，将未处于"远程"状态的按钮调至"远程"状态。检查调理池面板各项数据情况，根据当班脱泥需要调整加药量等数据。 ② 点击调理池"进料"按钮进行污泥调理，注意观察各步骤是否正常进行，发现异常应及时停机处理。 ③ 注意需在 PAC 加药步骤到来前打开 PAC 冷却水阀。调理完成后排泥阀灯亮起。 （3）板框机操作 ① 待调理池调理完成后，检查板框机监控画面各项参数是否正常，如有更改未及时恢复应立即恢复。 ② 确认压滤机监控画面控制柜各按钮处于"远程"状态，将未处于"远程"状态的按钮调至"远程"状态。 ③ 将对应板框机控制柜打成"手动/过滤"状态，点击"压紧"按钮，待"保压指示"灯亮起后，检查对应板框机进泥泵是否正常运行，查看状态监控中状态流程对应板框机步骤是否正常运行，发现异常及时停机处理。 ④ 当对应板框机状态流程显示"压榨完成等待卸泥"方可准备卸泥。点击板框机控制柜上"松开"按钮，沥干板框机内多余的水。 ⑤ 卸泥前应手动打开对应板框机螺旋输送机、汇螺旋输送机、斜螺旋输送机，然后点击板框机控制柜"翻板打开"按钮，待翻板打开后点击"取板"按钮，待小车开始动作后，将控制柜打成"自动"状态进行卸泥

日常巡视要点	（1）巡视时应与板框机、液压箱等保持一定的距离，不穿宽松的衣服。 （2）检查脱机系统运行过程中是否有异常声响、振动、异味（电气设备烧坏或连线接触不良而发出来的异常气味）。 （3）检查 LCP 控制箱报警灯有无报警指示。 （4）检查板框机液压管有无损坏、变形，螺丝是否牢固可靠。 （5）检查板框机各气动阀有无漏气现象。 （6）检查板框机液压油箱有无漏油现象。 （7）检查配电柜及电器和导线是否有异常气味
异常处置	（1）操作前，首先检查控制柜是否已送电，并处于待机状态。非电工或未经电气培训的运行人员严禁打开控制柜门操作送电开关。 （2）操作前发现存在故障指示，则不能启动运行，立即通知维修人员。 （3）开机过程中，注意观察监控画面各步骤是否有序进行，防止发生异常现象。 （4）清洗板框机时，禁止 2 台同时进行清洗。 （5）运行过程中发现故障信号后，应立即采取停机措施，查找故障原因，排除故障后方能继续运行
安全注意事项	巡视时应与板框机、液压箱等保持一定的距离，穿戴正确的安全防护用品

5.6.3 污泥离心脱水机运行案例

（1）案例水厂：湖南某污水处理厂。

（2）运营规模：$10.0 \times 10^4 \, \text{m}^3/\text{d}$。

（3）设计参数。

污泥干固体量：25.001 t/d；

进泥量：2 093 m^3/d（进泥含水率：98.81%）；

出泥量：125 m^3/d（出泥含水率：80%）；

运行方式：整套系统由 PLC 控制，联锁运行。

污泥离心脱水机运行案例见表 5-17。

表 5-17 污泥离心脱水机运行案例

案例水厂	湖南某污水处理厂	运行工艺	离心脱水机
工艺构筑物视图			

全景图

离心机内部构造图

工艺控制方式	开机前： （1）检查所有污泥管、加药管、清水管是否畅通，保证所有阀门均打开，畅通无阻。 （2）检查冷却油箱内油的液位是否在规定范围内。 （3）保证脱泥机周围及顶部无任何杂物。 （4）打开清水阀门，保证清水罐内满水，开启清水离心泵。 （5）向溶药箱内注入清水，同时均匀加入阳离子 PAM，按 2‰配制。 生产时： （1）启动"开启"按钮，指示灯亮后，机器进入生产状态，在显示屏上观察药泵和泥泵的流量，按住"增减"按钮，调整到工艺范围要求内。 （2）检查电机电流、转速、差速是否稳定，流量显示是否稳定，扭矩是否在 35%～50%平稳变化。 （3）在稳定和振动画面下，检查固相端、液相端温度及振动显示是否正常。 （4）检查无轴螺旋输送机是否运转正常，机器振动是否剧烈。 （5）检查机器两端是否有渗油、滴油现象，冷却水管路是否漏水，水压是否正常。 （6）检查各药泵、泥泵、污泥破碎机、潜水搅拌机、清水泵是否正常
日常巡视要点	（1）定时通过触摸屏了解脱水机运行状态和参数，按照巡视制度定时巡视规定内容并做好原始记录。 （2）出现报警时，及时检查报警原因、做好相关记录并尽快解决；如不能解决必须及时汇报。 （3）准确填写拉泥登记单，并现场监督，装满方可填单签字，严禁弄虚作假。 （4）严格执行交接班制度，确保生产正常（包括工艺、生产设备、安全生产）。各种记录准确（含巡视记录等各类原始记录）、工作环境卫生、生产值班公物和用具齐全、各项任务完成情况及未完成情况等的交接完整
异常处置	（1）当扭矩达到 70%时，应立即按"停止"键结束生产，此时机器会自动停止加药和进泥，扭矩会逐步降低，扭矩降到正常范围内，再按"启动"键进入生产状态。 （2）出水浑浊时，应降低进泥量，出水较清但有大量黏性泡沫时，应适当增大进泥量或减小进药量。 （3）出现异常响声或危险时，应立即停止脱泥机。 （4）出现报警时，应立即查找原因并采取相应措施，出现相应报警无法排除时，应立即通知维修人员进行检查排除
安全注意事项	（1）机器运转时不得在仪器上方工作。 （2）在离心机上方或内部检修时，必须停电操作。 （3）注意电机运转安全，不得随意触碰

5.6.4　污泥带式压滤机运行案例

（1）案例水厂：永州某污水处理厂（一、二期）。

（2）运营规模：$20.0 \times 10^4 \, \text{m}^3/\text{d}$，变化系数（$K_z$）=1.3。

（3）设计参数。

剩余干污泥量：24.95 t/d（干泥）；

进泥量：6 235 m³/d（含水率：99.6%）；

出泥量：100 m³/d（含水率：80%）；

4 台 DYC 2000 带式压滤机，三用一备，每天运行约 20 h；

2 台加药泵（Q=0.2～1.0 m³/h，H=20 m，N=0.75 kW）；

2 台冲洗泵（Q=20 m³/h，H=60 m，N=5.5 kW）；

2 台空压机（Q=0.2 m³/min，H=0.7 MPa，N=1.5 kW）。

污泥带式压滤机运行案例见表 5-18。

表 5-18　污泥带式压滤机运行案例

水厂	永州某污水处理厂（一、二期）	运行工艺	带式浓缩压滤一体机

工艺构筑物视图

全景图　　　　　　　　　　　　　　　　细节图（滤带）

工艺控制方式	根据生化池排泥量及浓缩池泥量灵活调节带式压滤机运行台数、运行时间。 （1）带式压滤机工作清洗水压不低于 0.6 MPa，带式压滤机工作气压不低于 0.4 MPa。 （2）压滤机运行时滤带应保持在各传送辊正中间，且上下滤带偏差不得超过 5 cm。 （3）带式压滤机停机前必须将滤带冲洗干净。 （4）冲洗水喷嘴每周至少清洗一次，如遇喷嘴堵塞应及时清洗。 （5）合理控制带式压滤机进泥及进药比例，带式压滤机浓缩段污泥应呈大团紧实絮状，如絮状松散或无法絮拢，应加大进药量。 （6）正常压滤出泥应为整张布条形且泥饼厚实，如泥饼较薄或较松散，应检查滤带冲洗效果及滤带带速
日常巡视要点	（1）滤带冲洗系统是否正常运行，滤带冲洗效果是否良好。 （2）滤带是否有跑偏现象，纠偏装置是否正常工作。 （3）滤带边部是否有跑泥现象。 （4）滤带传动电机是否正常运行，有无异响。 （5）进泥螺杆泵及加药泵流量是否稳定
异常处置	（1）滤带跑偏报警，应检查纠偏装置是否正常运行，滤带压力是否充足，如纠偏装置卡死，应联系设备维护人员尽快维修，如压力不足，应检查空压机是否正常运行，空气管是否有破损，如空压机故障应联系设备维护人员维修，如空气管破损应尽快更换空气管。 （2）如滤带冲洗不干净，应及时清理冲洗喷嘴。 （3）如出泥泥饼带透明黏丝则说明投药过量，应适当降低药剂投加量
安全注意事项	设备可能随时启动运行，巡检人员严禁在设备通电情况下随意触摸设备移动、旋转部分

第6章　石化炼油废水处理工艺

（扫码获取本章电子资源）

6.1　石化炼油废水概述

中国统计年鉴显示，2017 年全国用水总量 6 043.4 亿 m³，其中，工业用水总量 1 277.0 亿 m³，约占全国用水总量的 21%[①]，大量的工业用水加剧了我国水资源紧缺的困境。与此同时，我国每年排放的大量工业废水，对环境造成了重大污染。《2015 年环境统计年报》显示，中国污水排放总量 735.3 亿 t，其中，工业废水排放量 199.5 亿 t，占污水排放总量的 27%[②]。石化炼油废水是工业废水中的重要组成部分，随着我国石油炼量和炼油工艺的发展，石油炼化企业污水排放已经成为一个突出和严峻的问题。石油类污染物在污水中含量巨大，2017 年我国污水中主要污染物排放量如表 6-1 所示。

表 6-1　2017 年我国污水中主要污染物排放量　　　　　　　　　　单位：万 t

	化学需氧量	氨氮	总氮	总磷	石油类	挥发酚
排放量	1 021.97	139.51	216.46	11.84	5 202.1	233.1

为适应日益严峻的环境保护形势，适应国家相关环保要求和政策，更好地控制石油炼制项目污染物排放，环境保护部联合国家质量监督检验检疫总局于 2015 年 4 月发布、2015 年 7 月 1 日实施了《石油炼制工业污染物排放标准》（GB 31570—2015），取代了我国石油炼制类项目污染物排放通常执行的《污水综合排放标准》（GB 8978—1996）。两个标准中部分污染物限值如表 6-2 所示，通过对比可以看出，《石油炼制工业污染物排放标准》在氨氮和总氮的要求上，要严于《污水综合排放标准》中的一级标准，污染物排放控制的项目和总体水平有所提高。

表 6-2　水污染物排放限值

污染物项目	《污水综合排放标准》（GB 8978—1996）		《石油炼制工业污染物排放标准》（GB 31570—2015）	
	一级标准	二级标准	直接排放	间接排放
pH	6～9	6～9	6～9	6～9
悬浮物（SS）/（mg/L）	70	150	70	—

---

① 中华人民共和国国家统计局. 中国统计年鉴 2019.

② 中华人民共和国环境保护部. 2015 年环境统计年报.

污染物项目	《污水综合排放标准》(GB 8978—1996)		《石油炼制工业污染物排放标准》(GB 31570—2015)	
	一级标准	二级标准	直接排放	间接排放
化学需氧量(COD)/(mg/L)	60	120	60	—
氨氮/(mg/L)	15	50	8	—
总氮/(mg/L)	—	—	40	—
总有机碳/(mg/L)	20	30	20	—
石油类/(mg/L)	5.0	10	5.0	20
硫化物/(mg/L)	1.0	1.0	1.0	1.0

注:表中截取的《污水综合排放标准》中的数值适用于 1998 年 1 月 1 日后建设的单位;对于《石油炼制工业污染物排放标准》,新建企业自 2015 年 7 月 1 日起执行,现有企业自 2017 年 7 月 1 日起执行。

6.1.1 石化炼油废水的来源

6.1.1.1 石化炼油工艺

石油炼制是将原油经过物理分离或化学反应的工艺过程,按其不同沸点分馏成不同的石油产品。炼油的生产工艺主要有常压蒸馏、减压蒸馏、催化裂化、催化重整、加氢裂化和延迟焦化等。

① 常压蒸馏。利用加热炉、分馏塔等设备将原油气化,烃类化合物在不同的温度下蒸发,然后将这些物质冷却为液体,生产出一系列石油制品。

② 减压蒸馏。利用降低压力从而降低沸点的原理,将常压重油在减压塔内分馏,从重油中分出柴油、润滑油、石蜡、沥青等产品。

③ 催化裂化。经原料油催化裂化、催化剂再生、产物分离工艺后,得到气体、汽油、柴油和重质馏分油。

④ 催化重整。在催化剂和氢气存在的条件下,将常压蒸馏所得的轻汽油转化成含芳烃较高的重整汽油的过程。

⑤ 加氢裂化。在高压、氢气和催化剂存在的条件下,把重质原料转化成汽油、煤油、柴油和润滑油。

⑥ 延迟焦化。在较长反应时间下,使原料深度裂化,以生产固体石油焦炭为主要目的,同时获得气体和液体产物。

6.1.1.2 废水的来源

石化炼油行业在生产中需要大量的新鲜水,其用途大致可分为工艺用水、锅炉给水、循环冷却水补充水、生活用水和消防用水 5 类。由于加工流程和技术先进程度的不同,这 5 类用水在炼油厂总用水中所占的比例各不相同。其中,工艺用水仅占 10%左右,而锅炉给水和循环冷却水补充水则分别占 50%和 30%,其他用水约占 10%[①]。

石化炼油废水主要来源为炼油过程中的注水、汽提、冷凝、水洗及油罐切水等工序,其次来源于化验室、动力站、空压站及循环水场等辅助设施。

---

① 田艳荣. 炼化难降解废水高效处理研究[D]. 兰州:兰州大学,2016.

6.1.2　石化炼油废水的主要成分

石化炼油企业生产工艺流程长，装置多，各装置产生的废水主要成分有所不同，根据主要成分，可将石化炼油废水具体划分为以下几种。

（1）含油污水

含油污水主要来自装置中的凝缩水、油气冷凝水、油品油气水洗水、油泵轴封、油罐切水及油罐等设备洗涤水、化验室排水等。这是炼油加工及储运等过程中排水量最大的一种废水，水中主要含有原油、成品油、润滑油及少量的有机溶剂和催化剂等。油以浮油、分散油、乳化油及溶解油的状态存在于废水中。

油类对环境的污染主要表现在对生态系统及自然环境（水体、土壤）的严重影响。流到水体中的浮油，形成油膜后会阻碍大气复氧，断绝水体氧的来源；而水中的乳化油和溶解油，由于需氧微生物的作用，在分解过程中消耗水中溶解氧（生成 CO_2 和 H_2O），使水体形成缺氧状态，水体中二氧化碳浓度增高，使水体 pH 降低到正常范围以下，以致鱼类和水生生物不能生存。含油污水流到土壤中，由于土层对油污的吸附和过滤作用，也会在土壤中形成油膜，使空气难以透入，阻碍土壤微生物的增殖，破坏土层团粒结构。含油污水排入城镇排水管道，对排水设备和城市污水处理厂都会造成影响，流入生物处理构筑物混合污水的含油浓度，通常不能大于 $30\sim50$ mg/L，否则将影响活性污泥和生物膜的正常代谢过程。

（2）含硫污水

含硫污水主要来自炼油厂催化裂化、催化裂解、焦化、加氢裂解等二次加工装置中塔顶油水分离器、富气水洗、液态烃水洗、液态烃储罐切水以及叠合汽油水洗等装置的排水。含硫污水排水量不大，但污染物浓度较高。污水中除含有大量硫化氢、氨、氮外，还含有酚、氰化物和油类污染物，并且具有强烈的恶臭，对设备有腐蚀性。当 pH 低时，硫化物易分解，放出 H_2S 气体，污染环境。该污水不宜直接排入集中处理场，而应进行汽提预处理。

（3）含碱污水

含碱污水来自常减压、催化裂化等装置中柴油、航空煤油、汽油碱洗后的水洗水以及液态烃碱洗后的水洗水。污水中含有游离状态的烧碱、石油类及少量的酚和硫等。当 pH＞8.5 时，能抑制微生物的生长，使水体自净能力下降；水体长期受碱性污染，会使水生物种群发生变化，鱼类减产或灭绝，且腐蚀船舶和水中构筑物；增加水中无机盐类和水的硬度。

（4）含盐污水

含盐污水主要来自原油电脱盐脱水罐排水及生产环烷酸盐类的排水，这类排水含盐量很高，同时含有油和挥发酚。除与含油污水的危害相同外，因含盐量高，其用于灌溉时极易使土壤盐渍化。

（5）含酚污水

含酚污水主要来自常减压、催化裂化、延迟焦化、电精制及叠台等装置，其中除催化裂化装置分馏塔顶油水分离器排出的污水含酚很高，约占炼厂外排污水总酚量的半数以上外，其余各装置排出的污水酚浓度较低，但水量较大。

6.1.3 石化炼油废水的特点

（1）水质复杂，污染物种类繁多、难降解、毒性大

石化炼油废水中主要含有石油类、COD、硫化物、挥发酚类、悬浮物和氨氮等；所含有的有机物尤其烃类及其衍生物较多，难降解的物质多，可生化性指标 BOD/COD 值较低；许多污染物都是有毒的，特别是含有酚、腈（氰）、胺类的污水具有明显的毒性，不同生产厂排放的有毒物也各不相同。

（2）水质水量波动大，水处理系统易受冲击

企业生产过程中装置的启停、切水、泄漏等情况均可引水质、水量的较大变动，酸碱度变化也较大，经常形成冲击性负荷，易造成水处理系统中微生物的大量死亡，水处理系统受到冲击后，需要一定的时间来恢复。

6.2 均和调节

6.2.1 均和调节的作用

在石化炼油生产工艺及生产周期中，由于加工工艺不同，炼油生产装置的检修、操作事故，以及维护管理不善造成的产品泄漏等因素，污水在水量和水质方面往往有较大波动，对废水处理工艺的有效发挥有较大影响。

废水处理是一种生产工艺，其原料是生产过程排出的污水，其产品是合乎排放要求或重复利用要求的水。废水处理装置具有确定的容积，物质的转移和转化有一定的速度，因此，要使处理后污水水质达到所需要的标准，"原料"的数量和质量最好是比较稳定的。污水处理装置处理能力是一定的，过量的废水通入处理装置，超过处理装置的容许能力，很可能会引起处理水水质的恶化；采用生物法处理污水时，微生物对废水有毒物质十分敏感，如果超过其所能接受的浓度，微生物的代谢作用将受到抑制，甚至造成微生物死亡，破坏污水处理系统的功能。"均和"和"调节"可以很好地解决进水水量和水质的变化满足废水处理装置水量和水质稳定的要求，从而达到稳定的处理效果这一问题。

① 保持生物处理系统连续稳定进水，使水量均匀，即使有时炼油厂不开工，也可以在一段时间内保持生化系统连续进水。

② 能够减小目标污染物浓度的变化，从而避免高负荷对生化处理系统产生冲击。

③ 控制和调节 pH，创造微生物生存的良好条件，确保后续生化反应的正常进行。

④ 可以防止高浓度有毒物质进入生物处理系统。

均和调节的目的是给处理设备创造良好的工作条件，使其处于最优的运行状态，还能减小设备容积，降低成本。

6.2.2 均和调节的分类

均和调节包括水量调节和水质调节。

（1）水量调节

水量调节主要是从水量的大小出发，保证进入处理装置的水量达到稳定程度，水质的

变化可以不加以考虑。这种情况主要用于污水水质变化不大，处理系统工作对水质的适应性较强的情况。水量调节的过程对废水水质也有一定的调节作用。

（2）水质调节

水质调节是使浓度高时的污水与浓度低时的污水混合，使流入处理装置的废水不超过某一种合适的浓度，以保证处理装置正常工作。在调节水质的同时，也起着一定的调节水量的作用。水质调节常用于对废水浓度反应比较敏感的装置。

水质调节要求预先掌握废水水质的变化规律，废水的酸碱性较强时，设置中和处理，以进一步稳定水质；废水的悬浮物浓度较高时，设置初次沉淀，将废水中悬浮物尽可能地沉降去除；废水中的 COD 浓度较高时，初次沉淀通常采用混凝沉淀来提高处理效果。此外，为调节废水水质，提高污水可生化性，还可采用氧化技术、氧化还原技术和水解酸化技术等手段。

6.2.3　均和调节的设备

调节水量和水质的构筑物称为调节池。

6.2.3.1　水量调节池

（1）调节方法

由于不考虑水质问题，水量调节池内不需要考虑混合措施。水量调节的方法有很多，可根据要求的水量调节程度而定。

① 间歇排放的小量废水可参考调节时间等于排放周期，即将一个周期排出的污水全部储存起来，并连续向外排出，该储存池为分流储水池。所排的水量基本上是均匀的。

② 限制进入废水处理装置的污水水量不超过一个限值时，水量均和可在一进水渠内进行，在渠内设置侧面溢流堰，超过规定量的污水从侧堰溢流入储水池，当装置来水减少时，可用泵把储水池内储存的污水重新送入侧堰的上游。侧面堰设可调节的闸门，控制溢流流量。

（2）调节池结构

常用的水量调节池如图 6-1 所示。进水为重力流，出水用泵抽升，池中最高水位不高于进水管的设计水位，有效水深一般为 2～3 m，最低水位为死水位。

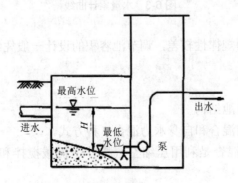

图 6-1　水量调节池

（3）调节池设置形式

调节池可设于泵站前或后。当进水管埋得较浅而废水量又不大时，与泵站吸水井合建较为经济，否则，应单独建造于泵站后。具体设置如图 6-2 所示。

图 6-2　调节池设于泵站前后

（4）调节池容积

水量调节池的容量以池出口以上储水容积计算。

① 间歇排放时，调节时间等于排放周期，即将一个周期排出的水量都储存起来，并连续向外排出，据此确定调节池容积。

② 连续排放时，可由逐时水量累计曲线求出所需的有效调节容积，即调节多余的水量及不足的水量，具体情况如图 6-3 所示。

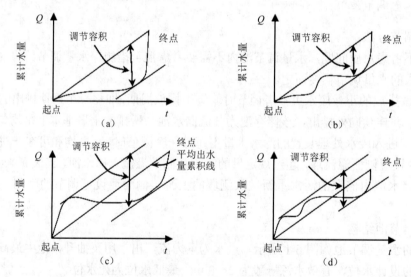

图 6-3　水量累计曲线

实际上，由于废水的规律性较差，调节池容积的设计一般凭经验确定。

6.2.3.2　水质调节池

（1）调节方法及调节池结构

调节方法主要有强制混合和自身水力混合 2 种方式。

① 强制混合。强制混合是利用压缩空气搅拌、机械搅拌和水泵强制循环进行水质均和。

压缩空气搅拌是向调节池内鼓入压缩空气，对池内污水进行强制搅动。这种方法混合效果较好，能防止污水悬浮物在调节池内沉积；起着污水预曝气作用，通过预曝气，可去除部分有机物。用穿孔管鼓风曝气时，一般空气用量可取 $2\sim3$ $m^3/$ $(m^2\cdot h)$，这种方法能量消耗较少，操作也方便。但是，管道长期浸泡在污水中，易被腐蚀、堵塞，给日常维护带来一定难度。目前这种方法应用得较多。

机械搅拌也是常用的混合方法，它混合均匀，但需要专门的搅拌设备，搅拌设备也容易被腐蚀。

水泵强制循环的调节池构造简单，但耗电较大，一般很少采用。

② 自身水力混合。自身水力混合是利用差流方式，设置不同的流程长短，使同时进入调节池的废水，在不同的时间汇集混合。水力混合方法设备简单，日常维护管理方便，但混合的均匀程度不够稳定，池结构一般较为复杂。图 6-4～图 6-6 所示为 3 种不同的水力混合调节池：穿孔导流槽式水质调节池、同心圆形调节池和分段投入式水质调节池。

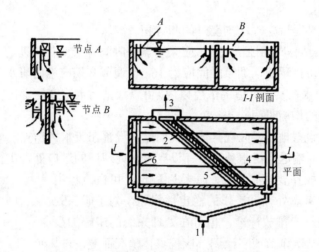

1—进水；2—集水；3—出水；4—纵向隔墙；5—斜向隔墙；6—配水槽。

图 6-4 穿孔导流槽式水质调节池

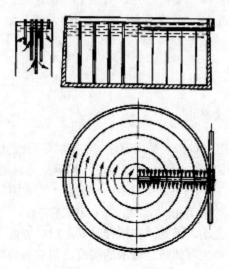

图 6-5 同心圆形调节池

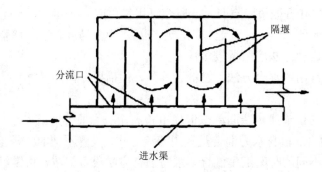

图 6-6 分段投入式水质调节池

（2）调节池参数

水质调节池主要是确定池的均衡时间和容积。

① 当水质变化具有周期性特点时，应采用调节时间等于变化周期的方法，如一工作班排浓液，另一工作班排稀液，调节时间应为 16 h，调节容积应为两班水量之和。

② 如需控制废水在某一合适的浓度以内，可以根据污水浓度的变化曲线及所拟定的出水浓度，确定所需的均衡时间。

一般调节池的设置地点，应视具体情况而定：设置在废水排出点，对所排出污水预先加以调节，经调节后输送到污水处理厂；设在污水处理厂的进口处，实行集中调节；在处理流程中，如某一操作要求水量、水质特别稳定，可在流程中加设中间调节池；考虑处理厂工作的稳定性问题，为了确保处理的水质能稳定地符合排放标准，也可在处理系统的末端加设出水调节池。采用一次调节或多次调节应视具体情况而定。

6.2.3.3 分流储水池

如有偶然泄漏或周期性冲击负荷发生，宜设分流储水池。当废水浓度超过某一设定值时，可将污水放进分流储水池，如图 6-7 所示。

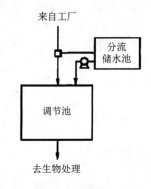

图 6-7 分流储水池

6.2.4 调节池运行管理

6.2.4.1 常规运行管理注意事项

调节池是为保证原水的水质和水量均匀化，以来满足后续处理装置的负荷要求而设置的。然而，调节池在运行中容易出现污泥和浮渣堆积等故障问题。污泥出现堆积后，进而造成污泥固结，同时，调节池的有效容积减少；暴露于空气中的浮渣，表面干燥，易产生恶臭和滋生蝇虫等。因此，调节池一般设置曝气或搅拌装置。

① 调节池的水位常有变动，因此，在搅拌时要注意对装置进行调整。

② 以曝气方式进行搅拌能有效防止废水的腐败，调节池的曝气鼓风机最好独立专用。若与其他水池共用，在调节池水位降低时，空气大量进入调节池，易造成其他水池如曝气池的送风量不足。

③ 对于含挥发性物质和发泡性物质的污水，要避免曝气式搅拌。

④ 在处理含酸污水时，要注意检查调节池的耐酸涂层及衬里，发现问题后要及时检查和修补。

⑤ 调节池应每年至少清洗一次，同时，有空气搅拌装置的要对装置进行检修；人工清扫调节池时，要注意换气，防止有害气体中毒和缺氧现象发生，同时，避免个人单独作业；应定期检查提升水池水标尺或液位计；应至少每半年检查、调整、更换水泵进出口闸阀一次；备用水泵应每月至少进行一次试运转，环境温度低于0℃时，必须放掉泵壳内的存水。

6.2.4.2　日常巡检注意事项

在污水厂的日常运行中，调节池处于处理工艺前端，对保障后续工艺的正常运行尤为重要，在巡检时要注意以下事项：

① 检查调节池各设备运行是否正常（运行异响、振动等），包括进出水泵、搅拌器、吸泥泵等。

② 调节池的水位应保持设计要求的高度范围，根据实际水位及时启停进出水水泵。

③ 检查调节池的在线 pH，发现 pH 超过限定值时，应及时加酸碱调节。

④ 通过在线仪表检查调节池内污水温度状况，确保温度处于合理范围内，否则应采取加热、降温措施。

⑤ 经常检查调节池出水中 SS 情况，不宜过高（>200 mg/L），否则会对后续工艺负荷产生冲击。

⑥ 定期检查调节池的泥位，确保泥位高度，避免跑泥，影响后续的工艺处理效果。

6.2.5　**工程实例——辽宁某能源有限公司污水处理工程**

（1）工程概况

辽宁某能源有限公司生产高质量、低含硫的生物柴油，生产污水包括含油污水、净化及含盐污水，以及不可预见的其他污水，污水量为 60 m^3/h。污水处理作为一个必要配套工程，在整个项目中占有举足轻重的位置。该污水处理工程的建设宗旨为在达到低投入、高产出、低消耗、少排放、能循环、可持续的资源节约目标的同时，降低综合单耗指标，实现清洁生产，使污水处理后达到《辽宁省污水综合排放标准》（DB21/1627—2008）。

设计处理能力为 60 m^3/h。设计进出水水质如表 6-3 所示。

表 6-3　设计进出水水质

项目	COD/ (mg/L)	氨氮/ (mg/L)	pH	悬浮物/ (mg/L)	油/ (mg/L)	挥发酚/ (mg/L)	硫化物/ (mg/L)
进水水质	≤2 500	≤150	6～9	≤350	≤100	≤100	≤50
出水水质	50	10	6～9	未检出	3.0	0.3	0.5

（2）工艺流程

工艺流程包含四大部分：物化处理流程、生化处理流程、深度处理流程和三泥处理流程，图 6-8 所示为物化处理流程。

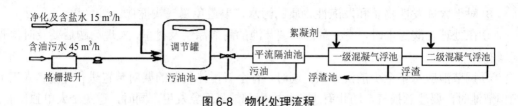

图 6-8 物化处理流程

物化处理流程中起均和调节作用的构筑物为调节罐。含油污水、净化及含盐水自流进入格栅井，通过机械格栅去除污水中的大块漂浮物和悬浮物。格栅井出水进入集水池，同时通过提升泵提升至污水调节罐，罐内设置罐中罐收油器，除去大部分浮油。调节罐出水依靠重力自流进入平流隔油池、涡凹气浮池、溶气气浮池，进一步去除污水中的浮油和乳化油，同时去除污水中的部分污染物，溶气气浮出水含油满足进入后续生化处理的要求。调节罐和隔油池的浮油进入污油池，通过泵提升至污油脱水罐，经过脱水后再通过泵输送至厂区污油罐统一处理。调节罐和隔油池的底部污泥、两级气浮的浮渣排入油泥浮渣池，然后通过泵提升至三泥处理系统统一处理。

（3）调节罐

调节罐（罐中罐）由外罐、中罐、分离器和收油器以及配套工艺管线、阀门等组成，含油污水经进水管穿过外罐和中罐直接进入分离器，在一定压力下完成油、水、泥的三相分离。其中，油因密度比水小，浮在中罐上面，泥因密度比水大，在分离器的作用下加速下沉到中罐的底部，油和泥在中罐暂时积累和储存。分离后的水通过中罐上的虹吸管自流到外罐，再由外罐上的排水管排出，油和泥定期排出。调节罐（罐中罐）尺寸：$D \times H =$ 13 m×14.5 m，有效容积 1 500 m^3，共 2 座。

（4）调试及运行结果

经过 4 个月的调试，系统采用 24 h 连续运行，根据 3 d 连续监测结果测得，该系统运行正常，生产污水经过处理后可以达到《辽宁省污水综合排放标准》（DB21/1627—2008）一级标准。工程中的调节罐不仅起到了均和调节水量和水质的作用，而且实现了油、水、泥的三相分离，分离出的水进入下一流程，分离出的油和泥定期排出。因此，调节罐出水水质有所改善。水质监测平均结果如表 6-4 所示。

表 6-4　进出水水质指标

项目		COD/（mg/L）	氨氮/（mg/L）	pH	悬浮物/（mg/L）	油/（mg/L）	挥发酚/（mg/L）
调节罐	进水	1 994	73.6	7.44	362	435	99.7
	出水	1 671	71.8	—	299	278	78.6

6.3　除油

6.3.1　含油污水的分类

炼油装置排出的含油污水中，油以浮油、分散油、乳化油及溶解油的状态存在于污水中。

（1）浮油

粒径较大，一般大于 100 μm，易浮于水面形成油膜或油层，可以依靠油水密度差而从水中分离出来，易于用隔油池来去除。

（2）分散油

油珠粒径一般为 10~100 μm，以微小油珠悬浮于水中，不稳定，静置一定时间后往往形成浮油。

（3）乳化油

油珠粒径小于 10 μm，一般为 0.1~2 μm。这些非常细小的油滴即使静沉几小时甚至更长时间，也仍然悬浮在水中。这种状态的油滴往往不能用静沉法从污水中分离出来，这是因为水中含有的表面活性剂在油滴表面形成了稳定的薄膜，阻碍油滴合并，使油珠成为稳定的乳化液。如果能消除乳化剂的作用，乳化油即可转化为可浮油，该过程为破乳。乳化油经过破乳之后，就能用沉淀法来分离。

破乳的方法有多种，但基本原理一样，即破坏液滴界面上的稳定薄膜，使油、水得以分离。破乳途径有下述几种。

① 投加换型乳化剂。例如，氯化钙可以使以钠皂为乳化剂的水包油乳状液转换为以钙皂为乳化剂的油包水乳状液。在转型过程中存在一个由钠皂占优势转化为钙皂占优势的转化点，这时的乳状液非常不稳定，油、水可能形成分层。因此控制"换型剂"的用量，即可达到破乳的目的，这一转化点用量应由试验确定。

② 投加盐类、酸类。可使乳化剂失去乳化作用。

③ 投加某种本身不能成为乳化剂的表面活性剂，如异戊醇，从两相界面上挤掉乳化剂使其失去乳化作用。

④ 搅拌、振荡、转动。通过剧烈的搅拌、振荡或转动，使乳化的液滴互相猛烈碰撞而合并。

⑤ 过滤。如以粉末为乳化剂的乳状液，可以用过滤法拦截被固体粉末包围的油滴。

⑥ 改变温度。通过改变乳化液的温度（加热或冷冻）来破坏乳状液的稳定。

破乳方法的选择是以试验为依据。相当多的乳状液，必须投加化学破乳剂。目前，所用的化学破乳剂通常是钙、镁、铁、铝的盐类或无机酸。有的含油污水亦可用碱（如 NaOH）进行破乳。而某些石油工业的含油污水，当污水温度升高到 65~75℃时，可达到破乳效果。水处理中常用的混凝剂也是较好的破乳剂，它不仅有破坏乳化剂的作用，而且会对污水中的其他杂质起到混凝的作用。

（4）溶解油

油珠粒径比乳化油还小，有的可小到几纳米，是溶于水的油微粒。溶解油较难自然分离，可用活性炭吸附法、膜过滤及生物氧化方法去除。

6.3.2 除油设备

对于石油炼厂污水而言，浮油一般占污水含油量的 60%~80%，因此，含油污水中的油主要是浮油。浮油可用隔油池和除油罐来去除。

6.3.2.1　隔油池

隔油池是利用油滴与水的密度差，使油上浮，以此来去除含油污水中浮油的一种污水预处理构筑物。目前常用的有平流隔油池和斜板隔油池。

（1）平流隔油池

图 6-9 为传统的平流隔油池，在我国得到较为广泛的应用。

污水从池的一端流入池内，从另一端流出。在隔油池中，由于流速降低，相对密度小于 1 而粒径较大的油珠上浮到水面上，相对密度大于 1 的杂质沉于池底。在出水一侧的水面上设集油管。集油管一般用直径为 200～300 mm 的钢管制成，沿其长度在管壁的一侧开有切口，集油管可以绕轴线转动。平时切口在水面上，当水面浮油达到一定厚度时，转动集油管，使切口浸入水面油层之下，油进入管内，再流到池外。

刮油刮泥机由钢丝绳或链条牵引，移动速度不大于 2 m/min。刮集到池前部污泥斗中的沉渣通过排泥管适时排出。排泥管直径不小于 200 mm，管端可接压力水管进行冲洗。池底应有坡向污泥斗的 0.01～0.02 的坡度，污泥斗倾角为 45°。

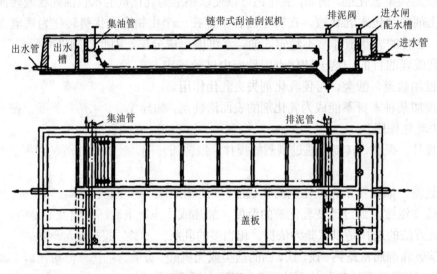

图 6-9　平流隔油池

隔油池宜设由非燃料材料制成的盖板，为了防火、防雨和保温。在寒冷地区集油管及油层内宜设加热设施。由于刮油刮泥机跨度规格的限制，隔油池每个格间的宽度一般为 2.0 m、2.5 m、3.0 m、4.5 m 和 6 m。采用人工清除浮油时，每个格间的宽度不宜超过 6.0 m。这种隔油池的优点是构造简单，便于运行管理，除油效果稳定；但也存在一定的缺点，主要表现为池体大、占地面积大。

根据国内外的运行资料，这种隔油池，可能去除的最小油珠粒径一般为 100～150 μm，此时油珠的最大上浮速度不高于 0.9 mm/s。

（2）斜板隔油池

斜板隔油池构造如图 6-10 所示。

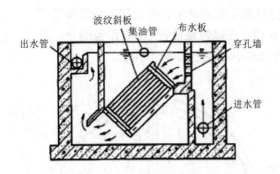

图 6-10 斜板隔油池构造

此种隔油池采用波纹形斜板，板间距宜采用 40 mm，倾角不应小于 45°。污水沿板面向下流动，从出水管排出。水中油珠沿板的下表面向上流动，然后经集油管收集排出。水中悬浮物沉降到斜板上表面，滑下落入池底部经排泥管排出。实践表明，这种隔油池油水分离效率高。可除去粒径不小于 80 μm 的油珠，表面水力负荷宜为 0.6～0.8 m³/（m²·h），停留时间短，一般不大于 30 min，占地面积小。我国的一些新建含油污水处理厂（站），多采用这种形式的隔油池。斜板材料应耐腐蚀、不沾油、光洁度好，一般由聚酯玻璃钢制成。池内应设清洗斜板的设施。

6.3.2.2 除油罐

除油罐为油田污水处理的主要除油装置，可除去浮油和分散油，其构造如图 6-11 所示。含油污水通过进水管配水室的配水支管和配水头流入除油罐内，在罐内污水自上而下缓慢流动，靠油水的密度差进行油水分离，分离出的废油浮至水面，然后流入集油槽，经过出油管流出。污水则经集水头、集水干管、中心柱管和出水总管流出罐外。

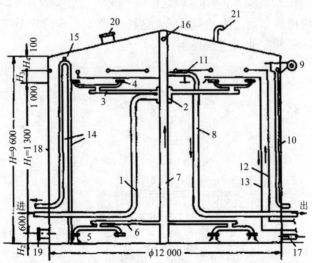

1—进水管；2—配水室；3—配水管；4—配水头；5—集水头；6—集水管；7—中心柱管；8—出水管；
9—集油槽；10—出油管；11—盘管；12—蒸汽管；13—回水管；14—溢流管；15—通气管；16—通气孔；
17—排污；18—罐体；19—人孔；20—透光孔；21—通气孔。

图 6-11 一次立式除油罐结构（单位：mm）

为防止油层温度过低发生凝固现象，在油层部位及集油槽内均设有加热盘管，热源可用蒸汽或热水，见图 6-12。在罐内还设有"U"形溢流管，防止污水溢罐。为防止发生虹吸作用，在"U"形管顶和中心柱上部开个小孔。

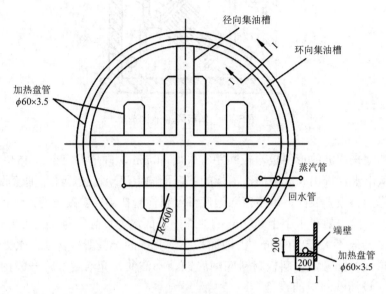

图 6-12 集油槽和加热盘管（单位：mm）

（1）配水和集水系统

为配水和集水均匀，常用以下 2 种方式。

① 穿孔管式。它是根据罐体的大小设若干条配水管和集水管。这种方式孔眼易堵塞，造成短流，使污水在罐中的停留时间缩短，降低除油效果。

② 梅花点式。将配水或集水的喇叭口设计成梅花形。配水喇叭口朝上，集水喇叭口朝下，集水管与配水管错开布置，夹角呈 45°。这种方式（图 6-13）不仅配水或集水比较均匀，而且不易堵塞，目前在油田广泛采用。

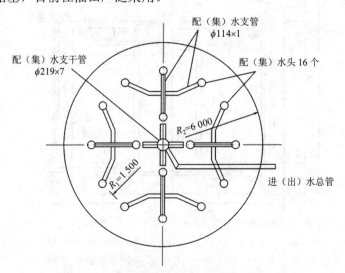

图 6-13 梅花点式（集）水系统（单位：mm）

（2）出水方式

为控制出水的水质，出水系统常采用以下 2 种出水方式。

① 管式。如图 6-11 所示。为控制液面，出水经中心柱向上，至一定高度后，由出水管引至下部排出。

② 槽式。如图 6-14 所示。出水水位可根据现场情况，用可调堰进行调节，从而保证了油层的高度，目前各油田广泛采用。

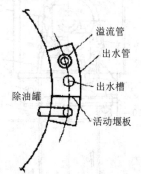

图 6-14　槽式出水方式示意图

除油罐内可加斜板或斜管，来提高分离效率，图 6-15 所示为斜板除油罐的示意图。罐容积为 5 000 m³ 的除油罐，加斜板后，日处理污水量由原 20 000 m³ 提高到 40 000 m³。

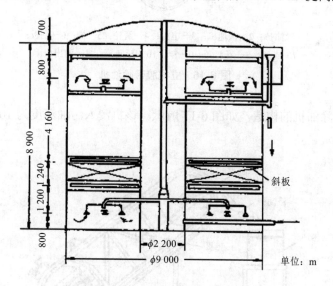

图 6-15　立式斜板除油罐示意图

6.3.2.3　污油的脱水

隔油池内的撇油装置，将浮油收集到集油坑内，一般含油率为 40%～50%。为提高污油的浓度，便于回收利用，可用带式除油机或脱水罐进一步进行油水分离。

（1）带式除油机

带式除油机按安装方式有立式、卧式和倾斜式 3 种。

立式胶带除油机的构造，如图 6-16 所示。这类除油机采用类似氯丁橡胶制造的胶带，其除油原理为，因胶带材料具有疏水亲油性质，胶带运转时，将浮油带出水面后，经内、外刮板将油刮入集油槽内。污油浓度高，则除油率高，出口污油含油率为 60%～80%。

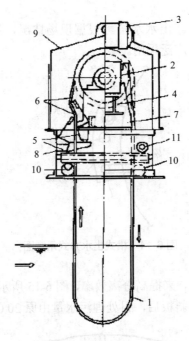

1—吸油带；2—减速机；3—电机；4—滑轮；5—槽；6—刮板；
7—支架；8—下部壳；9—罩；10—导向轮；11—油出口。

图 6-16　立式胶带除油机

倾斜式钢带除油机的构造，如图 6-17 所示。该机浸入污油深度为 100 mm，最大倾角为 40°。

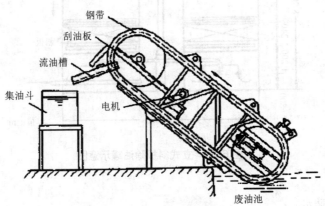

图 6-17　倾斜式钢带除油机

（2）脱水罐

脱水罐有卧式和立式 2 种，常用立式罐。罐底设蒸汽盘管加热污水进行脱水，加热温度以 70～80℃为宜。温度加热到 80～90℃以上时，油的氧化速度加快，易使油变质。

含油率为40%～50%的污油，经数日脱水后，污油含油率可达90%以上。

6.3.3 除油工艺运行管理

污水进入除油设施前应避免剧烈搅动，宜自流进入隔油池。需要提升时，宜采用容积式泵，不宜采用离心泵。因为离心泵的搅动不仅使油珠粒径变小，而且使油珠形成水包油的乳化液。

6.3.3.1 隔油池运行管理注意事项

① 寒冷地区的隔油池应采取有效的防寒保温措施，以防止污油凝固。为确保污油流动顺畅，可在集油管及污油输送管下设热源为蒸汽的加热器。

② 隔油池应密闭或加活动盖板，以防止油气对环境的污染和火灾事故的发生，同时可以起到防雨和保温的作用。

③ 隔油池四周一定范围内要确定为禁火区，并配备足够的消防器材和其他消防手段。隔油池内防火一般采用蒸汽，通常是在池顶盖以下200 mm处沿池壁设一圈蒸汽消防管道。

④ 平流隔油池：污水在隔油池中停留时间一般采用1.5～2 h，暴雨瞬时停留时间不小于40 min；水平流速一般采用2～5 mm/s，最大不得超过10 mm/s；刮油刮泥机的刮板移动速度一般不大于50 mm/s，以免搅动造成紊流，影响油水分离。

⑤ 斜板隔油池：污水在斜板间的流速一般为3～7 mm/s，通过布水栅的流速一般为10～20 mm/s；停留时间一般为5～10 min，不大于30 min；斜板板间水流条件应满足雷诺数小于500，弗洛德数大于10^{-5}；要及时调节进水阀（或闸板）及出水调节堰板，保证各斜板隔间处理水量均匀；斜板板体应定期清污，采用气水搅动吹扫时，风压不小于0.025 MPa，水压不小于0.2 MPa。

6.3.3.2 除油罐运行管理注意事项

① 除油罐在正常运行时，做到水位无明显波动。

② 当进水量突然加大，达到或超过除油罐设计负荷，除油罐液面高度持续上升，高液位报警发生时，应及时开启排污阀排污，以防发生冒罐事故。

③ 污水化验人员按规定时间取样，分析污水含油量及悬浮物含量，当化验指标超过出水设计值时，应及时通知有关岗位，并采取有效措施治理。

④ 除油罐应定期组织收油和排泥，控制罐内油厚不超过30 mm，罐底泥厚不超过50 mm。

⑤ 收油：当液面到达除油罐收油液位时，操作工要及时调整，避免因污油罐液面过低、过高影响正常收油；打开收油阀门，靠压力差将污油顶到污油罐（池）内。收油过程中，操作工应与污油回收岗随时联系，观察污油罐（池）液位，避免溢油事故发生。

⑥ 排泥：排泥前，首先检查污水浓缩池中的污泥量，应选择污泥量较少的浓缩池进行蓄泥，同时打开浓缩池排泥进口阀门；开启除油罐排泥阀门，排泥时间控制在不低于10 min，排至泥液稍清即可关闭排泥阀；再开启污水扫线阀，冲洗排泥管线1～2 min，防止污泥堵塞管线。

⑦ 停产：关小污水出口阀门，强制进行污水收油，直到收干净为止；关闭污水进口阀

门、出口阀门,打开排污阀,放净罐内污水。

6.3.3.3 日常巡检注意事项

① 注意出水含油情况,确保除油设施运行正常。

② 日常巡检需检查进水流量,流量过小刮油机不起作用,水量过大时油会外溢,影响除油效率。

③ 巡检中要及时处理出油槽内积油,防止过满而外溢。

6.3.4 工程实例——玉门炼油厂污水处理系统优化改造工程[①]

（1）工程概况

玉门炼油厂始建于 1939 年,相继建成投产 2.5 Mt/a 常减压蒸馏、0.8 Mt/a 重油催化裂化、0.5 Mt/a 柴油加氢改质、0.3 Mt/a 催化重整等装置,经过配套改造,加工能力达到 3 Mt/a。污水处理系统于 1981 年 6 月建成投用,采用传统"隔油—气浮—生化"老三套工艺,为提高污水处理能力和总排水的排放质量,2000 年改扩建为 3 Mt/a 污水处理装置。但随着炼油原料重质化和劣质化趋势加剧,上游装置排放污水的水质成分愈加复杂,经常对污水处理系统造成严重冲击,不能达到排放指标要求。另外,玉门炼油厂地处极端缺水地区,周边生态十分脆弱,因此,对污水处理和排放提出了更高的要求。针对上述状况,玉门炼油厂在 2010 年 9 月完成了对污水处理系统改造。

（2）改造前

① 工艺流程。改造前污水处理系统包含含油、含碱污水处理单元,原则流程如图 6-18 所示。含碱污水经机械格栅、含碱调节池、平流式隔油池去除较大的泥沙杂质、浮油,经加酸调节 pH 后与经过含油调节池处理的含油污水和北路污水汇合,进入隔油池,去除污水中大部分油后送入一级浮选池、二级浮选池,进一步去除污水中的余油、COD 和悬浮胶体,达到生化进水要求后进入生化池,生化后的污水经机械过滤器过滤悬浮物后排放或回用。

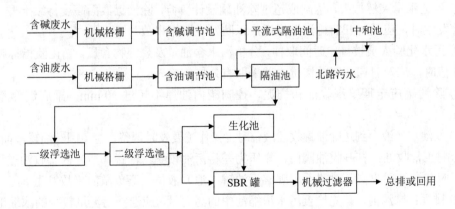

图 6-18 改造前污水处理系统原则流程

---

① 刘永红,王兹尧,亢晓峥,等. 玉门炼油厂污水处理系统优化改造[J]. 石油炼制与化工,2013,44（2）:84-87.

② 运行效果。原水经上述工艺处理后，总排水中 COD、硫化物、挥发酚、BOD$_5$、氨氮含量严重超标，其中，隔油池水质分析数据见表 6-5。

表 6-5 改造前隔油池排水水质典型数据   单位：mg/L

项目		石油类	COD	氨氮	硫化物	挥发酚
隔油池	进水	504.77	1 385.27	157.33	108.73	102.12
	出水	47.93	1 433.11	155.67	84.43	74.52

（3）改造后

① 隔油池的改造方案。新建隔油池、油水分离器。由于来水水质、水量不稳定，当含有大量浮油的污水排放下来时，预处理设施薄弱，不能将浮油及时收集，给生化系统增加负担，影响生化系统正常功能的发挥，因此新建隔油池、油水分离器，与预隔油池、调节池结合，加强浮油去除效率，为后续各单元的高效运行创造条件。

② 工艺流程。改造后工艺流程见图 6-19。含碱污水和北路污水进入含碱污水调节池，经加酸调 pH 后与经过预隔油池处理的含油污水汇合，进入隔油池、油水分离器，将污水中大部分的油去除后送入一级浮选池、二级浮选池，去除污水中的余油、COD 和悬浮胶体，利用分配器进入厌氧反应池，经过调整进入蠕动床，利用生化工艺对污水中的 COD 进行降解，之后进入二次沉淀池进行泥水分离，澄清以后的污水进入 BAF 池，进一步降解 COD、氨氮等污染物，出水进入沉淀池进一步对悬浮物进行去除，最后经多介质机械过滤器过滤，出水进排放口排放或回用。

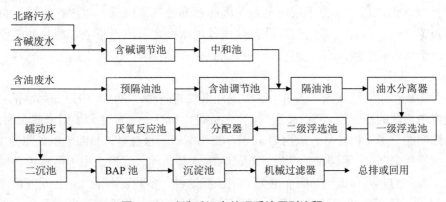

图 6-19 改造后污水处理系统原则流程

③ 运行效果。污水处理场改造工程于 2010 年 9 月完成，实现了污水完全达标排放，每年可节约污水排放费用 300 万元。其中，隔油池、油水分离器投运后，提高了石油类物质的去除率，隔油池出口和油水分离器出口中，石油类物质质量浓度分别降至 16.14 mg/L 和 14.53 mg/L，远远低于改造前的 47.93 mg/L，水质大大改善。改造后部分处理阶段水质情况见表 6-6。

表6-6　改造后部分处理阶段水质情况　　　　　　　　单位：mg/L

项目	石油类	COD	氨氮	硫化物	挥发酚
隔油池出水	16.14	944.83	26.41	48.17	39.34
油水分离器出水	14.53	—	—	—	—
总排水	0.71	54	0.48	0.02	0.27

6.4　气浮

6.4.1　气浮法的原理

气浮分离是目前处理含油污水较为常用的方法。气浮法是一种固液分离或液液分离的技术。它是通过某种方法产生大量的微气泡，使其与污水中密度接近于水的固体或液体污染物微粒黏附，形成密度小于水的气浮体，在浮力的作用下，上浮至水面形成浮渣，进行固液或液液分离。气浮法用于从污水中去除相对密度小于1的悬浮物、油类和脂肪，并用于污泥的浓缩。气浮的必要条件是被去除物质能够黏附在气泡上，泡沫的稳定性、亲水吸附与疏水吸附是两个重要的影响因素。

（1）泡沫的稳定性

表面张力大的洁净水中的气泡粒径常常不能达到气浮操作要求的极细分散度；此外，如果水中表面活性物质很少，则气泡壁表面由于缺少两亲分子吸附层的包裹，泡壁变薄，气泡浮升到水面以后，水分子很快蒸发，因而极易使气泡破灭，以致在水面上得不到稳定的气浮泡沫层。这样，即使气粒结合体在露出水面之前就已形成，而且能够浮升到水面，但由于所形成的泡沫不够稳定，已浮起的水中污染物就又脱落回水中，气浮效果也会降低。

为了防止产生这些现象，当水中缺少表面活性物质时，需向水中投加起泡剂，以保证气浮操作中泡沫的稳定性。所谓起泡剂，大多数是由极性—非极性分子组成的表面活性剂。表面活性剂的分子结构符号一般用 Q 表示，圆头端表示极性基，易溶于水，伸向水中（因为水是强极性分子）；尾端表示非极性基，为疏水基，伸入气泡。由于同号电荷的相斥作用可防止气泡的兼并和破灭，因而增强了泡沫稳定性，多数表面活性剂也是起泡剂。表面活性剂的投加量需要通过试验进行合理的确定。过高的表面活性剂浓度不会改善浮选效果，但增加了操作成本。

（2）亲水吸附与疏水吸附

水中的杂质能否与气泡黏附，还取决于该物质的润湿性，即该物质能够被水润湿的程度。易被水润湿的物质称为亲水性物质，否则称为疏水性物质。根据试验，一般规律是疏水性颗粒易与气泡黏附，而亲水性颗粒难以与气泡黏附。在水处理中，必须对亲水性颗粒进行处理，使颗粒表面变为疏水性，并能与气泡黏附，才能用气浮的方法进行去除。疏水性处理一般利用浮选剂进行，同时浮选剂还有促进起泡作用，可以使水中空气形成小气泡，有利于气浮进行，原理如图6-20所示。

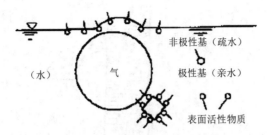

图 6-20　亲水性物质与气泡的黏附情况

6.4.2　气浮法的分类

根据生成微气泡的原理不同，气浮技术主要分为以下 3 种类型：电解气浮法、散气气浮法和溶气气浮法。

6.4.2.1　电解气浮法

电解气浮法是在直流电的作用下，用不溶性阳极和阴极直接电解污水，正负两极产生的氢和氧的微气泡，将污水中呈颗粒状的污染物带至水面以进行固液分离的一种技术。

电解法产生的气泡尺寸远小于溶气法和散气法。电解气浮法除用于固液分离外，还有降低 BOD、氧化脱色和杀菌的作用，对污水负荷变化适应性强，生成污泥量少，占地面积小，不产生噪声。但该法耗电量大，投资成本高，操作运行管理较复杂，电极板容易结垢，使用寿命短。

电解气浮装置如图 6-21 所示。

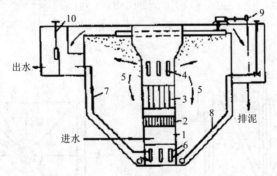

1—入流室；2—整流栅；3—电极组；4—出流孔；5—分离室；6—集水孔；
7—出水管；8—排沉泥管；9—刮渣机；10—水位调节器。

图 6-21　竖流式电解气浮池

6.4.2.2　散气气浮法

散气气浮又称布气气浮或充气气浮，目前应用的有扩散板曝气气浮法和叶轮气浮法 2 种。

（1）扩散板曝气气浮法

压缩空气通过具有微细孔隙的扩散装置或微孔管，使空气以微小气泡的形式进入水中，进行气浮。其装置如图 6-22 所示。

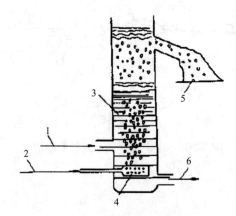

1—入流液；2—空气进入；3—分离柱；4—微孔陶瓷扩散板；5—浮渣；6—出流液。

图 6-22 扩散板曝气气浮法

这种方法的优点是简单易行，但缺点较多，其中主要的是空气扩散装置的微孔易于堵塞，气泡较大，气浮效果不高等。

（2）叶轮气浮法

叶轮气浮设备如图 6-23 所示。在气浮池的底部置有叶轮叶片，由转轴与池上部的电机相连接，并由后者驱动叶轮转动，在叶轮的上部装设带有导向叶片的固定盖板，叶片与直径呈 60°角，盖板与叶轮间有 10 mm 的间距，而导向叶片与叶轮之间有 5～8 mm 的间距，在盖板上开有孔径为 20～30 mm 的孔洞 12～18 个，在盖板外侧的底部空间装设有整流板。叶轮在电机的驱动下高速旋转，在盖板下形成负压，从空气管吸入空气，污水由盖板上的小孔进入。在叶轮的搅动下，空气被粉碎成细小的气泡，与水充分混合成水气混合体并甩出导向叶片之外，导向叶片使水流阻力减小。又经整流板稳流后，在池体内平稳地垂直上升，进行气浮。形成的泡沫不断地被缓慢转动的刮板刮出槽外。

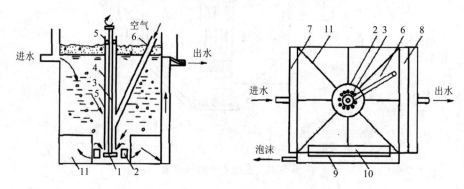

1—叶轮；2—盖板；3—转轴；4—轴套；5—轴承；6—进气管；7—进水槽；
8—出水槽；9—泡沫槽；10—刮沫板；11—整流板。

图 6-23 叶轮气浮设备构造示意图

6.4.2.3 溶气气浮法

溶气气浮法是使空气在一定压力作用下溶解于水中，并达到饱和状态，然后再突然使污水减到常压，溶解在水中的空气以微小气泡的形式从水中逸出，从而促进气浮过程的方法。

加压溶气气浮法在含油污水的处理领域具有较好的效果，其与电解气浮法和散气气浮法相比具有以下特点：

① 水中的空气溶解度大，能提供足够的微气泡，可满足不同要求的固液分离，确保去除效果。

② 经减压释放后产生的气泡粒径小（20～100 μm）、粒径均匀，微气泡在气浮池中上升速度很慢，对池扰动较小，特别适用于絮凝体松散、细小的固体分离。

③ 设备和流程都比较简单，维护管理方便。

根据气泡析出时所处压力的不同，溶气气浮可分为溶气真空气浮和加压溶气气浮2种类型。前者是空气在常压或加压条件下溶入水中，而在负压条件下析出；后者是空气在加压条件下溶入水中，而在常压下析出。加压溶气气浮是国内外最常用的气浮法。

（1）溶气真空气浮

溶气真空气浮池如图6-24所示。由于在负压（真空）条件下运行，溶解在水中的空气易于呈过饱和状态，从而大量地以气泡形式从水中析出，进行气浮。溶气真空气浮的主要特点是气浮池是在负压（真空）状态下运行的。至于空气的溶解，可在常压下进行，也可以在加压下进行。溶气真空气浮的主要优点是，空气溶解所需压力比压力溶气的低，动力设备和电能消耗较少。但是，这种气浮方法的最大缺点是气浮在负压条件下运行，一切设备部件，如除泡沫的设备，都要密封在气浮池内，这就使气浮池的构造复杂，给维护运行和维修都带来很大困难。此外，这种方法只适用于处理污染物浓度不高的污水，因此在生产中使用得不多。

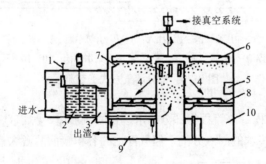

1—入流调节器；2—曝气器；3—消气井；4—分离区；5—环形出水槽；
6—刮渣板；7—集渣槽；8—池底刮泥板；9—出渣室；10—操作室。

图6-24 真空气浮设备示意图

（2）加压溶气气浮

加压溶气气浮工艺由空气饱和设备、空气释放设备和气浮池等组成，其基本工艺流程有全溶气流程、部分溶气流程和回流加压溶气流程3种。

① 全溶气流程。该流程是将全部污水进行加压溶气，再经减压释放装置进入气浮池进行固液分离。与其他两流程相比，其电耗高，但因不另加溶气水，所以气浮池容积小。流程如图6-25所示。

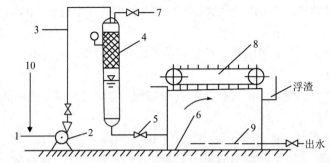

1—原水进入；2—加压泵；3—空气加入；4—压力溶气罐（含填料层）；5—减压阀；
6—气浮池；7—放气阀；8—刮渣机；9—集水系统；10—化学药剂。

图 6-25　全溶气方式工艺流程

② 部分溶气流程。该流程是将部分污水进行加压溶气，其余污水直接送入气浮池。该流程比全溶气流程省电，另外，因部分污水经溶气罐，所以溶气罐的容积比较小。但因部分污水加压溶气所能提供的空气量较少，因此，若想提供同样的空气量，必须加大溶气罐的压力。流程如图 6-26 所示。

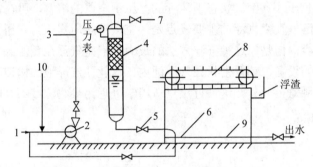

1—原水进入；2—加压泵；3—空气加入；4—压力溶气罐（含填料层）；5—减压阀；
6—气浮池；7—放气阀；8—刮渣机；9—集水系统；10—化学药剂。

图 6-26　部分溶气方式工艺流程

③ 回流加压溶气流程。该流程将部分出水进行回流加压，污水直接送入气浮池。该法适用于含悬浮物浓度高的污水的固液分离，但气浮池的容积较前两者大。流程如图 6-27 所示。

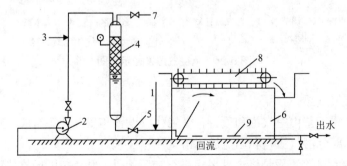

1—原水进入；2—加压泵；3—空气加入；4—压力溶气罐（含填料层）；5—减压阀；
6—气浮池；7—放气阀；8—刮渣机；9—集水管及回流清水管。

图 6-27　回流加压溶气方式工艺流程

6.4.3 气浮工艺运行管理

① 定期检查空压机与水泵的填料及润滑系统，经常加油。

② 根据反应池的絮凝情况及气浮池出水水质，注意调节混凝剂的投加量，特别要防止加药管堵塞。

③ 经常观察气浮池池面情况，如发现接触区浮渣面不平，局部冒出大气泡，则多半是释放器受到堵塞；如分离区渣面不平，池面上经常有大气泡破裂，则表明气泡与絮粒黏附不好，应采取适当措施，如投加表面活性剂等。

④ 掌握浮渣积累规律。选择最佳的浮渣含水率以及按最大限度地不影响出水水质的要求进行刮渣，并建立每隔几小时刮渣一次的制度。

⑤ 对已装有溶气罐液位自动控制装置的，需注意设备的维护保养。经常观察溶气罐的水位指示管，使其控制在一定的范围内，以保证溶气效果。

⑥ 做好日常的运行记录，包括处理水量、投药量、溶气水量、溶气罐压力、水温、耗电量、进出水水质、刮渣周期、泥渣含水率等。

⑦ 在冬季水温过低时期，由于絮凝效果差，除通常需增加絮凝剂投加量外，有时需相应地增加回流水量或溶气压力，让更多的微气泡黏附絮粒，以弥补因水流黏度的增加而影响带气絮粒的上浮性能，从而保证出水水质正常。

6.4.4 工程实例——某石化炼制厂生产污水处理工艺

某厂经平流式隔油池处理后的含油污水量为 250 m³/h，主要污染物含量：石油类 80 mg/L、硫化物 5.45 mg/L、挥发酚 21.9 mg/L、COD 400 mg/L、pH 7.9，污水处理采用回流加压溶气流程，如图 6-28 所示。

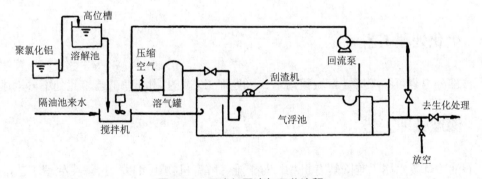

图 6-28 回流加压溶气工艺流程

含油污水经平流式隔油池处理后，在进水管线上加入 20 mg/L 的聚氯化铝（絮凝剂），搅拌混合后流入气浮池。气浮处理出水，部分送入生物处理构筑物进一步处理，部分用泵进行加压溶气后送入溶气罐，进罐前加入 5%的压缩空气，在 0.3 MPa 压力下使空气溶于水中，在顶部减压后从释放器进入气浮池。浮在池面的浮渣用刮清机刮至排渣槽。

主要构筑物的设计参数和实际运转参数见表 6-7。

表 6-7 设计及运转参数

设备	设计参数			实际运转参数		
	流速/(m/min)	停留时间/min	回流量/%	流速/(m/min)	停留时间/min	回流量/%
气浮池	0.55	53	100	0.21	148	80
溶气罐	—	3.2	—	—	9.6	—

气浮池进出水水质见表 6-8。

表 6-8 气浮池进出水水质情况

项目	石油类/(mg/L)	COD/(mg/L)	pH	硫化物/(mg/L)	酚/(mg/L)
气浮池进水	80	400	7.9	5.45	21.9
气浮池出水	17	250	7.5	2.54	18.4

主要构筑物和设备见表 6-9。

表 6-9 构筑物和设备一览表

名称	尺寸、规格或型号	数量	名称	尺寸、规格或型号	数量
气浮池	31 m×4.5 m×3 m	4 座	空气压缩机	3 L-10/8	2 台
溶气罐	ϕ1.6 m×4.76 m	4 个	释放器		4 个
回流泵	6SH-9A	2 台	刮泥机		4 台
搅拌机	C60-368	1 台			

6.5 生化处理工艺

该部分内容可参考第 3 章城镇污水二级处理工艺中生物处理工艺，此处不再累述。

6.6 深度处理工艺

石油冶炼废水属于难降解有机物，对于难降解有机物还可以采用深度处理工艺，如吸附法，高级氧化技术 Fenton 法，O_3 及其联合工艺：O_3+UV、O_3+BAF、O_3+H_2O_2、铁碳微电解等。

6.6.1 吸附法

吸附法是利用多孔性的固体物质（吸附剂），使废水中的一种或多种物质被吸附在固体表面而去除的方法。常用的吸附剂有以碳质为原料的各种活性炭吸附剂和金属、非金属氧化物类吸附剂（如硅胶、氧化铝、分子筛、天然黏土等）。活性炭基材料在常、低温下由于具有较大的吸附容量，在污水处理中被推荐作为溶解性难生物降解 COD 的吸附剂。

目前活性炭已经较为广泛地应用到水处理工艺中，如直接往污水中投加粉末活性炭和用颗粒状活性炭进行过滤等。活性炭对水中的微污染、色度等均有较好的去除效率。

活性炭使用具有不可逆性，运营成本较高。此外，活性炭吸附污染物沉降后产生大量污泥，工艺操作较为复杂。再结合污泥存在被定义为危险废弃物的风险，活性炭吸附作为废水深度处理工艺，不宜长期使用。

6.6.2 高级氧化技术

在废水处理中高浓度的医药、化工、染料等工业废水，由于其有机物含量高、成分复杂、可生化性差，采用一般的生化工艺很难进行有效的处理，而高级氧化技术可将其直接矿化或通过氧化提高污染物的可生化性，同时在环境类激素等微量有害化学物质的处理方面有很大的优势。它是以羟基自由基为主要氧化剂的氧化过程，简称 AOP 法。

高级氧化技术是 20 世纪 80 年代发展起来的处理废水中有毒有害高浓度污染物的新技术。它的特点是在高温高压、电、声、光辐照、催化剂等反应条件下，通过反应把氧化性很强的羟基自由基（·OH）释放出来，将大多数有机污染物矿化或有效分解，甚至彻底地转化为无害的小分子无机物。由于该工艺具有显著的优点，世界各国普遍重视，并相继开发了各种各样的处理工艺和设备，使高级氧化系统具有很强的生命力和竞争力，应用前景广阔。

根据所用氧化剂及催化条件的不同，高级氧化技术通常可分为化学氧化法、化学催化氧化法、湿式氧化法、超临界水氧化法、光化学氧化法和光化学催化氧化法、电化学氧化还原法六大类。

通常单一的臭氧或者单一的光催化等技术很难使有机废水完全降解，并且臭氧处理过程中还可能产生危害重大的物质，但是如果将 O_3、H_2O_2 和 UV 等组合起来则会很好地去除这些有机污染物，提高去除效率。

高级氧化技术已成为治理生物难降解有机有毒污染物的主要手段，并已应用于各种水的处理中。它具有反应时间短、反应过程可以控制、对多种有机污染物能全部降解等优点。典型的均相 AOPs 过程有 O_3/UV、O_3/H_2O_2、UV/H_2O_2、H_2O_2/Fe^{2+}（Fenton 试剂）等，在高 pH 情况下的臭氧处理也可以被认为是一种 AOPs 过程，另外，某些光催化氧化也是 AOP 过程。目前在国内工程上应用较多的就是化学氧化法，其中，在工业水处理中应用的有臭氧氧化、投加 Fenton 试剂和 $UV/H_2O_2/O_3$ 结合的高级氧化技术。下面就针对这几种技术作简要分析说明。

6.6.2.1 臭氧氧化法

臭氧的氧化能力很强，能与许多有机物或官能团发生反应。如 C=C、C≡C、芳香化合物、杂环化合物、N=N、C=N、C—Si、—OH、—SH、—NH$_2$、—CHO 等，通常认为臭氧与有机物的反应有 2 种途径：一是臭氧以氧分子形式与水体中的有机物进行直接反应；二是在中性或者碱性条件下臭氧在水体中分解后产生氧化性更强的羟基自由基等中间产物，发生间接氧化反应。

臭氧是氧气的同素异形体，常温下是一种不稳定、具有鱼腥味的淡蓝色气体，它是自然界最强的氧化剂之一，其氧化还原电位仅次于氟，位居第二；臭氧的强氧化能够导致难生物降解有机分子破裂，通过将大分子有机物转化为小分子有机物改变分子结构，降低出水中的 COD，提高废水的可生化性。

臭氧氧化处理难降解有机废水具有以下特点：

① 氧化能力强，对除臭、脱色、杀菌、去除有机物都有明显的效果。

② 处理后废水中的臭氧易分解，不产生二次污染。

③ 制备臭氧的空气和电不必储存和运输，操作管理也较方便。

④ 处理过程中一般不产生污泥。

6.6.2.2　芬顿试剂法

芬顿试剂，即过氧化氢与亚铁离子的复合，是一种氧化性很强的氧化剂。其在工业废水处理中的应用研究越来越受到重视。目前，学术界主要存在 2 种不同的芬顿反应作用机理理论，即自由基机理和高价铁络合物机理。并且，大量研究表明其各自都有合理之处。目前，世界比较公认的芬顿反应机理是自由基机理。

自由基理论可以概述为，在酸性溶液下，H_2O_2 由于 Fe^{2+} 的催化作用，产生了高活性的 $\cdot OH$，并引发自由基的链式反应，自由基作为强氧化剂氧化有机物分子，使有机物被矿化降解形成 CO_2、H_2O 等无机物质。$\cdot OH$ 具有很高的氧化电极电位（标准电极电位 2.8 V），在自然界中仅次于氟；$\cdot OH$ 还具有很高的电负性或亲电性，其电子亲和能为 569.3 kJ，具有很强的加成反应特性，因而芬顿试剂可无选择氧化水中的大多数有机物。此外，芬顿试剂处理有机废水还存在混凝机理，即催化剂铁盐在碱性条件下会形成氢氧化铁或氢氧化亚铁的胶体沉淀，具有凝聚、吸附性能，可去除水中部分悬浮物和杂质，可吸附水中部分有机物和色度，使出水水质变好。有实验表明芬顿试剂作用下的 COD 去除率中，氧化作用只占到 23%左右，而将近 77%是依靠吸附沉淀作用完成的，尤其是在高浓度污水中更为明显。

芬顿试剂去除溶解性难降解 COD 有较好效果。但是芬顿试剂工艺存在的问题依然较多：主要是处理过程有的过于复杂；pH 的适用范围为 2~4，范围较窄；水质、水量波动较大时，采用芬顿试剂法很难保证稳定达标，且会有大量的铁泥产生，铁泥需要进行特殊的处理增加了运行成本；处理费用普遍偏高、氧化剂消耗大，一般难以广泛推广，仅适应于高浓度、小流量和水质稳定的废水处理。

6.6.2.3　"UV+H_2O_2"

高级氧化技术又称深度氧化技术，以产生具有强氧化能力的羟基自由基（$\cdot OH$）为特点，在高温高压、电、声、光辐照、催化剂等反应条件下，使大分子难降解有机物氧化成低毒或无毒的小分子物质。

"UV+H_2O_2"处理过程中，高性能紫外灯放射出高能量的紫外线，通过一个石英晶体管进入被污染的水体。同时，加入饮用水中的氧化剂——H_2O_2，在紫外线的照射下被激活，产生一种氧化性极强的氧化性基团，称为羟基自由基（$\cdot OH$）。

"UV+H_2O_2"方法利用 UV 发出的高强度高能量紫外线，激发 H_2O_2 产生具有极强氧化性的羟基自由基，羟基自由基可将难降解有机物质氧化，发生断链、开环等多种反应，起到降低 COD 的作用。该方法在欧洲和北美已有较为广泛的应用。

"UV+H_2O_2" 方法是高级氧化工艺中的一种，其特点是：① 工艺流程简单，氧化效率高，羟基自由基（标准氧化电位为 2.80 eV）仅次于氟；② 与大多数有机物无选择性反应，反应速率快；③ 自动化程度高，无二次污染；④ 处理简单，能耗小，节约运行费用。

6.6.2.4 "UV+H_2O_2+O_3"

通常经过生化的工业废水水质透过率较低，直接采用 "UV+H_2O_2" 技术很难保证紫外设备有效性。因此，前端结合 O_3 氧化可脱色、除味、降解部分 COD，将难降解大分子物质转变为易降解小分子物质，便于进一步矿化处理，后端再采用 "UV+H_2O_2" 高级氧化技术，即为 "UV+H_2O_2+O_3" 高级氧化工艺。

采用 O_3、H_2O_2 等与 UV 结合的工艺技术又可在去除 COD 的同时起到杀菌的作用，达到出水标准一级 A 对粪大肠杆菌数的要求，减少了终端消毒设备的投资及运行成本。

"UV+H_2O_2+O_3" 具有以下优势：

① 强杀菌及氧化性。杀菌效率高、杀菌速度快，对常见的细菌、病毒的杀灭一般在几秒的时间内即可完成。

② 杀菌的广谱性高。对所有的细菌和病毒都能高效杀灭，能够永久灭活抗氯性微生物组织，如嗜肺军团菌、大肠杆菌、假单胞菌、隐孢子虫、阿米巴虫和细菌等，紫外线通过破坏这些微生物的 DNA 和 DNA 修复酶来达到灭活效果。

③ 在氧化过程中不会产生有毒及有害副产物。不改变被消毒水的成分和性质，对水体和周围环境不产生二次污染。

④ 紫外线具备降解化合氯的能力。

⑤ 紫外线消毒技术占地面积小，运行安全、可靠，维修简单，费用低。

高级氧化技术随着工艺的改进和推进，还将有更多的组合形式呈现出来。

第7章　电镀废水处理工艺

（扫码获取本章电子资源）

7.1　电镀废水概述

电镀指利用电解原理在零件表面镀上一薄层其他金属或合金的过程，是利用电解作用使金属或其他材料制件的表面附着一层均匀、致密、结合良好的金属或合金层的工艺，从而起到防止金属氧化（如锈蚀），提高耐磨性、导电性、反光性、抗腐蚀性及增加美观等作用。举例如下所述。

① 镀铜：打底用，增进电镀层附着能力及抗蚀能力。

② 镀镍：打底用或做外观，增进抗蚀能力及耐磨能力。

③ 镀金：改善导电接触阻抗，增进信号传输。

④ 镀钯镍：改善导电接触阻抗，增进信号传输，耐磨性高于金。

⑤ 镀锡铅：增进焊接能力（快要被其他替物取代，因含铅现大部分改为镀亮锡及雾锡）。

⑥ 镀银：改善导电接触阻抗，增进信号传输。

7.1.1　电镀废水的来源与分类

（1）电镀废水的来源

电镀废水主要来源于以下几个方面。

① 镀件清洗水。电镀后零件要经过多道清水漂洗，产生大量的清洗水。

② 碱性除油液。镀件前处理工序的油污去除都采用浓度不同的碱性化合物如 NaOH、Na_2CO_3、Na_3PO_4、Na_2SiO_3 等，对于油污特别严重的零件有时还用煤油、汽油、丙酮、甲苯、三氯乙烯、四氯化碳等有机溶剂除油，再进行化学碱性除油。为去除某些矿物油，通常在除油液中加入一定量的乳化剂，如 OP 乳化剂、AE 乳化剂、三乙醇胺油酸皂等。因此除油过程中产生的清洗污水以及更新废液都是碱性污水，常含有油类及其他有机化合物。

③ 除锈、活化槽废液。酸洗除锈常用的有盐酸、硫酸，为防止镀件基体的腐蚀，常加入某些缓蚀剂如硫脲、磺化煤焦油、乌洛托品联苯胺等。酸洗除锈过程产生的清洗水一般酸度较高，含有重金属离子及少量有机添加剂。

④ 老化报废的电镀液、镀槽排出的残液。电镀液都有一定的寿命，化学镀废液、化学镀镍、化学镀铜的溶液使用周期很短，当杂质积累过多，难以处理或处理成本过高时，就不得不将其更换。

⑤ 塑料电镀的粗化液。塑料电镀的前道工序大部分采用高浓度铬酸作粗化液，使用到一定时间就要淘汰更换。

⑥ 溶液过滤。很多镀液都采用循环过滤，过滤后，对水槽、滤纸、滤芯、滤筒进行清洗时，其滤渣和清洗水，以及镀槽底部浓的、杂质多的液体、泥渣，用水稀释后全部排入污水中。

⑦ 退镀液。电镀层质量不合格，要将不良镀层退除。退镀液的种类繁多，浓度也高，使用周期短。

⑧ 清洗镀槽、容器、极板等的洗涤污水。

⑨ 钝化以及除锈、活化等物质。

⑩ 化验用水、地坪冲洗水等。生产车间常因设备状况不好，操作不当等原因造成跑、冒、滴、漏。镀件清洗水占车间污水排放量的 80%以上，污水中大部分污染物质，如镍、铜等重金属、氰化物，是由镀液表面的附着液在清洗时带入的。不同镀件采用不同的电镀工艺和清洗方式，污水的排放量及污水中的污染物浓度差异很大。其含量的大小与车间管理水平和装备有关。

（2）电镀废水的分类

电镀废水一般按污水所含的主要污染物分类。如含氰废水、含铬废水、含酸污水等。当污水中含有一种以上的主要污染物时，如氰化镀铜，既有氰化物又有镉，一般仍按其中一种污染物分类；当同一镀种有几种工艺方法时，也可按不同镀种工艺再分成小类，如把含铜污水再分成焦磷酸铜镀铜污水、硫酸铜镀铜污水等。当几种不同镀种污水都含同一种主要污染物时，如镀铬、钝化污水混合在一起时就统称为含铬废水。若分质建立系统时，则分别为镀铬污水、钝化污水，一般将不同镀种和不同主要污染物的污水混合在一起时的污水统称为电镀混合污水。

7.1.2 电镀废水的危害

电镀废水中含有的污染物较多，有镍、铜等重金属离子，有氰化物、酸、碱、油、磷、氮、添加剂、活化剂、光亮剂、油、废气等。被电镀废水污染的水源、土壤、地下水在短期内很难净化。这些有毒、有害污染物可以以空气、水体、食物等为介质，通过多种途径侵入人体。

（1）酸与碱

酸、碱污水是电镀废水中数量较大的一种污水，未经处理的电镀废水或呈酸性，或呈碱性。即使不考虑其他有毒物质，单纯的 H^+ 或 OH^- 浓度偏高，其危害性也不可忽视。例如，排入江河池塘中的酸、碱废水会危害水中微生物，而许多微生物对水质起着重要的净化作用。排入农田中的酸、碱污水会破坏土壤的团粒结构，影响土壤的肥力、透气和蓄水性，影响农作物的生长。鱼类、牲畜饮用了酸、碱污水，对其肉质、乳质将产生不良的影响。

（2）重金属

锌是人体必需的微量元素之一，正常人每日从食物中摄取 10～15 mg 锌，人体缺锌会出现不良症状，而误食氯化锌会引起腹膜炎，导致休克甚至死亡。由于镀锌在整个电镀业工艺中约占一半，而镀锌的钝化工序绝大部分采用铬酸盐，钝化过程中产生的含铬废水量很大。在铜件酸洗、镀铜层的退除、铝件钝化、铝件电化学抛光、铝件氧化后的钝化等作业中也广泛使用铬酸盐。因此，含铬废水是电镀中的主要污水来源之一。

铬是常见的重金属元素，广泛用于冶金、化工、电镀、制革、制药及航空工业中，同时产生大量的含铬废水，最终排入海洋，是海洋环境中的重要污染物。三价铬是在海水中的主要存在形式之一，由于三价铬具有很强的形成配位化合物的能力，故其容易与海水中的浮游动植物以及浮游颗粒结合，具有很强的吸附能力。这一特征对铬元素在海水中的垂直迁移产生了极大的影响。5 月是海洋浮游生物大量繁殖、数量迅速增加的季节。由于浮游生物的繁殖活动，悬浮颗粒物表面形成胶体，此时的吸附能力最强，它们会吸附大量的铬离子，并将其带入表层水体，随着潮水流走。

三价铬是生物所必需的微量元素，通过动物实验发现三价铬有激活胰岛素的作用，还可以增加对葡萄糖的利用。国外有人认为三价铬与铝一样，基本上不显示毒性。三价铬不易被消化道吸收，可在皮肤表层与蛋白质结合，三价铬在动物体内的肝、肾、脾和血中不易积累，在肺内存留量较多，因而对肺有一定的损害。与六价铬相比，三价铬的毒性仅为六价铬的 1%。但也有报道认为，三价铬对鱼的毒性比六价铬还大，如对鲑鱼的起始致死浓度，三价铬（硫酸铬）为 1.2 mg/L，六价铬（重铬酸钾）为 5.2 mg/L。然而对家兔和狗的试验，发现六价铬的毒性较大，可能是鱼类与家畜的生理构造不同所致。在含铬废水的处理中，由于三价铬的氢氧化物溶度积较小，易于沉淀除去，多数处理污水操作中，均将六价铬还原为三价铬后去除。

铬化合物浓度过高时会有毒性，其毒性与化学价态和用量有关，二价铬一般被认为是无毒的，而铬主要以六价和三价两种价态存在，六价铬更容易被人体吸收，动物饮水中六价铬的质量浓度达 5 mg/kg 以上时能引起慢性中毒，铬中毒可引起蛋白质变性、核酸和核蛋白沉淀以及酶系统受到干扰。六价铬对人体的危害因进入的途径不同，中毒的表现也不同。六价铬化合物对人体皮肤有刺激和过敏作用。在接触铬酸盐、铬酸雾的部位，如手、腕、前臂、颈部等处可能出现皮炎。六价铬经过切口和擦伤处进入皮肤，会因腐蚀作用而引起铬溃疡（又称铬疮）。六价铬对呼吸系统的损害，主要是鼻中隔膜穿孔、咽喉炎和肺炎，经消化道侵入内脏会造成味觉和嗅觉减退，以致消失。剂量小时也会腐蚀内脏，引起肠胃功能降低，出现胃痛，甚至肠胃道溃疡，对肝脏还可能造成不良影响。

镍进入人体后主要存在于脊髓、脑、肺和心脏中，以肺为主。如误服镍盐量较大时，可产生急性胃肠道刺激现象，发生呕吐、腹泻。金属镍粉及镍化合物有可能在动物身上引起肿瘤，肺部可逐渐硬化，镍及盐类对电镀工人的毒害主要是镍皮炎。某些皮肤过敏的人长期接触镍盐，先以发痒起病，在接触镍的皮肤部位首先产生皮疹，呈红斑、红斑丘疹或毛囊性皮疹，以后出现散布在浅表皮的溃疡、结痂，或出现湿疹样病损。

一般认为铜本身毒性很小，在冶炼铜时所发生的铜中毒，主要是由于与铜同时存在的砷、铅等引起的。皮肤接触铜化合物，可发生皮炎和湿疹，在接触高浓度铜化合物时，可发生皮肤坏死。抛光工人吸入氧化铜粉尘，可发生急性中毒，症状为金属烟尘热，长期接触铜尘及铜烟的工人，常见呼吸系统症状，眼接触铜盐可发生角膜炎和眼睑水肿，严重者可发生眼浑浊和溃疡。

（3）氰化物

含氰废水是电镀生产中毒性最大的污水，由于氰根具有良好的络合、表面活性活化性能，曾在电镀生产中被大量使用。镀铜、镀锌、镀铜锡合金、镀铜锌合金、镀银、镀金及某些活化液，都曾大量采用氰化物。氰化物（包括硫氰化物）是极毒的物质，人体对氰化钾的致死剂量为 0.25 g（纯净的氰化钾为 0.15 g）。污水中的氰化物，即使是呈络合状态，当 pH 呈酸性时，也会成为氰化氢气体逸出。氢氰酸和氰化物能通过皮肤、肺、胃，特别是从黏膜吸入体内，氢氰酸对呼吸中枢极短时间的刺激，就可能迅速使之麻痹。高等动物氰化物中毒症状具有共同之处，即最初呼吸兴奋，经过麻痹、横转侧卧、昏迷不醒等过程，最后致死。

（4）油

油能够覆盖水面形成薄膜层，一方面阻止大气中氧在水中溶解，另一方面因其自身生物分解和自身氧化作用，消耗水中大量的溶解氧，同时油膜堵塞鱼的腮部，使鱼呼吸困难。用含油污水灌溉，也可因油黏膜黏附在农作物上而使其枯死。

（5）氮和磷

氮、磷分解过程中大量消耗水中的溶解氧，释放出养分，使藻类及浮游生物大量繁殖，以致阻塞水道。水体富营养化时，由于缺氧，大多数水生动物、植物不能生存，遗骸在水中沉积腐烂，使水质不断恶化。

（6）其他物质——添加剂、活性剂、光亮剂及油脂皂化物

添加剂、活性剂、光亮剂及油脂皂化物都是有机物，有一定的毒性。排入水体后，要大量消耗水中的溶解氧，形成复杂的化合物，有的甚至长期无法降解。

（7）废气

污水处理厂中许多处理池是敞开的，蒸发在空气中的有酸碱废气、含氢废气、铬酸废气、氮氧化物废气及含苯废气。

7.1.3　电镀废水的排放标准

《电镀污染物排放标准》（GB 21900—2008）针对不同的企业制定了 3 个层次的标准，一个为现有企业水污染物排放限值；另一个为新建企业水污染物排放限值；还有一个为国土开发密度已经较高、环境承载能力开始减弱，或环境容量较小、生态环境脆弱，容易发生严重环境污染问题，需要采取特别保护措施的地区，执行水污染物排放先进控制技术限值。本书以新建企业水污染物排放限值为标准，具体内容见表 7-1。

表 7-1　新建企业水污染物排放限值

序号	污染物项目	排放限值	污染物排放监控位置
1	总铬浓度/（mg/L）	1.0	车间或生产设施污水排放口
2	六价铬浓度/（mg/L）	0.2	车间或生产设施污水排放口
3	总镍浓度/（mg/L）	0.5	车间或生产设施污水排放口
4	总镉浓度/（mg/L）	0.05	车间或生产设施污水排放口
5	总银浓度/（mg/L）	0.3	车间或生产设施污水排放口
6	总铅浓度/（mg/L）	0.2	车间或生产设施污水排放口
7	总汞浓度/（mg/L）	0.01	车间或生产设施污水排放口
8	总铜浓度/（mg/L）	0.5	企业污水总排放口
9	总锌浓度/（mg/L）	1.5	企业污水总排放口
10	总铁浓度/（mg/L）	3.0	企业污水总排放口
11	总铝浓度/（mg/L）	3.0	企业污水总排放口
12	pH	6～9	企业污水总排放口
13	悬浮物浓度/（mg/L）	50	企业污水总排放口

序号	污染物项目	排放限值		污染物排放监控位置
14	化学需氧量（COD_{Cr}）浓度/（mg/L）	80		企业污水总排放口
15	氨氮浓度/（mg/L）	15		企业污水总排放口
16	总氮浓度/（mg/L）	20		企业污水总排放口
17	总磷浓度/（mg/L）	1.0		企业污水总排放口
18	石油类浓度/（mg/L）	3.0		企业污水总排放口
19	氟化物浓度/（mg/L）	10		企业污水总排放口
20	总氰化物浓度（以 CN^- 计）/（mg/L）	0.3		企业污水总排放口
21	单位产品（镀件镀层）基准排水量/（L/m^2）	多层镀	500	排水量计量位置与污染物排放监控位置一致
		单层镀	200	

表 7-1 中的排放限值都是指浓度标准，其存在明显的不足：一是不论污水接纳水体的大小和状况，不论污染源的大小，都采用同一排放限值，因此即使满足了，如果排放总量超出接纳水体的环境容量，也会对水体造成不可逆的严重后果；二是无法防止某些厂用清水稀释来降低浓度，以满足排放标准的现象。针对这种情况，国家提出了总量控制的标准，根据一定范围内的水体环境容量和自净能力，计算出允许排入该水域的污染物总量；再按一定原则将这些允许的排污总量，合理地分配给区内各污染源。

7.2 氧化还原法

氧化还原法在水处理领域应用广泛，与传统的水处理技术相比，仅需进行氧化还原操作便可去除绝大多数的无机及有机物质。其主要原理是根据溶解于水中"杂质"即污染物的性质，加入氧化剂或还原剂，在一定条件下便可达到从水中分离或者是实现有毒物质无害化的转化，从而使水质达标排放。氧化还原反应的实质是水中有毒物质在反应过程中会得到或者失去电子，从而引起化合价的升高或降低。在污水处理中常见的氧化剂有 O_2、Cl_2、高锰酸钾等，常见的还原剂有 Fe 粉、SO_2 等；氧化方法以曝气法、氯化法等为主。氧化还原法处理电镀废水是一种处理效率高、工艺流程简单、基建投资少的可持续发展处理技术。

7.2.1 含氰废水的处理

在化学处理含氰废水中，基于氰根具有一定的还原能力，应用最多的是药剂氧化法。

7.2.1.1 碱性氯化法

碱性氯化法破氰可分为 2 种：一是在碱性条件下，直接向污水中投加氯酸钠；二是投加氢氧化钠及通氯气生成次氯酸钠，从而将氰化物氧化破坏而除去。选择哪一种方法主要考虑经济效益和安全性。后者的费用大约是前者的一半，但后者操作较危险，装置成本也较高。

（1）氧化反应的方程式

① 以次氯酸钠作氧化剂。

$$NaCN + NaClO \longrightarrow NaCNO + NaCl$$

$$2NaCNO + 3NaClO + H_2O \longrightarrow 2CO_2 \uparrow + N_2 \uparrow + 2NaOH + 3NaCl$$

总反应方程式：

$$2NaCN + 5NaClO + H_2O \longrightarrow 2CO_2 \uparrow + N_2 \uparrow + 2NaOH + 5NaCl$$

② 以液氯作氧化剂。

$$NaCN + 2NaOH + Cl_2 \longrightarrow NaCNO + 2NaCl + H_2O$$

$$2NaCNO + 4NaOH + 3Cl_2 \longrightarrow 2CO_2 \uparrow + N_2 \uparrow + 6NaCl + 2H_2O$$

总反应方程式：

$$2NaCN + 8NaOH + 5Cl_2 \longrightarrow 2CO_2 \uparrow + N_2 \uparrow + 10NaCl + 4H_2O$$

（2）不完全氧化反应和完全氧化反应

① 不完全氧化反应。

$$CN^- + OCl^- + H_2O \longrightarrow CNCl + 2OH^-$$

$$CNCl + 2OH^- \longrightarrow CNO^- + Cl^- + H_2O$$

CN^- 与 OCl^- 反应首先生成 $CNCl$，$CNCl$ 水解成 CNO^- 的反应速率取决于污水的 pH、温度和有效氯的浓度。pH 越高，水温越高，有效氯浓度越高则水解的速度越快，尤其是 pH 在酸性条件下 $CNCl$ 极易挥发，当 pH>8.5 时仍可能有 $CNCl$ 逸出，所以操作时必须严格控制污水的 pH。

根据国内外有关资料介绍，CNO^- 的毒性仅为 CN^- 毒性的千分之一，但与其他污水混合后，若 pH 降低（pH 为 2~3），则 CNO^- 会水解产生氨，造成氨的污染，并影响其他金属离子的处理。

$$CNO^- + 2H_2O \longrightarrow CO_2 + NH_3 + OH^-$$

② 完全氧化反应。完全氧化可以破坏 CNO^-，在过量氧化剂和 pH 接近中性条件下，将 CNO^- 进一步氧化为 CO_2 和 N_2。

$$2CNO^- + 3ClO^- + H_2O \longrightarrow 2CO_2 \uparrow + N_2 \uparrow + 3Cl^- + 2OH^-$$

或为

$$2CNO^- + 3Cl_2 + 4OH^- \longrightarrow 2CO_2 \uparrow + N_2 \uparrow + 6Cl^- + 2H_2O$$

上述的两个氧化阶段，从理论上讲，投加氧化剂量和控制的 pH 都是不同的，所以在正规的处理流程中是分别在 2 个反应池内完成的，但试验和生产实践证明，这 2 个阶段并不是截然分开的，在同一反应池内，若投加的氧化剂量超过不完全氧化所需的量时，虽不改变 pH，也能部分或全部破坏 CNO^-，不过其可靠性程度不高。

（3）处理流程

处理方式一般可分为间歇式、连续式和槽内处理 3 种，如按氧化阶段则可分为不完全氧化和完全氧化。不完全氧化可采用间歇式或连续式处理；完全氧化一般采用连续式处理。国内目前普遍采用的是不完全氧化处理。

① 间歇式不完全氧化处理流程。一般适用于处理污水量较小（10～20 m³/d），污水浓度变化较大，没有条件设置自动化仪器仪表，操作管理水平不高等情况。其优点是处理后基本能保证污水达到排放标准，处理设备也较简单。当某些金属氢氧化物较难沉淀时，则在反应沉淀池后加设过滤，可保证金属离子也符合排放标准。处理流程见图 7-1。

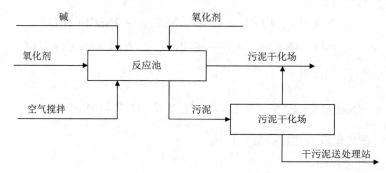

图 7-1 碱性氯化法含氯污水间歇处理工艺流程

② 连续式不完全氧化处理。一般适用于处理污水量较大（大于 10 m³/d），污水浓度变化不大，操作管理水平较高等情况，其中最重要的是设置自动控制的仪器仪表等装置，否则较难达到处理要求。其优点是操作工人劳动强度小，设备利用率高。处理流程见图 7-2。

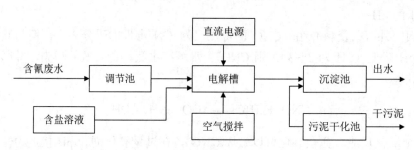

图 7-2 碱性氯化法含氰废水连续处理工艺流程

③ 连续式完全氧化处理。适用于对排水水质有严格要求的场合，必须设置自动控制仪器仪表等装置。连续式完全氧化处理流程见图 7-3。

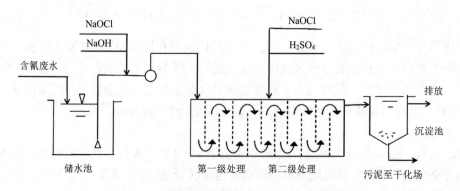

图 7-3 含氰废水连续式完全氧化处理工艺流程

④ 槽内处理。它是在电镀生产线上的一种处理方法，在镀件清洗槽内，加入一定量的氧化剂并保持合适的 pH，称为化学清洗槽，镀件表面附着的氰化物在化学清洗槽内得到了处理。其优点是处理设备简单，占地面积小，投资少，容易操作。缺点是镀件直接与氧化剂接触，操作不当时会影响镀件质量，化学清洗槽需定期添加氧化剂，如槽内沉淀物增多，则需进行清除后更新槽液，也可将化学清洗槽的溶液经生产线外处理槽连续循环处理。这可根据镀件产量来选用，产量少时可采用前者，产量较大时采用后者。镀槽后应尽可能设回收槽，这样可回收约 70%的镀件带出液，并可回用于镀槽。其处理流程见图 7-4。

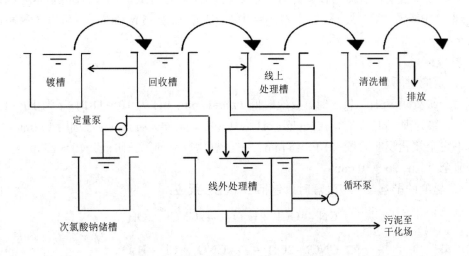

图 7-4　槽内处理含氰废水工艺流程

（4）技术条件和参数

① 工艺参数

a．pH。一级处理时，pH＞11；二级处理时，pH 为 4～6.5。

b．氧化剂的投加量。简单氰化物（如 NaCN、KCN）的理论投加量是固定的，而配位氰化物的理论投加量则是变化的，不但随所配位的金属而变，也随配合物的配位数而变。例如，四氰合锌$[Zn(CN)_4]^{2-}$ 完全氧化的理论投量比为 $CN:Cl_2=1:7.18$，三氰合铜$[Cu(CN)_3]^{2-}$ 的理论投量比为 $CN:Cl_2=1:7.28$，而二氰合铜$[Cu(CN)_2]^-$ 的理论投量比为 $CN:Cl_2=1:7.38$。镀液内尚含有其他配位剂，如氰化镀铜液中可能含有酒石酸盐和硫氰酸盐以及其他杂质。又如，氰化镀锌液内有铁离子，氰化镀银液内有铜离子等（也能形成配合物）。所以要进行理论计算比较复杂，总体来看，一般配位氰化物的投量比要高于简单氰化物。配位氰化物的理论投量比一般在 $CN:Cl_2=1:(7.0～8.0)$ 的范围内。在实际使用中，由于污水中其他杂质也要消耗氧化剂，所以实际投药量要比理论投药量高，且当污水含氰浓度低时，投量比也要增大。总之，恰当的投量比应通过试验或在生产调试中确定。设计过程中使用不同的药剂（Cl_2、HClO、NaClO）处理氰化物的投量比见表 7-2。

表 7-2 碱性氯化法处理氰化物的投量比

名称	局部氧化反应达到 CNO^-		完全氧化反应达到 CO_2 和 N_2	
	理论值	实际值	理论值	实际值
CN^- : Cl_2	1 : 2.73		1 : 6.83	
CN^- : $HClO$	1 : 2	1 : (3~4)	1 : 5	1 : (7~8)
CN^- : $NaClO$	1 : 2.85		1 : 7.15	

投试剂量不足或过量对含氰废水处理均不利。为监测投量是否恰当，可采用 ORP 氧化还原电位仪自动控制氯的投量。对一级处理，ORP 达到 300 mV 时反应基本完成；对二级处理，ORP 需达到 650 mV。一般当水中余 Cl^- 量为 $2\sim5$ mg/m^3 时，可以认为氰已基本被破坏。

② 反应条件的控制。

a. 反应时间。

对一级处理，pH≥11.5 时，反应时间（t）=1 min；pH 为 10~11 时，t 为 10~15 min。

对二级处理，pH=7 时，t=1 min；pH 为 9~9.5 时，t=30 min。一般选用 15 min。

不完全氧化反应阶段：10~15 min。完全氧化反应的第三阶段：10~15 min。完全氧化反应全过程：25~30 min。

b. 温度的影响。一级处理时，包括 2 个主要反应：

$$CN^- + OCl^- + H_2O \longrightarrow CNCl + 2OH^-$$

$$CNCl + 2OH^- \longrightarrow CNO^- + Cl^- + H_2O$$

第一个反应生成剧毒的 CNCl，第二个反应 CNCl 在碱性介质中水解生成低毒的 CNO^-。CNCl 的水解速率受温度影响较大，污水温度越高，CNCl 水解速率也越快。为减少出水 CNCl 的残留量，在温度较低时，可适当延长反应时间和提高 pH，不宜提高投试剂量比，以免出水中的余氯量过高。污水温度也不宜超过 50℃，否则氯气会转变为盐酸，不利于氰的分解，所以污水温度以控制在 15~50℃为宜。

③ 槽内处理法对化学清洗槽内的活性氯浓度要求比较严格，所以氧化剂一般采用投加量容易控制的次氯酸钠。

根据国外资料介绍，化学清洗槽的 pH 控制在 10~12.5，活性氯浓度控制在 0.3~1.0 g/m^3。根据国内运行经验，由于氰化镀液大部分碱性很强，在清洗过程中 pH 会不断上升，所以问题不大。一般认为活性氯浓度控制在 0.5 g/dm^3 左右较好，最高为 2.0 g/dm^3，再高则会挥发出氯气的刺激味。镀件在槽内停留时间应控制在 5 s 以内，否则对镀件质量会有影响。停留 2 s 后镀件表面出现斑点，但用 1% 的硝酸溶液漂洗可以除去；接触 1 min 后会使镀件表面发暗。根据以上情况，设计宜采用下列数据：pH 为 10~12，活性氯浓度为 0.5~2.0 g/dm^3，镀件在化学清洗槽停留时间不超过 5 s。

④ 沉淀、过滤含氰废水经过氧化反应后，氰和氰化物可达到排放标准，但尚含铜、钾、镉等金属和氰的配离子。破氰后，这些金属离子在碱性条件下形成氢氧化物沉淀。如不经沉淀、过滤等措施，排水中金属离子的含量就达不到排放标准。根据试验和生产实践，采用凝聚沉淀或再经过滤后才能完全符合排放标准。

若车间内有电镀混合污水处理系统，则破氰后可不经沉淀、过滤处理，直接排入混合污水系统内统一处理较为经济。

7.2.1.2 臭氧处理法

臭氧处理法是利用臭氧作为氧化剂来氧化消除氰污染的一类方法。用臭氧处理含氰废水，处理水质好且不存在氯氧化法的余氯问题，污泥少，操作简单，以空气为原料，不存在原材料供应运输问题，但耗电量较大，设备投资较高。

臭氧处理含氰废水一般分为二级处理，第一级将氰氧化成 CNO^-，第二级再将 CNO^- 氧化成 CO_2、N_2。由于第二阶段反应很慢，往往要加入亚铜离子作为催化剂。

（1）工艺参数

① 臭氧投加量。第一阶段投量比理论上为 CN^-：O_3=1：1.85，第二阶段理论投量比为 CN^-：O_3=1：4.61。实际投药比要大些，可根据试验确定。

② 接触时间。对游离 CN^-，接触时间（t）=15 min 时，可去除 97%；t=20 min 时，可去除 99%。对配位 CN^-，在上述时间分别只能去除 40% 和 60%。

③ pH。随污水 pH 升高，CN^- 的去除率增加，但随着 pH 的升高，O_3 在水中溶解度又会降低，综合考虑 2 个方面的影响，一般 pH 为 9～11 较为适宜。

④ 催化剂的影响。当污水中存在 1 mg/dm^3 的 Cu^{2+} 时，O_3 去除 CN^- 的接触时间比正常时间缩短 1/4～1/3。所以在 O_3 处理含 CN^- 污水时常以亚铜离子为催化剂。

（2）处理流程

臭氧氧化处理含氰废水的工艺流程见图 7-5。

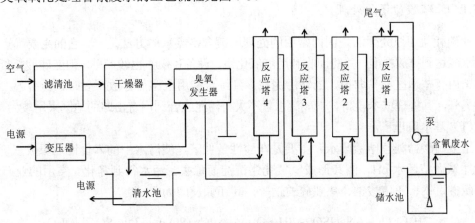

图 7-5 臭氧氧化处理含氰废水工艺流程

（3）处理效果

当污水含 CN^- 浓度为 20～30 mg/dm^3，按 CN^-：O_3 为 1：5（质量比）投加 O_3 后，处理后的出水含 CN^- 浓度可达到 0.01 mg/dm^3 以下，可以作为清洗水回用。

7.2.1.3 工程实例——北京某汽车制造厂氰化镀锌清洗污水处理工程

北京某汽车制造厂采用连续式不完全氧化处理流程，处理氰化镀锌清洗污水获得较好的效果。氧化剂采用次氯酸钠，其来源有二：一是购买化工厂副产品，二是用次氯酸钠发生器产生的次氯酸钠。

（1）处理流程见图 7-2。

（2）主要参数和处理费用见表 7-3、表 7-4。

表 7-3　运行参数

处理水量/ （m³/h）	反应时间/ min	pH	投量比 （CN⁻∶NaClO）	沉淀时间/ h	出水含 CN⁻浓度/ （mg/dm³）
3～6	>7	10～11	1∶4	2	<0.5

表 7-4　污水处理费用（以处理 100 kg CN⁻计算）

处理方法	电耗/ （kW·h）	盐耗/ kg	NaClO 溶液（化工 副产品）/kg	碱耗/ kg	费用/ 元
用化工厂副产品次氯酸钠溶液	0.45	—	3.00	0.05	0.37
用次氯酸钠发生器制作次氯酸钠	4.1	5.6	—	0.06	0.75

该厂对次氯酸钠的不同来源在经济上进行了对比，次氯酸钠溶液采用化工厂副产品时要比自制次氯酸钠在费用上节省 50%左右。所以采用自制次氯酸钠处理含氰废水的费用还是比较高的。

7.2.2　含铬废水的处理

7.2.2.1　亚硫酸盐还原处理法

亚硫酸盐还原处理法是国内常用的处理电镀含铬废水的方法之一，它的主要优点是处理后水能达到排放标准，并能回收利用氢氧化铬，设备和操作也较简单，但亚硫酸盐货源缺乏，国内有些地区不易取得，当铬污泥找不到综合利用出路而存放不妥时，会引起二次污染。另外，其处理成本较高。一般污水量不大、污泥综合利用有出路的地区采用较为合适。

（1）基本原理

用亚硫酸盐处理电镀废水，主要是在酸性条件下，使污水中的六价铬还原成三价铬，然后加碱调整污水 pH，使其形成氢氧化铬沉淀而除去，污水得到净化。常用的亚硫酸盐有亚硫酸氢钠、亚硫酸钠、焦亚硫酸钠等，其还原反应为

$$2H_2Cr_2O_7 + 6NaHSO_3 + 3H_2SO_4 \longrightarrow 2Cr_2(SO_4)_3 + 3Na_2SO_4 + 8H_2O$$
$$H_2Cr_2O_7 + 3Na_2SO_3 + 3H_2SO_4 \longrightarrow Cr_2(SO_4)_3 + 3Na_2SO_4 + 4H_2O$$
$$2H_2Cr_2O_7 + 3NaS_2O_5 + 3H_2SO_4 \longrightarrow 2Cr_2(SO_4)_3 + 3Na_2SO_4 + 5H_2O$$

形成氢氧化铬沉淀的反应为

$$Cr_2(SO_4)_3 + 6NaOH \longrightarrow 2Cr(OH)_3 \downarrow + 3Na_2SO_4$$

（2）处理流程

亚硫酸盐还原法处理含铬废水，一般采用间歇式处理流程，适用于小水量的处理。当

用于处理水量较大的场合时，可采用连续式处理流程，但必须设置自动检测和投加试剂装置，以保证处理水的质量。也可设计容积较大的 2 个调节池，交替使用，形成间歇式集水、连续式处理的流程。图 7-6 为常用的间歇式处理流程。

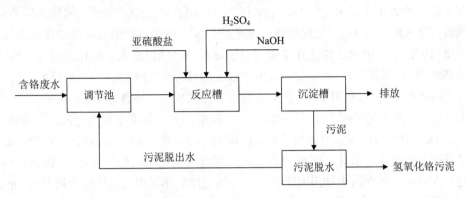

图 7-6　含铬废水间歇式处理流程

当调节池污水存满后，用泵将污水抽入反应槽，反应槽处理过程中，污水仍能连续流入已抽空了的调节池内；也可采用 2 个调节池交替使用，调节池兼做反应槽。经反应后，污水流入沉淀槽将沉淀物去除后排放，污泥定期排入污泥槽脱水后存放或综合利用，污泥的脱出水返回调节池。当处理的水量很小时，也可不设沉淀槽，而将调节、反应、沉淀在一个池内完成。

反应槽先加酸，使污水酸化，后投加亚硫酸盐进行还原，再投加氢氧化钠使还原的三价铬离子生成氢氧化铬，进入沉淀槽进行沉淀。反应槽内应设搅拌装置。试剂投放也可在泵的吸水管上进行。

7.2.2.2　二氧化硫还原法

二氧化硫溶于水后生成亚硫酸：

$$SO_2 + H_2O = H_2SO_3$$

因而其还原沉淀含铬废水的原理及反应条件与亚硫酸氢钠法相同。

由于所用二氧化硫来源不同，工艺流程也不同。二氧化硫的来源主要有以下 3 种：① 市售瓶装二氧化硫；② 燃烧硫黄产生二氧化硫；③ 烟道气中的二氧化硫。

二氧化硫的主要优点是污泥量小，采用瓶装二氧化硫所需设备简单。使用烟道气中的二氧化硫能以废治废，但此法投加量及处理后水质若无自动控制设施，则较难控制。为防止二氧化硫泄漏，设备应密封或辅以必要的通风设施。

（1）污水来源与水质

含铬废水主要来源于铬盐车间红矾钠工段、焙烧工段、铬酸工段压滤工序和吸滤工序的冲洗水、槽罐洗刷水及地面冲洗水，污水量为 17～25 t/h。含铬废水的 pH 为 3～7，污水中含有红矾钠、铬酐等有毒物质，其含量按六价铬计为 150～300 mg/dm³，大多数为 170～180 mg/dm³。

（2）处理工艺流程

根据废水性质及排水要求，采用三级还原、中和、反应、沉淀处理工艺流程。沉淀后的污泥经浓缩池后进入压滤机脱水，干污泥外运。处理工艺流程如图 7-7 所示。

首先将废水集中于调节池，然后用泵打入喷射器；发生炉产生的二氧化硫经喷射器与污水混合，导入还原罐 1，二氧化硫生成亚硫酸，废水中的六价铬被亚硫酸还原成三价铬。一级还原后的污水经喷射器进入还原罐 2、还原罐 3，同时送入二氧化硫气体，使未还原的六价铬继续与亚硫酸进行还原反应。废水经三级还原后仍未达到排放标准时，回流至调节池，重新还原，如此反复循环，直至达到排放标准（六价铬含量 <0.5 mg/dm³）。当废水中六价铬含量 <0.5 mg/dm³ 时，将废水放入中和槽，向中和槽中投入碱液，将废水的 pH 中和至 7～8。中和后的废水进入反应槽、沉淀池，出水中六价铬含量低于排放标准。废水处理过程中，为了使二氧化硫实现闭路循环，将含二氧化硫的尾气引入尾气吸收塔，在塔中部通入含铬废水，在塔上部用碱液吸收，最后使排放尾气中二氧化硫含量 <15 mg/dm³。吸收二氧化硫后的含铬废水，返回调节池。

（3）影响污水处理的因素

① pH 的影响。用二氧化硫还原六价铬时，反应速率与污水的 pH 有较大关系。当污水的 pH 为 3.0～4.0 时，还原反应速率较快；pH>4.0 时，还原反应速率较慢。另外，用二氧化硫处理后的污水，pH 一般为 3～5，污水中含有低毒的硫酸铬，必须加入碱液，使碱与硫酸铬反应生成氢氧化铬沉淀而去除三价铬，并使 pH 保持在 7～8 才可排放。

② 还原反应的投料比。在实际处理污水过程中，由于二氧化硫发生炉所用的硫黄中含有杂质，在燃烧过程中有升华硫产生，有时气体从污水中逸出等，使硫黄的实际耗量较理论量高得多。pH=6 时，投料比为 1∶1.36；pH=5 时，投料比为 1∶1.26；pH=4 时，投料比为 1∶1.14；pH=3 时，投料比为 1∶1.10。

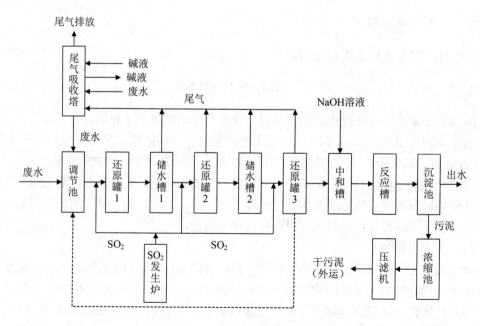

图 7-7　某厂废水处理工艺流程

7.2.3 含铜废水的处理

（1）工艺流程与原理

某电镀车间每天排放出酸洗含铜污水和氰化镀铜污水（图 7-8）。前者含铜量为 500～2 000 mg/dm³，pH 为 2～3；后者含铜量为 100～200 mg/dm³。

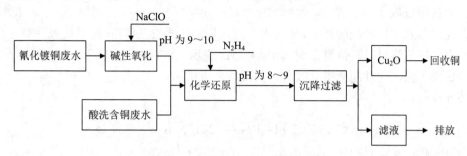

图 7-8　含铜混合污水处理工艺流程

上述工艺主要包括碱性氧化、水合肼还原和沉淀过滤 3 个过程。在 pH 为 9～10 的条件下，加入 NaClO 破坏氰根，使铜转化为氢氧化铜沉淀。经过 NaClO 预处理后，再与酸洗含铜污水混合进行水合肼还原。在碱性条件下，N_2H_4 可与 $Cu(OH)_2$ 起作用，使 Cu^{2+} 还原为 Cu^+ 而呈土黄色的 Cu_2O 沉淀：

$$4Cu(OH)_2 + N_2H_4 = 2Cu_2O\downarrow + 6H_2O + N_2\uparrow$$

该反应属于固液反应，它的反应速率一般受扩散过程控制。强化反应途径主要是采取措施消除铜膜，加速扩散速率。

（2）处理效果

① 采用水合肼还原法处理含铜污水，设备投资少，工艺操作简单，能够回收铜资源又可达标排放，无二次污染，是一种技术上可行、经济上合理的工艺方法。

② 该工艺不仅适用于单一的酸洗含铜污水，而且对其他含铜混合污水同样是适用的。但对于含有络合剂的含铜污水而言，事先破坏络合剂，然后再还原是十分必要的。

③ 水合肼还原法处理含铜污水得到的是 Cu_2O 沉淀物，颗粒粗而致密，沉降时间一般为 15 min，脱水容易，经简单脱水后可直接作为铜资源回收，解决了一般化学法常见的污泥脱水问题。

7.3 化学沉淀法

7.3.1 铁氧体沉淀法

在化学沉淀法处理污水中，铁氧体沉淀法是十多年来在硫酸亚铁处理法的基础上发展起来的一种新型处理法。铁氧体沉淀法就是使污水中的各种金属离子形成铁氧体晶粒一起沉淀析出，从而使污水得到净化。铁氧体沉淀法的主要优点是硫酸亚铁货源广、价格低，处理设备简单，处理后水能达到排放标准，污泥不会引起二次污染。缺点是试剂投加量大，相应产生的污泥量也大，污泥制作铁氧体时的技术条件较难控制，需加热耗能较多，处理成本也较高。

7.3.1.1 基本原理

铁氧体处理法处理含铬废水一般有 3 个过程，即还原反应、共沉淀和生成铁氧体。

（1）还原反应和共沉淀

首先向污水中投加硫酸亚铁，使污水中的六价铬还原成三价铬，然后投碱调整污水 pH，使污水中的三价铬以及其他重金属离子（以 M^{n+} 表示）发生共沉淀现象，在共沉淀过程中，某些金属离子的沉淀性能会得到改善。其反应如下所示。

还原反应：

$$Cr_2O_7^{2-} + 6Fe^{2+} + 14H^+ \longrightarrow 2Cr^{3+} + 6Fe^{3+} + 7H_2O$$

调整污水 pH 后的沉淀反应：

$$Cr^{3+} + 3OH^- \longrightarrow Cr(OH)_3 \downarrow$$

$$M^{n+} + nOH^- \longrightarrow M(OH)_n \downarrow (M^{n+} = Fe^{2+}、Fe^{3+})$$

$$3Fe(OH)_2 + \frac{1}{2}O_2 \longrightarrow FeO \cdot Fe_2O_3 \downarrow + 3H_2O$$

在共沉淀过程中的反应：

$$FeO \cdot Fe_2O_3 + M^{n+} \longrightarrow Fe^{3+}\left[Fe^{2+} \cdot Fe_{1-x}^{3+}M_x^{n+}\right]O_4 \quad (x \text{ 为 } 0\sim1)$$

（2）生成铁氧体

铁氧体是指由铁离子、氧原子及其他金属离子组成的氧化物晶体，通称亚高铁酸盐。铁氧体有多种晶体结构，最常见的为尖晶石型的立方结构，具有磁性。

尖晶石型铁氧体化学式一般通式为 A_2BO_4 或 BOA_2O_3，A、B 分别表示金属离子。试验表明，铁氧体实际上可以是铁和其他一种或多种金属离子的复合氧化物。不同金属离子在形成铁氧体晶格时，占据 A 或 B 位置的优先趋势可由以下顺序表示：

有限占据 A 位置

$$\longleftarrow$$

$$Zn^{2+}、Cd^{2+}、Mn^{2+}、Fe^{3+}、Mn^{3+}、Fe^{2+}、Cu^{2+}、Co^{2+}、Ni^{2+}、Cr^{3+}$$

有限占据 B 位置

$$\longrightarrow$$

当反应条件不同时，以上顺序可能颠倒。

在形成铁氧体的过程中，污水中其他金属离子取代铁氧体晶格中的 Fe^{2+} 和 Fe^{3+}，进入晶格体的八面体位或四面体位，构成晶体的组成部分，因此不易溶出。

由以上的反应，使溶解于水中的重金属离子进入铁氧体晶体中，生成复合的铁氧体。铬离子形成的铬铁氧体其反应如下：

$$(2-x)\left[Fe(OH)_2\right]+x\left[Cr(OH)_3\right]+Fe(OH)_2 \longrightarrow Fe^{3+}\left[Fe^{2+}Cr_x^3Fe_{(1-x)}^{3+}\right]O_4+4H_2O$$

7.3.1.2 处理流程及技术条件和参数

（1）适用范围

铁氧体处理法能用于镀硬铬、光亮铬、黑铬、钝化等各种含铬废水；同时适用于含多种重金属离子的电镀混合污水。但必须注意的是，若污水中含有强配位剂、螯合剂，会影响处理效果。因为配位剂、螯合剂会与重金属离子配位或螯合形成稳定的重金属配合物或螯合物，这些物质在加碱调整 pH 时，很难形成沉淀，因此当污水中含有配位剂和螯合剂时，需进行预处理，使其分解后再进入处理系统。另外，生产实践证明，含少量电镀添加剂不影响污水处理效果，但尚无实测数据。

采用铁氧体处理法一般侧重于处理含六价铬、镍、铜、锌等离子的污水。

用于处理浓度较高的离子交换阳柱的再生废液、镀铬槽废液等也取得较好的效果；也有作为电镀污泥或其他重金属离子污泥的无害化处理用。

（2）处理流程

铁氧体法处理流程一般分为间歇式处理和连续式处理 2 种。

① 间歇式处理流程。一般当处理水量在 10 m^3/d 以下，或处理的污水浓度波动范围很大，或浓度较高的废镀液时采用间歇式处理。其流程如图 7-9 所示。

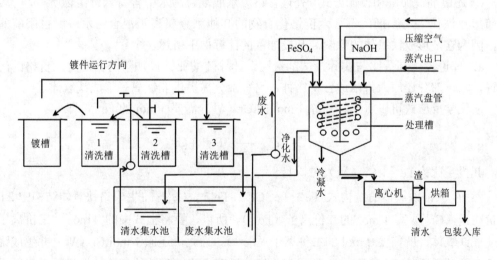

图 7-9 铁氧体法处理含铬废水间歇式工艺流程

② 连续式处理流程。当污水量在 10 m^3/d 以上，或处理的污水浓度波动范围不大时，可采用连续式处理。当污水中铬离子或其他重金属离子浓度波动范围大时，应设置必要的自动检测和投试剂装置，以保证污水的处理质量。

图 7-10 为采用溶气气浮法作为固液分离设施的连续式处理流程。固液分离也可采用斜板（管）沉淀等其他方法。处理后的水部分作为溶气水、部分重复使用或排放。

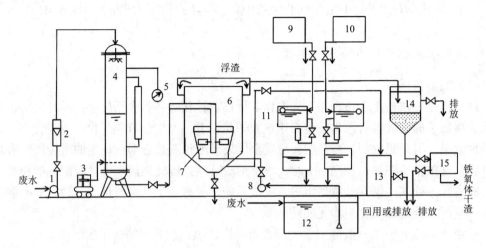

1—溶气水泵；2—溶气水流量计；3—空压机；4—溶气罐；5—压力表；

6—气浮槽；7—释放器；8—污水；9—配液箱（NaOH）；10—配液箱（FeSO₄）；

11—投药箱；12—污水池；13—清水槽；14—铁氧体转化槽；15—脱水机。

图 7-10　铁氧体法处理含铬废水连续式工艺流程

（3）技术条件与有关主要技术参数

① 还原剂投加量和投加方式。处理含铬废水或混合污水中含有六价铬物质时，一般使用硫酸亚铁作为还原剂；不含六价铬化合物的其他重金属离子混合污水一般也用硫酸亚铁，因为它是形成铁氧体的原料。其投加量的计算如下所述。

a．理论投试剂量比与实际投试剂量比。计算硫酸亚铁投加量时，对含六价铬的污水来说，除一部分还原六价铬成三价铬外，另一部分需提供亚铁离子形成铁氧体。

从化学反应式可以看出，还原 1 mol 的 Cr（Ⅵ）需要 3 mol 的 Fe^{2+}，即

$$3Fe^{2+} + Cr^{6+} \longrightarrow 3Fe^{3+} + Cr^{3+}$$

其投量比为 Fe^{2+} : Cr（Ⅵ）=3 : 1。

然而，从铬铁氧体的结构式 $\left\{ Fe^{3+} \left[Fe^{2+} Cr_x^{3+} + Fe_{(1-x)}^{3+} \right] O_4 \right\}$ 看，生成铬铁氧体结构中 2 mol 三价离子（Cr^{3+}）需 1 mol 的二价离子（Fe^{2+}）。所以，要将上式中的 4 mol 的三价离子全部变成铁氧体，就需要 2 mol 的二价离子（Fe^{2+}）。为此，还原 1 mol Cr（Ⅵ）并生成铬铁氧体，总共需要的 Fe 量为（3+2）mol。将其折算成硫酸亚铁的理论计算投加量（以质量计）为

$$\frac{(3+2) FeSO_4 \cdot 7H_2O}{Cr（Ⅵ）} = \frac{5 \times 277.95}{52} = 26.7 （mol）$$

故理论计算投量比为 Cr（Ⅵ）：$FeSO_4 \cdot 7H_2O$ =1 : 26.7（质量比）。

但在实际使用中，由于污水浓度不同，出入很大，一般可按表 7-5 选用。

表 7-5　制作铬铁氧体的硫酸亚铁投量比

序号	污水中含 Cr（Ⅵ）浓度/（mg/dm³）	投量比（质量比）[Cr（Ⅵ）：$FeSO_4 \cdot 7H_2O$]
1	<25	1：（40～50）
2	25～50	1：（35～40）
3	50～100	1：（30～35）
4	>100	1：30

对于不含六价铬物质的其他重金属离子污水来说，生成铁氧体时，若生成尖晶石结晶的复合铁氧体，则处理含镍、铜、锌二价离子污水时，其分子式结构分别为镍铁氧体（$NiFe_2O_4$）、铜铁氧体（$CuFe_2O_4$）、锌铁氧体（$ZnFe_2O_4$），因此 1 mol 的二价金属需 2 mol 的 Fe^{2+}，其投量比为 Fe^{2+}：M^{2+}=2：1，其投加硫酸亚铁的质量比理论计算分别为

$$x_{Ni^{2+}} = 9.5 ; \quad x_{Cu^{2+}} = 8.9 ; \quad x_{Zn^{2+}} = 8.5$$

据试验，用铁氧体法处理多种重金属离子的电镀混合污水时，应将污水中每种单一重金属离子所需理论投加量的叠加倍作为总 Fe^{2+} 投加量。

$$a = Q\sum_{i=1}^{n} c_i x_i 10^{-3}$$

式中，a —— 硫酸亚铁总投药量，kg；

$\quad\quad Q$ —— 处理污水量，m^3；

$\quad\quad c_i$ —— 污水中各种重金属离子的浓度，mg/dm^3；

$\quad\quad x_i$ —— $FeSO_4 \cdot 7H_2O$：M^{2+} 的理论投量比，分别为 $x_{Cr(Ⅵ)}$=26.7、$x_{Ni^{2+}}$=9.5、$x_{Cu^{2+}}$=8.9、$x_{Zn^{2+}}$=8.5。

实际投加的硫酸亚铁量应大于或等于计算投加量。一般情况下，投量比可按 $x_{Cr(Ⅵ)}$=30～50，$x_{Ni^{2+}}$、$x_{Cu^{2+}}$、$x_{Zn^{2+}}$ 均按 10～15 投加。但还要根据污水水质、重金属离子种类和浓度及制作的铁氧体综合利用时的具体要求等情况有所变动。一般情况是污水中各种重金属离子浓度在 50 mg/dm^3 以下时，随着重金属离子浓度的降低，硫酸亚铁的实际投入量比理论计算量要高；当污水中各种重金属离子浓度在 50 mg/dm^3 以上时，随着污水中重金属离子浓度的增加，硫酸亚铁的实际投入量基本上等于或略低于理论计算量；也要注意混合污水中有无六价铬离子的存在，因为六价铬离子是强氧化剂，对生成铁氧体有一定作用。据试验，在不含六价铬离子的电镀混合污水中，其他重金属离子浓度在 30～100 mg/dm^3 时，其硫酸亚铁实际投入量至少应等于或高于理论计算量才能得到具有磁性的铁氧体。

当采用其他亚铁盐时，上式中的 x_i 值应作相应的改变。

b. 硫酸亚铁的投加方式及其影响。投加硫酸亚铁有两个作用：一是还原、聚凝和共沉淀作用，以达到处理污水的目的；二是使沉淀的重金属氢氧化物转化形成铁氧体。据计算，处理污水需总硫酸亚铁量的 60%左右，转化成铁氧体约为 40%。以往采用一次投加方式，这样虽提高了处理污水的效率，但浪费了药剂，增大了污泥量，同时处理后出水中的含盐量也有所增多，影响了水的重复利用。因此宜采用二次投加的方式。第一次投加量约为总硫酸亚铁投加量的 2/3，以满足处理污水的要求；第二次为总硫酸亚铁投加量的 1/3

左右，投入铁氧体制作槽，使污泥转化形成铁氧体。

投加硫酸亚铁可采用干投或湿投。一般在管道上投放时采用湿投，这样有利于混合，也不易堵塞管道、阀门等，湿投时，硫酸亚铁溶液配置浓度一般为 $0.7 \, mol/dm^3$ 左右。

② 污水的 pH。投加硫酸亚铁使六价格还原成三价铬的最佳 pH 为 2～3，但一般工厂为便于操作，控制 pH 在 6 以下，就直接投试剂进行反应，不进行污水的 pH 调整。反应后一般投加氢氧化钠调整污水 pH 到 7～8；对电镀混合污水则需调整 pH 为 8～9。

③ 还原反应时间。还原反应时间的长短与投放试剂方式、污水的含铬浓度有关。湿投时试剂可与污水迅速混合，缩短反应时间，保证反应效果。采用湿投时反应时间一般为 10～15 min（硫酸亚铁与碱液均按饱和浓度配制）。

沉淀时间一般为 30～50 min，处理周期为 1～1.5 h。

④ 通气量。制作铁氧体时通入空气，主要起搅拌和加速氧化反应的作用，在铁氧体形成过程中，平衡所需的 Fe^{2+} 和 Fe^{3+} 量，促进铁氧体的形成。通入空气的量和通气时间与污水中所含重金属离子的种类、浓度以及选择的通气方式等有关。如采用压缩空气机、鼓风机、机械搅拌、直接通蒸汽搅拌或自然曝气等。当含有六价铬时由于六价铬是强氧化剂，因此所需的空气量可少些；当不含六价铬时，则通气量是很重要的因素之一。

当采用压缩空气时，空气的压力为 $(0.2～2.0) \times 10^5 \, Pa$。

a. 当污水含 Cr（Ⅵ）的浓度在 $25 \, mg/dm^3$ 以下时，由于污水中的溶解氧已足以使投入的 Fe^{2+} 氧化成 Fe^{3+}，因此可不通入空气，只需将药剂与污水搅拌均匀即可停止通气。

b. 当污水含 Cr（Ⅵ）的浓度在 $25～50 \, mg/dm^3$ 时，通气时间为 5～10 min。

c. 当污水含 Cr（Ⅵ）的浓度在 $50 \, mg/dm^3$ 以上时，通气时间为 10～20 min。

但应注意通气量不宜过多，否则会造成 Fe^{2+} 被过量氧化的可能，从而要增补硫酸亚铁，同时形成的铁氧体松而发黄。

⑤ 加热温度。制作铁氧体时另一个主要影响因素是加热，它有利于形成尖晶石结构的铁氧体。为节省能耗，应将处理后的污水，经沉淀后将上清液排除，只对污泥部分进行加热。当温度上升到 40℃ 以上时，颜色突变为棕褐色，绒体大，沉淀分离快。一般采用蒸汽直接进行加热，蒸汽可用车间废气，控制温度为 (70±5)℃ 比较好，温度太高消耗的热量大，同时产生大量气雾，污染环境。加热的目的是破坏氢氧化物的胶体状态，加速氢氧化物的脱水生成铁氧体。

在常温下也能形成铁氧体，但形成周期长，反应不完全，生成的铁氧体结构不紧密，有胶状体且体积大，一般不宜采用。

经通气、加热后生成的铁氧体污泥，沉渣密实，体积小，易于脱水。也有些单位经通气、加热后再陈化若干小时，使其生成铁氧体。

7.3.1.3 处理设备、装置的设计和选用

（1）调节池

调节池主要用来调节流量，均化水质，同时也能除去车间排水带出的油类等物质。

一般间歇式处理时，调节池容积按水力停留时间的 3～4 h 计算；当污水流量很小时，可按 8 h 计算，以简化操作。连续式处理时，可适当减小调节池容积。

间歇式处理时的调节池也可分成 2 格或设置 2 个池子，交替使用，并应考虑有撇油、

清除沉渣等设施。调节池一般设于地下，采用钢筋混凝土结构，并应考虑防渗漏和防腐蚀等措施。

（2）混合反应沉淀槽

在间歇式处理时，混合反应和沉淀可合成一个槽，其容积与调节池基本相等；也可将调节池水量分成几次处理，以此来缩小混合反应沉淀池容积，但应满足混合反应、沉淀时间和处理周期的要求。一般混合反应时间宜控制在 10～20 min；混合反应后沉淀时间为 1.0～1.5 h。沉淀污泥后的上清液排除，污泥排入铁氧体制作槽（也称转化槽）。

混合反应和沉淀也可分成 2 个槽进行设计。混合反应应有搅拌设施。

混合反应沉淀槽一般设于地面，采用钢槽或塑料槽。钢槽应有防腐蚀措施。

当采用连续式处理时，可采用溶气气浮槽或经混合反应槽后，采用斜板（管）沉淀槽等使污水中的污泥分离出来。

溶气气浮槽由于一部分混合反应在气浮槽内进行，因此一般在进水管上投加硫酸亚铁和氢氧化钠，在处理含铬废水时要注意投加 2 种试剂的间隔时间，并需设置必要的增加混合反应的设施，否则六价铬不能充分还原成三价铬，而且会增加硫酸亚铁的投加量。设计采用溶气气浮液时，污水在槽内停留时间多为 15～30 min，溶气水量为处理水量的 30%～50%，泥渣与水的分离速度采用 1～2 mm/s，溶气水工作压力为 300～500 kPa。

当采用导向流斜板（管）沉淀时，斜板（管）倾角为 60°，板长 1.2 m 左右，表面负荷率可采用 3～5 $m^3/$（$m^2 \cdot h$）。

溶气气浮设备一般选用市售产品，但应核对其技术参数和技术条件。

（3）铁氧体制作槽

间歇式处理时，可将几次污水处理后的污泥集中排入铁氧体制作槽，成批制作铁氧体。据试验，混合反应后，经静止沉淀 40～60 min，污泥体积为处理水体积的 25%～30%，因此宜设置污泥浓缩槽，或将几次污泥集中在铁氧体制作槽中时将该槽兼作浓缩槽，以缩小污泥体积，不至于使铁氧体制作槽过大。

采用溶气气浮法连续处理时，由于污泥含水率较低，铁氧体制作槽容积可适当缩小。一般可按日处理水量的 2%左右考虑。

铁氧体制作槽一般为钢制，槽内应接入空气和蒸汽管，当直接用蒸汽加热时，应设计消音器，防止噪声影响环境，并设置投加硫酸亚铁装置和搅拌设施。

（4）投试剂槽

一般采用塑料槽。其容积根据具体情况确定。

（5）污泥脱水

经制成的铁氧体污泥，可根据量的大小和具体条件选用脱水设备，脱水后的污泥应综合利用或经包装后堆置。

7.3.1.4 工程实例

（1）大连某造船厂含铬废水处理工程

大连某造船厂采用铁氧体处理法处理含铬废水。该厂含铬废水主要来源于镀铬，每天 1 m^3 左右，含 Cr（Ⅵ）浓度在 100 mg/dm^3 以上，与图 7-9 所示相同，为间歇式处理流程。其操作步骤为：

① 分析污水中含 Cr（Ⅵ）浓度；

② 按 Cr（Ⅵ）浓度投加硫酸亚铁；

③ 投加氢氧化钠调整污水 pH=8，溶液呈墨绿色；

④ 沉淀后经分析 Cr（Ⅵ）合格后排除上清液；

⑤ 将污泥部分加热到 70℃左右；

⑥ 通空气 10～20 min，气压 20 kPa，空气量 16 m³/h，当污泥呈黑褐色后停止通气；

⑦ 将铁氧体污泥脱水、洗钠、烘干。

（2）某电镀厂含镉的污水处理工程

向含镉废水中投加硫酸亚铁，用氢氧化钠调节 pH 为 9～10，加热，并通入压缩空气进行氧化，即可形成铁氧体晶格并使镉等金属离子进入铁氧体晶格中，过滤达到处理目的。其流程见图 7-11。

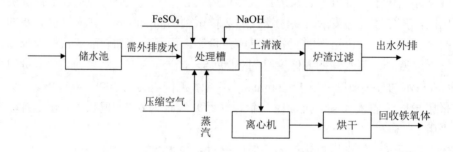

图 7-11　铁氧体法处理污水流程

研究试验结果表明，铁氧体法去除废水中镉等多种重金属离子是可行的。工艺条件是硫酸亚铁投加含量为 150～200 mg/dm³，pH 为 9～10，反应温度 50～70℃。通入压缩空气氧化 20 min 左右，澄清 30 min，镉的去除率在 99.2%以上，出水镉含量小于 0.1 mg/dm³。

7.3.2　混凝沉淀法

电镀生产中，镀锌件约占总产量的 60%，所以含锌废水是电镀废水中量大、面广的污水之一。

处理电镀含锌废水，一般采用化学凝聚沉淀法，但由于电镀工艺不同，在污水处理工艺上也有所差异。一般不含配位剂或含配位剂量少的镀锌废水，如碱性锌酸盐镀锌、酸性镀锌、钾盐镀锌等含锌废水，只需调整污水的 pH 并投加一定量的凝聚剂，使锌形成氢氧化锌沉淀，经沉淀和过滤后，出水含锌量能达到 5 mg/L 的排放标准。处理后的水有 90%左右能循环使用。而含配位剂较多的如铵盐镀锌废水则需破坏配合物后，再按上述操作调整污水 pH，使锌形成氢氧化锌而去除。

沉淀出的锌污泥，由于经济价值不高，作为一般污泥统一处置，或无害化处理。

（1）碱性锌酸盐镀锌废水

锌为两性金属，在污水中的存在形态由 pH 决定。一般认为 pH 大于 10 时，锌主要以 ZnO_2^{2-} 存在；当 pH 调整到 8～10 时，主要以 $Zn(OH)_2$ 形态存在，其反应为

$$Zn^{2+} + 2OH^- \longrightarrow Zn(OH)_2\downarrow$$

$$Zn(OH)_2 + 2OH^- \longrightarrow ZnO_2^{2-} + 2H_2O$$

$$Zn(OH)_2 + H_2SO_4 \longrightarrow ZnSO_4 + 2H_2O$$

根据溶度积规则，可在不同的 pH 条件下，计算出相应的氢氧化锌沉淀物及污水中残留的锌离子浓度的理论值，从而求得最佳的 pH，理论计算式如下：

$$K_{sp} = \left[Zn^{2+}\right]\left[OH^-\right]^2 = 1.2 \times 10^{-17}$$

根据对碱性锌酸盐镀锌废水进行不同 pH 测试，污水中锌离子残留浓度的理论计算值和实测值比较见表 7-6。

表 7-6　不同 pH 时污水中锌离子残留浓度的理论计算值和实测值　　单位：mg/L

调整 pH	污水中 Zn^{2+} 的浓度				
	理论计算值	实测值 Ⅰ		实测值 Ⅱ	
		起始浓度	测定残留浓度	起始浓度	测定残留浓度
7.5	7.85		45.0		50.0
8.5	0.079	50	3.8	150	5.0
9.5	0.000 79		1.4		2.5

由表 7-6 可知产生氢氧化锌沉淀的最佳 pH 为 8.5～9.5。

为了使氢氧化锌更好地从污水中分离出来，需要投加凝聚剂，改善氢氧化锌的沉淀性能，同时充分地混合和反应对固液分离也是不可忽视的。

（2）石灰法处理铵盐镀锌废水

据上海某造船厂的试验和实践可知，当污水 pH=10 时，氨三乙酸与锌离子配位的稳定程度比钙离子高，而 pH=12 时则相反，氨三乙酸与钙离子络合的稳定程度比锌离子高，因此利用这个机理来提高污水 pH，增大钙离子浓度（同离子效应），有利于配位剂与钙离子配位，使锌离子离解出来，然后形成氢氧化钙沉淀。据试验最佳 pH 为 10.95～11.2，钙盐用 CaO，投加量为 $Ca^{2+}/Zn^{2+}=$（3～4）∶1，污水起始含锌浓度在 150 mg/dm³ 以下时，处理后 Zn^{2+} 浓度可达 5 mg/dm³。

处理时可用石灰（按计算量）和氢氧化钠调整 pH 到 11～12，搅拌 10～20 min，然后经沉淀、过滤。在运行中应注意 pH 不能超过 13，否则由于羟基配合物的溶解度增加，$Zn(OH)_2$ 重新溶解，会使出水中锌含量升高。另外，石灰宜先调制成石灰乳后投加。

7.3.3　其他沉淀法

7.3.3.1　聚合硫酸铁法处理含镉废水

聚合硫酸铁近年来在水处理中被广泛应用，其对污水重金属离子有显著的去除效果。处理流程见图 7-12。

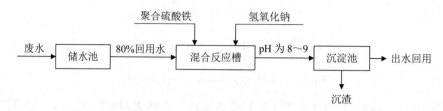

图 7-12 聚合硫酸铁沉淀法处理污水流程

经反复实验证实，pH 在 9 左右，聚合硫酸铁加入量为 40 mg/dm³ 时，对镉的去除率为最佳状态，过量的聚合硫酸铁是不必要的。另外，加入助凝剂聚丙酰胺对去除镉的影响不大明显。

试验证明，聚合硫酸铁对去除镉的最佳投加量为 40 mg/dm³，聚丙酰胺投加量为 0～0.4 mg/dm³，对含镉为 15 mg/dm³ 的污水，镉的去除率达 93%以上，SS 小于 20 mg/dm³，能够满足工业用水要求。此方法操作简单、成本较低，适用于循环水处理系统回用水的处理。

7.3.3.2 硫化物—聚合硫酸铁沉淀法处理含镉废水

根据溶度积原理，试验时向污水中投加硫化钠，使硫离子与镉等金属离子反应，生成难溶的金属硫化物，同时投加一定量的聚合硫酸铁，生成硫化铁及氢氧化铁沉淀。利用它们的凝聚和共沉淀作用，既强化了硫化镉的沉淀分离过程，又清除了水中多余的硫离子，工艺流程见图 7-13。

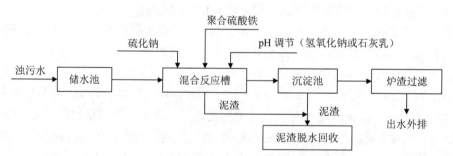

图 7-13 硫化物—聚合硫酸铁沉淀法处理污水流程

经试验证实，当 pH、聚合硫酸铁浓度一定时，硫化钠投加量的多少与镉的去除率有很大的联系。随着硫化钠投加量的增加，镉的去除率明显提高。在此条件下，去除镉的最佳硫化钠投量是 70～150 mg/dm³，去除率达 99.3%～99.6%。但从经济角度及保证出水水质等多方面权衡，试验选定硫化钠最佳投量为 70～100 mg/dm³。另外，pH 的不同、搅拌时间的长短，对去除效果也有明显影响。

试验结果表明：硫化钠—聚合硫酸铁沉淀法去除污水中镉等重金属离子是比较理想的。工艺条件：硫化钠投加含量为 100 mg/dm³，聚合硫酸铁投加量为 40 mg/dm³，pH 适应范围为 5～9，搅拌时间 10 min，澄清时间 30 min。

采用硫化钠—聚合硫酸铁沉淀法处理后的污水，水质可达《污水综合排放标准》（GB 8978—1996）（镉＜0.1 mg/dm³、铜＜0.5 mg/dm³、锌＜2.0 mg/dm³、SS＜100 mg/dm³、硫化物＜1 mg/dm³）中的一级标准。

7.3.3.3 磷酸盐沉淀法处理含铅污水

铅是工业中使用最广的元素之一，并且无机铅为高毒元素，血铅浓度在人体内达 80%～100%，就会引起急性肾损伤直至死亡。所以，含铅污水不经处理就直接排放势必造成环境的污染，严重危害人体健康。

（1）基本原理

磷酸钠与污水中 Pb^{2+} 发生置换反应，形成磷酸铅沉淀。

$$3Pb^{2+} + 2PO_4^{3-} = Pb_3(PO_4)_2$$

在给定温度下，在不溶性铅盐中，磷酸铅的溶度积最小。溶度积越小，在水中的溶解度也越小，沉淀速度越快。向污水中投加磷酸钠，提高了污水中磷酸根离子的浓度，使离子积大于溶度积，结果 $Pb_3(PO_4)_2$ 从污水中沉淀析出，从而降低了废水中 Pb^{2+} 的浓度。所以，用磷酸钠作沉淀剂处理含铅污水，效果较其他的沉淀剂好。同时在反应阶段投加聚丙烯酰胺（PAM）作助凝剂，使其产生吸附架桥作用，可增大絮体的体积和沉淀速度，使铅离子去除效率提高。

（2）工程实例——天津某油墨厂含铅生产污水处理工程

天津某油墨厂白色车间每日排放 10 t 含铅污水，铅离子浓度高达 40 mg/dm^3，超过国家排放标准近 40 倍。该厂采用化学沉淀法处理该厂的含铅污水。

① 静态小试。白色车间污水 $[Pb^{2+}]=39$ mg/dm^3，pH 为中性，分别取 500 cm^3 水样，置于 1 dm^3 烧杯中，在六联搅拌机搅拌下，投加磷酸钠和 PAM，在实验室进行静态混凝沉淀试验。先快搅（200 r/min）5 min，再慢搅（50 r/min）15 min，静沉 30 min 后，取上清液，用酸度计测定 pH，用双硫腙法和 721 分光光度计测定含铅量。图 7-14 为工艺流程示意图。

② 生产试验。根据油墨厂白色车间生产过程为间断性，每日排放 2 次含铅污水，利用车间原来的反应缸，采用间歇性含铅污水处理工艺。在缸内控制其水力条件，进行混合、反应、沉淀，然后排放上清液，收集处理沉渣，其工艺流程如图 7-14 所示。

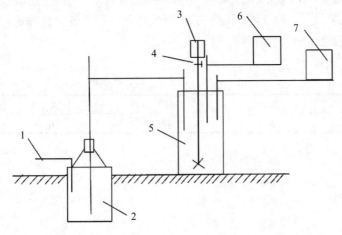

1—压滤出水；2—储水池；3—调速电机；4—减速装置；5—混合反应缸；

6—PAM 储罐；7—Na_3PO_4 溶液储罐。

图 7-14 天津某油墨厂某车间工艺流程示意图

试验结果表明：用 Na_3PO_4、PAM 化学沉淀法处理含铅污水，工艺简单，操作方便，运行稳定，出水可达国家排放标准。沉淀后的沉渣经烘干脱水可用作塑料稳定剂，既变废为宝，又防止了二次污染。

7.3.3.4　石灰沉淀法处理含磷电镀废水

电镀废水中的磷酸盐主要有磷酸三钠、焦磷酸铜和次亚磷酸钠。磷酸三钠用作洗涤剂，焦磷酸铜用于无氰电镀，次亚磷酸钠用于化学镀。磷酸三钠在前处理时加入，焦磷酸铜在无氰电镀时加入，次亚磷酸钠在化学镀时加入。进入综合污水后，在工序中经多次调整 pH，磷与石灰、螯合剂反应已被络合，除去的难度很大，因此除要重视磷外，还要像对待六价铬、氰水那样去对待它。将其分流出来，单独处理达到 2 mg/L 以下后，再排入综合池进行生物除磷。化学除磷实用的方法有化学沉淀法、氧化法等。膜法、电解法虽然技术上可以实现，但成本过高，经济上不可行。

石灰除磷是投加石灰与磷酸盐反应生成羟基磷灰石沉淀，反应如下：

$$CaO + H_2O = Ca(OH)_2$$

钙离子与磷酸盐反应生成羟基磷灰石沉淀：

$$10Ca^{2+} + 6PO_4^{3-} + 2OH^- = Ca_{10}(OH)_2(PO_4)_6$$

pH 控制在 10.5～11.5，反应 15 min 后，搅拌由快到慢，污水流速由 0.5～0.6 m/s 减少到 0.1～0.2 m/s，防止增大的絮体破碎，磷酸根全部生成羟基磷灰石。加入 PAM 沉淀，再经过砂滤、活性炭吸附。由于石灰进入水中，首先与碳酸根作用生成碳酸钙沉淀；然后过量的钙离子才能与磷酸盐反应，生成羟基磷灰石沉淀。因此所需的石灰量主要取决于待处理污水的碱度，而不是污水的磷酸盐含量。另外，污水中镁的含量也是影响石灰法除磷的因素，因为在高 pH 条件下，可以生成 $Mg(OH)_2$ 胶体沉淀，不但消耗石灰，而且不利于污泥脱水。其溶解度与 pH 关系较大，随着 pH 的升高，羟基磷灰石的溶解度急剧下降，即磷的去除率迅速增加；pH > 9.5 时，水中所有磷酸盐都转为不溶性的沉淀。一般 pH 控制在 9.5～10 除磷效果最好。对于不同污水的石灰投加量，应通过试验确定。

两级石灰沉淀试验的磷化水水质见表 7-7。

表 7-7　磷化水水质　　　　　　　　　　　　　　　　　单位：mg/L

	总 P	Ni^{2+}	SS	COD
含量	4 647	748	206	1 677

一级：

含磷污水　　　　500 mg；

石灰水配制　　　0.166 g/100 g（水）；

投加石灰水　　　350 mg；

搅拌时间　　　　30 s。

静置 30 min，取上清液 12.6 mg/L 测量含磷量。

加入石灰水 $Ca(OH)_2$ 与其反应，调整 pH，磷酸盐被沉淀出来。

二级：取上清液 500 mL，投加石灰水上清液 15 mL，搅拌 30 s 后，加入 PAM 10 mg/L，静置。

30 min 后取上清液，测量 TP。用稀盐酸调整上清液 pH 为 7～9 后排放。二级处理后的水质见表 7-8。

表 7-8　二级处理后的水质

水质指标	pH					
	7	8	9	10	11	12
Ni^{2+}含量/（mg/L）	47.1	22.0	8.24	1.60	0.35	0.18
PO_4^{3-}含量（以 P 计）/（mg/L）	14.5	7.20	2.38	0.45	0.10	未检出

石灰除磷有 3 种方法：一是在污水处理初沉淀之前投加石灰；二是在污水生物处理之后的二次沉淀池中投加石灰；三是在生物处理系统之后投加石灰，并配有碳酸化系统。

7.4　中和法

电镀车间的含酸碱污水一般是指镀前的预处理工序中的去油、腐蚀物等排出的污水，它随生产工艺、镀件材质、产量以及采用的清洁工艺等不同差异很大。目前国内对电镀酸、碱污水的处理只有当电镀预处理工作量较大时，才将这部分酸、碱污水单独进行中和处理。

含酸在 4% 以下、含碱在 2% 以下的污水还无实用的回收利用方法，为避免排放后造成危害，包括去除污水中的重金属离子等杂质在内，进行中和处理，使其无害化后排放，或使之处理后能回用一部分水。

电镀预处理工序的酸、碱污水混合后，一般呈酸性，因此以中和酸为主。

7.4.1　基本原理

所谓中和反应，就是酸和碱相互作用生成盐和水的化学反应过程，如盐酸和氢氧化钠反应：

$$HCl + NaOH \longrightarrow NaCl + H_2O$$

中和后溶液为中性。利用中和作用处理酸、碱污水的方法称为中和处理法。但由于电镀酸、碱污水中还有各种重金属离子，因此还需调节污水的 pH，使污水中的重金属离子形成氢氧化物沉淀而被除去，其反应为

$$M^{n+} + nOH^- \Longleftrightarrow M(OH)_n \downarrow$$

但金属（以 M^{n+} 代表）氢氧化物的沉淀及污水的 pH 和金属氢氧化物的溶度积（K_{sp}）有关，即

$$[M^{n+}][OH^-]^n = K_{sp}$$

因此，在进行中和反应时，要考虑氢氧化物沉淀的溶度积问题，不能认为污水 pH 达到中性就完成了处理任务，要根据污水中所含重金属离子的种类和浓度等具体情况，需调

节污水达到选用的 pH 范围。据实际使用情况，对同时含有铁、铜、镍、锌等重金属离子的酸、碱污水，一般 pH 控制在 8~9，处理后污水中的重金属离子都能达到排放标准。但应注意污水中若含有配位剂、表面活性剂等情况时，应先进行预处理，破坏配合物后再进行中和处理。

7.4.2　处理方法及主要技术条件和参数

一般常用的综合方法有自然中和法、投试剂中和法、过滤中和法等。

（1）自然中和法

自然中和法是电镀车间酸、碱污水在 20 世纪 50~60 年代采用的中和方法，它将除了含氰、含铬以外的污水集中流入一个中和池，依靠污水中所含的酸、碱自然中和。据当时的调查测定，其出水的 pH 在 4~11，且很不稳定，达不到中和与去除污水中重金属离子的作用。据对镀前预处理工序的酸、碱污水的调查情况来看，一般呈酸性，因此不能采用自然中和法。

（2）投试剂中和法

投试剂中和法是常用的中和处理方法之一。其适应范围较广，对处理流程、中和剂的选用等要结合当地货源以及工艺情况等确定。

① 试剂的选用。选用中和剂首先应考虑采用废碱、电石渣等废料，以节省处理费用，降低处理成本。在没有废料可利用时才选用新碱作为中和剂。

常用的中和剂有石灰、氢氧化钠、碳酸钠、碳酸钙、石灰石、白云石等。

石灰货源较广，价格低廉，反应后生产的污泥含水率低，污泥的脱水性也较好。但其主要缺点是运输量大，存放时占地面积较大，工人劳动强度大，易产生粉尘影响环境。另外，处理后污泥量大，若制成石灰乳后投加，则配制溶液的设备较多，输送石灰乳管道易堵，管理不便。因此对处理水量不大或工厂场地不大、人员紧张的厂点一般很少采用。

工业氢氧化钠、碳酸钠的优点是易溶于水，便于投加，反应速率快，污泥量少。但价格贵，处理后生成的污泥不易脱水，由碳酸钠形成的金属碳酸物有些溶解度较高。另外，形成的沉淀细小，沉降困难。目前大部分厂点采用工业氢氧化钠。

石灰石、白云石一般用于滚筒式中和处理法及过滤中和处理法。

② 处理流程及主要技术条件和参数。可采用间歇式或连续式处理，连续式处理应安装 pH 自动检测和投药的装置。污水先经除油，然后进入预沉池，预沉池兼作调节池用，并应设置清除沉渣的措施，其容积按平均小时流量计算，当采用 pH 自动控制时，其容积可适当减小，但应满足除油和预沉淀的技术要求。污水进入反应槽进行投试剂中和反应时，槽内应设置搅拌设施，一般以机械搅拌为宜。反应槽容积可按反应 15~30 min 考虑，最后经沉淀槽处理后水排放或部分回用。沉淀槽沉淀时间为 1~1.5 h。反应时 pH 一般控制在 8~9。处理构筑物及设施等应有防腐蚀措施。投试剂也可在水泵吸水管上投加。

③ 含氟污水的处理。对不锈钢镀件等进行酸洗时，污水中含有氢氟酸，处理时中和剂采用石灰，与氟离子反应生成氟化钙而沉淀，但处理后水含氟浓度仍在 10 mg/dm³ 左右。另外，沉淀物不易沉降，为此采用石灰—硫酸铝法较好，先向污水中投加石灰乳，调节污水 pH 到 6~7.5，然后投加硫酸铝或碱式氯化铝，其投加量与除氟效果成正比。电镀工艺中使用氢氟酸量不大，一般不单独处理。当含氟水量大而单独处理时，有关投药量应根据

具体情况经试验确定。

（3）过滤中和法

过滤中和法用于含重金属离子不多的酸性污水，并应对污水中含的油类物质、悬浮物等杂质进行预处理后再进入中和滤池，否则易堵塞滤层。经过滤中和后出水 pH 在 5 左右，达不到排放标准时还需与其他处理方法组合使用，以提高出水 pH 和去除污水中的重金属离子，达到排放标准后才能排放。

① 中和滤料的选用

一般常用的中和滤料为石灰石，有时也用白云石。

石灰石主要成分为 $CaCO_3$，货源较广，用于过滤中和时，其 $CaCO_3$ 含量不宜低于 75%，否则残渣量大，会增加倒床次数。滤料粒径采用 0.5～3 mm 为宜。酸与石灰石作用时反应为

$$H_2SO_4 + CaCO_3 \longrightarrow CaSO_4 + H_2CO_3$$

$$\big\updownarrow \quad H_2O + CO_2 \uparrow$$

$$CaCO_3 + CO_2 + H_2O \longrightarrow Ca(HCO_3)_2$$

污水中 H_2SO_4 与 $CaCO_3$ 反应生成 $CaSO_4$ 和 H_2CO_3，完全反应可使污水 pH 达到 4.2 左右，生成的 H_2CO_3 继续与 $CaCO_3$ 反应生成 $Ca(HCO_3)_2$ 提高了污水的 pH，余下的 H_2CO_3 一部分分解成 H_2O 和 CO_2，另一部分随水流走，此时污水的 pH 为 5 左右。

由于石灰石与硫酸反应过程中，会在石灰石表面结垢，影响石灰石的继续反应，因此将滤池设计成升流式进水，使滤料翻滚相互摩擦和碰撞，生成的硫酸钙及时剥落随水流走。污水中硫酸浓度不宜超过 2 g/dm^3。电镀车间排出的含酸污水中，一般含多种酸类，硫酸浓度不会太高，可采用石灰石作为滤料。

白云石主要成分为 $CaCO_3 \cdot MgCO_3$，它与酸的反应速率比石灰石慢，与硫酸作用生成的硫酸镁溶解度较高。因此污水中含硫酸浓度较高时宜采用白云石为中和滤料，但这种滤料货源较少，成本比石灰石高。

② 处理流程及主要技术条件和参数

过滤中和在滤床中进行，含酸污水采用逆向升流式进水，这样容易排气。同时由于滤料膨胀而滚动将生成的硫酸钙或小滤料等带走，随着中和的进行，滤料中的有效成分不断消耗，相应的滤床中的惰性物质等杂质不断增加。因此要及时排除这部分杂质，同时添补新的滤料。当经过几次添补，杂质不能排尽积聚过多时，需进行倒床，部分（或全部）更新滤料。

过滤中和池大多采用升流膨胀中和滤池。这种滤池一般设于地面，由塑料或钢板内设防腐蚀层制作，为圆柱形过滤池，一般由水泵以较高流速逆向升流式进水，使滤料层膨胀呈悬浮状态，滤料相互摩擦和碰撞，使其表面生成的垢壳剥落，使之不断更新，提高处理效率，同时滤料层内不易积存气体，一部分较轻的杂质被水带走，为此升流膨胀中和滤池又分为等速和变速 2 种中和滤池。

a．等速升流膨胀中和滤池。等速升流膨胀中和滤池的特点是过滤柱上下直径一样，

滤速恒等，当采用石灰石作为中和滤料时，滤速一般为 60～80 m/h，塔底配水均匀，当采用大阻力穿孔管布水系统时，孔径为 9～12 mm。滤料粒径为 0.5～3 mm，滤料层厚度不宜过高，过高时酸性污水在滤料层内停留时间相应增长，容易生成硫酸钙垢壳，使滤料失去活性，之后滤料层失效高度增长加快，造成过早倒床。故应尽可能降低化学计量点（第一步反应终点）以上的滤料层高度，一般采用 1～1.2 m，滤料层膨胀率采用 50%左右，处理后出水 pH 一般在 5 左右，滤池总高度一般为 3～3.5 m。

当污水中含铁量较高时，滤料表面和滤料层中会形成氢氧化铁沉淀物，因此需定期反冲洗，将滤料层中积聚的氢氧化铁、硫酸钙以及石灰石反应后剩下的杂质等冲走，添补新料。一般每天冲洗 2～3 次，每次冲洗 6 min 左右，反冲洗时，流速可增加到 100 m/h 以上，滤料膨胀率在 50%以上。

倒床可采用空气提升器将石灰石杂质等抽出池外。加料可用小型皮带提升机。

b. 变速升流膨胀中和滤池。它是在等速升流膨胀中和滤池的基础上改进后的滤池，其主要特点是过滤柱断面上大下小，滤速则上小下大，它流失的细颗粒石灰石较少，提高了石灰石的利用率。由于下部滤速较大，滤料不易结垢，减少了排渣量，同时出水 pH 也较稳定。

变速升流膨胀中和滤池当采用石灰石为滤料时，其粒径一般为 0.5～3 mm，滤池下部的滤速为 60～70 m/h，上部滤速为 15～20 m/h，滤料层厚度一般采用 1 m 左右。

c. 过滤中和处理后出水的 pH 问题。经过滤中和处理出水的 pH 在 4.5～5.5，因此还需进一步处理，一般采用与碱性污水自然中和或将出水经曝气法脱除 CO_2 来提高污水的 pH。用曝气淋水塔时，其淋水密度为 10 m^3/（$m^2 \cdot h$），经曝气后污水 pH 能达到 6 以上。

当污水中还含有较多重金属离子时，应加中和剂提高污水 pH 到 8～9，以去除污水中的重金属离子，为此还需设置反应、沉淀等处理设施，其流程如图 7-15 所示。

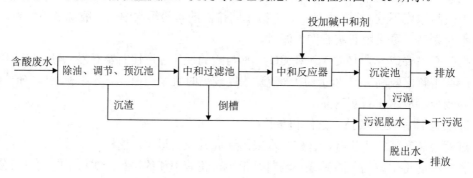

图 7-15　过滤中和投药处理流程

7.4.3　工程实例——上海某制笔厂生产污水处理工程

上海某制笔厂主要是生产铝制笔套、笔杆和零件表面装饰处理的专业厂，在生产过程中由于对零件表面进行阳极氧化工艺处理，需耗用大量的液碱、硫酸、磷酸、铬酸等化工原料，每月耗用磷酸 25 t，铬酸 4 t，硫酸 15 t，浓碱 10 t。由于在生产过程中磷酸、铬酸混合液对零件的黏附力较大，需要大量的自来水进行清洗，所以每月耗用水量 40 000 t 左右，造成了污水中的含铬量约 70 mg/dm^3。

根据铝氧化车间的生产工艺，排出的污水成分、性质、含量来选择具体的处理方法。对于污水中含量较多、经济价值较高的原料如磷酸、铬酸，采用积极的综合回收利用的方法；对于那些污水中含量较低，浓度不高的则采用其他处理方法。

（1）铝氧化车间的生产工艺流程

插套→上架具→化学去油→清洗→电解去油→电解抛光→清洗和电解抛光→清洗→阳极氧化→清洗→染色→显色→清洗。

（2）污水来源

氧化车间所排出的大量污水，主要来源于以下几道工序：化学去油、电解抛光、阳极氧化、染色等。由于采用电解抛光工艺，不但溶液的黏度较高，而且被加工零件出入溶液的次数较其他工序频繁，故酸的耗用量较多；另外，清洗比较困难，耗水量亦较大。阳极氧化工序虽然带出的酸量较少，但对零件的清洗要求较高，所以水的耗用量亦较多。铝氧化车间总排水口排放的污水呈酸性（一般 pH≤2）。

（3）含磷酸、铬酸污水回收技术

该厂在铝阳极氧化工艺生产中，利用了含磷酸、铬酸电解液进行电解抛光，以提高产品的光亮性能。由于电解液的密度和黏度较高，而且被加工件出入溶液的次数一般较其他工序频繁，故酸的耗用量较大。而磷酸、铬酸原料成本较高（磷酸约 6 000 元/t，铬酸约 13 000 元/t），所以进行回收利用具有很高的经济价值。电解抛光的清洗耗水量大大超过其他工序的清洗用水，故在污水回收工艺中用逆流漂洗技术，以降低回收设备的处理能力和运转成本。较浓的清洗污水，还有利于提高回收率，降低回收成本。但高浓度的清洗污水，又使零件不易清洗干净，影响产品电解抛光后的光亮度。因此，既要采取逆流漂洗技术以较少的耗水量取得较高的回收率，又要控制一定的浓度以保证产品质量。下面着重阐述含磷酸、铬酸污水回收工艺及主要参数。

① 含磷酸、铬酸污水回收工艺流程。电解抛光回收清洗槽（部分采用多段逆流漂洗槽）→真空吸储槽→重力沉淀槽→阳离子交换→减压蒸发→回收利用。

② 主要参数。每班处理含铬废水 3～4 t（污水可回收：磷酸 450 kg 左右，铬酸 40 kg 左右；15°污水可回收：磷酸 770 kg 左右，铬酸 80 kg 左右）。（°）的关系见表 7-9。

表 7-9　（°）与混合酸含量关系

序号	（°）	混合酸含量/（g/dm³）	待蒸发的水分/（g/dm³）
1	5°	107	933
2	7°	139	918
3	9°	167	902
4	11°	217	872
5	13°	254	851
6	15°	286	831
7	17°	320	812
8	18°	342	799

a. 逆流漂洗槽（四段）。逆流漂洗设备是提高废酸回收效率、降低污水回收和污水处理成本的关键设备。

b. 由于过浓的污水对产品质量产生影响，所以一般控制在大于 15°、低于 5°的污水，大大增加回收成本。

c. 真空吸储槽。容积约为 0.3 m^2，吸储速度为 0.7 m^3/h。

d. 重力沉淀槽。容积为 5 m^3。

e. 废酸输送泵。SOFS-30 型三氟塑料泵。

f. 阳离子交换塔组。阳离子交换塔组共分两大组（四小组）交换使用，共计 24 座交换塔。每座装填 732$^#$阳离子树脂 0.25 m^3（约 185 kg），流量控制在 2～2.5 m^3/h，除去三价铬量为 10.5 g/kg 左右，为保证回收质量，阳离子的渗漏率不应超过 15%。由于交换过程中的冲稀，污水的浓度下降至 20%～25%。

阳离子交换树脂的再生剂采用 5%～10%的硫酸，使用量约为树脂体积的 2 倍，其中新使用的约为 1.5 t，使用一次的约为 1.6 t，使用两次的约为 1.5 t，合计 4.6 t 左右，再生后的初次水洗流速控制在 1 m/h 以下，然后增加到 2.5 m/h，太高的水洗流速容易使树脂体积膨胀过快而导致设备损坏。

树脂装填量：1 000 kg/组。

污水交换流速：10 m/h 左右。

交换塔交换容量：1.2 mmol/g、1.5 mmol/g。

稀释系数：1.20～1.25（经过树脂交换去除杂质后）。

g. 减压蒸发。蒸发设备由水力真空泵、列管式冷凝管、夹套蒸发锅组成。蒸发压力在 0.2～0.3 MPa 情况下，蒸发总面积为 45 m^2，蒸发量一般在 10～12 kg/m^2，每班蒸发水量约为 4 t。

通常每台 1 000 dm^3 的蒸发锅生产符合电解抛光工艺需要的电解液 1 700 kg，需要 9°的污水 10 m^3 蒸 170 h 左右，蒸汽耗用量为蒸发水分的 1.4 倍左右，蒸发后混合酸液的相对密度为 1.70～1.74。

夹套冷凝水和二次冷凝水送至高位槽作他用。冷凝器余热水送到浴室作生活水用。

参考文献

[1] 国家环境保护总局，《水和污水监测分析方法》编委会. 水和污水监测分析方法（第 4 版）[M]. 北京：中国环境科学出版社，2002.

[2] 况武. 污泥处理与处置[M]. 郑州：河南科学技术出版社，2017.

[3] 吴学伟. 基于两级液态调质理论的污泥处理处置技术[M]. 北京：科学出版社，2008.

[4] 潘涛，李安峰，杜兵. 污水污染控制技术手册[M]. 北京：化学工业出版社，2013.

[5] 蒋自力，金宜英，张辉，等. 污泥处理处置与资源综合利用技术[M]. 北京：化学工业出版社，2018.

[6] 甄广印，赵有才. 城市污泥强化深度脱水资源化利用及卫生填埋末端处置关键技术研究[M]. 上海：同济大学出版社，2017.

[7] 李欢. 城镇污水处理系统运营管理[M]. 北京：化学工业出版社，2019.

[8] 张自杰. 排水工程（第四版）[M]. 北京：中国建筑工业出版社，2000.

[9] 郭茂新. 水污染控制工程学[M]. 北京：中国环境科学出版社，2005.

[10] 段光复. 电镀废水处理及回用技术手册（第 2 版）[M]. 北京：机械工业出版社，2015.

[11] 贾金平，谢少艾，陈虹锦. 电镀废水处理技术及工程实例（第二版）[M]. 北京：化学工业出版社，2008.

[12] 郭正，张宝军. 水污染控制工程与设备运行[M]. 北京：高等教育出版社，2010.

[13] 麦穗海. 污水处理工（三级）[M]. 北京：中国劳动社会保障出版社，2018.

[14] 麦穗海. 污水处理工（四级）[M]. 北京：中国劳动社会保障出版社，2018.

[15] 麦穗海. 污水处理工（五级）[M]. 北京：中国劳动社会保障出版社，2018.

[16] 郭树君. 污水处理厂技术与管理问答[M]. 北京：化学工业出版社，2015.

[17] 沈晓南. 污水处理厂运行和管理问答（第二版）[M]. 北京：化学工业出版社，2015.

[18] 张国徽. 环境污染治理设施运营研究[M]. 沈阳：辽宁科学技术出版社，2012.

[19] 曹喆，钟琼，王金菊. 饮用水净化技术[M]. 北京：化学工业出版社，2018.